Tiere

Das Schülerlexikon

DORLING KINDERSLEY

London, New York, Melbourne, München und Delhi

Lektorat Sarah Larter
Projektbetreuung Simon Holland, Ben Hoare, Margaret Hynes
Redaktion Julie Ferris, Jacqueline Fortey, Sue Nicholson
Cheflektorat Camilla Hallinan
Weblink-Betreuung Niki Foreman, John Bennett, Roger Brownlie, Mostyn de Beer, Phil Hunt
Digital Content Manager Fergus Day
DTP-Koordination Natasha Lu, Pankaj Sharma
DTP-Design Tony Cutting, Sunil Sharma
Projektkoordination Andrew Macintyre
Programmleitung Jonathan Metcalf
Bildlektorat Smiljka Surla
Bildbetreuung Jacqui Swan, Sheila Collins, Spencer Holbrook

Gestaltung Romi Chakraborty, Kavita Dutta, Nicola Harrison, Adrienne Hutchinson, Yumiko Tahata, Shefali Upadhyay
Chefbildlektorat Sophia M. Tampakopoulos Turner
Bildrecherche Marie Ortu, Julia Harris-Voss, Jo Walton
Bildarchiv Sarah Mills, Rose Horridge, Kate Ledwith
Art Director Simon Webb
Herstellung Shivani Pandey
Covergestaltung Bob Warner

Für die deutsche Ausgabe:
Programmleitung: Monika Schlitzer
Projektbetreuung: Martina Glöde
Herstellungsleitung: Dorothee Whittaker
Herstellung: Verena Salm

Weitere Mitarbeiter und Berater Richard Beatty, David Burnie, Kim Dennis-Bryan, Dr. Frances Dipper, Jonathan Elphick, Dr. Philip Gates, Daniel Gilpin, Dr. Jen Green, Chris Mattison, Dr. Katie Parsons, John Woodward

Bibliografische Information Der Deutschen Bibliothek
Die Deutsche Bibliothek verzeichnet diese Publikation in der Deutschen Nationalbibliografie; detaillierte bibliografische Daten sind im Internet über http://dnb.ddb.de abrufbar.

Titel der englischen Originalausgabe:
e.encyclopedia animal

Übersetzung Michael Kokoscha, Eva Sixt
Redaktion Hans Kaiser

ISBN 978-3-8310-0899-5

Colour reproduction by Colourscan, Singapore
Printed and bound in China by Toppan

Besuchen Sie uns im Internet
www.dk.com

Tiere

Das Schülerlexikon

DORLING KINDERSLEY

milkmoon

INHALT

ABKÜRZUNGEN

LÄNGE		GEWICHT		WEITERE ABKÜRZUNGEN	
mm	Millimeter	g	Gramm	Mio.	Million
cm	Zentimeter	kg	Kilogramm	Mrd.	Milliarde
m	Meter	t	Tonne	v. Chr.	vor Christus
km	Kilometer			n. Chr.	nach Christus
		ZEIT		°C	Grad Celsius
FLÄCHE		s	Sekunde	Hz	Hertz
km^2	Quadratkilometer	min	Minute	bzw.	beziehungsweise
		h	Stunde	d.h.	das heißt
VOLUMEN		Jh.	Jahrhundert	z.B.	zum Beispiel
m^3	Kubikmeter			u.a.	unter anderem
		GESCHWINDIGKEIT		geb.	geboren
		km/h	Kilometer pro Stunde	%	Prozent

VÖGEL

SÄUGETIERE

ANHANG

VOM BUCH INS INTERNET UND ZURÜCK

Dieses Buch hat seine eigene Internetseite. Zu jedem Thema im Buch findest du ein extra gekennzeichnetes Stichwort. Dieses kannst du als Suchbegriff auf der Internetseite eingeben und erhältst viele tolle Internet-Links zum Thema.

1 Gib die Internetadresse ein.

Adresse: @ **http://www.WissenmitLinks.de**

2 Finde im Buch den Suchbegriff zu deinem Thema.

@ Schmetterlinge

*Die **Flügel** sind mit winzigen Schuppen bedeckt.*

*Die **Vorderflügel** sind größer als die hinteren.*

*Die **Antennen** nehmen Gerüche auf.*

SCHWALBENSCHWANZ ►
Wie alle Schmetterlinge besitzt dieser Tigerschwalbenschwanz zwei Flügelpaare, schlanke Antennen und einen röhrenartigen Rüssel. Er hat sechs Beine. Manche Schmetterlinge, wie die Edelfalter, haben nur vier Beine zum Sitzen. Ihre winzigen Vorderbeine halten sie dicht an den Körper gepresst.

An die Eltern: Die Links auf der Homepage werden vom Verlag regelmäßig überprüft und aktualisiert. Dennoch können sich Inhalte ändern. Dorling Kindersley zeigt sich ausschließlich für seine eigene Internetseite verantwortlich und empfiehlt den Einsatz von Filtersoftware, die für Kinder unangemessene Webseiten blockiert. Ebenso halten wir es für richtig, dass Kinder nur unter Aufsicht online sein und nur mit Erlaubnis einen Chatroom benutzen sollten.

3 Gib den Suchbegriff ein.

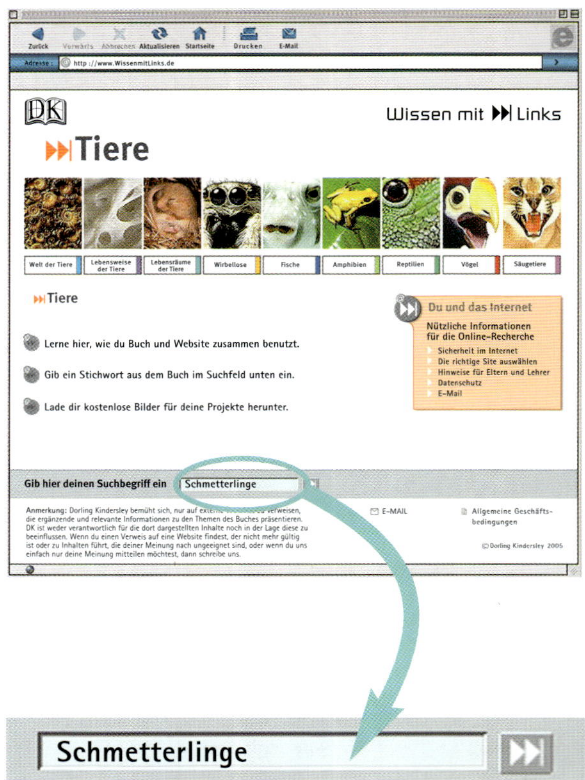

Schmetterlinge

Beachte, dass dich nur die im Buch angegebenen Suchbegriffe zu den richtigen Links auf der Internetseite führen.

Das solltest du beachten:

- Frage immer einen Erwachsenen um Erlaubnis, ehe du dich ins Internet einloggst.
- Gib niemals persönliche Informationen an (z.B. Name, Adresse etc.).
- Wenn du beim Einloggen auf eine Webseite nach deinem Namen oder deiner E-Mail-Adresse gefragt wirst, frage erst einen Erwachsenen um Erlaubnis.
- Triff dich niemals mit jemandem, den du nur aus dem Internet kennst.
- Beantworte keine E-Mails von Fremden.

4 Klicke den Link an, der dich interessiert.

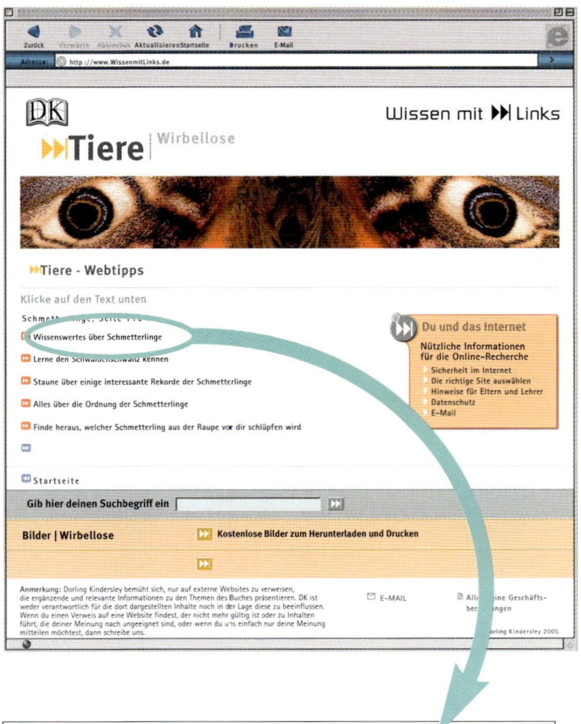

Wissenswertes über Schmetterlinge

Hier findest du Bilder und Grafiken, Animationen, Video-Clips, Sounds, virtuelle Rundgänge, interaktive Quizspiele, weitere Informationen und Zeittafeln.

5 Du kannst auch …

… tolle Bilder herunterladen

Bilder | Wirbellose

SCHWALBEN-SCHWANZ

Die Bilder darfst du frei, jedoch nur für deinen eigenen Gebrauch verwenden.

- **ähnliche Websites besuchen**
- **zur Startseite zurückgehen**
- **im Buch das nächste Thema aussuchen**

WELT DER TIERE

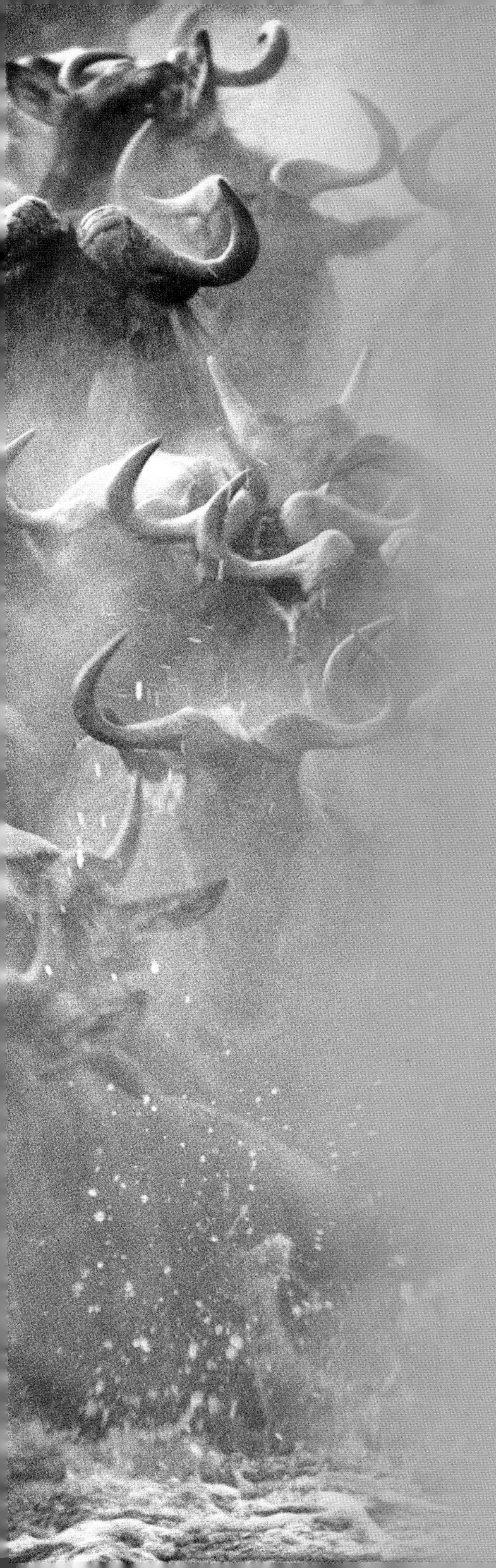

◄ EIN TIER ZU SEIN
Tiere sind vielleicht die Lebensform, die das Gesicht der Erde am meisten prägt. Die Anpassung ihres Körperbaus und Verhaltens an die Lebensräume hat ihnen zum Erfolg verholfen. Die meisten Tiere können sich wie diese afrikanischen Gnus umherbewegen. Dieses Kapitel beleuchtet die Eigenschaften der Tiere im Vergleich zu anderen Lebewesen und die wissenschaftlichen Methoden, mit denen sie untersucht werden. Es erklärt auch die Entwicklung der Tiere, ihre Beziehungen zu ihrer Umwelt und die Bedrohungen, denen viele Arten ausgesetzt sind.

EIGENSCHAFTEN DER TIERE

Tiere sind eine Gruppe von Lebewesen, die in nahezu allen Teilen der Welt einschließlich der Tiefsee, der eiskalten Polarregionen und sogar auf und in anderen Tieren leben. Tiere ernähren sich von Lebewesen und können sich meist frei bewegen, obwohl einige als Erwachsene ständig an einem Ort bleiben. Ihre Körper bestehen aus vielen Zellen und die meisten können mit Nerven und Muskeln auf ihre Umwelt reagieren.

EIGENSCHAFTEN DES LEBENS

FORTPFLANZUNG
Der neugeborene Zitronenhai steht am Anfang seines Lebens. Er wird geschlechtsreif werden, sich einen Partner suchen und Nachkommen zeugen. Die Fortpflanzung ist die zentrale Eigenschaft aller Lebewesen, die das Weiterleben der Art ermöglicht, auch wenn die einzelnen Tiere sterben.

WACHSTUM
Viele Lebewesen beginnen ihr Leben als einzelne Zelle. Diese teilt sich in zwei, in vier und immer mehr Zellen, bis ein neues Lebewesen Form annimmt. Auch diese Moschusenten wachsen zu einem komplexen Organismus heran. Wenn sie sich vermehren, beginnt der Zyklus aufs Neue.

Knochen sind lebende Körperteile, die aus Zellen und Mineralen bestehen.

◄ WIRBELTIER
Pferde haben den typischen Körperbau eines Wirbeltiers. Dazu gehört eine aus einzelnen Wirbeln bestehende Wirbelsäule, die vom Kopf bis zum Schwanz reicht. Sie bildet zusammen mit dem Schädel, den Rippen und den Knochen der Gliedmaßen das Skelett, das dem Körper die Form gibt und wichtige Organe schützt. In der Wirbelsäule befindet sich das Rückenmark, das das Gehirn mit den übrigen Körperteilen verbindet.

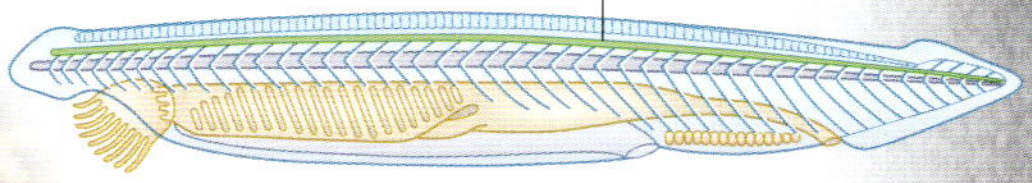

LANZETTFISCH

Die Chorda dorsalis stützt den Körper.

CHORDATIERE ▲
Lanzettfischchen und die Larven der Seescheiden verfügen noch nicht über Wirbel, sondern über eine so genannte Chorda dorsalis. Sie stützt diese einfachen Tiere, wird aber bei den meisten Wirbeltieren durch die Wirbelsäule ersetzt und ist nur noch in Resten in den Bandscheiben vorhanden. Erwachsene Seescheiden verlieren auch ihre Chorda dorsalis.

Die Tentakel bewegen sich im Wasser.

◄ WIRBELLOSE
Wirbellose sind Tiere, die keine Wirbelsäule besitzen. Zu ihnen gehören etwa 95 % aller Tierarten. Manche Wirbellose wie diese Krustenanemonen besitzen weiche Körper und leben im Wasser. Andere wie Insekten, Krebstiere und Spinnen besitzen ein festes Außenskelett, das als Exoskelett bezeichnet wird. An dieser Hülle sind ihre Muskeln verankert.

ERNÄHRUNG
Anders als Pflanzen, die sich ihre Nahrung durch Fotosynthese herstellen können, fressen Tiere andere Lebewesen. Wie diese Ritterfalterraupe nutzen sie Bestandteile ihrer Nahrung als Energiequelle für das Wachstum und alle Vorgänge, die mit der Erhaltung ihres Körpers zu tun haben.

AUSSCHEIDUNG
Tiere scheiden Stoffe aus, die bei der Verdauung anfallen. Den größten Anteil daran machen Kohlendioxid und Stickstoffverbindungen aus. Während Kohlendioxid ausgeatmet wird, werden die Stickstoffverbindungen als Ammoniak, Harnstoff oder wie bei diesem Blaufußtölpel als Harnsäure ausgeschieden.

BEWEGUNG
Wie die meisten Tiere nutzt diese Köhlerschildkröte ihre Muskeln zur Bewegung. Muskeln sind Zellbündel, die mit dem Skelett verbunden sind. Wenn sich die Schildkröte zum Laufen entscheidet, signalisiert das Gehirn über die Nerven den Beinmuskeln, sich zusammenzuziehen und zu strecken.

ATMUNG
Die meisten Tiere gewinnen wie diese Huskys ihre Energie durch Atmung. Bei diesem Prozess wird eingeatmeter Sauerstoff verbraucht, der sich bei der Nahrungsverarbeitung mit bestimmten Stoffen verbindet. Wasser und Kohlendioxid bleiben als Abfallprodukte übrig und werden ausgeschieden.

WAHRNEHMUNG
Tiere verfügen über Sinne, deren Informationen zum großen Teil vom Gehirn koordiniert werden. So können sie ihre Umgebung wahrnehmen und angemessen reagieren. Die beiden Antennen auf dem Kopf der Motte dienen dem Geruchssinn, sodass sie Geschlechtspartner finden kann.

◄ HOCH ENTWICKELTE TIERE
Wie alle Primaten besitzen die südostasiatischen Kleideraffen große Gehirne und können es lernen, komplizierte Aufgaben zu bewältigen. Die meisten Primaten sind soziale Tiere, die in Familiengruppen leben. Sie verständigen sich über Laute, Gesten und Mimik.

***Der große Kopf** enthält ein leistungsfähiges Gehirn.*

@ ⏭ Tiere

◄ RIESENTIER
Mit bis zu 120 t Gewicht und 30 m Länge ist der Blauwal das größte Tier, das je auf der Erde gelebt hat. Derartige Tiere müssen auch viel fressen und der Blauwal verschlingt etwa 6 t Krill pro Tag. Große Tiere brauchen lang, bis sie geschlechtsreif sind, vermehren sich langsam und sind oft sehr langlebig. Ein Blauwal kann 80 Jahre alt werden.

***Die Haut** ist oft mit Seepocken bewachsen.*

***Kopf und Körper** sind mit Haaren bedeckt.*

***Die Milbe** ist im Vergleich zur Biene winzig.*

WINZIGES TIER ►
Kleine Tiere wie die Bienen tragen oft noch kleinere Tiere wie diese Milbe als Parasiten mit sich herum. Die Milben klammern sich an der Biene fest und ernähren sich von ihren Körpersäften. Wie alle Parasiten schwächen die Milben zwar ihren Wirt, töten ihn jedoch nicht. Dadurch haben sie Zeit, sich zu vermehren und andere Bienen zu infizieren, bevor ihr Wirt stirbt.

SIEHE AUCH ⏭ Fortpflanzung **44–45** • Körperbau **26–27** • Primaten **256** • Sinne **30–31** • Wirbellose **78–79**

SYSTEMATIK

Traditionell werden Lebewesen in Reiche aufgeteilt, wobei die Unterteilung in Tiere, Pflanzen, Pilze, Einzeller und Bakterien die bekannteste ist. Heute spricht man eher von drei Domänen (Archaebakterien, Bakterien und Lebewesen mit echtem Zellkern), da die Einteilung in die genannten Reiche nicht den natürlichen Verwandtschaftsverhältnissen entspricht. Allerdings bilden die Tiere eine abgeschlossene Gruppe, sodass man auch von einem Tierreich sprechen kann.

CARL VON LINNÉ
Schwede, 1707–1778

Der Naturwissenschaftler Carl von Linné schuf ein System zur Benennung von Lebewesen, das bis heute erhalten geblieben ist. Jeder Name setzt sich aus dem Gattungs- und dem eigentlichen Artnamen zusammen. Das System benennt die Lebewesen nicht nur, sondern verdeutlicht auch ihre systematische Stellung.

DIE KATZE IN DER SYSTEMATIK ►
Das Diagramm zeigt die systematische Stellung der Manx-Katze, einer Zuchtform der Hauskatze. Jede der aufeinander folgenden Gruppen wie Stamm, Klasse, Ordnung, Familie und Gattung enthält Tiere mit immer weiter eingegrenzten Eigenschaften. Die letzte Kategorie in diesem Beispiel ist die der Art, hier die der Hauskatze, einer Zuchtform einer afrikanischen Unterart der Wildkatze.

Der Eichelhäher vergräbt im Herbst einen Eichelvorrat.

▲ GUTER NAME
Wissenschaftliche Namen beschreiben oft die Eigenschaften eines Tiers. Der Eichelhäher heißt *Garrulus glandarius*. Sein Gattungsname bedeutet »Schwätzer«: Eichelhäher können sehr laut sein, besonders wenn Feinde in der Nähe sind. Sein Artname leitet sich von *glans* ab, dem lateinischen Wort für »Eichel«, die die Lieblingsnahrung des Eichelhähers ist.

REICH

Tiere sind vielzellige Lebewesen, die über Zellen mit einem echten Zellkern verfügen und nicht wie die Pflanzen Sonnenenergie zur Ernährung nutzen können. Tiere verfügen über Sinnesorgane und die meisten von ihnen können sich frei bewegen.

TIERREICH

STAMM

Tiere kann man in Gruppen einteilen, die als Stämme bezeichnet werden. Katzen gehören zum Stamm der Chordatiere. Sie sind nach der Chorda dorsalis benannt, einem biegsamen Stützstab, den aber nur noch ursprüngliche Vertreter besitzen. Bei erwachsenen Wirbeltieren sind nur noch Reste in den Bandscheiben vorhanden.

STAMM DER CHORDATIERE

KLASSE

Stämme werden in kleinere Gruppen, die Klassen, unterteilt. Katzen gehören zu den Säugetieren. Sie sind homöotherm (warmblütig) und säugen ihre Jungen, bis sie alt genug sind, für sich allein zu sorgen. Die meisten Säugetiere sind lebend gebärend.

KLASSE DER SÄUGETIERE

ORDNUNG

Innerhalb jeder Klasse gibt es Ordnungen. Katzen gehören zur Ordnung der Raubtiere oder Carnivora, die Fleischfresser mit spezialisiertem Gebiss enthält. Andere Ordnungen sind die Insektenfresser, die Primaten, die Nagetiere und die Kloakentiere.

ORDNUNG DER RAUBTIERE

FAMILIE

Ordnungen werden in Familien unterteilt. Zur Katzenfamilie Felidae gehören Großkatzen wie der Löwe und Kleinkatzen wie die Hauskatze. Sie sind geschickte Jäger, von denen die meisten einziehbare Krallen besitzen.

FAMILIE DER KATZEN

GATTUNG

Die Hauskatze gehört wie andere Kleinkatzen zur Gattung *Felis*. Der zweiteilige wissenschaftliche Name eines Tiers besteht aus dem Gattungs- und dem Artnamen.

GATTUNG DER KLEINKATZEN

ART

Die Hauskatze stammt von der Falbkatze ab, einer Unterart der Wildkatze, und gehört damit wie diese zur Art *Felis silvestris*.

HAUSKATZE

@ Systematik

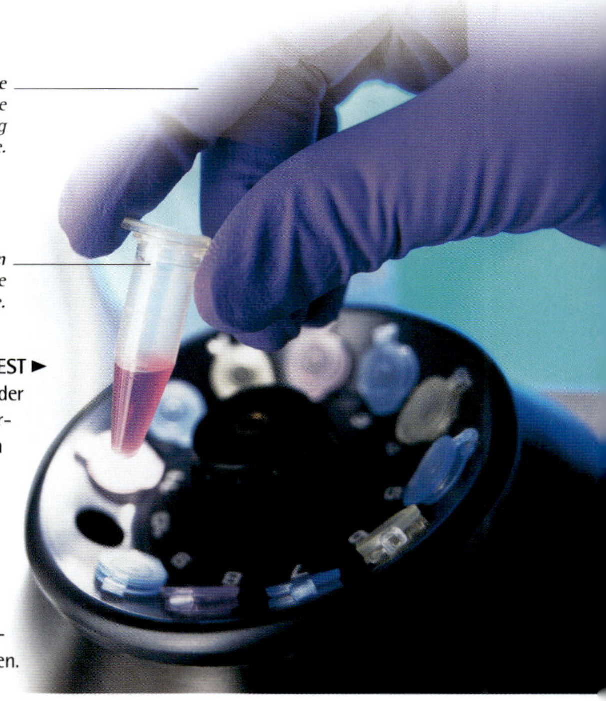

Handschuhe verhindern die Verunreinigung der Probe.

Das Hütchen enthält eine Probe.

DNS-TEST ►
Wissenschaftler vergleichen Abschnitte der DNS-Moleküle (Desoxyribonukleinsäure) verschiedener Tierarten miteinander. In diesen Molekülen ist der genetische Code der Tiere enthalten. Man kann DNS aus Körperflüssigkeiten, Gewebestückchen oder Haaren gewinnen. Je ähnlicher sich die untersuchten DNS-Abschnitte sind, desto näher sind die betreffenden Arten miteinander verwandt. So kann man Stammbäume der verschiedenen Arten erstellen.

NEU ENTDECKT

▲ VU-QUANG-RIND
Es werden immer wieder neue Arten entdeckt. Das Vietnamesische Waldrind, auch Vu-Quang-Rind oder Saola genannt, ist erst 1992 anhand von Hörnern entdeckt und 1993 beschrieben worden. Lebende Exemplare des seltenen und scheuen Tiers bekam man erst 1994 zu Gesicht.

BAUMFROSCH
Im Amazonas-Regenwald werden regelmäßig neue Arten entdeckt. 1926 wurde eine Baumfroschart beschrieben, für die die neue Gattung *Allophryne* aufgestellt worden ist. Erst vor kurzer Zeit wurde in Peru eine zweite Art dieser Gattung entdeckt.

MALAIISCHER TIGER
DNS-Untersuchungen im Jahre 1997 an verschiedenen Tigerpopulationen haben gezeigt, dass sich die Gruppen nicht vermischen und daher als Unterarten betrachtet werden können. Im Jahre 2004 erhielt die malaiische Population den Namen *Panthera tigris jacksoni*.

SIEHE AUCH ⏭ Großkatzen 268 • Kleinkatzen 265 • Körperbau 26–27 • Säugetiere 240–241 • Systematik 308–309

ÖKOLOGIE

Die wissenschaftliche Untersuchung der Beziehungen zwischen Lebewesen und ihrer Umwelt nennt man Ökologie. Die Erde kann man in Regionen verschiedener Umweltbedingungen unterteilen, die man Ökosysteme nennt. Ein Ökosystem kann ein kleiner Gezeitentümpel, aber auch ein Meer sein. Jedes umfasst Tiergruppen, die untereinander und mit ihrer Umwelt in Beziehung stehen und so das System stabilisieren.

POPULATION ▼
Tiere der gleichen Art, die im gleichen Gebiet leben und sich miteinander vermehren, bezeichnet man als Population. Die Zahl der Tiere einer Population hängt von der zur Verfügung stehenden Nahrung und ihrer Vermehrungsrate ab. Die Population umfasst Tiere, die außerhalb der Paarungszeit allein leben, genauso wie Tiere, die einen Familienverband oder eine größere Gruppe bilden, wie etwa diese Herde Afrikanischer Elefanten.

▲ GEZEITENTÜMPEL
Im Ökosystem des Gezeitentümpels nutzen Algen Kohlendioxid und Sonnenlicht, um Zucker als Nährstoff zu erzeugen. Die Pflanzen fressenden Napfschnecken weiden Algen ab, während die Fleisch fressenden Seesterne Napfschnecken und Muscheln erbeuten. Die am Boden des Tümpels sitzenden Krabben sind Aasfresser und ernähren sich von toten Tieren.

@ Ökologie

▲ GEGENSEITIGER NUTZEN
Eine Beziehung zwischen zwei Arten, die beiden nützt, bezeichnet man als Mutualismus. Ameisen fressen die klebrigen Ausscheidungen der Blattläuse und bringen die Blattläuse mit Berührungen ihrer Antennen zur Abgabe des Saftes. Als Gegenleistung beschützen die Ameisen die Blattläuse vor Fressfeinden.

Jeder Elefant ist ein Mitglied der Population.

▲ KOMPLIZIERTE BEZIEHUNG
Innerhalb eines Ökosystems besteht zwischen Räuber und Beute ein empfindliches Gleichgewicht. Wenn der Purpurseestern die Muscheln frisst, erzeugt er damit eine Lücke, die andere Arten füllen können. Wenn es hier keine Seesterne gäbe, wüchsen die Muscheln so dicht, dass keine anderen Arten hier leben könnten.

NAHRUNGSNETZ

Tiere fressen andere Lebewesen, um Energie und Nährstoffe zu gewinnen. Diesen Energiefluss von einem Tier zum anderen beschreibt man als Nahrungskette. Innerhalb eines Ökosystems gibt es viele Nahrungsketten. Manche Tiere, etwa Falken, ernähren sich von verschiedener Beute, sodass die Nahrungsketten zu einem Nahrungsnetz verknüpft werden.

Im Nahrungsnetz fressen viele verschiedene Tiere Pflanzen, die ihre Energie vom Sonnenlicht beziehen. Raubtiere erbeuten wiederum die Pflanzenfresser. An der Spitze des Nahrungsnetzes stehen einige wenige Fleischfresser. Pilze und Bakterien zerlegen tote Tiere und geben Minerale an die Erde zurück, wo sie von den Pflanzen genutzt werden können.

SIEHE AUCH ⏭ Elefanten **288** • Fleischfresser **38** • Grasländer **56–57** • Pflanzenfresser **39**

CHARLES DARWIN
Brite, 1809–1882

Von 1831 bis 1836 reiste Charles Darwin an Bord der HMS Beagle *auf einer britischen wissenschaftlichen Expedition um die Welt. Die auf der Reise gemachten Beobachtungen führten ihn dazu, seine Evolutionstheorie aufzustellen. 23 Jahre nach der Reise veröffentlichte er sie in seinem Buch* On the Origin of Species by Means of Natural Selection.

EVOLUTION

Tiere der gleichen Art können in ihren individuellen Eigenschaften voneinander abweichen. Wenn ein Tier besonders schnell laufen kann, kann es gegenüber anderen Angehörigen seiner Art einen Vorteil erlangen. Es kann mehr Beute fangen, sodass es vermutlich gesünder ist und eher einen Partner findet. Es kann diese Eigenschaft auch seinen Nachkommen vererben. So kann sich die Art nach mehreren Generationen zu besonders guten Jägern entwickeln. Diese natürliche Auslese entdeckte Charles Darwin im 19. Jahrhundert.

Die **Federn** *dienen nicht der Tarnung, da der Vogel keine Feinde hat.*

SPEZIALISIERTE GLIEDMASSEN

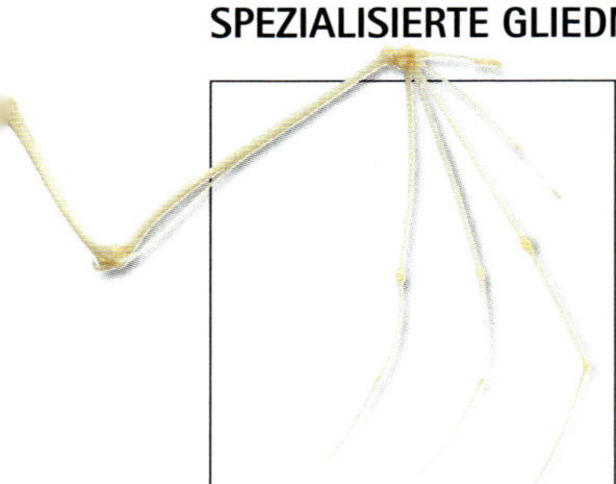

ARME ZUM FLIEGEN
Fledermäuse sind durch ihre besonderen Vordergliedmaßen gut für das Fliegen ausgerüstet. Anders als bei Vögeln, bei denen der Flügel von den Arm- und einem Fingerknochen gestützt wird, wird die Flugmembran oder Patagium vom Arm und den vier verlängerten Fingern aufgespannt.

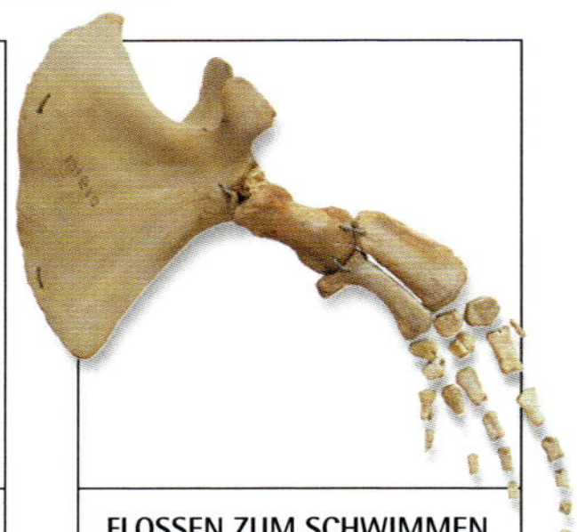

FLOSSEN ZUM SCHWIMMEN
Mit Schulterblatt, Arm und Fingern entspricht die Vorderflosse eines Delfins in den Grundzügen den vorderen Gliedmaßen aller Säugetiere. Beim lebenden Delfin sind die Knochen unter dem Gewebe verborgen, das die Flosse formt. Diese Anpassung ermöglicht dem Tier das Leben im Wasser.

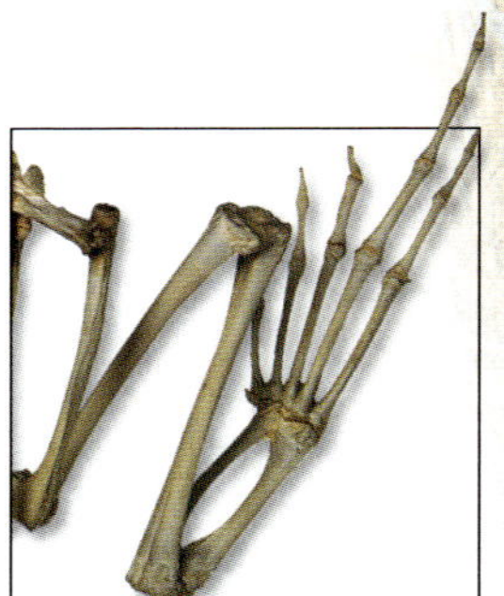

BEINE ZUM SPRINGEN
Die Knochen im Froschhinterbein wirken wie lange Hebel und ermöglichen dem Tier weite Sprünge. Die verlängerten Zehenknochen spannen die Schwimmhäute auf, deren große Fläche beim Schwimmen Kraft auf das Wasser ausübt. Der gesamte Aufbau ist leicht, flexibel und stark.

DIE EVOLUTION DER ELEFANTEN

Fossilien erlauben Wissenschaftlern, die Evolutionsgeschichte der Elefanten innerhalb der Ordnung Proboscidea nachzuvollziehen. *Moeritherium*, ein kurzbeiniges Weidetier, ist die älteste bekannte Art der Gruppe. Sie ist vor 36 Millionen Jahren ausgestorben. Spätere Arten spezialisierten sich auf das Fressen von Laub und wurden so immer größer. Die Rüssel wurden zu langen Greifwerkzeugen, mit denen die Tiere ihre Nahrung erfassen konnten.

MOERITHERIUM 50 MIO. JAHRE | PHIOMIA 35 MIO. JAHRE | GOMPHOTHERIUM 20 MIO JAHRE | DEINOTHERIUM 2 MIO. JAHRE | ASIATISCHER ELEFANT HEUTE

NATÜRLICHE AUSLESE ►

Um 1880 wurden die Bäume in neu industrialisierten Gegenden Englands durch Ruß immer dunkler. Eine bisher seltene schwarze Form des Birkenspanners war nun gegenüber der hellen im Vorteil, da Vögel sie schlechter sehen konnten. Da die Verschmutzung mittlerweile verringert wurde, ist der Anteil dieser Form wieder zurückgegangen.

KÜNSTLICHE AUSLESE

Die natürliche Auswahl begünstigt Anpassungen, die für das Überleben nützlich sind, wie die langen Beine und Ohren des Mähnenwolfs. Bei Haustieren gibt es jedoch auch eine künstliche Auswahl durch den Menschen. Tausende von Jahren wurden Tiere mit gewünschten Eigenschaften, wie Jagdgeschick oder Milchproduktion ausgewählt. Auch Haustiere wie dieser Basset wurden auf der Basis mutierter Gene gezüchtet. Sein gedrungener Körper, seine kurzen Beine und seine freundliche Natur wären erhebliche Nachteile für seinen wilden Vorfahren gewesen – den Wolf.

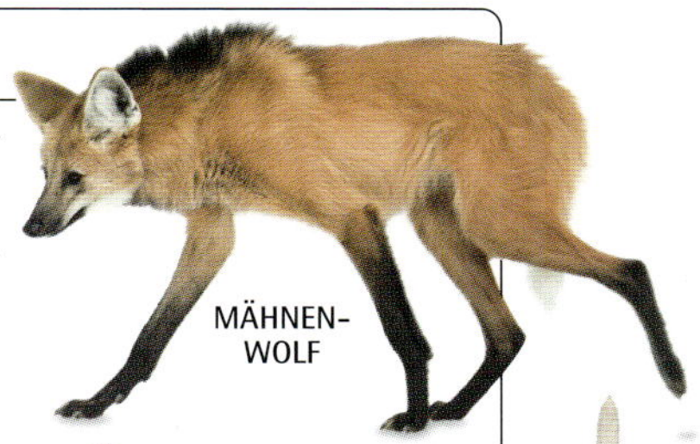

MÄHNEN-WOLF

BASSET

INSELTIERE ▲

Kleine Tierpopulationen gelangen gelegentlich zufällig auf Inseln, etwa mit Treibholz oder Pflanzenteilen. Bei ihrer Fortpflanzung geben sie die besonderen Eigenschaften ihrer isolierten Gruppe weiter. Die natürliche Auslese begünstigt die der neuen Umgebung am besten angepassten Tiere, sodass schließlich neue Arten wie dieser Galapagos-Landleguan entstehen. Die Art gibt es nur auf den Galapagos-Inseln.

◄ DIE ZUKUNFT?

Wir können nur raten, wie sich das Leben in der Zukunft entwickeln wird. In Millionen von Jahren kann sich die Umwelt drastisch verändern, etwa durch die globale Erwärmung, und große Fleischfresser können aussterben. Sie könnten durch andere ersetzt werden, wie den Terrorvögeln, die nach dem Aussterben der Dinosaurier in Südamerika lebten. Vielleicht wird das Amazonasbecken in fünf Mi lionen Jahren zur Steppe werden und die Nachkommen der heutigen Karakaras könnten sich zu Vögeln wie dem abgebildeten entwickeln.

@ ⏭ Evolution

ANPASSUNG

Die meisten Tiere sind an einen speziellen Lebensraum angepasst. Diese Anpassungen können sich auf den Körper wie auch auf das Verhalten des Tiers oder beides beziehen. Oftmals besteht eine Konkurrenz zwischen den Arten, die sich ihre Nahrung oder den Lebensraum streitig machen. Manche Arten leben daher durch eine bestimmte Spezialisierung auf eine nur ihnen mögliche Weise und vermeiden die direkte Konkurrenz mit benachbarten Arten.

▲ LANGFINGER
Das Fingertier, ein madagassischer Lemur, ist hervorragend für die Suche nach Insektenlarven ausgestattet, die sich in der Borke versteckt haben. Es findet sie mit seinem scharfen Gehör. Dann nagt es die Borke ab und holt die Beute mit seinem verlängerten Mittelfinger aus ihrem Versteck.

FLUGDRACHE ►
Der südostasiatische Flugdrache kann nicht aktiv fliegen. Stattdessen gleitet diese Echse mithilfe spezieller Flughäute zwischen den Vorder- und Hinterbeinen im Regenwald von Baum zu Baum. Meistens werden die Flughäute an die Seiten angelegt. Wenn der Flugdrache jedoch einem Fressfeind entfliehen will oder auf der Suche nach Insekten unterwegs ist, entfaltet er die Häute und springt.

BODENHAFTUNG ►
Klippschliefer sind an das Klettern auf Felsen in Afrika und im mittleren Osten angepasst. Ihre Fußsohlen sind mit speziellen Schwielen ausgestattet, die von Schweißdrüsen feucht gehalten werden. Auf diese Weise bekommen sie eine gute Haftung.

WINTERPELZ ►
Wenn der Winter in Kanada einbricht, wird das braune Sommerfell des Schneeschuhhasen weiß. So verschmilzt der Hase mit seiner Umgebung und kann die Gefahr verringern, von Raubtieren wie etwa Wölfen entdeckt zu werden. Das Fell wird auch dicker, um das Tier besser zu wärmen. Die borstigen Haare an den Seiten der Füße werden länger, damit der Hase nicht so leicht im Schnee einsinkt.

*Die **Barteln** spüren den Geruch und die elektrischen Felder anderer Tiere auf.*

@ ⏭ Anpassung

LANDURLAUB ►
Bei Ebbe laufen die in Afrika, Südostasien und Australasien vorkommenden Schlammspringer auf ihren Brustflossen durch Schlamm und Mangrovensümpfe. Sie atmen über das Wasser, das sich in ihren großen Kiemenkammern befindet. Um bei Flut Raubfischen zu entgehen, klettern sie mithilfe ihrer Flossen auf Mangrovenwurzeln.

◄ FLACHWASSERSPEZIALIST
Bambushaie leben in den flachen Küstenriffen tropischer Gewässer. Sie halten sich hauptsächlich am Meeresgrund auf und suchen mit ihrem guten Geruchssinn und ihren Barteln nach Nahrung, etwa Seeigeln und Muscheln. Bambushaie können in sauerstoffarmem Wasser überleben, indem sie nicht lebenswichtige Gehirnteile abschalten. Auf diese Weise können sie auch in Gezeitentümpeln auf Jagd gehen.

SIEHE AUCH ⏭ Agamen **181** • Evolution **16–17** • Fische **126–127** • Lemuren **257** • Polargebiete **70**

AUSSTERBEN

Seit Beginn des Lebens auf der Erde sind Millionen Arten ausgestorben. Zum Teil ist das auf den natürlichen Prozess der Evolution zurückzuführen, doch in den letzten 300 Jahren haben Menschen diesen Prozess erheblich beschleunigt, indem sie Lebensräume vernichtet, die Umwelt verschmutzt und Arten im Übermaß gejagt haben.

DER TOD DER DINOSAURIER ►
Dinosaurier wie dieser *Tyrannosaurus rex* starben vor etwa 65 Millionen Jahren aus. Viele Wissenschaftler vermuten als Ursache den Einschlag eines riesigen Meteoriten, der die Atmosphäre mit Staub angereichert und so die Sonnenstrahlung über hunderte von Jahren reduziert hat.

@ ⏭ Aussterben

ZU WARM FÜR DIESE WOLLE ▲
Mit seinem wolligen Fell war das mit dem Asiatischen Elefanten verwandte Mammut gut an das Leben in der europäischen und nordamerikanischen Tundra in der letzten Eiszeit angepasst. Mammuts starben vor etwa 3000 Jahren aus, weil sie sich nicht an die steigenden Temperaturen anpassen konnten.

◄ ZU TODE GEJAGT
Der Dodo war ein großer, taubenähnlicher Vogel auf der Insel Mauritius im Indischen Ozean. Er wurde im 17. Jahrhundert ausgerottet, da europäische Seeleute den flugunfähigen Vogel als Proviant jagten und die eingeschleppten Katzen und Ratten die Küken fraßen.

SIEHE AUCH ⏭ Artenschutz **22–23** • Evolution **16–17**

AMMONITEN

Fossilien sind die konservierten Überreste von Organismen, die einst gelebt haben. Man findet sie meistens im Gestein, doch auch in Eis oder Bernstein. Ammoniten sind ausgestorbene Weichtiere der Meere. Fossilien können Fragen zu der Entwicklung des Lebens auf der Erde beantworten.

@ ⏭ Aussterben

Klasse: Cephalopoda (Kopffüßer)

Verbreitung: Die lebenden Tiere beherrschten die Weltmeere. Heute findet man ihre Reste in Versteinerungen überall auf der Welt.

Wann Ammoniten gelebt haben: Im Zeitraum von vor 300 bis vor 65 Millionen Jahren. Sie starben zur gleichen Zeit wie die Dinosaurier aus.

Körperbau: Die Tiere wurden durch eine harte, meistens spiralförmige Schale geschützt, die luftgefüllte Kammern (Phragmoconus) enthielt.

Durchmesser: 12 mm–3 m, abhängig von der jeweiligen Art

Maximalgewicht: 100 kg

Nächste lebende Verwandte: Das Perlboot oder *Nautilus*, ein nachtaktives Tier, das im Pazifik in Tiefen von bis zu 600 m lebt.

SIEHE AUCH ⏭ Aussterben **19** • Kopffüßer **89** • Weichtiere **86**

ARTENSCHUTZ

Der beste Weg zum Schutz einer Tierart ist die Erhaltung ihres natürlichen Lebensraums. Das kann durch die Einschränkung der Jagd, das Einrichten von Schutzgebieten oder die Verringerung der Umweltbelastung geschehen. Manchmal bleibt als letzter Ausweg die Zucht in Zoologischen Gärten. Wenn sie gelingt, können die Tiere wieder ausgewildert werden, wenn ihr Lebensraum noch besteht.

▲ VERFOLGTES KROKODIL
In kleinen Populationen auf Sri Lanka und in Indien leben noch etwa 5000 Sumpfkrokodile. In der Vergangenheit wurden sie wegen ihres Leders gejagt, doch heute sind sie unter Schutz gestellt. Das Sumpfkrokodil kann erfolgreich in Farmen gezüchtet werden. Viele Menschen sind jedoch gegen eine Auswilderung, weil sie es als Gefahr für sich und ihre Haustiere betrachten.

◄ VOM AUSSTERBEN BEDROHT
Die Mittelmeer-Mönchsrobbe ist vom Aussterben bedroht, da es nur noch 500 Exemplare gibt. Die Tiere der kleinen Populationen im südlichen und östlichen Mittelmeer sind sehr scheu geworden und haben sich in Höhlen mit unter dem Wasserspiegel liegenden Eingängen zurückgezogen. Das scheue Verhalten beeinträchtigt zusätzlich zu ihrer geringen Geburtenrate ihre Vermehrung. Mönchsrobben werden oft absichtlich von Fischern getötet, die in ihnen Konkurrenten um die zurückgehenden Fischbestände des Mittelmeers sehen.

▲ INSELARTEN
Wie viele andere auf Inseln lebende Vogelarten hat der Kakapo keine natürlichen Feinde und deshalb die Flugfähigkeit verloren. Daher ist er durch die Ratten und die Haustiere bedroht, die europäische Siedler nach Neuseeland brachten. Es gibt heute weniger als 100 Kakapos, die zu ihrem Schutz auf rattenfreie Inseln umgesiedelt worden sind.

AKTION ZUM SCHUTZ ►
Obwohl die Afrikanischen Elefanten einigen Schutz in den Nationalparks genießen, werden sie weiterhin gewildert, da sich auf dem illegalen Elfenbeinmarkt hohe Preise erzielen lassen. Im Jahre 1989 verbrannten die Behörden Kenias das beschlagnahmte Elfenbein, um zu zeigen, dass es keinen Nachschub geben würde. Heute kontrollieren Kenia und andere afrikanische Länder die Jagd und den Elfenbeinhandel, um die Gewinne für Schutzmaßnahmen einzusetzen.

KONTROLLIERTE JAGD ►
Zwischen 1960 und 1980 sind hunderttausende nordamerikanischer Luchse wegen ihres Fells getötet worden, sodass ihre Anzahl drastisch zurückging. Von 1983 an erließen die USA und Kanada Gesetze zur Einschränkung der Jagd, sodass die Bestände heute wieder zunehmen.

WALSCHUTZGEBIETE ►
Wie die meisten Wale sind auch diese Grindwale wegen ihres Fleisches und Trans gejagt worden. Vom 18. bis zum 20. Jahrhundert sind die Walbestände deshalb drastisch zurückgegangen. Einige Arten wie der Südliche Glattwal oder Südkaper sind fast ausgerottet worden. Heute haben sich viele Länder darauf geeinigt, keine Wale in bestimmten Meeresregionen zu jagen.

NACHZUCHT IN MENSCHLICHER OBHUT

GROSSER PANDA
Der Große Panda ernährt sich ausschließlich von Bambus, sodass er beim Verlust seiner Lebensräume vom Verhungern bedroht wäre. Pandas lassen sich nur schwer züchten, doch in den letzten Jahren gab es Erfolge, da immer mehr Zoos ihre Tiere austauschen.

ARABISCHE ORYX
Die Arabische Oryxantilope ist in den 1960ern beinahe ausgerottet gewesen. Der Phoenix-Zoo in den USA erhielt dann einige Tiere für ein Zuchtprogramm. Später konnten wieder Tiere im ursprünglichen Verbreitungsgebiet in den Wüsten von Oman ausgewildert werden.

KOMODOWARAN
Der Komodowaran lebt auf einigen wenigen indonesischen Inseln. Um ihn zu erhalten, wurden nachgezüchtete Exemplare zur weiteren Zucht an Zoos abgegeben. 1980 wurde der Komodo-Nationalpark gegründet, um das Verbreitungsgebiet der Tiere zu schützen.

@ ⏭ Artenschutz

◄ VOR DER AUSROTTUNG BEWAHRT
In der Mitte des 20. Jahrhunderts benutzten viele Landwirte ein Insektizid namens DDT zum Schutz ihrer Ernte. Dieses Gift wurde in der Nahrungskette über Insekten und kleine Vögel bis zum Wanderfalken übertragen. Es lagerte sich im Fettgewebe der Falken an und führte dazu, dass die Eischalen so dünn wurden, dass sie beim Bebrüten zerbrachen. Dadurch ist die Art fast ausgestorben. Im Jahre 1972 wurde DDT verboten, sodass sich die Falkenbestände langsam wieder erholten.

Die fehlenden ***Streifen*** *sind ein Merkmal des Quagga.*

RÜCKZÜCHTUNG ►
Das Quagga, eine Unterart des Steppenzebras, ist im 19. Jahrhundert rücksichtslos gejagt worden. Das letzte Tier starb 1883 in einem Zoo. Im Jahre 1987 ist in Südafrika ein Projekt zur Rückzüchtung der Art ins Leben gerufen worden. Dazu sind Steppenzebras mit reduzierten und stärker braun gefärbten Streifen ausgewählt worden. Man verglich auch das genetische Material der nachgezüchteten Tiere mit dem aus Quaggahäuten, um zu sehen, wie ähnlich sich die Formen geworden sind.

SIEHE AUCH ⏭ Aussterben **19** • Evolution **16–17** • Papageien **216–217** • Wale **282–283** • Warane **184**

LEBENSWEISE DER TIERE

◄ **TIERE IN AKTION**
Die Unterschiede in der Lebensweise der Tiere sind enorm, von den ihre Beute jagenden Landraubtieren bis zu Wirbellosen, die unbeweglich auf dem Meeresgrund verharren und sich durch Filtrieren ernähren. Ebenso unterschiedlich sind die Methoden zur eigenen Verteidigung. Dieser Igelfisch hat sich aufgeblasen, um Fressfeinde abzuschrecken. Dieses Kapitel untersucht die Verteidigungs- und Ernährungsstrategien vieler Tiere und die Art und Weise, auf die sie sich vermehren und heranwachsen. Es erklärt auch, wie sie sich bewegen, die Umgebung wahrnehmen und sich im Laufe ihres Lebens verhalten.

KÖRPERBAU

Den Körperbau eines jeden Lebewesens beschreibt die Morphologie. Tiere bestehen aus Zellen, die auf bestimmte Aufgaben spezialisiert sind. Einfache Tiere bestehen aus wenigen Zelltypen. Bei höher entwickelten sind Zellen zu Geweben zusammengefasst, die ihrerseits Organe bilden. Organe sind zu Organsystemen verbunden. Der Körper wird von einem Innen- oder Außenskelett gestützt.

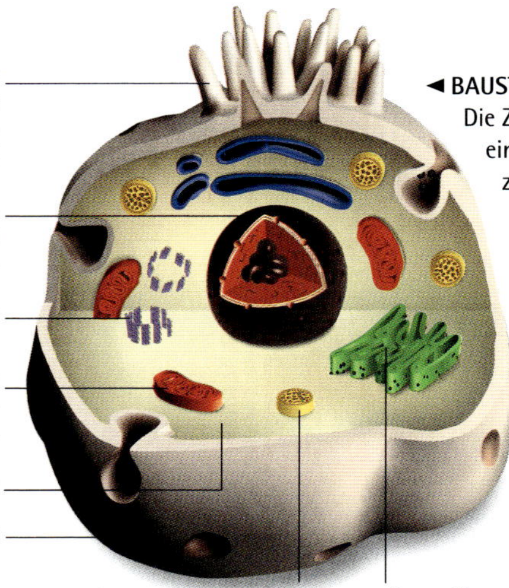

◄ BAUSTEIN
Die Zelle eines Tiers wird von einer flexiblen Zellmembran zusammengehalten. Darin befindet sich das geleeartige Zytoplasma. In ihm liegen verschiedene Organellen, die unterschiedliche Aufgaben erfüllen. Der Kern enthält die DNS (Desoxyribonukleinsäure), in der die Anweisungen für alle Funktionen der Zelle enthalten sind.

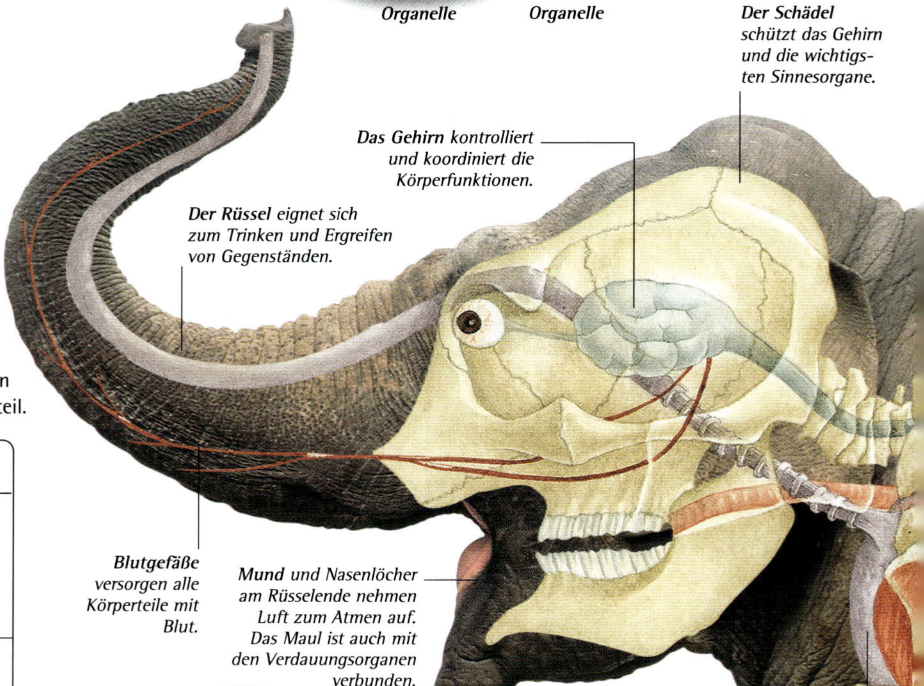
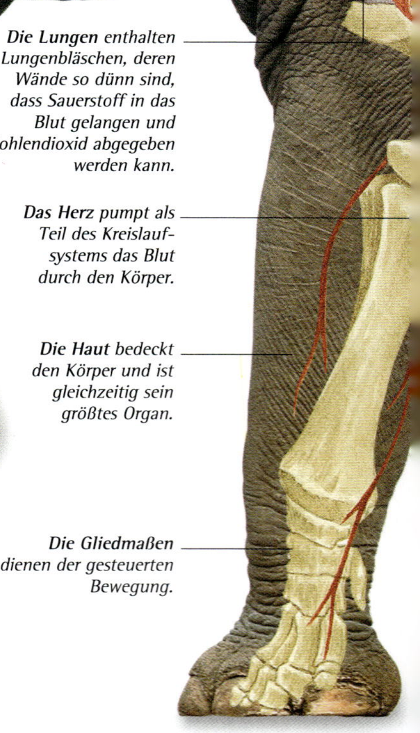

INNENLEBEN EINES ELEFANTEN ►
Grundsätzlich sind alle Säugetiere ähnlich aufgebaut. Das Skelett des Elefanten trägt seine Organe und dient als Ansatzpunkt für die Muskulatur. Wie alle Säugetiere haben Elefanten große, gut entwickelte Gehirne. Das Herz und die Lungen befinden sich im Brustkorb zwischen dem Hals und dem Bauch. Nieren, Därme und Geschlechtsorgane liegen in der Bauchhöhle im hinteren Körperteil.

ORGANSYSTEME DER TIERE

Die Organsysteme steuern die Prozesse, die ein Tier zum Leben benötigt. Das Nervensystem reagiert auf Reize und löst Bewegungen aus. Nahrung wird von den Verdauungsorganen verarbeitet, die auch Abfallstoffe ausscheiden. Die Atmung liefert mithilfe des Sauerstoffs Energie und gibt Kohlendioxid ab. Diese Gase werden im Blutkreislauf transportiert. Die Geschlechtsorgane ermöglichen die Vermehrung.

Einfache Organsysteme
Wie viele einfache Wirbellose besitzen Plattwürmer weder Atmungsorgane noch einen Blutkreislauf. Ihr Darm hat nur den Mund als einzige Öffnung und die Tiere sind Zwitter, verfügen also über weibliche Eierstöcke und männliche Hoden.

PLATTWURM

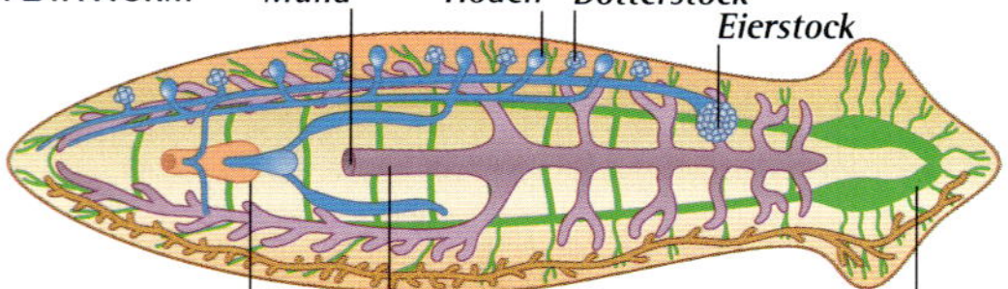

Organsysteme bei Gliederfüßern
Die meisten Gliederfüßer wie dieser Flusskrebs haben komplizierte Sinnesorgane und ein Nervensystem, das ihre Bewegungen koordiniert. Das Verdauungssystem verfügt über Mund und After. Das Blut fließt teils durch Gefäße, teils durch Körperhöhlen. Sauerstoff wird über Tracheen oder Kiemen zugeführt.

FLUSSKREBS

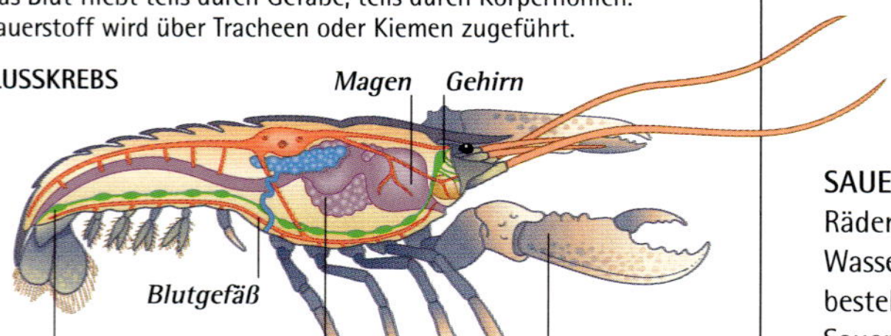

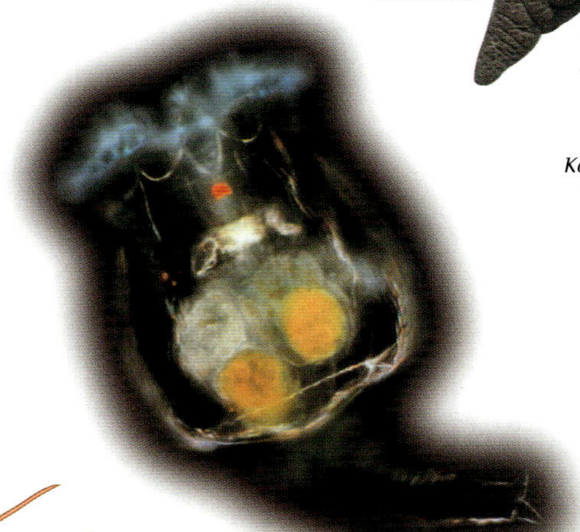

SAUERSTOFF AUS DEM WASSER ▲
Rädertierchen sind mikroskopisch kleine Wassertiere. Wie die anderer einfacher Tiere bestehen ihre Körper aus wenigen Zellen. Der Sauerstoff des Wassers dringt einfach in die Zellen ein, sodass Rädertierchen kein Atmungssystem brauchen. Zur gleichen Zeit entweicht Kohlendioxid in die andere Richtung.

▲ NACKTE KNOCHEN
Die Innenskelette der Amphibien, Reptilien, Säugetiere, Vögel und der meisten Fische bestehen aus Knochen. Knochen enthalten das Mineral Kalzium. Der abgebildete Knochen ist ein typischer Vogelknochen, da er hohl und mit kleinen Balken verstärkt ist. Der Knochen ist stabil genug zum Fliegen, ohne durch sein Gewicht Probleme zu bereiten.

▲ AUSSENSKELETT
Manche Wirbellose wie diese Languste besitzen ein Außen- oder Exoskelett. Diese Tiere müssen sich zum Wachsen häuten. Vor der Häutung wächst der Languste unter dem alten Panzer ein neuer. Wenn sie sich vom alten Panzer befreit hat, versteckt sie sich, bis der neue ausgehärtet ist.

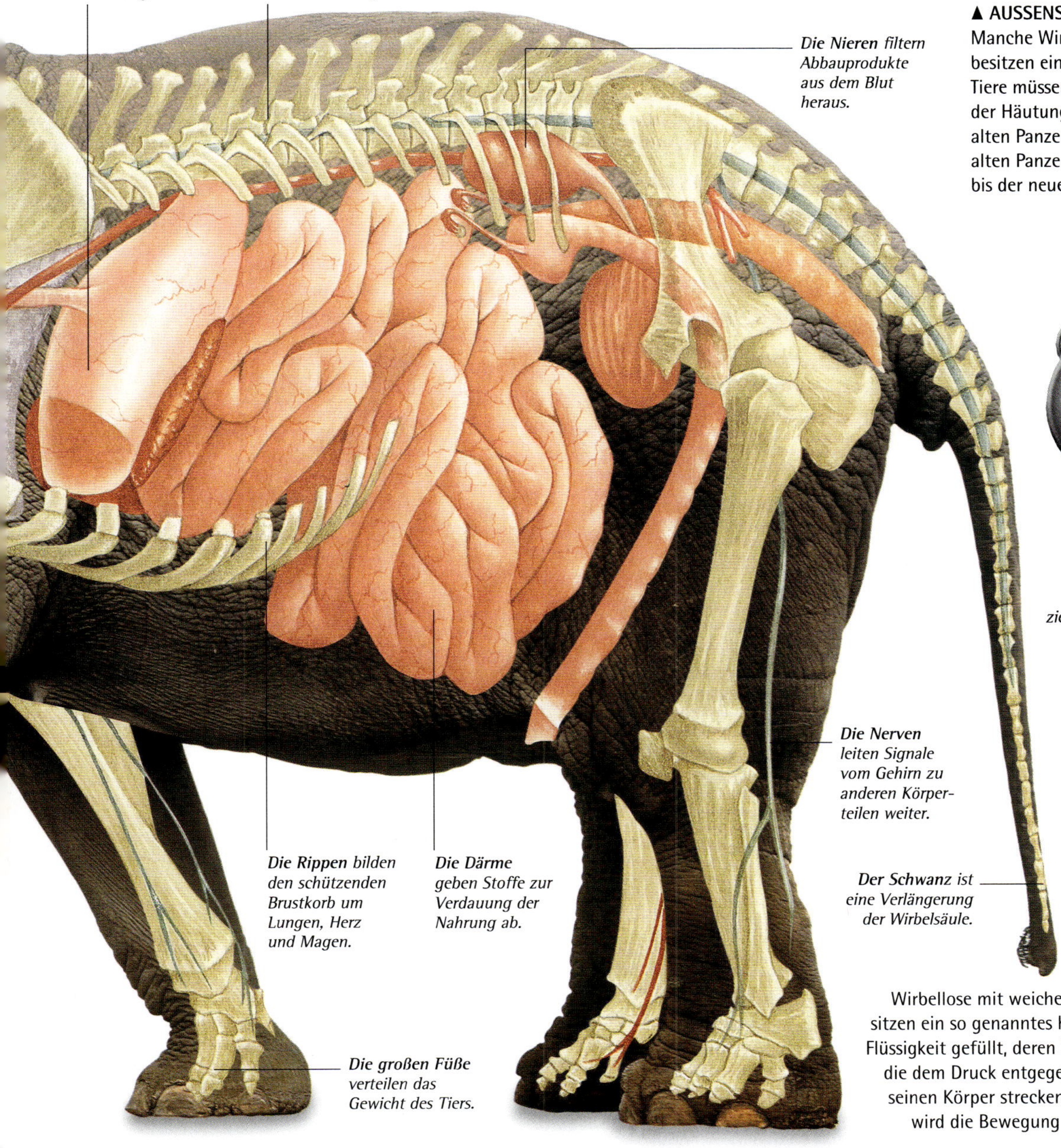

@ ⏭ Körperbau

UNTER DRUCK ▲
Wirbellose mit weichem Körper wie dieser Pferdeegel besitzen ein so genanntes hydrostatisches Skelett. Sie sind mit Flüssigkeit gefüllt, deren Druck die Körperform erhält. Durch die dem Druck entgegenwirkenden Muskeln kann der Egel seinen Körper strecken und zusammenziehen. Unterstützt wird die Bewegung durch Saugnäpfe an beiden Enden.

SIEHE AUCH ⏭ Eigenschaften der Tiere 10–11 • Fortbewegung 28–29 • Fortpflanzung 44–45 • Wirbellose 78–79

▲ ABHEBEN
Wie die meisten Vögel kann die Taube mit ihren leichten Flügeln fliegen. Die Flügel werden von zwei kraftvollen Muskeln bewegt, die man Flügelsenker und Flügelheber nennt. Sie sind am Brustbein des Vogels befestigt. Durch die Kontraktion des Flügelsenkers schlägt der Flügel nach unten, hebt den Vogel und bewegt ihn nach vorn. Der Flügelheber zieht den Flügel wieder nach oben.

FORTBEWEGUNG

Tiere bewegen sich, um Beute zu verfolgen, Partner zu suchen oder Feinden zu entkommen. Die meisten Bewegungen werden vom Gehirn gesteuert, das Signale an die Muskelgruppen sendet. Die Muskeln ziehen sich zusammen und bewegen die mit ihnen verbundenen Skeletttteile. Die Gliedmaßen eines Tiers sind seinem Lebensstil angepasst. Manche Tiere besitzen Beine zum Gehen, Laufen oder Springen, andere Flossen zum Schwimmen. Einige haben Flügel zum Fliegen und Gleiten.

▲ SPRINGEN UND LANDEN
Beim Sprung muss die Katze Wahrnehmung und Bewegung aufeinander abstimmen. Zuerst schätzt sie die Entfernung ab, sodass sie die richtige Energiemenge freisetzen kann, die in ihren Muskeln gespeichert ist. Dann setzt sie die in Hinterbeinen und Wirbelsäule gespeicherte Kraft ein. In der Luft trägt der Schwanz zum Halten des Gleichgewichts bei, sodass die Landung glatt verläuft.

Fortbewegung

AERODYNAMIK EINES FLÜGELS

Die Luft muss auf der nach oben gewölbten Oberfläche des Flügels einen weiteren Weg zurücklegen und bewegt sich daher schneller. Durch die langsame Luft an der Unterseite entsteht ein Druck, der für den Auftrieb sorgt.

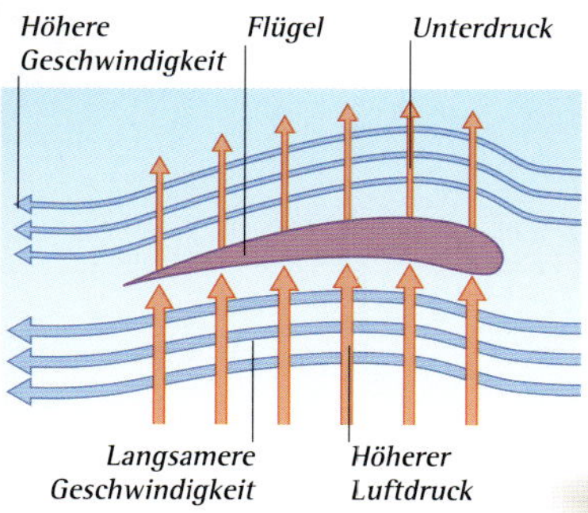

◄ **SCHNELLER LÄUFER**
Viele Tiere verlassen sich auf ihre Geschwindigkeit, um Raubtieren zu entkommen. Die langen Beine des Springbocks stellen ein Hebelsystem dar, das von kräftigen Muskeln bewegt wird. Beim Laufen bringt das Tier die Hinterbeine sehr weit nach vorn, verlängert so die Schrittlänge und erhöht die Geschwindigkeit. Die Hinterbeine sind länger als die vorderen, was für eine schnelle Beschleunigung von Vorteil ist.

***Die Schultern** dienen bei der Landung als Stoßdämpfer.*

***Die Vorderbeine** sind zur Landung gestreckt.*

***Die Hinterbeine** werden nach vorn gebracht, sodass sie in der richtigen Position für die nächste Bewegung sind.*

SCHWIMMTECHNIKEN

Viele Fische schwimmen in einer Abfolge s-förmiger Bewegungen, drücken so das Wasser zur Seite und bewegen sich vorwärts. Um sich zu drehen, müssen sie die Flossen in einem bestimmten Winkel zum Wasser halten. Das Wasser drückt gegen die Flossen und dreht den Körper.

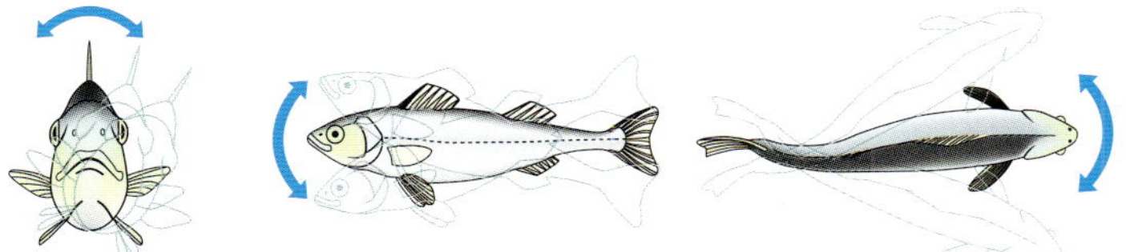

Um die Achse drehen
Die Rückenflosse hält den Fisch in aufrechter Position. Um sich um seine Längsachse zu drehen, bewegt der Fisch die Rückenflosse in die entgegengesetzte Richtung.

Auf- und abtauchen
Um auf- oder abzutauchen, verändert der Fisch die Winkel der Brust- und Bauchflossen. Der Fisch hebt sie zum Abtauchen an und senkt sie zum Aufsteigen ab.

Steuern
Die Schwanzflosse wird zur Steuerung benutzt. Wenn er sie zur linken Seite bewegt, schwimmt der Fisch nach rechts. Bewegt er sie nach rechts, schwimmt er nach links.

◄ **BEWEGUNG DES AUSSENSKELETTS**
Tiere mit Außenskelett besitzen mehrere gegliederte Beinpaare. Krabben haben fünf Laufbeinpaare. Jedes Bein besteht aus mehreren Abschnitten, die durch Gelenke miteinander verbunden sind. An der Innenseite der Gelenke befestigte Muskelpaare ermöglichen das Bewegen der Beine. Krabben laufen mit ihren Beinen seitwärts. Ein Beinpaar ist zum Fressen und zur Verteidigung in Scheren umgewandelt.

DÜSENANTRIEB ►
Manche Quallen lassen sich einfach von der Strömung treiben, doch diese Kompassqualle schwimmt nach dem Rückstoßprinzip. Dazu zieht sie einen Muskelring am Rand ihres Körpers zusammen. Dadurch wird Wasser aus dem Schirm ausgestoßen und die Qualle bewegt sich in die entgegengesetzte Richtung fort. Wenn sich die Muskeln entspannen, füllt sich der Schirm wieder mit Wasser.

SIEHE AUCH ⏭ Fische 126–127 • Huftiere 289 • Körperbau 26–27 • Quallen 84 • Vögel 192–193

SINNE

Tiere sammeln mit ihren Sinnen Informationen über ihre Umgebung, sodass sie sich paaren, Gefahren vermeiden, Nahrung finden und kommunizieren können. Die Sinne liefern auch Informationen über den eigenen Körper, etwa über die Temperatur. Diese Informationen werden vom Nervensystem ausgewertet, das eine Reaktion des Körpers auslöst. Viele Tiere besitzen viel schärfere Sinne als wir und manche sogar einige, die wir überhaupt nicht besitzen.

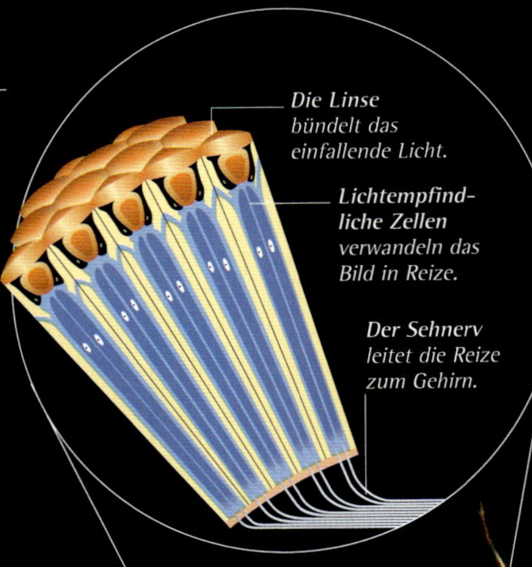

FACETTENAUGE ▼
Die meisten Insekten besitzen Facettenaugen, die aus vielen Einzelaugen bestehen, den Ommatidien. Jedes davon hat eine eigene Linse und kann ein eigenes Bild erzeugen. Das Gehirn setzt diese Bilder zusammen und formt daraus eher ein verschwommenes Mosaik als das scharfe Bild, das mit einem Wirbeltierauge zu sehen ist. Daher kann die Fruchtfliege langsame Bewegungen nur schlecht sehen, reagiert aber auf schnelle Bewegungen wie den Angriff eines Fressfeinds.

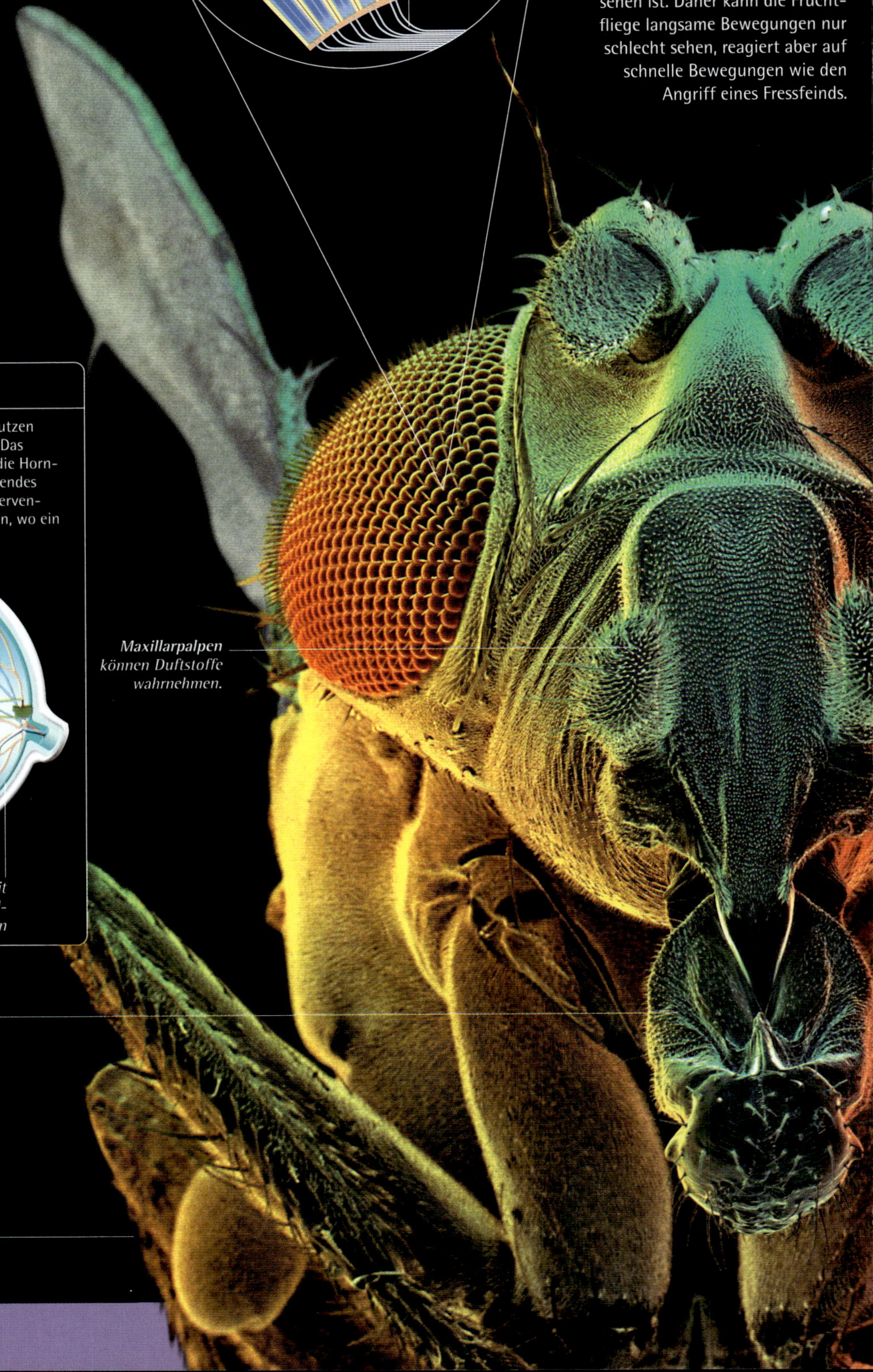

WIRBELTIERAUGE

Die Wirbeltieraugen funktionieren wie eine Kamera und nutzen eine Linse, um Licht zu bündeln und ein Bild zu erzeugen. Das von Gegenständen zurückgeworfene Licht gelangt durch die Hornhaut in das Auge. Die Linse erzeugt ein auf dem Kopf stehendes Bild auf der Netzhaut. Die Netzhaut wandelt das Bild in Nervenimpulse um, die über die Sehnerven in das Gehirn gelangen, wo ein aufrechtes Bild entsteht.

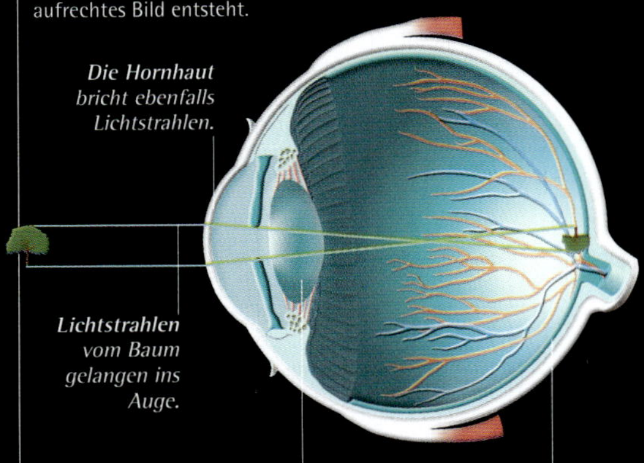

@ ▶▶ Sinne

▲ SCHNÜFFLER
Tiere mit Geruchssinn können in der Luft oder im Wasser befindliche Chemikalien aufspüren. Viele Tiere benutzen Duftmarken, um ihr Revier zu markieren oder einen Partner auf sich aufmerksam zu machen. Raubtiere finden anhand des Geruchs ihre Beute. Hunde haben einen guten Geruchssinn und können zum Finden von Drogen trainiert werden.

DER GESCHMACK DER LUFT ►
Reptilien wie dieser Teju verfügen über ein Jacobsonsches Organ. Es befindet sich im Gaumendach und kann in der Luft befindliche Chemikalien registrieren, etwa den Geruch der Beute. Die Zunge des Tejus ist in ständiger Bewegung, um Geruchspartikel aus der Luft auf dieses empfindliche Organ zu übertragen.

Die Zunge transportiert Duftstoffe.

***Der Flügel** hat Sensoren zur Wahrnehmung des Winds.*

***Die Antenne** nimmt Duftstoffe in der Luft wahr.*

***Das Bein** besitzt berührungsempfindliche Borsten.*

GEHÖR

Alle Geräusche haben eine bestimmte Tonhöhe. Ein hoher Ton wie der einer Pfeife versetzt die Luft in schnellere Schwingungen als ein tiefer, wie etwa das Geräusch eines LKW-Motors. Die Zahl der Schwingungen pro Sekunde bezeichnet man als Frequenz und gibt sie in Hertz an. Das Diagramm zeigt, dass Menschen keine Töne unter 30 und über 20000 Hz hören können. Fledermäuse können einen größeren Frequenzbereich wahrnehmen. Delfine können sehr gut hohe Töne hören, schneiden aber bei den tiefen Frequenzen schlechter ab als Menschen.

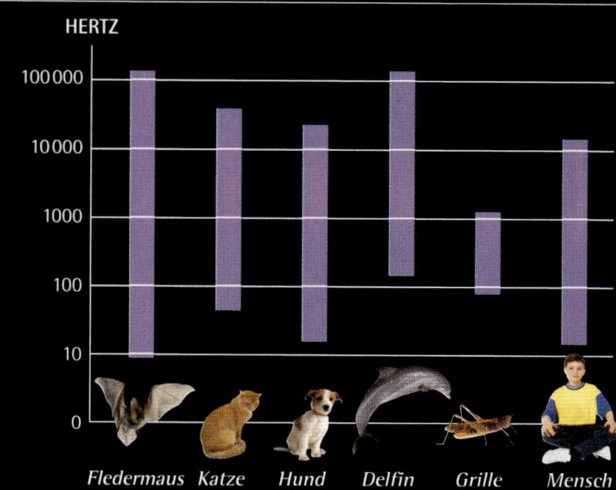

***Die Ohren** sind größer als die anderer Füchse.*

◄ SCHALLTRICHTER
Hören ist die Fähigkeit Schallwellen wahrzunehmen. Manche Tiere verlassen sich auf diesen Sinn bei der Kommunikation und der Jagd. Wüstenfüchse leben in der Sahara und jagen bei Nacht, wenn die Luft kühl ist. Die großen Ohren wirken wie Trichter zur Schallbündelung. Die Schallwellen versetzen das Trommelfell im Ohr in Schwingungen. Der Wüstenfuchs kann die Ohrmuscheln drehen, um den Ursprung eines Geräuschs zu bestimmen.

***Fleischige Tentakel** umgeben die Nase.*

TASTENDE TENTAKEL ►
Der nordamerikanische Sternmull lebt in völliger Dunkelheit in unterirdischen Bauten. Er benutzt seine 22 fleischigen Nasententakel, um sich vorwärts zu tasten, wobei er bis zu 22 Objekte pro Sekunde berühren kann. So kann er selbst das winzigste Beutetier über den Tastsinn wahrnehmen.

SIEHE AUCH ⏭ Fledertiere 254–255 • Haie 131 • Insekten 97 • Kommunikation 34–35 • Wüsten 58–59

VERHALTEN

Zum Verhalten gehört, was ein Tier macht und wie es diese Tätigkeit ausführt. Sein Verhalten ermöglicht einem Tier seine Überlebenschancen zu steigern und einen Partner zu finden. Manches Verhalten ist instinktiv, also angeboren und in den Genen verankert. Tiere sind auch in unterschiedlichem Maße lernfähig und können sich verschiedene Verhaltensweisen aneignen, entweder von Artgenossen oder aufgrund guter oder schlechter Erfahrungen.

Grauhörnchen können lernen den Käfig mit Zähnen und Füßen zu öffnen.

◄ ERLERNTES VERHALTEN

Tiere bringen ihr Verhalten mit den entsprechenden Ergebnissen in Verbindung. Manche Tiere können schwierige Tätigkeiten erlernen, wenn sie dafür belohnt werden. Diese Grauhörnchen haben es gelernt, Erdnüsse aus dem Vogelfutterbehälter zu stehlen. Mit Intelligenz und Gerschicklichkeit haben sie gelernt den Behälter zu öffnen.

Der Stein wird als Hammer benutzt.

Straußeneier haben eine sehr dicke Schale.

▲ WERKZEUGGEBRAUCH

Manche Tiere lernen den Gebrauch einfacher Werkzeuge, um an ihre Nahrung zu kommen. Die Schale des Straußeneis ist zu dick, als dass sie der Schmutzgeier mit dem Schnabel knacken könnte. Stattdessen benutzt er schwere Steine, um das Ei zu zertrümmern. Wenn keine Steine in der Nähe sind, fliegt der Vogel weg, um welche zu suchen.

Das Gras ist sehr biegsam.

Der Schnabel wird zum Verknoten der Grashalme benutzt.

Der Pieper müht sich mit dem zu großen Küken ab.

◄ GEBORENE ELTERN

Piepern ist es angeboren, auf einen aufgesperrten roten Rachen mit Füttern zu reagieren. Der Elterninstinkt ist bei diesem Wiesenpieper so groß, dass er den Kuckuck füttert, obwohl er viel größer als die eigenen Jungen ist. Einige Kuckucksarten bauen keine eigenen Nester mehr, sondern legen ihre Eier in fremde Nester.

JAGD IM RUDEL ▲
Afrikanische Wildhunde jagen in Rudeln von etwa 30 Tieren. Dadurch können sie Tiere erbeuten, die für einen einzelnen Wildhund zu groß wären. Obwohl es ihnen angeboren ist, in Gruppen zu leben, müssen sie das gemeinsame Jagen von älteren Tieren lernen. Ein Wildhund führt das Rudel an, während die anderen ihm folgen. Sie jagen ihre Beute, bis sie zu müde zum Laufen ist, zwingen sie zu Boden und fressen sie.

▲ SOZIALE INSEKTEN
Feldwespen ist es angeboren, beim Nestbau zusammenzuarbeiten. Die von einer Königin angeführten Arbeiterinnen bauen rastlos eine sichere Umgebung, in der sich die Wespenlarven entwickeln können. Die Arbeiterinnen übernehmen auch gemeinsam die Verantwortung, die Larven zu füttern.

◄ EIN NEST WEBEN
Obwohl der Bau der hängenden Nester den Dotterwebervögeln angeboren ist, müssen sie die Konstruktion erst einmal üben. Das Nest wird an einem aus einem Grashalm gemachten Ring befestigt und besteht aus miteinander verwobenem Gras. Die anfänglichen Versuche fallen oft auseinander, doch schließlich vervollkommnet der Vogel seine Technik.

SICHERHEIT IN DER MENGE ►
Das Schwarmverhalten von Fischen wie diesen Blaustreifen-Schnappern erschwert es Raubfischen, sich innerhalb der schnell beweglichen und die Richtung ändernden Gruppe ein einzelnes Tier auszusuchen. Ein Räuber kann auch durch die Größe des sich bewegenden Objekts irritiert sein. Außerdem achten im Schwarm immer viele Augen auf einen möglichen Feind. Die Schwarmbildung erfordert ein hohes Maß an koordinierter Bewegung. Dazu sind ein gutes Sehvermögen und Sensorsysteme, die jede Bewegung registrieren, notwendig.

Verhalten

SIEHE AUCH ⏭ Fische **126–127** • Fleischfresser **38** • Kuckucke **218** • Nester und Baue **48–49** • Webervögel **235** • Wespen **113**

KOMMUNIKATION

Tiere verständigen sich, indem sie Signale aussenden, die von anderen Tieren wahrgenommen und verstanden werden. Zu diesen Signalen gehören Töne, Vibrationen, Farben, Gerüche und sogar Tänze. Sie können einem Tier bei der Suche nach einem Partner, dem Abschrecken eines Rivalen, der Verteidigung des Reviers und der Aufrechterhaltung des Familienkontakts helfen. Die Jungtiere mancher Arten betteln mit speziellen Signalen bei ihren Eltern um Futter.

NORMALE FÄRBUNG

BALZFÄRBUNG

EINE PARTNERIN BEEINDRUCKEN ▲
Wenn die Paarungszeit im Frühjahr heranbricht, wechseln die Stichlings-Männchen die Farbe. Die Kehle und der Bauch färben sich leuchtend rot und die Schuppen auf dem Rücken silbrig. Diese Farben zeigen Weibchen, dass das Männchen paarungsbereit ist, und verscheuchen andere Männchen. Durch die leuchtenden Farben steigt jedoch auch das Risiko, von Feinden bemerkt zu werden.

▲ WARNRUF
Brüllaffen leben in Gruppen von etwa sechs Tieren in den Regenwäldern von Belize. Jede Gruppe hat ihr Revier, vor dessen Betreten sie andere Gruppen durch heulende Rufe warnt. Dieser Ruf ist der lauteste, der von einem Landsäugetier produziert wird. Er kann noch in 3 km Entfernung gehört werden. Die Affen erzeugen die Laute, indem sie Luft durch das blasenartig aufgetriebene Zungenbein pressen.

◄ IN KONTAKT BLEIBEN
Manche Wale wie dieser Südliche Glattwal oder Südkaper können Töne erzeugen, die man als Gesänge bezeichnet und die sich im Wasser über große Distanzen fortsetzen. Die genaue Bedeutung ist unbekannt, doch sie könnten zum Finden von Partnern und zum Kontakthalten in den Weiten der Ozeane dienen. Die von Menschen durch Sonargeräte und Motoren erzeugten Geräusche verhindern möglicherweise diese Kommunikation.

▲ FÜTTERE MICH!
Jungvögel wie diese kleinen Feldlerchen betteln durch Strecken der Hälse und Aufsperren der oft leuchtend gefärbten Rachen um Futter. Das Verhalten der Jungen regt den Instinkt der Alten zum Füttern an. Bei manchen Arten wie den Kohlmeisen müssen die Eltern bis zu 900-mal am Tag Futter heranschaffen, um die hungrige Brut zufrieden zu stellen.

PASS AUF! ►
Manche Tiere geben als Pheromone bezeichnete Duftstoffe ab, die von den Artgenossen wahrgenommen werden können. Wenn eine Blattlaus einen Marienkäfer entdeckt, gibt sie über ihre Rückenröhren Pheromone ab, um den Rest der Kolonie zu warnen. Andere Blattläuse können das Signal mit den Antennen wahrnehmen und flüchten.

◄ VERSCHWINDE!
Tiere verhalten sich gegenüber Artgenossen aggressiv, wenn es um Nahrung, Bauten oder Partner geht. Sie können auch gegenüber anderen Arten aggressiv werden, wenn sie sich bedroht fühlen. Dieser Serval faucht, zeigt seine Zähne und stellt die Haare auf. So kann er einen Angreifer verscheuchen, ohne dass eines der Tiere Schaden nimmt.

@ ⏭ Kommunikation

◄ BIENENTANZ
Honigbienen nutzen ein kompliziertes Kommunikationssystem. Wenn eine Arbeiterin eine lohnende Futterquelle findet, kehrt sie zum Stock zurück und führt achtförmige Tänze auf, bei denen sie mit dem Hinterleib schwänzelt. Der Winkel des Tanzes im Verhältnis zur Sonne und seine Geschwindigkeit erzählen anderen Bienen, wo sich die Futterquelle befindet und wie weit sie entfernt ist.

NACHRICHTEN HINTERLASSEN ▲
Schwarzbären verständigen sich, indem sie Gegenstände wie Bäume mit ihrem Geruch markieren. Meistens stellen sie sich auf die Hinterbeine und reiben sich an ihnen mit ihren Rücken, Schultern oder den Hinterköpfen. Sie beißen und kratzen auch an dem Objekt herum. Jeder Bär hat seinen eigenen Geruch, an dem die anderen erkennen, ob er paarungsbereit und in welcher Stimmung er ist.

SIEHE AUCH ⏭ Bären 274–275 • Bienen und Hummeln 112 • Sinne 30–31 • Verhalten 32–33 • Wale 282–283

BRONZEHAI

Der Bronzehai ist ein geschickter Jäger von Knochenfischen. Bronzehaie bilden Gruppen, die den jährlichen Wanderungen der Sardinen folgen, die an der Ost- und Westküste Südafrikas nach Norden ziehen. Die Haie warten ab, bis andere Räuber wie Delfine, Tunfische und Gelbschwanzmakrelen die Sardinen zusammengetrieben haben, und schlagen erst dann zu. Die Raubfische schwimmen durch die silbrige Fischmasse hindurch und schnappen dabei um sich.

@ ⏭ Fleisch-fresser

Wissenschaftlicher Name: *Carcharhinus brachyurus*

Ordnung: Carcharhiniformes (Grundhaie)

Klasse: Chondrichthyes (Knorpelfische)

Verbreitung: tropische und gemäßigte Meere

Gefährdung: nicht gefährdet

Maximallänge: 3,25 m

Maximalgewicht: 305 kg

Nahrung: Knochenfische, Kopffüßer, kleinere Haie und Rochen

Fortpflanzung: Lebend gebärend. Die Jungen werden über eine Plazenta ernährt.

Zahl der Jungen: 13–20

Siehe auch ⏭ Delfine **286–287** • Fleischfresser **38** • Knochenfische **134** • Sportfischen **146–147** • Haie **131**

FLEISCHFRESSER

Fleischfresser sind Tiere, die andere Tiere fressen. Viele von ihnen jagen ihre Beute oder lauern ihr auf, um sie mit scharfen Schnäbeln, Zähnen, Krallen oder Klauen zu töten. Manche Fleischfresser wie Schlangen, Skorpione und Spinnen benutzen Gift, um ihr Opfer schnell zu lähmen, ohne dass es sie verletzen kann. Andere töten ihr Opfer nicht, sondern verwunden es und ernähren sich vom Blut. Fleisch ist sehr energiereich. Daher können Fleischfresser lange ohne Nahrung auskommen.

@ ⏭ Fleischfresser

GEBISS EINES LÖWEN ►
Wie alle Großkatzen besitzt der Löwe dolchförmige Eckzähne. Zusammen mit den kräftigen Kiefermuskeln und dem weit zu öffnenden Kiefer bilden die Eckzähne gefährliche Waffen, die auch Großtiere wie Gnus töten können. Die Reißzähne weiter hinten im Gebiss haben scharfe Kanten und arbeiten wie eine Brechschere zusammen, um Fleisch und Knochen zu zerlegen.

◄ SCHLANGENFRASS
Unbeeindruckt vom Drohverhalten der Kobra verlässt sich der Mungo auf seine Schnelligkeit und Beweglichkeit, um den Gegner zu besiegen und mit einem Biss in den Hals zu töten. Meistens fressen Mungos aber weniger gefährliche Nahrung, etwa Mäuse oder Eier. Nachdem sie auf einigen Inseln im Pazifik und der Karibik zur Kontrolle der Ratten eingeführt worden waren, waren manche der am Boden nistenden Vogelarten vom Aussterben bedroht.

AMEISENARMEE ►
Manche Ameisen überwältigen durch ihre Vielzahl Tiere, die viel größer als sie selbst sind, zum Beispiel Heuschrecken. Mit ihren kräftigen Kiefern trennen sie ihre Gliedmaßen ab. Ameisen sind die häufigsten Fleischfresser in den Tropen. Ein Hektar Regenwald kann bis zu acht Millionen Ameisen beherbergen.

FEUERKRAFT ►
Schützenfische lauern unter der Oberfläche tropischer Gewässer auf Insekten, die sich auf über das Wasser hängende Blätter gewagt haben. Wenn er die Beute entdeckt hat, schießt der Fisch sie mit einem Wasserstrahl von ihrem Blatt, sodass sie ins Wasser fällt.

◄ BLUTSAUGER
Egel beißen schmerzlos, sodass das Opfer nicht bemerkt, dass sie von seinem Blut fressen. Blut ist eine leicht verdauliche, eiweißreiche Nahrung. Der Egel injiziert beim Biss Hirudin, das die Blutgerinnung hemmt und seine Mahlzeit fließen lässt. Die Wunde blutet noch weiter, wenn der Egel zu fressen aufgehört hat.

SIEHE AUCH ⏭ Aasfresser **41** • Allesfresser **40** • Großkatzen **268** • Mangusten **271** • Raubtiere **264**

PFLANZENFRESSER

Pflanzenfresser ernähren sich vegetarisch. Ihre Nahrung ist oft nährstoffarm. Samen können energiereiche Kerne enthalten, doch Stängel und Blätter liefern wenige für das Tier verwertbare Nährstoffe. Deshalb fressen manche Pflanzenfresser fast ununterbrochen. Sie beherbergen oft Bakterien in ihren Därmen, die die Zellwände der Pflanzen auflösen können.

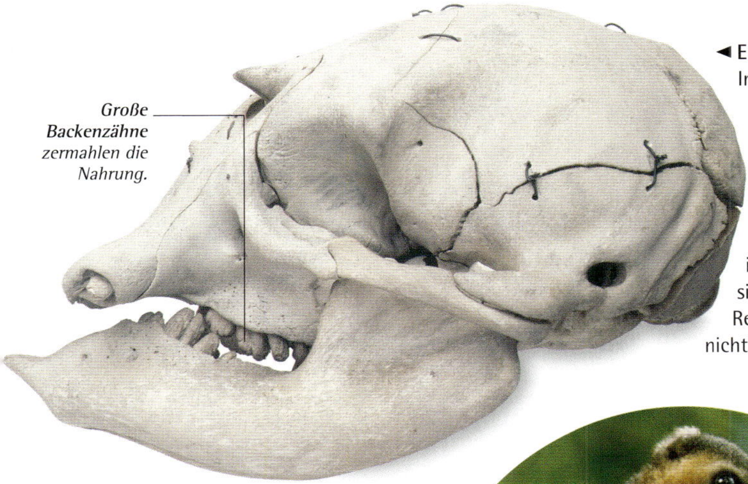

◄ ELEFANTENZÄHNE
Im Schädel des Afrikanischen Elefanten kann man die Backenzähne erkennen, mit denen dieser Pflanzenfresser seine Nahrung zerkleinert. Harte Grate auf ihrer Oberfläche nutzen sich langsamer ab als der Rest. So werden die Zähne nicht glatt geschliffen.

NUSSKNACKER ►
Die nährstoffreichsten Teile der Samen sind meistens durch harte Schalen geschützt. Papageien können mit ihrem kurzen Schnabel große Kraft ausüben und so die Schale knacken und an den essbaren Kern herankommen. Die scharfen Kanten des Schnabels können die Nahrung zerkleinern. Papageien benutzen auch ihre Füße, um Nahrung zu ergreifen.

WÄHLERISCHER FRESSER ►
Einige Pflanzenfresser sind hochgradig spezialisiert. Deshalb können sie nur dort leben, wo ihre Nahrung wächst, und sind sehr schnell beim Verlust ihres Lebensraums vom Aussterben bedroht. Dieser Goldene Bambuslemur frisst ausschließlich eine Riesenbambusart, die so viel Blausäure enthält, dass sie die meisten Säugetiere töten würde. Der Lemur ist immun gegen das Gift.

@ Pflanzenfresser

▲ GRASENDER YAK
Wilde Yaks weiden niedrige Gräser, Moose und Flechten ab, die auf hochgelegenen, kargen Weiden wachsen. Wie andere Wiederkäuer verdaut der Yak die Nahrung teilweise, bevor er sie wieder hervorwürgt und ein zweites Mal kaut. Dann schluckt er sie wieder hinunter, sodass sie seinen vierkammrigen Magen passiert, in dem Bakterien die Verdauung des Pflanzenmaterials unterstützen.

▲ HOCH HINAUS
Giraffen sind die einzigen afrikanischen Pflanzenfresser, die die oberen Zweige der Akazien erreichen können. Daher haben sie beim Fressen keine Konkurrenz. Mit ihren langen Zungen ergreifen sie die Zweige und streifen mit den Zähnen die Blätter ab. Giraffen fressen bis zu 20 Stunden am Tag, wobei sie bis zu 68 kg Nahrung aufnehmen.

SIEHE AUCH ⏭ Giraffen **299** • Huftiere **289** • Körperbau **26–27** • Ökologie **14–15** • Papageien **216–217**

ALLESFRESSER

Tiere, die sowohl Pflanzen als auch andere Tiere fressen, nennt man Allesfresser. Diese Ernährungsweise erlaubt es ihnen, eine Vielzahl von Lebensräumen zu besiedeln. Sie können ihre Ernährung auch auf das Angebot der jeweiligen Jahreszeit einstellen. Die meisten Allesfresser sind an die gemischte Ernährungsweise besonders angepasst. So besitzen Bären die langen Eckzähne des Fleischfressers und abgerundete Backenzähne, um pflanzliche Nahrung kauen zu können.

Die Zähne beeindrucken Weibchen.

◄ EIN GUTES FRÜHSTÜCK
Der Celebes-Hirscheber lebt in kleinen Gruppen in indonesischen Wäldern. Er vertraut auf sein Gehör und seinen Geruchssinn, um besonders in den Morgenstunden seine Nahrung zu finden. Der Hirscheber frisst Früchte, Pilze, Nüsse und Insektenlarven. Wenn er sie erwischen kann, verzehrt er auch kleine Nagetiere.

@ ⏭ Allesfresser

BÄRENHUNGER ►
Grizzlybären fressen große Beutetiere, wenn sie diese fangen können. Ansonsten richten sie sich danach, welche Nahrung gerade im Überfluss wächst, etwa Pflanzentriebe im Frühjahr und Beeren im Herbst. Manche Bären fangen auch Lachse, die zum Laichen flussaufwärts ziehen. Mit dieser gemischten Kost können sie Fettreserven für den Winterschlaf anlegen.

***Kräftiger Schnabel** zum Töten von Beute und Sammeln von Körnern*

▲ KRÄHENSCHNABEL
Krähen gehören zu den erfolgreichsten Allesfressern der Vogelwelt. Einer der Gründe dafür ist ihr Allzweckschnabel. Mit der scharfen Spitze können sie kleine Objekte wie Samenkörner aufnehmen. Der Schnabel ist auch lang, sodass die Krähe größere Beute wie Mäuse, Vögel und Frösche ergreifen kann.

***Die Anemonen-tentakel** schützen den Clownfisch vor Räubern.*

RESTEVERWERTER ►
Clownfische sind mit einem Schleim bedeckt, der sie immun gegenüber den Nesselzellen der Seeanemonen macht. Sie leben zwischen den Tentakeln und warten darauf, dass die Seeanemone ihre Beute lähmt und frisst. Die Clownfische verzehren dann die Reste. Sie fressen auch Algen, winzige im Wasser treibende Pflanzen (Phytoplankton) und Tiere (Zooplankton).

AASFRESSER

Aasfresser verlassen sich auf das Geschick anderer Tiere beim Fangen und Töten der Beute. Sie ernähren sich von dem, was diese Räuber übrig gelassen haben. Manche Aasfresser stehlen sogar Fleisch von den Jägern. Aas fressende Tiere können sehr anpassungsfähig sein und auch in menschliche Siedlungen vordringen, um sich dort von Abfällen zu ernähren.

▲ **VIELSEITIGE AASFRESSER**
Hyänen wie diese Tüpfelhyänen besitzen eine kräftige Kiefermuskulatur und starke Zähne. Damit können sie die Knochen von Kadavern zerbeißen. Hyänen fressen mit Ausnahme von Hufen und Hörnern alle Überreste. Obwohl sie ideal als Aasfresser ausgestattet sind, jagen sie auch lebende Beute.

@ Aasfresser

Clownfische *locken vielleicht auch andere Fische in die Tentakel.*

▲ **NEIDISCHE GEIER**
Geier wie diese Ohrengeier segeln hoch am Himmel oder warten in den Bäumen, um tote Tiere zu finden. Sie beobachten auch einander, und wenn einer von ihnen einen Kadaver gefunden hat, versammeln sie sich um ihn und streiten sich um ihren Anteil. Die scharfen Hakenschnäbel der Geier sind ideal, um Häute aufzureißen und das Fleisch zu zerlegen.

SIEHE AUCH ⏭ Fleischfresser **38** • Greifvögel **206–207** • Kleinbären **277**

VERTEIDIGUNG

Alle Tiere müssen es vermeiden, angegriffen und gefressen zu werden. Sogar Großkatzen wie Löwen sind durch andere Raubtiere gefährdet, besonders als Jungtiere. Viele Huftiere vertrauen auf ihre Wachsamkeit und Geschwindigkeit, um Räubern zu entkommen. Langsamere Tiere können sich mit einer Panzerung oder mit Stacheln verteidigen. Manche täuschen ihre Angreifer, indem sie gefährliche Arten nachahmen. Andere vertrauen auf ihre Tarnung.

STACHLIGE AUSSICHTEN ►
Der Körper des Stachelschweins ist mit langen, harten, spitzen Stacheln bedeckt. Um Raubtiere wie Leoparden, Hyänen oder Luchse abzuschrecken, stellt es die Stacheln auf und rasselt damit. Wenn der Angreifer sich nicht zurückzieht, läuft das Stachelschwein rückwärts auf ihn zu und treibt die Stacheln in sein Gesicht oder seinen Körper, wo sie sich tief in das Fleisch bohren. Die Stacheln sind nur schwer zu entfernen und können Infektionen hervorrufen.

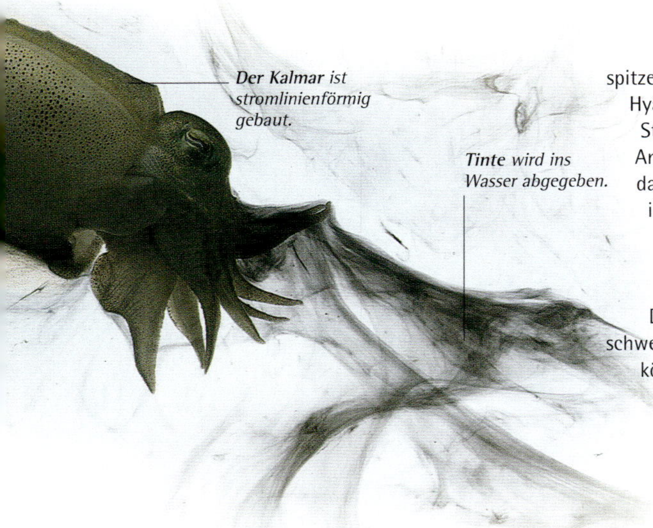

▲ TINTENWOLKE
Die meisten Kopffüßer einschließlich vieler Kalmararten besitzen eine Tintendrüse. Wenn sie sich bedroht fühlen, stoßen sie eine Tintenwolke aus, um den Angreifer zu verwirren. Durch die Wolke verdeckt bringt sich das Tier in Sicherheit. Manche Tintenfische sind auch giftig. Fressfeinde lernen schnell diese Arten zu meiden.

Verteidigung

◄ RÜSTUNG
Ein Borstengürteltier kann einem Raubtier nicht weglaufen, doch die sich überlappenden Gürtel auf seinem Körper geben einen guten Schutz ab. Wenn es den Kopf an die Brust legt und sich zusammenrollt, ist die empfindliche Bauchseite vollkommen geschützt. Die meisten Angreifer geben dann entmutigt auf.

Die Haare schrecken Räuber ab.

▲ IRRITIERENDE HAARE
Die langsamen Raupen der Tigermotten benutzen ihre steifen, spitzen Haare zum Abschrecken von Fressfeinden. Die Haare bohren sich in die Haut, die Augen oder die Kehle und sind sehr unangenehm. Bei manchen Raupen sind die Haare zusätzlich mit Stoffen bedeckt, die einen Ausschlag hervorrufen können.

SICH TOT STELLEN ►
Als letztes Mittel stellen sich manche Tiere einfach tot, wenn sie angegriffen werden. Das Virginia-Opossum wird schlaff und rührt sich nicht, wenn man es ergreift. Wenn der Angreifer einen Moment lang abgelenkt ist, springt es auf und bringt sich in Sicherheit. Dieses Verhalten findet man auch bei verschiedenen Schlangen und Käfern.

Die zusammengefalteten Flügel sehen wie Blätter aus.

BLATTIMITATION ►
Die Flügelzeichnung dieses Blattschmetterlings schützt das Tier, das wie ein totes Blatt wirkt. Dazu muss sich der Schmetterling im gleichen Winkel wie die übrigen Blätter bewegungslos an einem Ast befinden. Auf diese Weise getarnte Tiere fallen natürlich sofort auf, wenn sie sich nicht in ihrer natürlichen Umgebung befinden.

◄ ÜBERLEBENSGROSS
Wenn eine Erdkröte von einer Ringelnatter bedroht wird, bläst sie sich auf, erhebt sich auf die Zehenspitzen und schwankt von einer Seite auf die andere. Die überraschte Schlange kann den Eindruck bekommen, dass die Kröte zu groß zum Verschlingen sei, und wird sich nach einer anderen Mahlzeit umschauen.

SIEHE AUCH ⏭ Gürteltiere 251 • Huftiere 289 • Kleine Beuteltiere 246 • Kopffüßer 89 • Nattern 187

FORTPFLANZUNG

Tiere können sich auf zwei Arten fortpflanzen. Bei der ungeschlechtlichen Vermehrung kann sich ein Tier teilen oder einen Teil seines Körpers abschnüren. Bei der geschlechtlichen verschmelzen männliche (Spermien) und weibliche (Eier) Geschlechtszellen bei der Befruchtung. Daraus entsteht ein Embryo, der zu einem neuen Tier heranwächst. Viele sich geschlechtlich vermehrende Tiere müssen um ihren Partner mit Balzritualen werben.

◄ KNOSPENDE HYDF
Die winzige, in Teichen
lebende Hydra vermehrt
meistens ungeschlechtlich.
ihrer Seite bildet sich eine Kn
Nach einer Weile entwickelt die
einen Mund und Tentakel, sod
sie selbst fressen kann. Schli
trennt sich die neue Hydra
ihrem Elterntier.

Die Tentakel dienen dem Beutefang.

◄ DIE DAMEN BEEINDRUCKEN
Die zur Paarungszeit durchgeführten Rituale, die einen Partner anlocken sollen, nennt man Balz. Die meisten Vögel wie dieser Paradiesvogel zeigen festgelegte Balzelemente, die sicherstellen, dass sich nur ein Weibchen der gleichen Art angesprochen fühlt. Die Männchen dieser Art spreizen die Flügel und hüpfen auf und ab. Die Weibchen wählen das Männchen mit der eindrucksvollsten Balz.

KOPFNÜSSE FÜR DIE KONKURRENZ ►
Meistens können sich die Pyrenäen-Steinbock-Männchen mit den größten Hörnern die Weibchen aussuchen. Gleich große Männchen kämpfen um die Weibchen, indem sie sich auf die Hinterbeine aufrichten und die Köpfe zusammenstoßen. Das schwächere Männchen zieht sich meist zurück, bevor es zu ernsten Verletzungen kommt.

Die Größe der Hörner zeigt Alter und Rang an.

Starke Nackenmuskeln tragen die schweren Hörner.

Die kräftigen Beine werden zum Aufrichten benutzt.

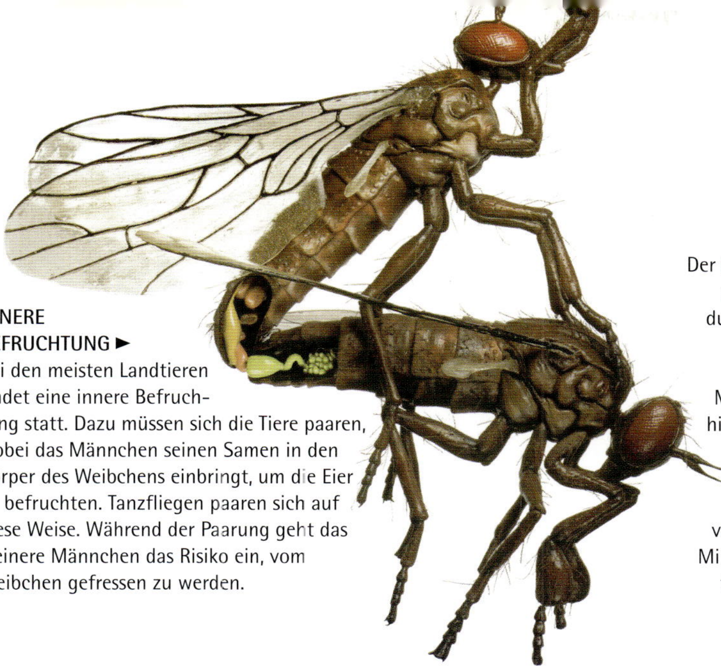

INNERE BEFRUCHTUNG ►
Bei den meisten Landtieren findet eine innere Befruchtung statt. Dazu müssen sich die Tiere paaren, wobei das Männchen seinen Samen in den Körper des Weibchens einbringt, um die Eier zu befruchten. Tanzfliegen paaren sich auf diese Weise. Während der Paarung geht das kleinere Männchen das Risiko ein, vom Weibchen gefressen zu werden.

ÄUSSERE BEFRUCHTUNG ►
Der Silberlachs vermehrt sich wie viele im Wasser lebende Tiere durch eine so genannte äußere Befruchtung. Das Weibchen laicht seine Eier ab und das Männchen schwimmt über sie hinweg und gibt seinen Samen hinzu, wie auf dem Bild zu sehen ist. Der Erfolg der äußeren Befruchtung hängt vom Zufall ab. Nur wenige der Millionen von Spermien können tatsächlich ein Ei befruchten.

ENTWICKLUNG EINER FORELLE

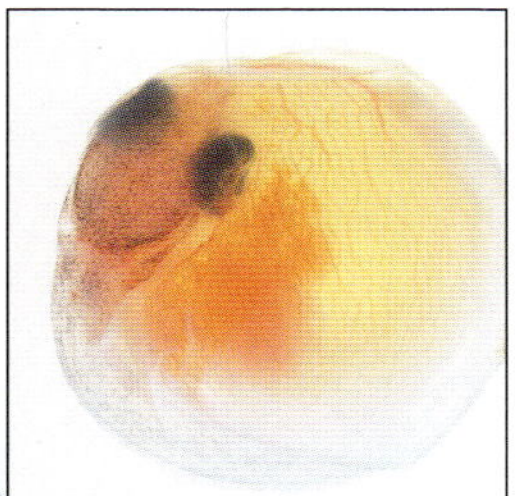

EI MIT AUGEN
Nach der Befruchtung entwickelt sich abhängig von der Wassertemperatur ein vielzelliger Embryo im Forellenei. Der Embryo zeigt bald Organe, beispielsweise die Augen. Man kann sie im Ei gut als schwarze Punkte erkennen.

LARVE
Aus den Eiern schlüpfen winzige Larven. Sie besitzen noch keinen Mund zum Fressen, sondern ernähren sich vom Dottersack, der an ihrem Bauch hängt. Die Larven benötigen mehrere Wochen, bis sie den Dotter aufgezehrt haben.

GESCHLECHTSREIFER FISCH
Nach dem Aufbrauchen des Dotters ähnelt der Jungfisch bereits den erwachsenen Tieren. Er muss nun nach Nahrung suchen und heranwachsen. Nach ein bis vier Jahren wird die junge Forelle geschlechtsreif. Nun beginnt der Kreislauf von vorn.

▲ FRISCH GESCHLÜPFT
Viele Embryonen der Reptilien und alle der Vögel entwickeln sich in der Sicherheit einer Eischale. Während die Vögel die Eier mit ihrer Körperwärme bebrüten, halten Schildkröten sie warm, indem sie sie in verrottende Pflanzen oder warmen Sand legen. Junge Schildkröten besitzen einen speziellen Eizahn auf der Nase, um die Eierschale aufzubrechen.

SCHWANGERSCHAFT ►
Wenn das Ei im Körper des Weibchens befruchtet worden ist, wird es entweder zum späteren Schlüpfen abgelegt oder es bleibt im Körper, um sich zu einem Jungtier zu entwickeln. Die meisten Säugetiere wachsen als Fötus in der Gebärmutter des Weibchens heran. Die Zeit von der Befruchtung bis zur Geburt bezeichnet man als Schwangerschaft oder Trächtigkeit. Bei Gorillas dauert sie zwischen 250 und 290 Tage.

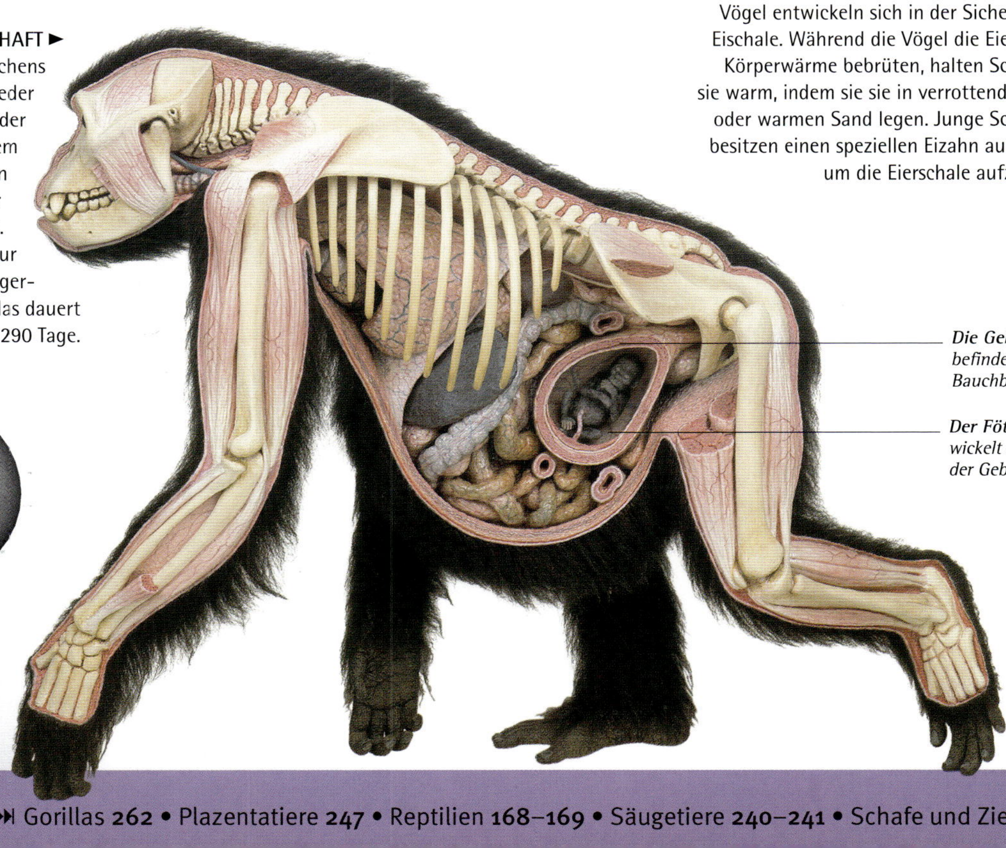

Die Gebärmutter befindet sich im Bauchbereich.

Der Fötus entwickelt sich in der Gebärmutter.

Fort-pflanzung

SIEHE AUCH ⏭ Gorillas **262** • Plazentatiere **247** • Reptilien **168–169** • Säugetiere **240–241** • Schafe und Ziegen **300**

BRUTPFLEGE

Verschiedene Tiere kümmern sich unterschiedlich um ihre Nachkommen. Manche Tiere produzieren riesige Mengen von Eiern, aus denen Junge schlüpfen, die sofort für sich selbst sorgen müssen. Meistens überlebt von ihnen nur eine geringe Anzahl. Andere Tiere bekommen nur wenige Junge, füttern und verteidigen sie jedoch, oft bei großem eigenen Risiko. Diese Brutpflege erhöht die Chancen des Jungtiers erheblich.

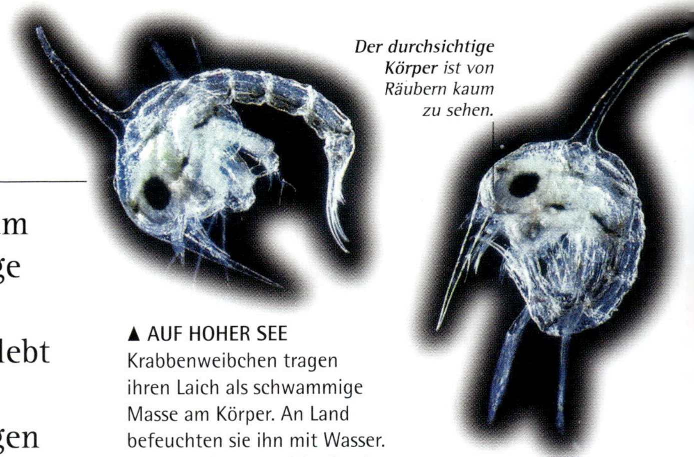

Der durchsichtige Körper ist von Räubern kaum zu sehen.

▲ AUF HOHER SEE
Krabbenweibchen tragen ihren Laich als schwammige Masse am Körper. An Land befeuchten sie ihn mit Wasser. Wenn die Larven schlüpfen, kümmert sich die Mutter nicht mehr um sie und sie werden als Plankton mit den Strömungen verdriftet. Die Larven durchlaufen eine Metamorphose mit mehreren Änderungen ihrer Gestalt, bis sie wie die erwachsenen Krabben aussehen und wieder an die Küste zurückkehren.

MAULBRÜTER ►
Maulbrüter wie dieser Goldstirn-Brunnenbauer pflegen ihre Eier und Jungen im Maul und in ihrer Kehle. Nachdem die Jungen geschlüpft sind, verstecken sie sich bei manchen Arten bei Gefahr im Maul der Eltern. Wenn die Gefahr vorüber ist, spuckt das Elterntier sie wieder aus, sodass sie in der Nähe umherschwimmen können.

VOGELFUTTER ►
Silberreiher versorgen ihre Jungen nicht nur mit Nahrung, sondern helfen ihnen auch bei der Verdauung. Wie bei vielen anderen Vögeln fressen die Eltern die Nahrung, würgen dann den halb verdauten Brei wieder hervor und stopfen ihn ins Maul der Jungen. Wenn der Nachwuchs kräftiger wird, bringen die Eltern unverdautes Futter mit und die Jungen streiten sich um ihren Anteil.

Das Junge wartet auf die Nahrung.

Brutpflege

Das Junge wird beim Transport nicht verletzt.

◄ AN DER KEHLE
Das Hamsterweibchen ist eine aufmerksame Mutter. Wenn Gefahr droht, bringt es die Jungen in ein neues Versteck, wobei es sie vorsichtig trägt, ohne sie zu verletzen. Hamsterweibchen bekommen mehrere Würfe pro Jahr, von denen jeder bis zu acht Junge umfassen kann.

▲ SOZIALE VERANTWORTUNG
Moschusochsen leben in Herden von bis zu 100 Tieren in Grönland und Nordkanada. Wenn Wölfe die Herde bedrohen, bilden die erwachsenen Tiere einen Kreis um die Jungen und wenden den Angreifern die Hörner zu. Sie halten die Jungen auch in ihrer Mitte, um sie vor dem eisigen arktischen Wind zu schützen.

MUTTERMILCH ►
Alle Säugetiere ernähren ihre Jungen mit Milch, die als energiereiche Nahrung alles enthält, was ein Jungtier in der Anfangsphase seines Lebens benötigt. Das Säugen schafft eine enge Bindung zwischen der Mutter und ihren Jungen. Viele Säugetiere wie diese ostafrikanischen Topis säugen ihre Jungen bis zu einem Jahr lang.

▲ OHRWURM-ELTERN
Die meisten Wirbellosen kümmern sich nicht um ihre Eier. Ohrwürmer bilden hier eine Ausnahme. Im Herbst legt das Weibchen seine Eier in die Erde und pflegt sie im Winter. Es leckt sie regelmäßig ab, um Schimmel zu entfernen. Wenn die Jungen im Frühjahr schlüpfen, füttert das Weibchen sie oft und bleibt mit ihnen mehrere Monate lang zusammen.

SIEHE AUCH ⏭ Fortpflanzung 44–45 • Ozeane 74–75 • Säugetiere 240–241 • Wirbellose 78–79

NESTER UND BAUE

Tiere benötigen einen Ort zum Leben, an dem sie vor schlechtem Wetter und Fressfeinden geschützt sind und ihre Jungen aufziehen können. Manche Arten suchen sich dazu natürlich entstandene Höhlen oder Löcher in Bäumen aus. Manche graben sich auch einen Bau in den Boden. Viele Tiere errichten komplizierte Nester. Zu dieser Arbeit gehören sowohl das Sammeln des Materials als auch die Konstruktion des Bauwerks.

MÄUSENEST ►
Die Amerikanische Erntemaus baut aus Grashalmen, Blättern und Stängeln ein kugelförmiges Nest, das so groß wie ein Tennisball ist. Es befindet sich etwa 60 cm über dem Boden und wird von den Stängeln der Gräser gehalten. Die Maus verwendet ihren Greifschwanz wie einen zusätzlichen Fuß, wenn sie ihr Nest baut.

***Die Gräser** wärmen die jungen Mäuse.*

***Das Nest** wird von Gras- oder Getreidestängeln gehalten.*

▲ FLEDERMAUSHÖHLE
Höhlen bieten Fledermäusen einen trockenen Unterschlupf, in dem die Temperatur sich unabhängig vom Wetter nur wenig verändert. Um ihren Weg in der Dunkelheit zu finden, benutzen die Tiere ihre Echoortung, deren Schallwellen von den Höhlenwänden zurückgeworfen werden. Wenn sich tausende von Fledermäusen in einer Höhle aufhalten, sammelt sich ihr Kot in großen Mengen auf dem Boden an.

◄ HAUS AUF ZEIT
Anders als die meisten Krebstiere haben Einsiedlerkrebse einen weichen Körper, sodass sie sich leere Schneckengehäuse zu ihrem Schutz suchen. Manchmal ist es schwer, geeignete Gehäuse zu finden, sodass die Einsiedlerkrebse sich um die Schneckenhäuser streiten.

***Der Krebs** kann den Körper ins Gehäuse einziehen.*

NAGETIERSTAATEN ►
Die ostafrikanischen Nacktmulle legen weitläufige Tunnelsysteme an. Diese führen in eine zentrale Kammer, in der die Kolonie lebt. Die Königin, deren einzige Aufgabe das Gebären von Jungen ist, umgibt sich mit Arbeitern, die die Tunnel graben. Sie suchen auch nach Wurzeln und Knollen und verteidigen die jungen Nacktmulle gegen Eindringlinge.

Die Waben sind von Papierwänden umgeben.

Eingangsloch

PAPIERNEST ►
Ein Teil des Nests dieser südamerikanischen Wespen ist aufgeschnitten worden, um das Innere zu zeigen. Das Nest hängt an einem Ast. Es besteht aus Pflanzenfasern, die von den Wespen gekaut wurden, bis sie papierähnlich geworden sind. Die Königin hat den Bau begonnen, dem die Arbeiterinnen die Waben zur Aufzucht der Jungen hinzugefügt haben. Die neuen Kammern sind unten.

@ ⏭ Nester und Baue

VOGELNESTER

GEWEBTE NESTER
Afrikanische Webervögel bauen hängende Nester aus Grashalmen, die sie an den Ästen von Dornbüschen verankern. Die Nester werden von den Männchen errichtet, oft mehrere für verschiedene Weibchen. Die Vögel nisten in Kolonien.

AUF DEM BODEN
Die Beringmöwen im Westen der USA nisten gern auf dem Boden. Zuerst säubern sie den Untergrund und legen dann einen Pflanzenring an. Manchmal fangen sie mehrere Nester an, doch sie stellen nur eines davon fertig und benutzen es.

SCHÖNE AUSSICHT
Das Nest des afrikanischen Weißrückengeiers ist eine aus Zweigen bestehende Plattform. Für die Jungen gibt es genug Platz, um die Flügel auszustrecken, wenn sie zu fliegen beginnen. Das Nest ist ein guter Aussichtspunkt zur Suche nach Aas.

Die Baumhöhle schützt vor dem Wetter und vor Fressfeinden.

Die Zeichnung des erwachsenen Vogels tarnt ihn vor dem Baum.

Die Jungvögel bleiben meistens in der Höhle.

HOHLES HEIM ►
Wie viele Eulen leben die Kreischeulen Nord-, Mittel- und Südamerikas in bewaldeten Gebieten und nutzen Baumhöhlen als Nester. So sparen sie sich die Arbeit des Nestbaus. Die Höhlen befinden sich meistens in 2–6 m Höhe in Laubbäumen wie Ulmen, Platanen und Ahornbäumen.

MIGRATION

Milliarden von Tieren sind zu jeder Zeit auf Reisen unterwegs, die man als Migrationen bezeichnet. Zu ihnen gehören Insekten, Fische, Amphibien, Reptilien, Vögel und Säugetiere. Diese Tiere finden ihren Weg über ihren Instinkt, bestimmte Landmarken, das Magnetfeld der Erde oder die Position der Sonne und der Sterne. Die Migrationen finden statt, um Nahrung und Brutplätze zu finden oder eisigen Wintern und brennend heißen Sommern zu entkommen. Manche werden jährlich, andere unregelmäßig durchgeführt.

◄ MONARCHFALTER
Nachdem sie den Winter in Bäumen im Südwesten der USA und in Mexiko verbracht haben, fliegen Millionen von Monarchfaltern nach Kanada und in den Westen der USA. Dort legen sie ihre Eier an Schwalbenwurzgewächsen ab und nach der Metamorphose kehrt die nächste Schmetterlingsgeneration in die wärmeren südlichen Regionen zurück.

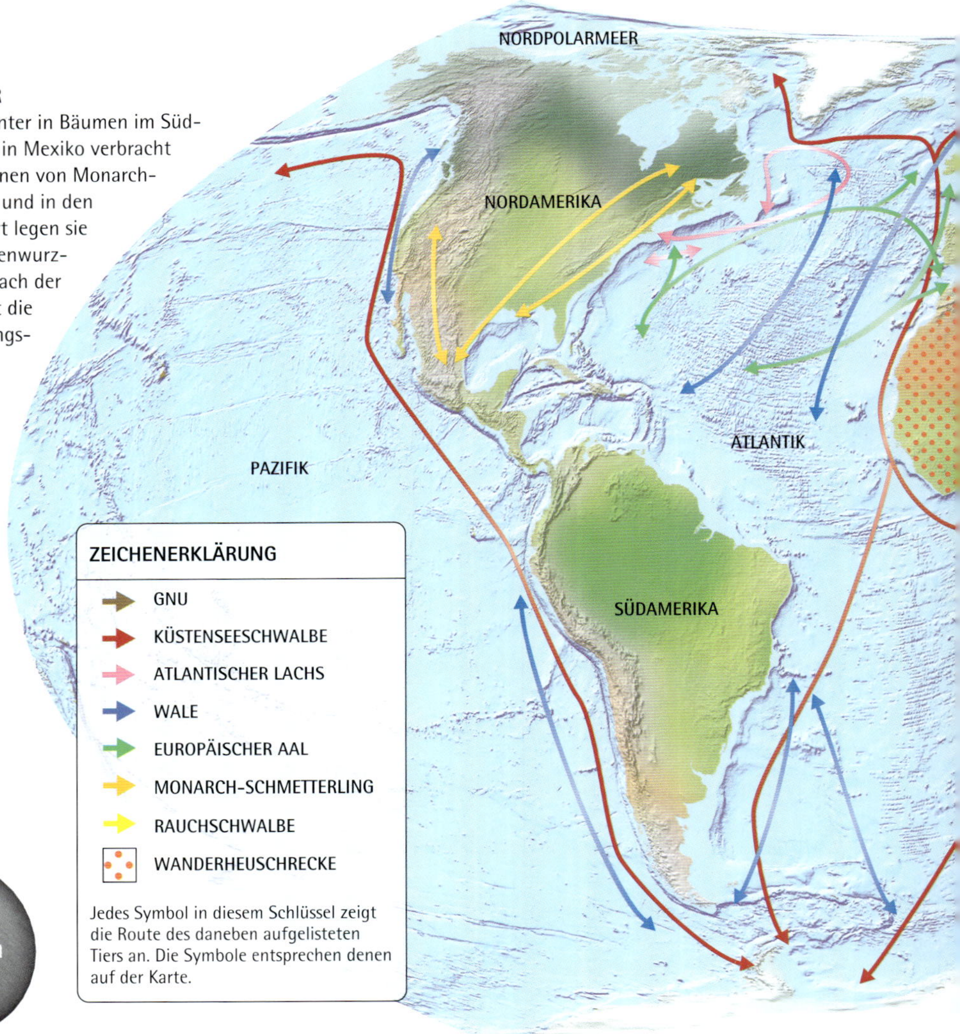

@ Migration

◄ LACHS
Atlantische Lachse schlüpfen in nordamerikanischen und europäischen Flüssen. Wenn sie heranwachsen, wandern sie in das Meer und suchen die nahrungsreichen Gewässer vor Grönland auf. Nach mehreren Jahren orientieren sie sich an Stoffen im Wasser, die ihnen den Weg in ihre Geburtsflüsse weisen, wo sie ablaichen und sterben.

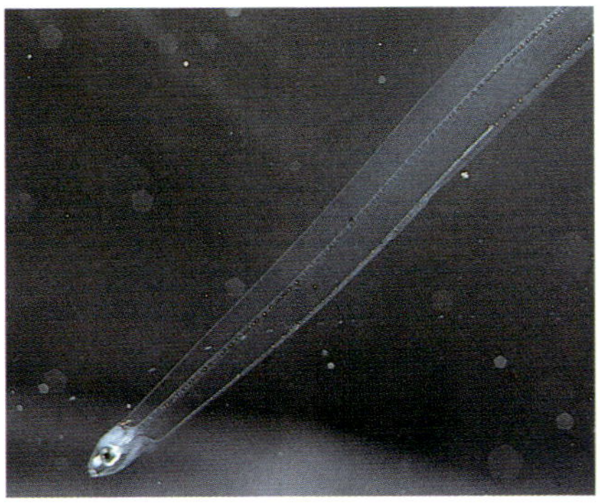

◄ AALLARVE
Europäische Aale leben bis zu 20 Jahre lang in westeuropäischen Flüssen und schwimmen dann flussabwärts, um sich fortzupflanzen. Sie durchqueren den Atlantik und suchen das Sargasso-Meer vor der Ostküste Nordamerikas auf. Larven wie die abgebildete lassen sich dann von den Meeresströmungen nach Europa zurücktreiben.

◄ KÜSTENSEESCHWALBE
Die Küstenseeschwalbe legt weitere Strecken als jeder andere Vogel zurück, wenn sie von einem Ende des Globus zum anderen und wieder zurück reist. Sie nistet im Sommer in der Nähe des nördlichen Polarkreises und fliegt dann 12 000 km weit in den Süden, um den Sommer auf der südlichen Erdhalbkugel zu verbringen.

◄ SCHWALBEN
Schwalben verbringen den Winter im warmen Klima des südlichen Afrika. Im Frühjahr fliegen sie zu ihren Brutplätzen in Nordeuropa, wobei sie oft die gleichen Nester wie im Vorjahr aufsuchen. Die erwachsenen Vögel ziehen früher nach Süden als ihre Nachkommen, die nun den Weg nach Afrika allein finden müssen.

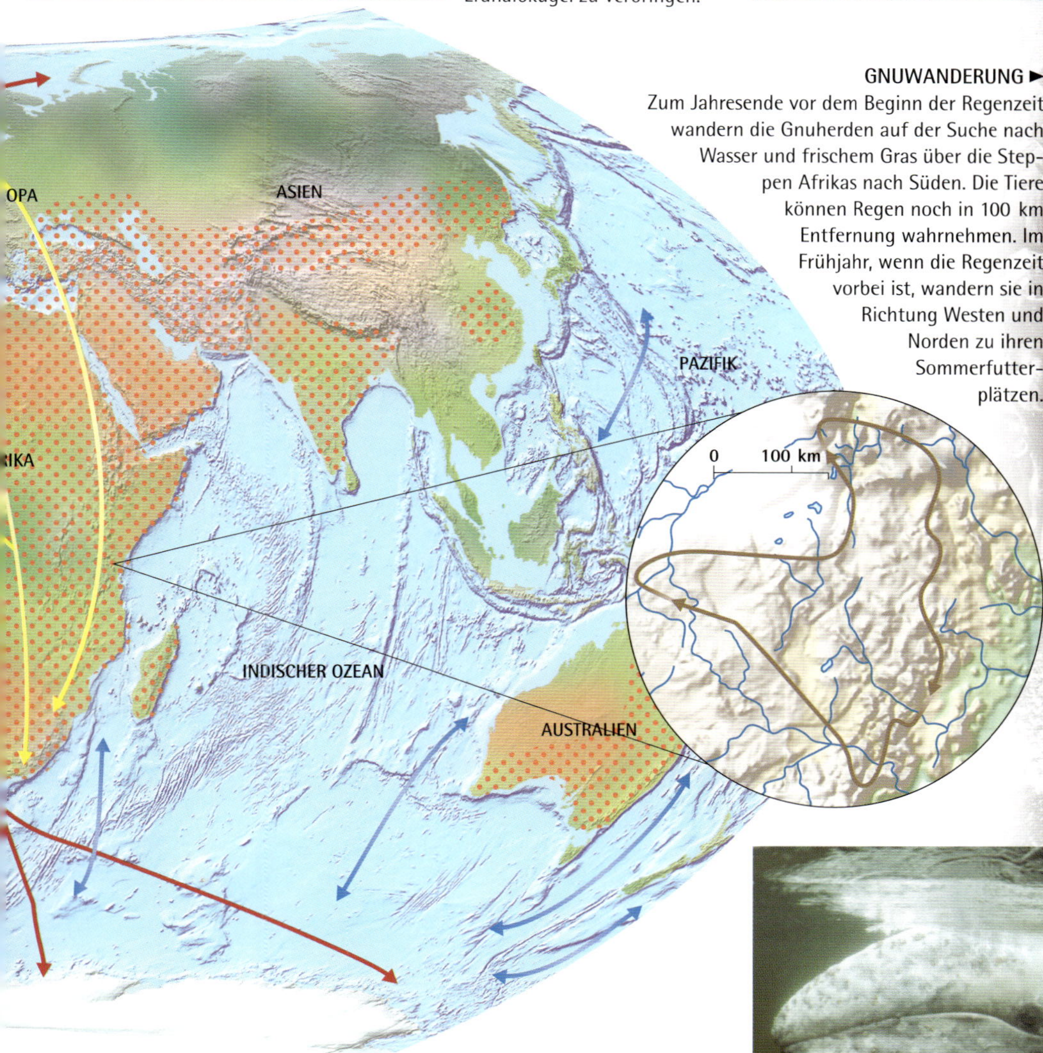

GNUWANDERUNG ►
Zum Jahresende vor dem Beginn der Regenzeit wandern die Gnuherden auf der Suche nach Wasser und frischem Gras über die Steppen Afrikas nach Süden. Die Tiere können Regen noch in 100 km Entfernung wahrnehmen. Im Frühjahr, wenn die Regenzeit vorbei ist, wandern sie in Richtung Westen und Norden zu ihren Sommerfutterplätzen.

▲ GRAUWALE
Viele große Wale suchen zum Fressen die an Nahrung reichen kalten Polargebiete auf, wandern zur Fortpflanzung jedoch in die warmen Gewässer der Tropen. Der Grauwal schwimmt von der Arktis bis an die mexikanische Küste. Vor der Reise frisst er sich Speck (Blubber) an, da in den tropischen Gewässern weniger Nahrung zu finden ist.

◄ WANDERHEUSCHRECKEN
Heuschrecken gehen unregelmäßig auf Wanderung. Auslöser ist Futterknappheit, die auf ihre starke Vermehrung in einer bestimmten Gegend zurückgeht. Sie legen bis zu 3200 km im Jahr zurück, wobei sie sich vom Wind treiben lassen und jede Pflanze fressen, die ihnen begegnet. Manchmal sind Hungersnöte die Folge.

SIEHE AUCH ⏭ Aale und Muränen **138** • Lachse **145** • Schmetterlinge **110–111** • Wale **282–283** • Wüsten **58–59**

LEBENSRÄUME DER TIERE

◄ IM EISIGEN NORDEN LEBEN
Wie andere Bewohner der Arktis ist der Eisbär hervorragend an das Leben in schneidender Kälte angepasst. Sein dichtes Fell und seine dicke Speckschicht halten ihn im Packeis warm. Tiere besiedeln jeden Lebensraum, von den eisigen Polargebieten und Berggipfeln über die Weiten der Ozeane bis hin zu den warmen, feuchten Regenwäldern. Wo sie auch vorkommen, schaffen Tiere durch die Wechselwirkung mit ihrer Umgebung komplexe, sich ständig verändernde Lebensräume.

LEBENSRÄUME

Alle Wildtiere sind an bestimmte Lebensräume angepasst. Ein Polarfuchs ist beispielsweise für das Leben in der Tundra ausgerüstet, ein Kamel für das in der Wüste. Die Eigenschaften eines jeden Lebensraums werden durch Faktoren wie Klima und Böden, Festland oder Gewässer bestimmt. Das beeinflusst, ob und welche Pflanzen dort wachsen, und in der Folge, ob es sich um Wälder oder Grasländer handelt.

◄ **GRASLÄNDER**
Grasländer beherbergen große, wandernde Herden von Pflanzenfressern, die von Raubtieren gejagt werden. Dort leben auch große Populationen kleinerer Tiere, etwa Nagetiere und Insekten.

◄ **WÜSTEN**
Wüsten sind trocken und staubig und am Tage meist sehr heiß. Wasser ist knapp, sodass viele Wüstentiere lange Zeit dursten können. Die häufigsten Tiere sind Insekten, Spinnen, Skorpione und Reptilien.

◄ **REGENWÄLDER**
Im Bereich des Äquators begünstigt das warme, feuchte Klima das Gedeihen üppiger Regenwälder. Sie beherbergen eine enorme Vielzahl von Arten, wie Affen, Papageien, Insekten und Amphibien.

◄ **LAUBWÄLDER**
In Regionen mit kurzen, kalten Wintern werfen die Laubbäume im Herbst ihr Laub ab und bekommen im Frühjahr neue Blätter. Manche Tiere halten einen Winterschlaf und viele Vögel fliegen in wärmere Regionen.

◄ **NADELWÄLDER**
Die kältesten Wälder werden von immergrünen, Zapfen tragenden Nadelbäumen beherrscht, die lange, kalte Winter und kurze Sommer vertragen können. Die Wälder beherbergen Insekten, Raubvögel und Bären.

◄ **BERGE**
Die höheren Gebirgsregionen sind kalt und oft fast unfruchtbar, ohne Bäume und mit begrenztem Tier- und Pflanzenleben. Manche Tiere wie die Bergziegen haben sich dem Leben in dieser rauen Umgebung angepasst.

LEBENSRÄUME DER ERDE ►
Die Lebensräume der Erde werden sehr vom Klima beeinflusst. Wüsten entstehen nur in Regionen mit geringen Niederschlägen, während Korallenriffe nur in warmen, flachen Bereichen der Meere gedeihen. Das Klima des Festlands hängt davon ab, wie weit die Region vom Äquator entfernt ist und wie die Winde Feuchtigkeit vom Meer herantragen.

ZEICHENERKLÄRUNG
- Grasländer
- Wüsten
- Regenwälder
- Laubwälder
- Nadelwälder
- Berge
- Polargebiete
- Süßwasser
- Korallenriffe

BIODIVERSITÄT

Manche Lebensräume wie die Regenwälder und Korallenriffe verfügen über eine hohe Biodiversität. Sie beherbergen also eine große Tier- und Pflanzenvielfalt. Lebensräume mit hoher Biodiversität sind meist sehr stabil und unterliegen geringen jahreszeitlichen Schwankungen, sodass man sie meist in den Tropen findet. Kolibris gibt es nur in Amerika und ihre Artenzahl ist in Äquatornähe am höchsten. Nur wenige leben im Norden oder Süden, und auch nur im Sommer.

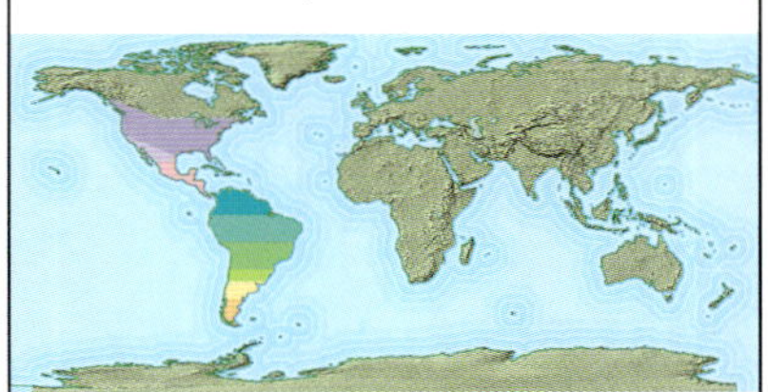

Anzahl der Kolibri-Arten: 3, 10, 55, 155, 165, 110, 60, 20, 1

Der Hakenschnabel ist für das Abreißen von Fleisch geeignet.

KULTURFOLGER ▲
Die großen Lebensräume der Tiere liegen in der Wildnis, doch wilde Tiere leben auch in von Menschen geschaffenen Umgebungen. Viele Vögel nisten auf den Gebäuden, zum Beispiel der Tauben jagende Wanderfalke. Füchse, Waschbären und sogar Hyänen durchstreifen die Straßen vieler Städte, und Müllhalden liefern von Fliegen bis hin zu Eisbären vielen Tieren Nahrung.

Lebens-räume

◄ ACKERLAND
Viele Grasländer und Wälder der Erde sind in Ackerland umgewandelt worden. In manchen Ländern, etwa im östlichen China, wurden dadurch die Wildtiere fast vollkommen ausgerottet. In anderen Gegenden wie hier in England gibt es noch Baumbestände und Hecken, die kleinen Wildtieren einen Lebensraum bieten. Doch der Einsatz von Schädlingsbekämpfungsmitteln macht auch diese Landschaften für Wildtiere unbewohnbar.

HÖHLEN ►
Die meisten Inlandhöhlen sind in Kalkgestein entstanden, das vom Regenwasser aufgelöst wurde. Höhlen werden als Ruhe- und Brutplätze von Fledermäusen, Mauerseglern und Insekten genutzt.

POLARGEBIETE ►
Der kurze Sommer der Arktis lockt Vögel und Weidetiere an, in der blühenden Tundra ihre Jungen zur Welt zu bringen. Nur wenige bleiben ganzjährig hier. In der Antarktis leben die meisten Tiere im oder auf dem Wasser.

SÜSSWASSER ►
Bergbäche und -seen sind meistens kühl und sauber. Die Gewässer der Tiefländer sind wärmer und enthalten viele Nährstoffe und Pflanzen. Hier leben Tiere von Insekten und Krebsen bis hin zu Fischen und Panzerechsen.

KÜSTEN ►
Tiere der Küsten müssen den Ansturm der Wellen und unterschiedliche Wasserstände überleben, doch der Nahrungsreichtum entschädigt sie dafür. Geschützte Strände enthalten eine Vielfalt von Muscheln und Würmern

KORALLENRIFFE ►
Riffe bildende Korallen leben in Symbiose mit Algen, die mit Sonnenenergie Nährstoffe produzieren. Korallenriffe gibt es im warmen, flachen Wasser, wo sie Fischen und Wirbellosen einen Lebensraum bieten.

OZEANE ►
Die Ozeane sind sehr tief, doch die meisten Fische und anderen Tiere leben in der Nähe der Oberfläche, wo schwebende Algen für Nährstoffe sorgen. Die Algen kommen am häufigsten in kalten Meeren und Küstengewässern vor.

SIEHE AUCH ⏭ Gebirge **66–67** • Grasländer **56–57** • Ozeane **74–75** • Regenwälder **60–61** • Wüsten **58–59**

GRASLÄNDER

Grasländer entstehen, wo es für Wälder zu trocken ist, jedoch nicht so trocken, dass sich Wüsten bilden könnten. Es gibt zwei wichtige Typen: tropische Savannen mit Regen- und Trockenzeiten und gemäßigte Grasländer mit heißen Sommern und sehr kalten Wintern. Gras kann es überstehen, wenn es kurz über dem Boden abgefressen wird, doch die meisten Baumschösslinge werden zerstört. So verhindern die Tiere die Umwandlung von Grasländern in Wälder.

@ Grasländer

◄ SCHLANGENFÄNGER
Der langbeinige Sekretär der afrikanischen Grasländer ist ein spezialisierter Greifvogel, der auf dem Boden nach Insekten, Echsen, Mäusen und Schlangen sucht. Buschfeuer in der Trockenzeit ziehen oft Sekretäre an. Sie erbeuten die kleinen Tiere, die vor den Flammen zu fliehen versuchen.

◄ INSEKTENMAHLZEIT
In tropischen Grasländern wimmelt es von Ameisen und Termiten, die in großen Hügeln leben. Manche ernähren sich von Grassamen, während andere Gras sammeln, es zerkauen und als Kompost zum Anbau von Pilzen benutzen. Der südamerikanische Ameisenbär bricht die Bauten mit seinen langen Krallen auf und fängt die Insekten mit seiner klebrigen Zunge.

GRABENDER VOGEL ►
Da Bäume in der Steppe selten sind, bauen viele Vögel ihr Nest am Boden. Zu ihnen gehört der Kaninchenkauz, der oft verlassene Baue von Kaninchen oder Präriehunden übernimmt. Wenn er keine finden kann, gräbt er sich mit Schnabel und Beinen selbst einen. Anders als die meisten Eulen ist er tagaktiv.

◄ SCHNELLIGKEIT
Viele Weidetiere sind große, langbeinige Tiere, die auf der Suche nach frischem Gras weit umherwandern. Manche wechseln regelmäßig zwischen geeigneten Futterplätzen hin und her. Da es in den Grasländern keine Verstecke gibt, müssen Tiere wie dieses Steppenzebra über Schnelligkeit und Ausdauer verfügen, um Feinden entkommen zu können. Doch Raubtiere wie die Löwen können auch schnell laufen und gewinnen oft das Rennen.

GRASLAND-SCHMETTERLING ►
Zwischen den Gräsern wachsen viele kleine Pflanzen, die für Insekten wichtig sind. Der europäische Schwarzgefleckte Bläuling frisst vom Nektar des Feldthymians und legt seine Eier auf der Pflanze ab. Die Raupen ernähren sich von den Blüten des Thymians und werden von Ameisen in ihr Nest getragen, die sie irrtümlich für Ameisenlarven halten. Dort fressen die Raupen die echten Ameisenlarven, bis sie sich zu Schmetterlingen verpuppen.

WEIDENDE HERDE ►
Gras gibt es in Mengen, doch es ist nicht sehr nahrhaft. Weidetiere wie der Bison müssen viel Zeit mit Fressen verbringen, um genügend Nährstoffe aufzunehmen. Sie besitzen große Mägen und Därme, um diese Grasmengen zu verdauen. Hier gibt es genügend Gras, um hunderte von Tieren nebeneinander weiden zu lassen. Daher können sie zu ihrem Schutz, etwa vor Wölfen, in Herden leben.

◄ WIEDERVERWERTUNG
Weidende Herden hinterlassen auch große Dungmengen, die von Millionen mikroskopisch kleiner Pilze und Bakterien in Nährstoffe umgesetzt werden. Diese Nährstoffe machen den Boden fruchtbar und regen das Graswachstum an. Das Gemisch aus Grasresten und Bakterien im Dung kann auch von anderen Tieren verwertet werden, wie den Mistkäfern, die ihn zu Kugeln rollen und ihre Larven damit füttern.

BLATTFRESSER ►
Grasländer sind von Gräsern und anderen kleinen Pflanzen bewachsen, doch es gibt auch einige Büsche und Bäume. Sie bieten den Laub fressenden Tieren Nahrung. In der afrikanischen Steppe gehören dazu die Giraffen, die die oberen Äste der Akazien abweiden, und die Giraffengazellen oder Gerenuks, die sich zum Fressen auf die Hinterbeine stellen.

SIEHE AUCH ⏭ Ameisenbären 250 • Eulen 220–221 • Greifvögel 206–207 • Schmetterlinge 110–111 • Zebras 291

WÜSTEN

Die meisten Wüsten befinden sich in heißen Regionen, in denen die Sonne Niederschläge schnell trocknet. Sie können auch in kühlen Gegenden mit geringen Niederschlägen liegen, wie die Wüste Gobi in Zentralasien. Wüsten bestehen zum großen Teil aus Steinen und Sand, doch nach einem Regen treiben überall Pflanzen aus. Diese ernähren Nagetiere, die von Katzen und Füchsen gejagt werden.

TÖDLICHES GIFT ►
Schlangen und andere Reptilien schützt ihre schuppige Haut vor dem Austrocknen. Sie können auch lange Zeit ohne Nahrung auskommen. Die Beute ist jedoch so knapp, dass sie möglichst nicht entkommen darf. Darum sind Wüstenschlangen wie diese Hornviper mit einem starken Gift ausgerüstet.

▲ DÜNENBEWOHNER
Dieser Wüstengecko hat »Schwimmhäute« zwischen den Zehen, die das Einsinken im Sand verhindern. Andere Tiere sind auf ihre Weise an das Leben im Sand angepasst, etwa Schlangen, die sich durch Seitenwinden fortbewegen, oder die Sandskinke, glatte Echsen, die durch den Sand »schwimmen« können.

DIE SONNE ERTRAGEN ►
Große Wüstentiere finden kaum Verstecke, um den Tag zu überstehen, und müssen daher stundenlang die intensive Sonnenhitze ertragen. Ein Kamel kann wochenlang ohne Wasser auskommen und dabei bis zu einem Drittel seines Körpergewichts verlieren. Doch dann kann es über 130 Liter innerhalb weniger Stunden trinken.

◄ NOMADEN DER WÜSTE
Große Weidetiere wie diese südafrikanischen Oryx-Antilopen müssen in der Wüste weite Bereiche durchwandern, um genügend Nahrung zu finden. Sie können in sengender Hitze große Strecken zurücklegen und haben auch ein Gespür dafür, die nach einem Regen keimenden Pflanzen zu finden.

▼ WASSERTRÄGER
Oasen liefern vielen Wüstentieren Wasser. Im Südwesten Afrikas fliegen männliche Namaflughühner weite Strecken, um Wasser für die Brut zu sammeln. Sie waten im Gewässer, nehmen Wasser in ihr Brustgefieder auf und fliegen wie kleine Schwämme nach Hause. Die Jungen trinken das Wasser aus den Federn.

RÜCKZUGSMÖGLICHKEIT ►
Manche Wüstentiere meiden die Hitze, indem sie den Tag in kühlen, dunklen Bauten verbringen. Kleine Säugetiere wie diese Wüstenspringmäuse legen sich auch unterirdische Samenvorräte an. Sie wirken wie natürliche Klimaanlagen, da sie in der Nacht Luftfeuchtigkeit aufnehmen und diese am Tag wieder abgeben.

***Die Bauchfedern** nehmen Wasser auf.*

Wüsten

NEKTARVOGEL ▼
Viele Wüsten sind mit Randbereichen aus Buschland umgeben, wo häufigere Regenfälle mehr Pflanzenwuchs zulassen. Einige der Pflanzen zeigen auffällige Blüten, die Nektar fressende Vögel wie diesen südafrikanischen Waldnektarvogel anziehen. Während die Vögel von Blüte zu Blüte fliegen, sorgen sie für die Befruchtung der Pflanzen.

***Der Nektarvogel** nimmt Nektar aus der Blüte auf.*

***Aloeblüten** ziehen eher Vögel als Insekten an.*

NÄCHTLICHER JÄGER ►
Die meisten Raubtiere der Wüste sind relativ klein, da die Nahrung knapp ist. Sie jagen meistens nachts, wenn die Beute aktiv ist, und besitzen daher entsprechende Sinnesorgane. Wüstenfüchse und Katzen wie dieser Karakal haben große Augen, um auch bei Sternenlicht jagen zu können, und ein scharfes Gehör, das jedes Geräusch wahrnimmt.

***Die Pupillen** öffnen sich in der Nacht weit.*

***Die spitzen Ohren** können sich in jede Richtung drehen.*

***Das sandfarbene Fell** dient am Tag der Tarnung.*

Siehe auch ⏭ Grasländer **56–57** • Reptilien **168–169** • Sinne **30–31**

GRÜNES BLÄTTERDACH ▲
Die Baumkronen bilden etwa 20 m über dem Boden ein geschlossenes Kronendach. Daraus ragen immer wieder einige Urwaldriesen hervor. Das Kronendach ist ein reicher Lebensraum für kletternde Tiere wie Affen und Faultiere, ebenso für Vögel wie Tukane, Papageien und Greifvögel.

@ Tropische Wälder

REGENWÄLDER

Wenn die Luft über dem Festland in Äquatornähe aufsteigt, saugt sie die warme, feuchte Luft über den Meeren an. Sie steigt ebenfalls auf und bildet beim Abkühlen große Wolken, die den Boden das ganze Jahr über mit Regen versorgen. Dieses Klima ist ideal für Bäume, die das Land mit dichten, tropischen Regenwäldern bedecken. Sie tragen das ganze Jahr über Laub und es gibt genug Nahrung für eine Vielzahl von Tieren.

SCHATTIGES UNTERHOLZ ▲
Unter dem Kronendach befindet sich das Unterholz, das aus kleinen Bäumen, Büschen und herabhängenden Schlingpflanzen besteht. Diese dunkle Umgebung bietet vielen verschiedenen Tieren einen Lebensraum, darunter Lemuren, Jaguaren, Spinnen und Leguanen.

◄ LEUCHTENDES BLAU
Auf sonnigen Lichtungen leuchten vielfältige Schmetterlingsflügel wie die dieses südamerikanischen Blauen Morpho. Kronendach und Unterholz wimmeln von Raupen, Stabheuschrecken, anderen Blätter fressenden Wirbellosen und Saft saugenden Käfern. Sie dienen Vögeln, Fröschen und Echsen als Beute.

KLETTERFROSCH ▲
Viele Frösche verbringen ihr Leben auf Insektenjagd in den Bäumen. Ihre Haftzehen finden an glatten Blättern Halt. Manche legen ihren Laich in den mit Wasser gefüllten Kelchen der Aufsitzerpflanzen ab. Die meisten sind wie dieser Panzerkopflaubfrosch gut getarnt.

ERDBODEN ▲
Am Waldboden kämpft eine Schicht buschigen Gestrüpps darum, im schwachen Licht zu überleben. Der Boden ist mit Falllaub und anderen verrottenden Pflanzenteilen bedeckt und wird von Fröschen, Schlangen, Spinnen und Millionen winziger Insekten bewohnt.

Der Körper ist gut gepanzert.

◄ SCHWERGEWICHTSKLASSE
Im Regenwald lebt eine erstaunliche Vielfalt von Käferarten. Wissenschaftler haben schon einmal 600 unbekannte Arten auf einer einzigen Baumart gefunden. Manche sind sehr groß, wie dieser Herkuleskäfer aus Zentralamerika. Männchen können 18 cm lang werden. Mit ihren »Hörnern« kämpfen sie um die Weibchen.

▲ **FRUCHTLIEBHABER**
Da in tropischen Regenwäldern zu jeder Zeit Früchte zu finden sind, haben sich viele Tiere wie Vögel, Affen und Flughunde auf diese Nahrung spezialisiert. Jeder Baum trägt zu unterschiedlicher Zeit Früchte, sodass Fruchtfresser wie diese Blaukrönchen auf der Suche nach einer saftigen Mahlzeit ständig unterwegs sind.

WALDAFFE ►
Die im Regenwald am häufigsten vorkommende Nahrung sind Blätter, die jedoch viel weniger Nährstoffe als Früchte oder Fleisch enthalten. Die meisten Affen wie dieser Javaneraffe fressen Blätter, Früchte und Blüten. Speziell angepasste Tiere wie Faultiere ernähren sich nur von Blättern.

AFFENJÄGER ►
In den hohen Regenwaldbäumen der Philippinen nistet der Philippinen- oder Affenadler. Er erbeutet meistens Affen oder andere Bewohner der Baumwipfel, indem er sie mit seinen Krallen von den Ästen reißt. Er ist heute sehr selten geworden, weil die meisten ursprünglichen Regenwälder gerodet worden sind.

◄ **FEDERPRACHT**
Der Orangebauch-Blattvogel lebt in den Gebirgsregenwäldern Südostasiens, wo er die Bäume nach Insekten, Früchten und Nektar absucht. Die leuchtenden Farben der Männchen machen sie im schattigen Unterholz auffälliger, sodass ihre Balz erfolgreicher ist und sie ihre Chancen zum Brüten verbessern.

◄ **SCHLANKER JÄGER**
Kleine Tiere, die in den Regenwaldbäumen leben oder brüten, werden oft die Beute von Baumschlangen wie dieser Grünen Nachtbaumnatter. Das ständig warme Klima des Regenwalds ermöglicht es Schlangen und anderen wechselwarmen Tieren, das ganze Jahr über aktiv zu bleiben. In gemäßigten Zonen verbringen Schlangen die kalte Zeit oft in einer Winterstarre.

◄ **REGENWALDGÄRTNER**
Die meisten Regenwaldtiere leben in den Bäumen, doch der Flachlandtapir sucht auf dem Waldboden nach Blättern und herabgefallenen Früchten. Beim Fressen verschluckt er viele Samenkörner, die mit dem Dung in anderen Waldteilen wieder ausgeschieden werden, wo sie zu neuen Bäumen heranwachsen. Viele Baumarten sind so von den Tapiren abhängig.

Die silbrigen Schuppen *lassen den Pacu glänzen.*

◄ **GEDECKTER TISCH**
Sogar Fische profitieren vom Fruchtreichtum der tropischen Regenwälder. Der südamerikanische Pacu frisst oft Früchte, die von über dem Wasser hängenden Ästen herabfallen. Wenn Regenwaldflüsse wie der Amazonas bei Hochwasser über die Ufer treten, schwimmen die Fische zwischen den Pflanzen umher und finden Nahrung.

SIEHE AUCH ⏭ Huftiere **289** • Käfer **106–107** • Papageien **216–217** • Primaten **256** • Schmetterlinge **110–111**

NEBELPARDER

Der Nebelparder ist ein hervorragender Kletterer. Mit seinem Schwanz hält er die Balance, wenn er in den dichten Regenwäldern Südostasiens von Baum zu Baum springt. Er scheint systematisch zwischen den Klein- und den Großkatzen zu stehen. Seine Färbung mit den unregelmäßigen Flecken hat ihm den Namen gegeben. Der Nebelparder ist vom Aussterben bedroht, was vor allem am Lebensraumverlust durch die Abholzung des Walds liegt. Er wird wegen seines Fells gejagt und wegen seiner Zähne und Knochen, die eine Rolle in der chinesischen Medizin spielen.

Tropische Wälder

Wissenschaftlicher Name: *Neofelis nebulosa*

Ordnung: Carnivora (Raubtiere)

Klasse: Mammalia (Säugetiere)

Verbreitung: Südostasien

Gefährdung: gefährdet

Länge: 60–110 cm

Gewicht: 16–23 kg

Nahrung: Reptilien, Vögel, Säugetiere wie Affen und Wildschweine

Zahl der Jungen: 2–4 pro Wurf

SIEHE AUCH ⏭ Großkatzen **268** • Regenwälder **60–61** • Säugetiere **240–241**

LAUBWÄLDER

Sommergrüne Laubwälder gedeihen in gemäßigtem Klima mit warmen Sommern und kalten Wintern. Bäume wie Eichen, Buchen und Ahorn besitzen flache, breite Blätter, die in jedem Herbst abgeworfen werden. Im Frühjahr werden sie durch neue Blätter ersetzt. Die Lebenszyklen der hier vorkommenden Tiere hängen ebenfalls von den Jahreszeiten ab. Im Frühjahr schlüpfen die Insekten und die Vögel kommen aus dem Süden zurück. Im Herbst fressen sich die Tiere einen Winterspeck an.

◄ FRÜHLINGSERWACHEN
Das Frühjahr ist in den Laubwäldern eine Zeit hektischer Aktivität. Millionen von Raupen schlüpfen und machen sich über die frischen Blätter her. Insekten fressende Vögel wie dieser Trauerschnäpper kommen zum Brüten aus den Tropen zurück und ernähren ihre Brut mit den Raupen. Greifvögel wie der Sperber brüten ebenfalls, weil es genug Nahrung gibt und die Jungen die Gelegenheit haben, ihr Jagdgeschick vor dem Winter zu vervollkommnen.

HARTER WINTER ▲
Im Winter ist die Nahrung knapp. Manche Tiere verkriechen sich oder ziehen in den Süden, doch andere bleiben aktiv. Fleischfresser wie die Füchse können kleine Tiere erbeuten oder Aas fressen, doch Pflanzenfresser wie diese Damhirsche müssen sich unter dem Schnee ihre Nahrung suchen. Manche sterben und dienen den Aasfressern als Nahrung.

Laubwälder

▼ ABKÜHLEN
Viele Vögel verlassen den Wald im Winter und fliegen in die Tropen, wo sie Nahrung finden. Andere Tiere können das nicht und überleben, indem sie einen Winterschlaf halten. Die europäische Haselmaus rollt sich in einem gut isolierten Nest am Waldboden zusammen. Körpertemperatur und Pulsschlag gehen zurück, sodass sie bis zum Aufwachen im Frühjahr Energie sparen kann.

GEFLECKTER SALAMANDER ►
Das im Herbst herabgefallene Laub verrottet zu nährstoffreichem Boden. Von ihm leben Pflanzen, Pilze und Kleintiere wie Regenwürmer, Schnecken und Käfer. Am Boden lebende Tiere wie dieser Feuersalamander finden im Frühjahr, Sommer und Herbst genug zu fressen, doch im Winter graben sie sich ein, um der Kälte zu entgehen.

Die Haut ist leuchtend gefärbt, um Fressfeinde vor dem Gift zu warnen.

SIEHE AUCH ⏭ Hirsche **298** • Nagetiere **302** • Schwanzlurche **164–165**

NADELWÄLDER

In den kalten Wäldern des Nordens gedeihen wegen der kurzen Sommer und langen Winter vor allem immergrüne Bäume, die Nadeln anstelle von Blättern tragen. Die Samen dieser Nadelbäume stecken in Zapfen. Nadelwälder stellen für Tiere raue Lebensräume dar, sodass es weniger Arten als in den warmen südlicheren Wäldern gibt. Viele Tiere sind mit ihrem Fell oder ihren Federn gut an die Kälte angepasst und können im winterlichen Schnee aktiv bleiben.

▲ WALDGREIFVOGEL
Wie andere Raubtiere kann der Habicht auch im Winter genügend Nahrung finden, da kleine Tiere wie Eichhörnchen, Wühlmäuse und Schneeschuhhasen aktiv bleiben. Der Habicht hat relativ kurze, abgerundete Flügel und einen langen Schwanz, sodass er trotz hoher Geschwindigkeit wendig zwischen den Ästen hindurchfliegen kann.

Männchen besitzen rötliches, Weibchen graugrünes Gefieder.

Die Schnabelspitzen überkreuzen sich.

SAMEN AUS EINEM ZAPFEN

▲ ZAPFENSPEZIALIST
Die meisten Vögel, die den Sommer im Nadelwald verbringen, fliegen im Winter nach Süden. Der Fichtenkreuzschnabel bleibt jedoch meistens, um sich von den Samen der Nadelbäume wie der Fichten und Kiefern zu ernähren. Der merkwürdige Schnabel dient dazu, die Schuppen der Zapfen auseinander zu brechen, um mit der Zunge an die Samen zu gelangen.

Junge Kiefernzapfen sind glänzend grün.

HOLZBOHRER ►
Insekten verkriechen sich im Winter vor der Kälte und tauchen im Sommer wieder auf. Schwärme von Blut saugenden Bremsen füllen die Luft und Armeen von Raupen fressen das Laub von den Bäumen. Holzwespenweibchen wie dieses bohren Holz mit ihren Legestacheln an und legen ihre Eier hinein. Die Larven leben bis zu drei Jahre lang im Holz, bevor sie als Wespen zum Vorschein kommen.

Die Ohren sind behaart und spitz.

► SITZENDES ZIEL
Die Eichhörnchen Nordeuropas und Asiens sind auf Nadelgehölze spezialisiert. Im Winter sitzen sie hoch oben in den Bäumen, um an die Samen in den Zapfen zu gelangen. Dabei riskieren sie, von hungrigen Habichten vom Ast geholt oder von Mardern durch die Baumkronen gejagt zu werden.

@ ⏭ Nadelwälder

SIEHE AUCH ⏭ Anpassung 18 • Finken 236 • Greifvögel 206–207 • Hörnchenartige 303 • Marder 277 • Wespen 113

GEBIRGE

Hohe Berge sind für Tiere raue Lebensräume. Das Gestein wird ständig von Regen und Frost abgetragen, weil das Klima feuchter und kälter als im Tiefland ist. So entstehen zerklüftete Landschaften mit dünner Erdkrume, die oft von Schnee bedeckt ist. Wälder wachsen auf den niedriger gelegenen Hängen, doch oberhalb der Baumgrenze (dem höchsten Bereich, an dem Bäume wachsen können) gedeihen nur noch Sträucher und Bergwiesen. Hier gibt es nur noch wenige, spezialisierte Tiere und manche Arten sind sehr selten.

Berge

Das gescheckte Fell tarnt die Tiere zwischen Felsen und Schnee.

Der Schwanz dient zum Balancieren auf Felsvorsprüngen.

◄ JÄGER IM HIMALAJA
Große Raubtiere sind im Hochgebirge selten, da entsprechende Beute schwer zu finden ist. Sie müssen weit umherwandern, um Beute zu finden, und manchmal auch Aas fressen. Viele Raubtiere leben in geringeren Höhen, doch der asiatische Schneeleopard ist ein Bergspezialist. Er besitzt ein dichtes Fell, um die Kälte abzuhalten, und große Nasenhöhlen, um die Atemluft vorzuwärmen. So kann er in Regionen leben, in denen die Temperatur im Winter auf bis zu –40° C fällt.

▲ ÄTHIOPISCHER SCHAKAL
Von Flachland umgebene Berge wirken als Lebensräume wie Inseln. Die Tiere sind von anderen ihrer Art abgeschnitten und entwickeln sich unabhängig von ihnen. Zu diesen Arten gehört der Äthiopische Schakal, mit weniger als 450 Tieren die seltenste Art der Hundeartigen auf der Welt. Er lebt in in den eisigen Steppen der äthiopischen Berge oberhalb der Baumgrenze.

SPRUNGGEWANDT ►
Ziegenarten sind an das Leben auf Felsen und Klippen angepasst und bekannt für ihre Trittsicherheit. Manche Arten leben einzeln und verteidigen die seltenen Weiden als eigene Reviere. Ziegenverwandte wie die Gämsen Südeuropas leben dagegen in Herden, die in weiten Bereichen nach Nahrung suchen und oft die Berge herabkommen, um im Winter dem Schnee zu entgehen.

SIEHE AUCH ⏭ Greifvögel **206–207** • Großkatzen **268** • Hunde **272** • Migration **50–51** • Schafe und Ziegen **300** • Wölfe **273**

▲ **SEGELFLIEGER**
Die in Europa, Asien und Afrika vorkommenden Lämmergeier gehören zu den Flugkünstlern der Berge. Sie lassen sich stundenlang von Aufwinden tragen, wobei sie kaum einmal mit den Flügeln schlagen. Dabei suchen sie nach Kadavern der Tiere, die das raue Klima nicht überlebt haben.

▲ **BERGSCHÖNHEIT**
Die Bergwiesen sind im Sommer oft voller Blüten. Von ihnen werden Nektarfresser wie Kolibris und Schmetterlinge angezogen. Der Alpen-Apollofalter lebt in den europäischen Alpen, wo er auf hohen felsigen Almen zu finden ist. Er sonnt sich oft, um warm zu bleiben, und hält seinen Körper dabei nahe an den Felsen, die Wärme gespeichert haben.

HÖHLEN

Wenn Regenwasser durch Spalten im Kalkstein sickert, löst es das Gestein wie Zucker auf, sodass ein Netz von Tunneln, Höhlen und unterirdischen Flüssen entsteht. Diese Höhlen bieten Tieren nur wenig Nahrung, da Pflanzen nicht im Dunkeln wachsen können. Doch sie dienen den im Freien nach Nahrung suchenden Tieren als Rückszugsmöglichkeit. Höhlen sind isoliert von extremen Außentemperaturen, sodass sie für Fledermäuse und Mauersegler gute Brutplätze darstellen.

▲ **DEN TAG VERSCHLAFEN**
Fledermäuse orientieren sich mit Echoortung. Beim Fliegen stoßen sie hochfrequente Laute aus, die von den Höhlenwänden zurückgeworfen werden, sodass die Tiere nicht dagegenprallen. So können Arten wie diese australische Hufeisennase am Tag in Höhlen ruhen und in der Nacht auf Jagd gehen.

@ ⏭ Höhlen

◄ **HÖHLENGRILLE**
Die Kolonien der Fledermäuse und der in Höhlen lebenden Vögel hinterlassen riesige Kotmengen, die Insekten als Nahrung dienen. Zu ihnen gehören die Höhlengrillen, die sich in der Dunkelheit mit ihren außergewöhnlich langen Antennen zurechtfinden. Wie die meisten Höhlentiere fressen sie fast alles, wie alle möglichen Abfälle, überwinternde Schmetterlinge und sogar andere Höhlengrillen.

HÖHLENFISCHE ►
Manche Fische verbringen ihr Leben in unterirdischen Flüssen und Seen. Sie fressen Mulm und kleine Tiere, die von außen in die Höhle gelangt sind. Arten wie diese Blinden Höhlensalmler leben und vermehren sich schon seit hunderten von Jahren in absoluter Dunkelheit. Im Lauf der Zeit haben sie ihre Augen und die Körperfarbe verloren, sodass das Blut nun durch die transparente Haut schimmert.

SIEHE AUCH ⏭ Anpassung **18–19** • Fledertiere **254–255** • Nester und Baue **48–49**

◄ **FLUG DER SCHNEEGÄNSE** Wenn im Frühling der Schnee schmilzt, erwacht die Tundra zu neuem Leben. Widerstandsfähige Pflanzen wachsen und blühen und Millionen von Insekten schlüpfen. Schwärme von Gänsen, Schwänen und Watvögeln fliegen zum Brüten nach Norden und ernähren ihre Jungen mit den Pflanzen und Insekten. Schneegänse aus dem Golf von Mexiko legen 3500 km zurück, um im arktischen Kanada in riesigen Kolonien zu brüten.

POLARGEBIETE

In den Polargebieten verhindern niedrige Temperaturen, dass der Schnee im Sommer vollständig abschmilzt, sodass Grönland und die Antarktis von dicken Eiskappen bedeckt sind. Diese Regionen sind sehr lebensfeindlich, sodass die Polartiere entweder an den Rändern der Eisdecken in der Tundra, wo der Schnee im Sommer schmilzt, oder im Meer leben. Im Winter frieren sowohl die Tundra als auch die Meere zu, sodass die meisten der Tiere in wärmere Gebiete abwandern.

@ Polargebiete

▲ **EISBEWOHNER** Viele Tiere verlassen die Arktis im Winter, doch für den Eisbären stellt das Eis eine Erleichterung dar. Wenn die Meeresoberfläche gefriert, können die Eisbären bei der Robbenjagd über das Eis laufen. Eisfüchse folgen ihnen und hoffen, dass etwas von der Beute übrig bleibt. Beide Arten schützen sich mit ihrem außergewöhnlich dicken Fell vor der Kälte.

▲ **MEERESJÄGER** Die eisigen Meere der Antarktis sind reich an Nährstoffen, sodass viele Fische, Wale, Pinguine, Seevögel und Robben genügend Nahrung finden. Die Weddellrobbe jagt unter dem Eis nach Fischen. Da sie zum Atmen Löcher in das Eis beißen, leiden viele Weddell-Robben unter schlechten Zähnen. Die meisten anderen antarktischen Robben leben am Rand des Eises.

▲ **SCHNEEDECKE** Lemminge und andere kleine Tiere können den arktischen Winter überleben, indem sie in ihren Bauten unter dem Schnee fressen, wo sie vor den eisigen Winden geschützt sind. Hier finden sie auch Schutz vor Feinden aus der Luft wie den Schneeeulen. Trotzdem sind sie nicht völlig sicher. Sie können in ihren Bauten von schlanken Wieseln gejagt werden.

SIEHE AUCH ⏭ Bären **274–275** • Enten und Gänse **202–203** • Migration **50–51** • Robben **280–281** • Zügelpinguine **68–69**

ZÜGELPINGUINE

Zügelpinguine leben in einem der rauesten Meere der Welt. Eisberge und Packeis dienen den Tieren zwischen ihren Fischzügen als Ruheplätze, doch wenn sich das Eis zu weit ausbreitet, kann es die Tiere am Tauchen hindern. Jedes Paar zieht meistens zwei Junge auf.

@ ⏭ Polargebiete

Wissenschaftlicher Name: *Pygoscelis antarctica*	**Gewicht:** 3–4,5 kg
Ordnung: Ciconiiformes (Storchenvögel)	**Nahrung:** Krill (kleine Krebstiere), ab und zu Fische
Klasse: Aves (Vögel)	**Vermehrung:** Brütet in dicht bevölkerten Kolonien. Jedes Paar baut ein Nest aus Steinen, Knochen und Federn.
Verbreitung: Meere im Bereich der Antarktis bis zur Südspitze Südamerikas	
Gefährdung: nicht gefährdet	**Zahl der Jungen:** 2
Länge: 71–76 cm	

SIEHE AUCH ⏭ Pinguine **195** • Polargebiete **70**

SÜSSWASSER

Der auf das Festland fallende Regen fließt in Bächen und Flüssen zurück ins Meer und sammelt sich unterwegs in Seen und sumpfigen Feuchtgebieten. Die Süßwasser-Lebensräume beherbergen Insekten, Fische, Vögel, Amphibien und Säugetiere. Gebirgsbäche und -seen sind kühl, rein und klar, doch sie enthalten nur wenige Pflanzen und Tiere. Die wärmeren, fruchtbareren Gewässer des Flachlands können mehr Tiere ernähren, doch die Zahl der in ihnen lebenden Arten ist oft begrenzt.

@ ⏭ Süßwasser

▲ **FISCHJÄGER**
Im Herbst versammeln sich tausende von Weißkopfseeadlern an den Flüssen Alaskas, um den pazifischen Lachsen nachzustellen, die stromaufwärts zum Ablaichen schwimmen. Nach dem Laichen sind die Fische erschöpft. Die Adler können einfach ins Flachwasser waten und die Fische mit den Klauen ergreifen.

SÜSSWASSERKREBS ►
Hartes Wasser, das viel Kalzium (Kalk) enthält, ist für Schalen bildende Tiere wie Schnecken, Kleinkrebse und diesen Flusskrebs ideal. Die zahlreich vorkommenden Tiere sind die Nahrung der Fische, etwa der Forellen, die wiederum von größeren Räubern wie Ottern gefressen werden. Flüsse und Seen mit geringerem Kalziumgehalt ernähren weniger Tiere.

SALZWASSERKREBSCHEN

In heißer Umgebung können Seen schnell verdunsten. Dadurch steigt der Salzgehalt des Wassers und Salzseen entstehen. Die wenigen Tiere, die hier leben können, treten oft in großer Zahl auf, wie die Salinenkrebschen in den Salzseen von Utah (USA).

◄ **KINDERSTUBE IM SÜSSWASSER**
Die meisten Amphibien wie auch dieser australische Gestreifte Sumpffrosch benötigen Süßwasser zu ihrer Fortpflanzung. Die Weibchen legen ihre Eier im Wasser ab und die Männchen befruchten sie dort. Die Jungtiere beginnen ihr Leben als schwimmende Kaulquappen, bekommen aber schließlich Beine und sind in der Lage, an Land zu leben und ihre Beute zu jagen.

LIBELLENJAGD ►
Viele Süßwasserfische sind gefräßige Räuber kleinerer Fische, Insekten und anderer Wassertiere. Dieser amerikanische Forellenbarsch schnappt nach einer Libelle auf einer Teichrosenblüte. Wenn Fische wie dieser von Menschen zum Angeln in Gewässer eingeführt werden, können sie viele andere Fische vernichten. Beispielsweise ist der Nilbarsch in den 1960er Jahren in den Viktoriasee eingeführt worden und hat seitdem hunderte kleiner Arten ausgerottet.

SIEHE AUCH ⏭ Froschlurche **160–161** • Greifvögel **206–207** • Krebstiere **117** • Libellen **100** • Sportfischen **146–147**

KÜSTEN

Die Grenze zwischen Wasser und Land kann für Tiere ein gefährlicher Lebensraum sein. Wellen brechen sich an Felsenküsten und zerreiben sie zu Steinen und Sand. Das Wasser spült sie weg und lagert sie an geschützten Plätzen als Kies- oder Sandstrände ab. Diese beiden Küstentypen werden von verschiedenen Tieren bewohnt, die es jeden Tag zweimal ertragen müssen, von der Ebbe freigelegt und von der Flut überspült zu werden.

▲ **STRANDPARTY**
Seevögel, Meeresschildkröten und Robben müssen zur Fortpflanzung an Land zurückkehren. Diese Südafrikanischen Seebären, die in Südafrika und Australien leben, bilden Brutkolonien. Wenn ein Weibchen ein Junges geboren hat, paart es sich mit dem Männchen, in dessen Territorium es sich niedergelassen hat. Sind die Jungen alt genug, löst sich die Kolonie auf.

@ Küsten

◄ **KÜSTENVÖGEL**
Im Sand oder Schlamm der Strände lebt eine Vielzahl von Weichtieren, Würmern und anderen Tieren. Sie werden von Watvögeln wie diesen Strandläufern gefressen, die mit ihren langen Schnäbeln nach ihnen stochern. Wenn das Wasser steigt, warten sie auf die Ebbe, sodass sie wieder nach Nahrung suchen können.

Die Schalen der Muscheln sind bei Ebbe fest geschlossen.

◄ **SCHUTZSCHALE**
Viele Tiere, die an offenen Felsenküsten leben, verbringen ihr Leben als Erwachsene an den Steinen klebend. Die mit Seepocken bewachsenen Muscheln haben feste Schalen, um sich vor losen Steinen und vor dem Austrocknen bei Ebbe zu schützen. Wenn die Flut kommt, öffnen sich die Schalenhälften und die Muschel filtert Nahrung aus dem Wasser.

UNTER DEM STRAND

Ein Strand mag verlassen aussehen und doch können sich Millionen von Tieren im Sand verbergen. Zu ihnen gehören Weichtiere wie Herz- und Klaffmuscheln, Würmer wie Köder- und Ringelwürmer sowie Krebstiere wie die Maskenkrabbe. Manche sammeln ihre Nahrung auf dem Sand, andere erhalten sie vom mit der Flut einströmenden Wasser.

1 Schnurwurm
2 Plattmuscheln
3 Seemaus
4 Scheidenmuscheln
5 Herzmuschel
6 Meerringelwurm
7 Pfauenfederwurm
8 Maskenkrabbe
9 Herzseeigel
10 Wattwurm
11 Klaffmuschel
12 Bäumchen-Röhrenwurm

SIEHE AUCH ⏭ Krabben 120 • Ökologie 14–15 • Ozeane 74–75 • Robben 280–281 • Wat- und Möwenvögel 212–213 • Weichtiere 86

KORALLENRIFFE

Tropische Korallenriffe sind durch einfache Tiere entstanden, die in Kolonien leben und von einem Kalkskelett umgeben sind. In diesen Korallen gibt es winzige Algen, die Nährstoffe mithilfe von Sonnenenergie erzeugen. So können Korallen in klarem, nährstoffarmem Wasser leben. Das Riff ernährt eine erstaunliche Vielfalt von Fischen und Wirbellosen, sodass Korallenriffe zu den vielfältigsten marinen Lebensräumen gehören.

▲ VERWIRRENDE VIELFALT
Zu den im Riff lebenden Tieren gehören verschiedene Arten von Korallen, Fischen, Krebstieren, Nacktschnecken, Seesternen und Seeigeln. Jede Art hat spezielle Lebensweisen entwickelt, sodass die Konkurrenz zu anderen relativ gering ist. Die Zahl der Tiere einer Art ist meistens gering, doch die Anzahl verschiedener Arten ist verblüffend hoch.

LEBENSGEMEINSCHAFT ►
Jeder einzelne Korallenpolyp ähnelt einer kleinen Seeanemone einschließlich der nesselnden Tentakel, mit denen kleine Beutetiere gefangen werden können. Gerade die Riffe bildenden Korallen ernähren sich oft nur noch von den Produkten der Algen, die in ihnen als Symbionten leben. Andere Arten sind nachtaktiv und auf den Fang kleinster im Wasser treibender Lebewesen angewiesen.

▲ MALEDIVENATOLL
Viele Inseln im Indischen Ozean und im Südpazifik sind von Korallenriffen umgeben. Alte Vulkaninseln sind oft mit der Zeit im Meer versunken, doch die sie umgebenden Riffe sind zu ringförmigen Atollen herangewachsen. Die Außenränder des Atolls fallen steil in die Tiefe ab, während sich im Inneren eine seichte Lagune mit Stränden aus weißem Korallensand befindet.

@ Korallenriffe

RIFFPATROUILLE ►
Im tieferen Wasser außerhalb der Riffe patroullieren größere Raubfische wie Haie und Barrakudas, die von den Fischschwärmen angezogen werden. Der Hammerhai geht auch im flacheren Wasser auf der Landseite eines Riffs auf Jagd. Mit Elektrorezeptoren in seiner breiten Schnauze kann er Fische aufspüren, die sich im Sand vergraben haben.

SIEHE AUCH ⏭ Haie 131 • Korallen 81 • Korallenfische 148–149 • Schwämme 80 • Seeanemonen 81

OZEANE

Ozeane bedecken mehr als drei Viertel der Erdoberfläche. Sie sind im Durchschnitt über 3,7 km tief. Die meisten Meerestiere leben in den sonnendurchfluteten Bereichen nahe der Wasseroberfläche, weil die Nahrungskette mit winzigen Algen beginnt, die die Sonnenenergie nutzen. Wenige Tiere leben in der dunklen Tiefsee, da es dort sehr kalt ist, ein extremer Wasserdruck herrscht und es nur wenig Nahrung gibt.

▲ WIMMELNDES LEBEN
Manche Gewässer enthalten mehr Pflanzennährstoffe als andere. Sie werden von schwebenden Algen aufgenommen, die schnell große Flächen in Anspruch nehmen. Dieses Satellitenfoto zeigt Algenblüten im Nordatlantik vor der französischen Küste. Das trübe Wasser dieser Region ist sehr viel nährstoffreicher als das klare in den Tropen.

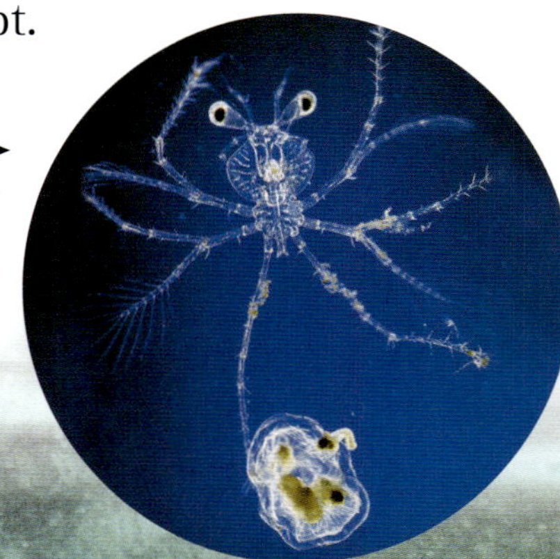

MIKROSKOPISCHES LEBEN ►
Die mikroskopisch kleinen, schwebenden Algen werden von winzigen Tieren gefressen. Viele von ihnen wie diese Bärenkrebs-Larve sind die Jungtiere von Arten, die als Erwachsene auf dem Meeresgrund leben. Viele Larven überleben nicht, da sie vorher von Fischen, Quallen, Muscheln oder Walen gefressen werden.

▲ MEERESSÄUGER
Die Meere enthalten so viel Nahrung, dass einige Luft atmende Säugetiere zum Wasserleben übergegangen sind. Zu ihnen gehören Wale und Delfine, die das ganze Leben im Meer verbringen, und Robben, die im Meer jagen, ihre Jungen aber an Land oder auf dem Eis zur Welt bringen. Dieser Neuseeländische Seebär jagt Fische zwischen dem Kelp.

PLANKTONSCHWÄRME ►
Trübes grünes Wasser enthält winzige Algen und Tiere, die man als Plankton bezeichnet. Sie locken Planktonfresser wie diesen Riesenhai an, einen der größten Meeresfische. Wenn er mit weit offenem Maul durch das Plankton schwimmt, strömt das Wasser durch seine Kiemenschlitze, wobei die Kleinstlebewesen zu Millionen herausgefiltert werden.

@ ►► Ozeane

FRESSGIER ▲
Schwärme kleiner Fische werden von größeren, wie etwa Tunfischen, gejagt. Die Tunfische treiben ihre Beute oft an die Wasseroberfläche, wo die Fische verzweifelt versuchen durch Springen zu entkommen. Dadurch werden hungrige Seevögel angelockt, wie diese Albatrosse. Sie stürzen sich ins Wasser, um sich ihren Anteil zu sichern.

FLACHWASSER ▼
Fische wie dieser australische Geigenrochen erbeuten Muscheln im flachen Wasser. Viele der reichsten Gewässer befinden sich im flachen Küstenbereich, wo die Strömungen Pflanzennährstoffe vom Meeresboden aufwirbeln und in das Wasser darüber tragen. Hier regen sie das Planktonwachstum an, das wiederum unzählige Fische und andere Tiere ernährt.

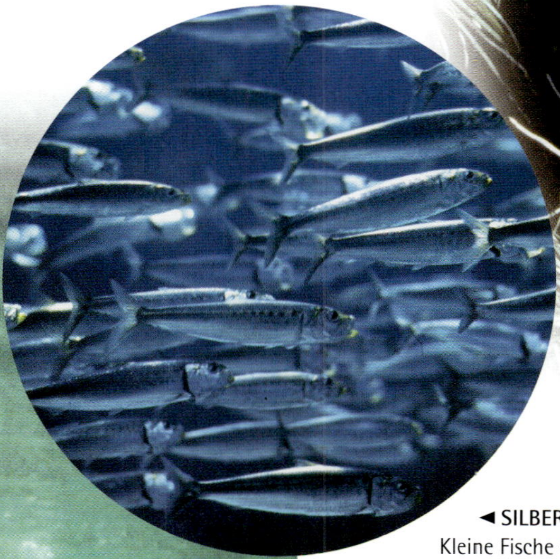

◄ SILBERSCHWARM
Kleine Fische wie diese Sardinen ernähren sich von Plankton und durchqueren den Ozean in großen Schwärmen. Alle Fische bewegen sich wie ein großes Tier gemeinsam. So schützen sie sich vor Tunfischen, Marlins und Delfinen, die Schwierigkeiten damit haben, einen einzelnen Fisch aus der silbrigen Masse herauszufangen.

◄ TODESFALLE
In den Tiefen der Ozeane ist die Nahrung knapp, sodass Tiefseefische wie dieser Fangzahn riesige Mäuler und lange Zähne haben, um jeden anderen Fisch verschlingen zu können, dem sie begegnen. Die meisten Tiefseefische besitzen kleine Körper, um Energie zu sparen, aber enorm dehnbare Mägen, um große Beute verschlingen zu können.

SIEHE AUCH ⏭ Albatrosse 197 • Haie 131 • Robben 280–281 • Rochen 130 • Tiefseefische 154–155 • Wale 282–283

WIRBELLOSE

◄ **LEUCHTEND BUNTER SCHMETTERLING** Monarchfalter ernähren sich von Blütennektar. Sie sind dafür bekannt, dass sie auf ihren Wanderungen durch Nord- und Zentralamerika weite Strecken zurücklegen. Schmetterlinge gehören zu den Insekten, einer Gruppe der Wirbellosen (Tiere ohne Wirbelsäule). Wirbellose sind die zahlreichsten Tiere der Erde. Viele Arten wurden noch nicht entdeckt und wissenschaftlich beschrieben.

WIRBELLOSE

Wirbellose sind Tiere, die weder eine Wirbelsäule noch sonstige Knochen besitzen. Es gibt viele verschiedene Gruppen, denen über 95 % aller Tierarten angehören. Wirbellose kommen in allen Lebensräumen vor, am häufigsten sind sie in den Meeren. Viele sind mikroskopisch klein, die größten werden über 18 m lang. Die meisten verändern während einer Metamorphose ihre Gestalt, wenn sie heranwachsen.

◄ **WIMMELNDES LEBEN**
Mit ihren langen Tentakeln fangen diese Quallen kleine Tiere nahe der Meeresoberfläche. Riesige Mengen Wirbelloser driften mit den Meeresströmungen und bilden das Plankton. Manche, wie die Quallen, ernähren sich von kleinen Wassertieren, andere von winzigen Algen.

Die Qualle *erzeugt Antrieb, indem der Schirm sich öffnet und schließt.*

◄ **FRÜHER WIRBELLOSER**
Diese Versteinerung stammt von einem Trilobiten, einem Wirbellosen, der vor über 400 Millionen Jahren auf dem Meeresgrund lebte. Trilobiten waren eine verbreitete Tiergruppe mit hartem Außenskelett, das leicht versteinern konnte. Die ersten Wirbellosen hatten noch einen weichen Körper. Die ältesten (550 Millionen Jahre alt) fand man in Australien.

Der Chitinpanzer *hat Gelenke, die Bewegungen erlauben.*

BLATTHORNKÄFER

▼ **SKELETTE UND SCHALEN**
Wirbellose besitzen keine Knochen. Der Körper wird auf andere Weise gefestigt und gestützt. Der Regenwurm besitzt ein so genanntes Hydroskelett: Körperflüssigkeit verleiht ihm seine Festigkeit. Weichtiere wie die Kammmuschel haben harte Schalen, während Gliederfüßer wie der Käfer ein Außenskelett aus harten Chitinplatten besitzen.

Weicher Gürtel *nahe dem Hinterende des Wurmes*

REGENWURM

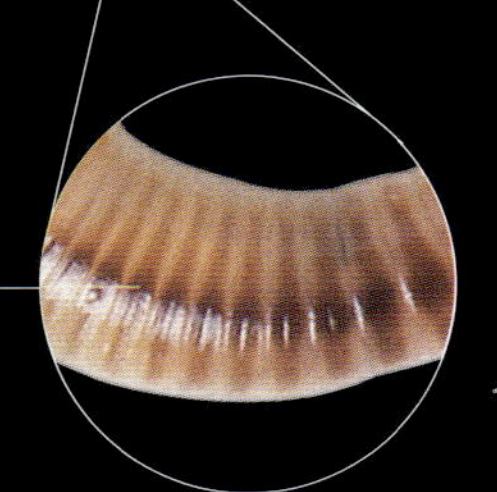

Mit Flüssigkeit gefüllte Segmente *und Muskeln verleihen Festigkeit.*

Die schließbare Schale *schützt den weichen Körper.*

KAMMMUSCHEL

WICHTIGE GRUPPEN WIRBELLOSER						
Schwämme	Nesseltiere	Würmer	**Weichtiere**	**Gliederfüßer**	Stachelhäuter	**Chordatiere**
 *Glasschwamm*	 *Seeanemone*	 *Regenwurm*	 *Landschnecke*	 *Taschenkrebs*	 *Seestern*	 *Seescheide*

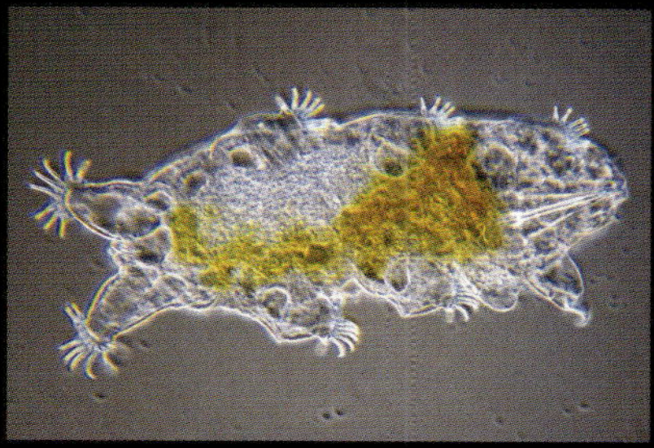

◄ MIKROSKOPISCH KLEIN

Dieser achtbeinige Wirbellose, ein Bärtierchen, ist nur unter dem Mikroskop zu erkennen. Dennoch hat er einfache Augen und ein Gehirn und klettert auf Futtersuche umher. Weil er winzig ist, kann er so kleine Lebensräume besiedeln wie den Flüssigkeitsfilm, der einzelne Bodenklümpchen umgibt. Es gibt viele andere mikroskopisch kleine Wirbellose.

***Die erwachsene Seescheide** hat einen flaschenförmigen Körper.*

◄ WIRBELLOSE CHORDATIERE

Seescheiden sind Wirbellose, die einen stützenden Stab im Körper besitzen. Die so genannte Chorda dorsalis findet man auch in den Embryonen von Wirbeltieren. Wenn das Wirbeltier heranwächst, wird sie von der Wirbelsäule ersetzt. Tiere, die in einem Entwicklungsstadium eine Chorda dorsalis besitzen, werden Chordatiere genannt.

METAMORPHOSE

LARVE
Nachdem sie einige Wochen lang gefressen hat und herangewachsen ist, spinnt die Raupe des Seidenspinners einen Kokon aus Seide. In ihm verwandelt sie sich in einen Schmetterling. Diese Verwandlung nennt man Metamorphose.

SCHMETTERLING
Der Seidenspinner hat funktionsfähige Fortpflanzungsorgane und zwei Flügelpaare. Die Mundwerkzeuge bilden nun einen Saugrüssel. Die Aufgabe des Spinners ist es, einen Partner zu finden und so zur Ausbreitung seiner Art beizutragen.

@ Wirbellose

***Carapax** (harter Schild) bedeckt den Rücken.*

***Facettenaugen** auf Stielen sorgen für Rundumblick.*

***Die Eier** werden vom Schwanz gehalten, bis die Larven schlüpfen.*

***Die großen Scheren** sind erhoben, um die Eiballen zu schützen.*

ELTERLICHE FÜRSORGE

Die Schwimmkrabbe bewacht ein Paket mit Eiern, das sie unter ihrem Körper trägt. Dieses Verhalten ist bei Wirbellosen ungewöhnlich. Die meisten verlassen ihre Eier und der Nachwuchs muss für sich selbst sorgen. Krabben tragen die Eier, bis die Jungen schlüpfen. Manche Spinnen und Skorpione transportieren ihre Jungen auf dem Rücken, bis sie selbstständig sind.

SIEHE AUCH ⏭ Gliederfüßer **90** • Insekten **97** • Körperbau **26–27** • Krebstiere **117** • Systematik **308–309**

SCHWÄMME

Schwämme sind sehr einfach gebaute Tiere, die ihr Leben festsitzend an einem bestimmten Ort verbringen. Sie ernähren sich, indem sie Wasser durch den Körper strudeln und Nahrungsteilchen herausfiltern. Der Körper wird mit einem Skelett aus Fasern stabilisiert. Manche Arten kommen im Süßwasser vor, die meisten jedoch im Meer. Einige sind nur wenige Millimeter groß, die größten können zwei Meter Durchmesser erreichen.

@ Schwämme

WIE SICH SCHWÄMME ERNÄHREN

Schwämme strudeln Wasser durch hunderte von Poren, die Ostien, ein. Kragengeißelzellen erzeugen wie winzige Pumpen eine Wasserströmung. Wenn das Wasser durch die Zellen fließt, werden mikroskopisch kleine Pflanzen und Tiere herausgefiltert. Das gefilterte Wasser strömt durch eine Öffnung, das Osculum, wieder hinaus.

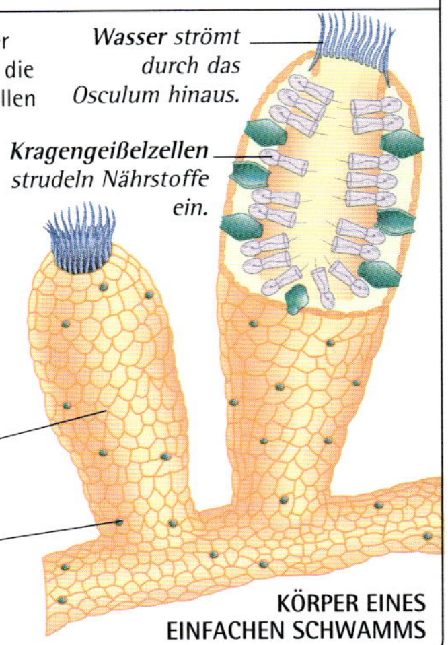

KÖRPER EINES EINFACHEN SCHWAMMS

SKELETT EINES BADESCHWAMMS

SKELETT EINES GLASSCHWAMMS

▲ SCHWAMMSKELETTE
Schwämme haben ein Innenskelett aus Kollagenfasern und Nadeln aus Kalk oder Silikaten. Das Skelett von Glasschwämmen ist spröde, denn die Silikate der Nadeln sind ähnlich aufgebaut wie Glas. Badeschwämme besitzen meist keine Nadeln. Die Fasern eines Badeschwamms sind elastisch, deshalb bleibt er in Form, nachdem man ihn ausgedrückt hat.

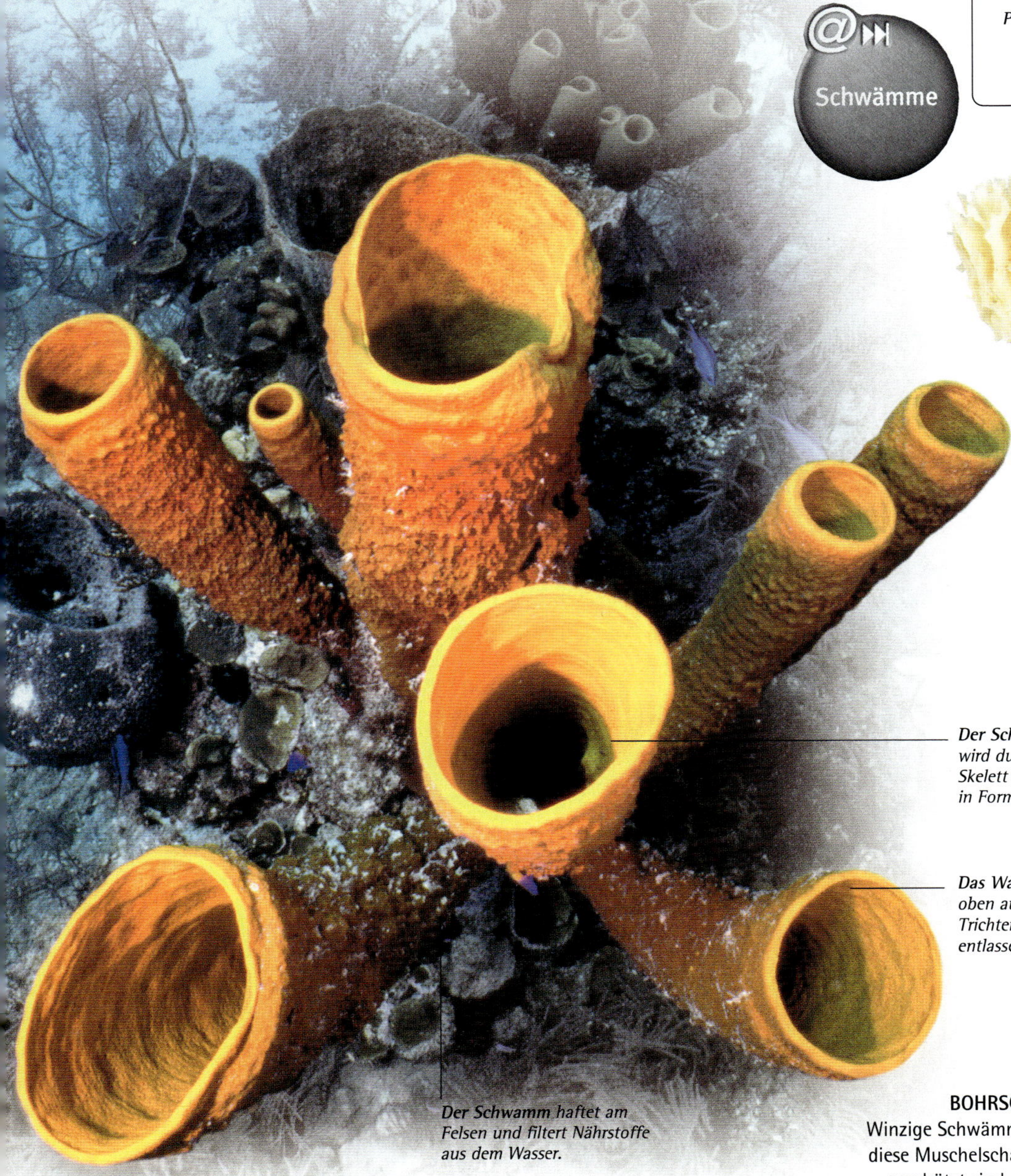

▲ TROPISCHER VASENSCHWAMM
Manche Schwämme sind flach, dieser Vasenschwamm jedoch ähnelt Orgelpfeifen, die bis zu 1 m hoch werden. Diese Gestalt verleiht ihm eine große Oberfläche, mit der er Nährstoffe aus dem Wasser filtern kann. Es gibt über 5000 verschiedene Arten von Schwämmen. In Meereshöhlen und an Korallenriffen sind sie besonders häufig.

BOHRSCHWÄMME ►
Winzige Schwämme haben sich in diese Muschelschale gebohrt, wo sie geschützt sind. Obwohl die meisten Schwämme weich sind, können sich einige kleine Arten in Muschelschalen, Korallen und sogar Gestein bohren. Sie geben eine Säure ab, die die harte Substanz auflöst. Bohrschwämme brechen an Korallenriffen abgestorbene Korallen in kleine Fragmente auf, die sich dann verdichten.

SIEHE AUCH ⏭ Korallenfische 148–149 • Korallenriffe 73 • Wirbellose 78–79

KORALLEN

Obwohl sie Pflanzen ähneln, sind Korallen einfach gebaute Tiere. Der Körper, Polyp genannt, ist weich und besitzt nesselnde Tentakel. Viele Korallen leben in Kolonien und sondern Kalkskelette ab. So bilden sich langsam Riffe. Korallen gehören zur Tiergruppe der Nesseltiere.

KORALLENARTEN

HIRNKORALLE
Sie ähneln oft runden Felsbrocken und erreichen 1 m Durchmesser. Ihre gewundenen Furchen erinnern an ein Gehirn. Sie können an der dem Meer zugewandten Riffseite wachsen, weil sie der Brandung widerstehen.

STEINKORALLE
Diese verzweigten Korallen haben spitze oder abgerundete Enden. Sie brauchen viel Licht, sind schnellwüchsig und können bis 15 cm im Jahr wachsen. Da sie leicht abbrechen, leben sie an geschützten Stellen des Riffs.

PILZKORALLE
Anders als die meisten Riffe bildenden Korallen besteht die Pilzkoralle aus einem einzigen Polypen. Sie kann über 10 cm Durchmesser haben und liegt auf dem Riff oder dem Grund. Mit den Tentakeln kann sie sich fortbewegen.

ORGELKORALLE
Bei dieser Koralle leben die Polypen in parallelen Reihen in Röhren, die wie kleine Orgelpfeifen aussehen. Die Polypen sind grün, die Röhren, die sie schützen, bestehen aus rotem Kalk.

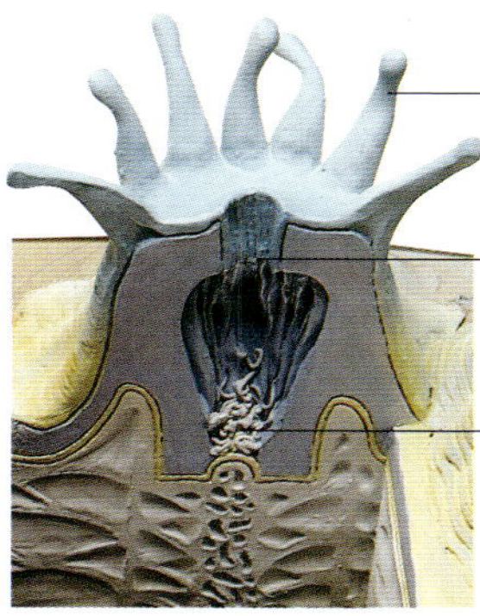

▲ KORALLENPOLYP
Der Körper des Polypen ist hohl mit einer einzigen Mundöffnung oben. Diese ist von einem Ring nesselnder Tentakel umgeben, die Beute fangen und durch die Mundöffnung in die Körperhöhle transportieren. An der Fußscheibe wird das harte Kalkskelett abgesondert.

@ ⏭ Korallen

KORALLENRIFF ▲
Die meisten Korallenriffe befinden sich in sauberen Meeren in Regionen, wo die Temperatur nie unter 20 °C sinkt. Korallenriffe können tausende von Jahren alt sein und sind die artenreichsten Lebensgemeinschaften im Meer. Das Große Barriereriff vor der Küste Australiens ist über 2000 km lang.

SIEHE AUCH ⏭ Korallenriffe **73** • Quallen **84** • Seeanemonen **81** • Wirbellose **78–79**

SEEANEMONEN

Seeanemonen sind Nesseltiere, eine Gruppe Wirbelloser mit hohlem Körper und nesselnden Tentakeln. Anders als Korallen sondern sie kein Kalkskelett ab und leben meist einzeln. Manche Arten vergraben sich im Sand, die meisten jedoch haften mit einer kräftigen Fußscheibe an Felsen oder Riffen.

@ ⏭ Seeanemonen

FANGTENTAKEL ►
Mit ihren ausgestreckten Tentakeln fangen Seeanemonen Tiere, die vorüberschwimmen. Wenn eine Tentakel etwas Essbares ertastet, umschlingen andere schnell die Beute und fügen ihr tausende von Stichen zu. Bei Ebbe ziehen viele Seeanemonen in der Gezeitenzone die Tentakel ein, um nicht auszutrocknen.

SIEHE AUCH ⏭ Quallen **84** • Wirbellose **78–79**

ANTARKTISCHE QUALLE

Indem sie ihren rosafarbenen, gefalteten Schirm ausbreitet, bewegt sich diese große Qualle unter dem Eis antarktischer Meere vorwärts. Sie sucht am Grund und an der Wasseroberfläche nach Nahrung und tötet kleine Tiere mit den Nesselzellen ihrer Tentakel. In den eisigen Gewässern ist die Konkurrenz um Nahrung hart. Die langen, kordelähnlichen Tentakel wurden von einem Räuber, vielleicht einer Seeanemone, abgefressen.

@ ⏭ Quallen

Wissenschaftlicher Name: *Desmonema glaciale*

Ordnung: Semaeostomae (Fahnenquallen)

Klasse: Scyphozoa (Schirmquallen)

Verbreitung: auf dem antarktischen Kontinentalschelf, um die Antarktische Halbinsel, die Südorkney-Inseln und die Insel Südgeorgien

Durchmesser: Schirm bis zu 1 m Durchmesser

Länge: Tentakel bis 9 m lang

Nahrung: Erbeutet tagsüber und nachts frei schwimmende und am Grund lebende Tiere wie kleine Fische, Seesterne und Würmer.

Lebenszyklus: mehrere Stadien: Ei, schwimmende Larve, festsitzender Polyp und frei schwimmende Meduse (Qualle)

SIEHE AUCH ⏭ Fortbewegung **28–29** • Quallen **84** • Wirbellose **78–79**

QUALLEN

Manche Quallen leben im Süßwasser, die meisten Arten jedoch im offenen Meer. Sie gehören zu den Nesseltieren, Wirbellosen mit weichem, transparentem Körper und langen Tentakeln, die mit tausenden von Nesselzellen besetzt sind. Mit ihnen fangen sie ihre Beute. Quallen sind schwache Schwimmer und lassen sich meist mit der Strömung verdriften oder segeln mit dem Wind. Die meisten Quallen sind für Menschen harmlos, manche Arten jedoch können gefährlich nesseln.

NESSELZELLE NACH DER ENTLADUNG

◄ TÖDLICHE QUALLE
Die australische Seewespe, eine Würfelqualle, die bis 25 cm Durchmesser erreichen kann, ist eines der tödlichsten Tiere der Erde. Ihr Schirm ist würfelförmig und die transparenten Tentakel werden bis zu 2 m lang. Seewespen beginnen ihr Leben an abgelegenen Küsten, werden aber manchmal im Nordosten Australiens an Strände gespült. Für Schwimmer sind sie sehr gefährlich, deshalb werden die Strände dann gesperrt.

Quallen

SEGELN AN DER OBERFLÄCHE ►
Anders als die meisten Quallen besteht die Portugiesische Galeere aus vielen Polypen, die in einer Kolonie zusammenleben. Einer der Polypen ist mit Gas gefüllt und bildet ein Segel, in dem sich der Wind fängt. Polypen darunter tragen bis zu 20 m lange, nesselnde Tentakel. Die Portugiesische Galeere kommt vorwiegend in warmen Gewässern vor. Wird sie an den Strand gespült, können die Nesselzellen noch tagelang aktiv bleiben.

◄ RÜCKSTOSSPRINZIP
Quallen schwimmen, indem sie ihren Körper rhythmisch zusammenziehen. Hier schwimmt eine Feuerqualle zur Oberfläche. Zunächst öffnet sich der Schirm weit. Dann zieht er sich zusammen und stößt das Wasser nach hinten aus, sodass die Qualle nach vorne gestoßen wird. Nicht alle Quallen sind Schwimmer. Manche verbringen ihr Leben auf dem Grund des Meeres.

SIEHE AUCH ►► Antarktische Qualle **82–83** • Fortbewegung **28–29** • Korallen **81** • Wirbellose **78–79**

WÜRMER

Ein Wurm ist ein langgestreckter Wirbelloser mit weichem Körper, der keine Beine besitzt. Regenwürmer und Rundwürmer haben einen zylindrischen Körper. Plattwürmer sind meist bandförmig. Würmer kommen in verschiedensten Lebensräumen vor und die meisten benötigen Feuchtigkeit, um zu überleben. Manche ernähren sich von verrottenden Pflanzen, andere sind aktive Jäger oder Parasiten.

@ Würmer

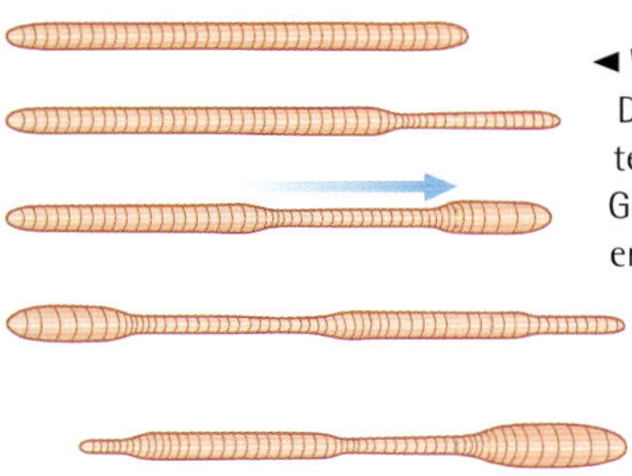

◄ WIE SICH REGENWÜRMER BEWEGEN
Der Körper eines Regenwurms besteht aus vielen Segmenten. Mit Längs- und Ringmuskeln kann der Wurm seine Gestalt verändern. Um sich vorwärts zu bewegen, streckt er die Segmente vorn am Kopf, indem er die Ringmuskeln zusammenzieht. Dann zieht er weiter hinten liegende Segmente zusammen, bis der ganze Körper sich nach vorne bewegt hat. Mit kleinen Borsten an den Segmenten kann der Wurm sich im Boden festhaken.

GRABENDER REGENWURM ▲
Wenn ein Regenwurm sich durch den Boden gräbt, kann Luft und Wasser die Wurzeln der Pflanzen erreichen. Der Wurm frisst sich seinen Weg durch den Boden und verdaut Abfallstoffe. Manche Arten sammeln auch tote Blätter an der Oberfläche und ziehen sie in den Boden. Regenwürmer gehören zu den nützlichsten Tieren der Erde. Sie tragen dazu bei, dass Pflanzenreste zersetzt und ihre Nährstoffe wieder freigegeben werden. So wird der Boden fruchtbar.

WÜRMER IM WASSER

SPRITZWURM
Dieser glatte Wurm vergräbt sich im Boden seichten Wassers. Er sammelt kleine Nahrungspartikel mit einem ausstülpbaren Rüssel an der Mundöffnung. Es gibt 350 verschiedene Spritzwürmer, die einen eigenen Stamm (Phylum) bilden.

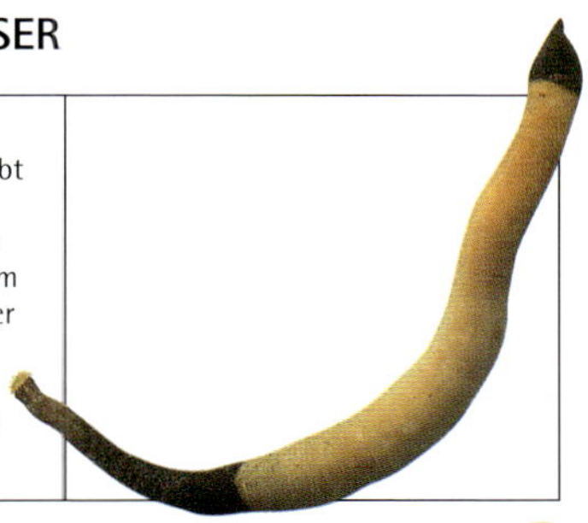

BLUTEGEL
Der Blutegel hat einen gegliederten Körper wie ein Regenwurm, ist aber abgeflacht mit Saugnäpfen an beiden Enden. Egel sind Blut saugende Parasiten. Diese Art wird oft zu medizinischen Zwecken eingesetzt, um überschüssiges Blut abzusaugen.

SEERINGELWURM
Dieser aktive Wurm lebt an seichten Stellen im Meer. Er hat einen gegliederten Körper, scharfe Kiefer und beinartige Fortsätze, Parapodien genannt, die wie Ruder funktionieren. Er schwimmt schnell und jagt Tiere im Sand und Schlamm.

PFAUENFEDERWURM
Pfauenfederwürmer leben im Sand in Küstennähe. Sie bauen sich eine Röhre aus Schlamm und Schleim und fangen mit einer Tentakelkrone, die sie wie einen Fächer ausbreiten, Nahrung. Bei Gefahr ziehen sie die Tentakel in die Röhre zurück.

◄ ERWACHSENER BANDWURM
Bandwürmer sind parasitische Plattwürmer, die als ausgewachsene Tiere im Magen von Säugetieren und anderen Wirbeltieren leben und sich mit Haken und Saugnäpfen festhalten. Sie haben keine Mundöffnung, sondern nehmen Nährstoffe über ihre Körperoberfläche auf. In jedem Körpersegment entwickeln sich viele Eier. Wenn die Schwanzsegmente abbrechen, werden die Eier mit dem Kot des Wirtes verbreitet.

RUNDWURM ►
Rundwürmer, auch Nematoden genannt, haben einen zylindrischen Körper mit zugespitzten Enden und eine robuste Körperhülle, die Kutikula. Viele leben im Wasser oder im Boden. Es gibt aber auch parasitische Arten, die schwere Krankheiten beim Menschen hervorrufen können. Es sind über 20 000 Nematodenarten bekannt.

SIEHE AUCH ⏭ Körperbau 26–27 • Wirbellose 78–79

WEICHTIERE

Es gibt etwa 100 000 Arten von Weichtieren (Mollusken), von winzigen Schnecken bis hin zu Riesenkraken. Die meisten dieser Wirbellosen haben eine Schale und viele fressen mit einer rauen Zunge, der Radula. Abgesehen von den Kopffüßern bewegen sich Weichtiere meist langsam. Manche setzen sich an einem Ort fest. Die meisten Weichtiere leben in Süßgewässern oder im Meer, viele Schnecken jedoch leben an Land. Urzeitliche Weichtiere wie die Ammoniten findet man oft als Versteinerungen.

Gedrehtes Gehäuse mit engem Gewinde

◄ RIESIGE SCHNECKE
Diese riesige afrikanische Achatschnecke ist die größte an Land lebende Schneckenart. Mit einer Lunge, die unter der Schale verborgen ist, atmet sie den Sauerstoff der Luft. Ihre Augen befinden sich an den Enden der Fühler. Viele Landschnecken sind Zwitter (zugleich Weibchen und Männchen).

***Die Fühler** werden bei Berührung sofort eingezogen.*

***Der Körper** kann bis 30 cm lang werden.*

SCHALENFORMEN

Die Schalen der verschiedenen Weichtiergruppen haben unterschiedliche Formen. Schnecken wie die Pferdeschnecke haben meistens ein spiralförmiges Gehäuse mit einer Öffnung. Die Kahnfüßer-Schale ist an beiden Enden geöffnet. Muschelschalen haben zwei Hälften. Die Schale der Käferschnecke besteht aus acht getrennten Platten. Das Gehäuse des Posthörnchens ist in Kammern unterteilt.

Weichtiere

◄ VERDRIFTEN
Weichtiere beginnen ihr Leben meist als Ei. Bei im Wasser lebenden Arten schlüpft oft eine Larve, die im Plankton lebt. Dies ist die Larve einer Meeresschnecke, die mit ihren durchsichtigen Säumen schwimmt. Wenn sie heranwächst, bildet sie ein Gehäuse aus. Dann lebt sie im seichten Wasser in Strandnähe.

***An Korallenriffen** weiden viele Meeresnacktschnecken.*

***Die bunte Kiemen,** die den Rücken bedecken, nehmen Sauerstoff auf.*

WEICHTIERE OHNE SCHALEN ►
Diese farbenprächtigen Meeresnacktschnecken haben kein Gehäuse und atmen mit fingerartigen Kiemen am Rücken. Sie kriechen über Tang und Korallen und schaben mit ihrer Radula kleine Pflanzen und Tiere ab. Manche Arten tarnen sich, andere vertreiben Fressfeinde mit Giftstoffen in der Haut.

SIEHE AUCH ⏭ Kopffüßer 89 • Muscheln 88 • Schnecken 87

SCHNECKEN

Schnecken bilden die größte Gruppe der Weichtiere. Zu ihr gehören Nackt- und Gehäuseschnecken. Sie sind die einzigen Weichtiere, die im Wasser und an Land vorkommen. Mit einem muskulösen Fuß bewegen sie sich vorwärts. Gehäuseschnecken haben ein spiralförmig gedrehtes Gehäuse, Nacktschnecken besitzen meist kein Gehäuse. Landschnecken sind oft Pflanzenfresser, viele Meeresschnecken leben räuberisch.

◄ UNTERSEITE EINER SCHNECKE
Der muskulöse Fuß dieser Weinbergschnecke ist ein Merkmal aller Schnecken. Wenn sie kriecht, sondert die Schnecke klebrigen Schleim ab und hinterlässt eine Schleimspur. Der Kopf mit den vier ausgestreckten Fühlern sucht den Weg. Viele der lebenswichtigen Organe wie Herz, Lunge und Magen liegen im schützenden Gehäuse.

MÖRDERISCHE SCHNECKE ►
Diese Kegelschnecke ist eine räuberische Meeresschnecke. Sie hat eine spezialisierte Radula, an deren Spitze ein Giftzahn sitzt. Diese Waffe wirkt wie eine Harpune. Sie wird ausgeschleudert, lähmt das Opfer und zieht es zum Mund der Schnecke. Manche Kegelschnecken sind auch für Menschen sehr giftig. Es kamen schon Menschen ums Leben, als sie die Schneckenhäuser sammeln wollten.

SCHLEIMIGE NACKTSCHNECKE ▲
Diese europäische Nacktschnecke ist gebaut wie eine Gehäuseschnecke, trägt jedoch außen kein Schneckenhaus. Nacktschnecken überleben nur unter feuchten Bedingungen, viele verstecken sich tagsüber. Manche Nacktschnecken fressen Pflanzen, andere leben räuberisch. Sie fressen Tiere mit weichem Körper, auch andere Schnecken.

SOMMERLICHE VERSAMMLUNG ►
An Land müssen Schnecken darauf achten, dass sie nicht austrocknen. Bei heißem Wetter klettern sie oft an Pflanzen empor und schließen sich in ihrem Gehäuse ein, um feucht zu bleiben. So können sie Monate lang ruhen und in kurzer Zeit aktiv werden, wenn es regnet. Bei Nacktschnecken befindet sich die Schale innen im Körper. Deshalb müssen sie an feuchten Stellen Schutz suchen oder sich im Boden vergraben.

▲ WEIDENDE SPITZSCHLAMMSCHNECKE
Diese Spitzschlammschnecke weidet an einer Wasserpflanze. Dabei benutzt sie ihre gezähnte Radula. Die Zähnchen beißen nicht zu, sondern funktionieren ähnlich wie Sandpapier und schaben Pflanzenteilchen ab. Nacktschnecken weiden oft winzige Algen an der Oberfläche von Steinen ab. Dabei hinterlassen sie zickzackförmige Fraßspuren.

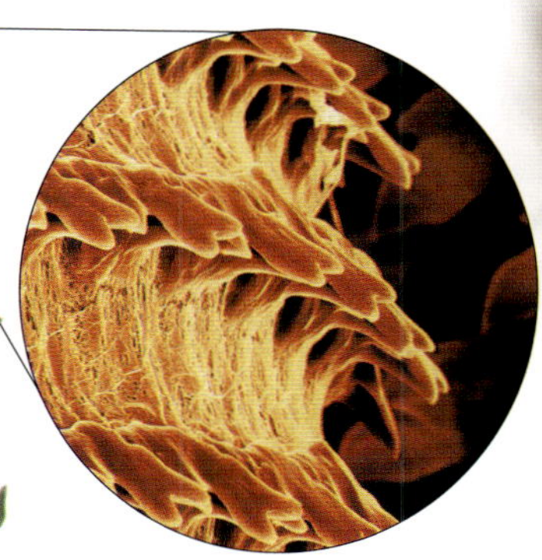

▲ RADULA
Diese elektronenmikroskopische Aufnahme zeigt die Radula einer Schnecke, die mit hunderten von Zähnchen besetzt ist. So können Pflanzenteile und Algen abgeschabt werden. Im Lauf des Lebens wachsen immer neue Zähnchen nach. Räuberische Meeresschnecken greifen mit ihrer Radula andere Tiere an.

@ ⏭ Schnecken

SIEHE AUCH ⏭ Weichtiere 86 • Wirbellose 78–79

MUSCHELN

Muscheln sind Weichtiere mit zweiteiligen Schalen, die mit einem Schlossband verbunden sind. Die meisten Muscheln haben kräftige Muskeln, die die Schale dicht verschließen können. Sie leben oft in seichtem Wasser, an Felsenküsten oder im Watt. Manche bewegen sich langsam fort, viele jedoch, wie Austern und Süßwassermuscheln, setzen sich an einem Ort fest. Sie filtern mit ihren Kiemen Nahrungspartikel aus dem Wasser.

Muscheln

▲ LEBEN IM LICHT
Die Riesenmuschel ist die größte Muschel der Erde und wiegt über 200 kg. Dieses Exemplar wird von den Korallen des Riffs überwuchert. Bei Tageslicht öffnet sich die Muschel und ihre bunten Mantellappen, in denen Millionen winziger Algen leben, liegen frei. Im Sonnenlicht können die Algen durch Fotosynthese Nährstoffe produzieren, von denen ein Teil an die Muschel abgegeben wird.

MUSCHELN IN BEWEGUNG

Kammmuscheln gehören zu den wenigen Muscheln, die schwimmen können. Meist ruhen sie mit leicht geöffneter Schale auf dem Grund. Wenn ein Feind sie berührt, schnappt die Schale zu und ein Schwall Wasser spült ihn weg. Mit Tentakeln und vielen Augen an den Schalenrändern nehmen Kammmuscheln Gefahren wahr.

KLEINE PILGERMUSCHEL

LEBENDER BOHRER ►
Manche Muscheln haben scharfkantige Schalen, mit denen sie sich in ihre Umgebung bohren. Schiffsbohrwürmer bohren sich durch Holz, Bohrmuscheln durch weichen Fels und sogar Telefonkabel am Meeresgrund. Sie haben einen wurmförmigen Körper und bohren sich ein, um geschützt zu sein. Mit einem Schnorchel saugen sie Wasser mit Nahrungspartikeln ein.

◄ AUSTER
Austern heften sich an Felsen. Sie werden als Speisemuscheln und der Perlen wegen gezüchtet, die sie bilden. Perlen entstehen, indem die Auster kleine Fremdkörper in ihrem Inneren mit Perlmutt umkleidet, der Substanz, die auch die Innenseite ihrer Schale auskleidet. Natürliche Perlen wie diese sind unregelmäßig geformt.

SIEHE AUCH ⏭ Korallenriffe 73 • Küsten 72 • Weichtiere 86 • Wirbellose 78–79

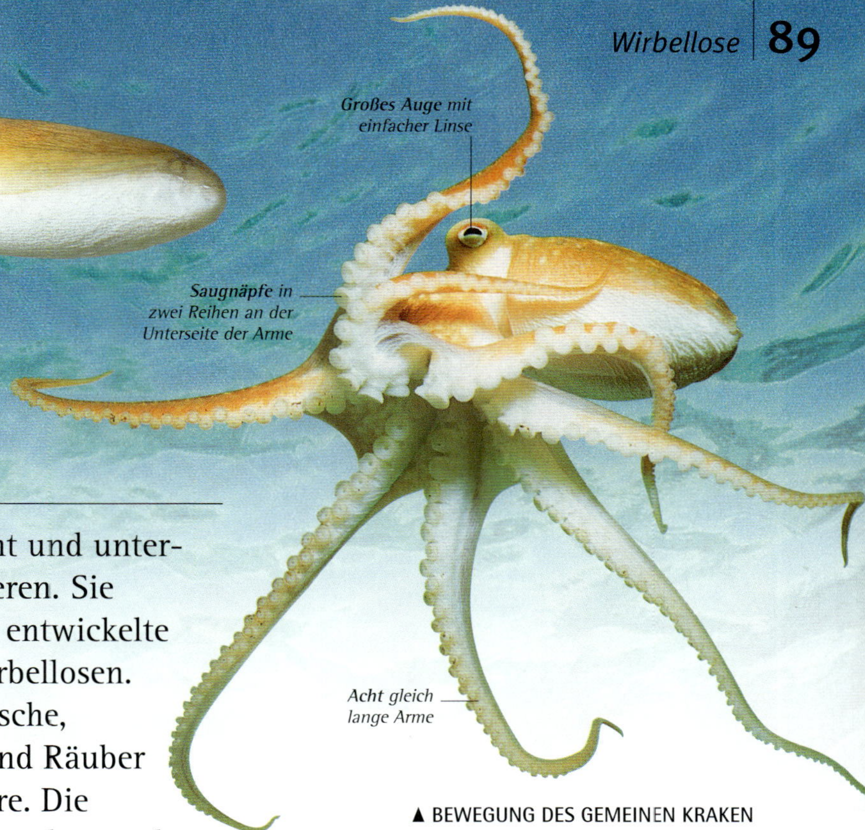

KOPFFÜSSER

Kopffüßer schwimmen schnell, sind intelligent und unterscheiden sich stark von den anderen Weichtieren. Sie besitzen lange Arme mit Saugnäpfen, gut entwickelte Augen und die größten Gehirne aller Wirbellosen. Zu den Kopffüßern gehören die Tintenfische, Perlboote, Kraken und Kalmare. Sie sind Räuber und erbeuten Fische und Schalentiere. Die meisten jagen einzeln am Meeresgrund, manche aber bilden riesige Schwärme im offenen Meer.

▲ BEWEGUNG DES GEMEINEN KRAKEN
Ein Krake kann sich auf zwei unterschiedliche Arten bewegen. Mit den Armen kann er über den Meeresgrund kriechen und in Felsspalten nach Nahrung tasten. Um schneller vorwärts zu kommen, setzt er eine Art Düsenantrieb ein. Er saugt Wasser in seine Mantelhöhle und stößt es dann durch sein Atemrohr, den Siphon, aus. So schießt er rückwärts durchs Wasser, die Arme werden nachgeschleppt.

◄ KÖRPERBAU EINES KALMARS
Mit seinem torpedoförmigen Körper und den großen Augen ist dieser Kalmar daran angepasst, Fische und andere Beute zu jagen. Wie alle Kopffüßer hat er harte, schnabelförmige Kiefer. Zwei der Arme haben abgeflachte Spitzen und werden zum Beutefang ausgeschleudert. Die meisten Kalmare sind kürzer als 30 cm. Der Riesenkalmar aber kann über 18 Meter lang werden.

@ ⏭ Kopffüßer

GETARNTER TINTENFISCH ►
Dieser Tintenfisch tarnt sich mit seinem Fleckenmuster zwischen algenbewachsenen Felsen. Viele Kopffüßer verändern ihre Farbe, um mit dem Hintergrund zu verschmelzen oder um ihre Stimmung auszudrücken. Tintenfische, die getarnt ihrer Beute auflauern, können ihre Färbung fast augenblicklich verändern. Wenn sie bedroht werden, stoßen sie Tintenwolken aus.

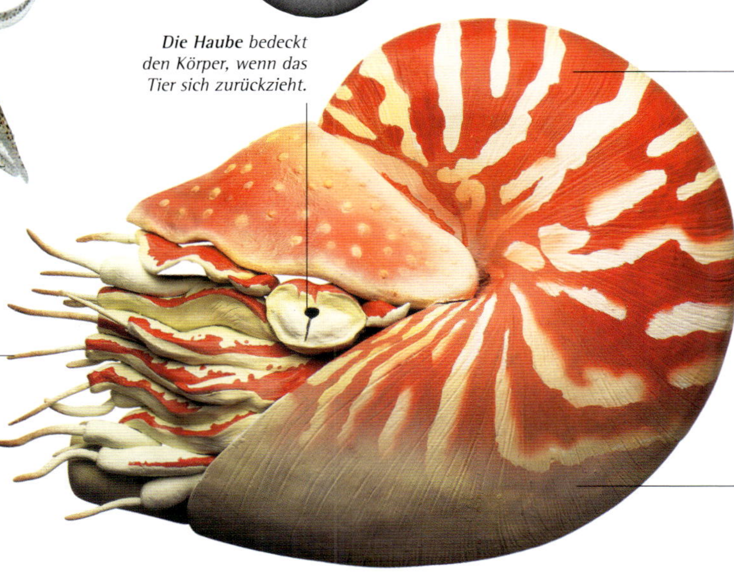

◄ SPIRALFÖRMIGES GEHÄUSE
Das Perlboot, auch Nautilus genannt, ist der einzige Kopffüßer mit außen liegendem Gehäuse. Anders als bei Gehäuseschnecken besteht es aus getrennten Kammern. Das Tier lebt in der größten Kammer, die sich nach außen öffnet. Die restlichen Kammern sind mit Gas gefüllt. Indem es die Flüssigkeitsmenge in den Kammern verändert, kann das Perlboot seine Tauchtiefe steuern.

SIEHE AUCH ⏭ Fortbewegung 28–29 • Schnecken 87 • Verteidigung 42–43 • Weichtiere 86 • Wirbellose 78–79

GLIEDERFÜSSER

Mit über einer Million bekannter Arten sind die Gliederfüßer die größte Tiergruppe der Erde. Sie kommen in allen Lebensräumen vor. Zu ihnen gehören Spinnentiere, Insekten, Krebstiere, Hundert- und Tausenfüßer. Gliederfüßer haben ein stabiles Außenskelett. Der Körper ist in Segmente unterteilt und die Beine haben Gelenke.

▼ LEBEN IM PANZER
Das Außenskelett bedeckt den ganzen Körper des Hummers, auch die Antennen und Augen. Wie bei allen Gliedertieren besteht es aus Platten, die mit Gelenken verbunden sind. Manche Spinnen und Raupen haben ein weiches Außenskelett. Bei vielen im Wasser lebenden Arten wie dem Hummer ist es viel dicker und sehr stabil.

HÄUTUNG EINER VOGELSPINNE ►
Diese Vogelspinne häutet sich gerade (sie streift ihr Außenskelett ab). Anders als menschliche Haut kann das Außenskelett nicht nach und nach wachsen. Deshalb muss es von Zeit zu Zeit durch ein neues ersetzt werden, das sich unter dem alten bildet. Die Spinne hinterlässt eine leere Hülle. Die neue ist zunächst weich, härtet jedoch in wenigen Stunden aus.

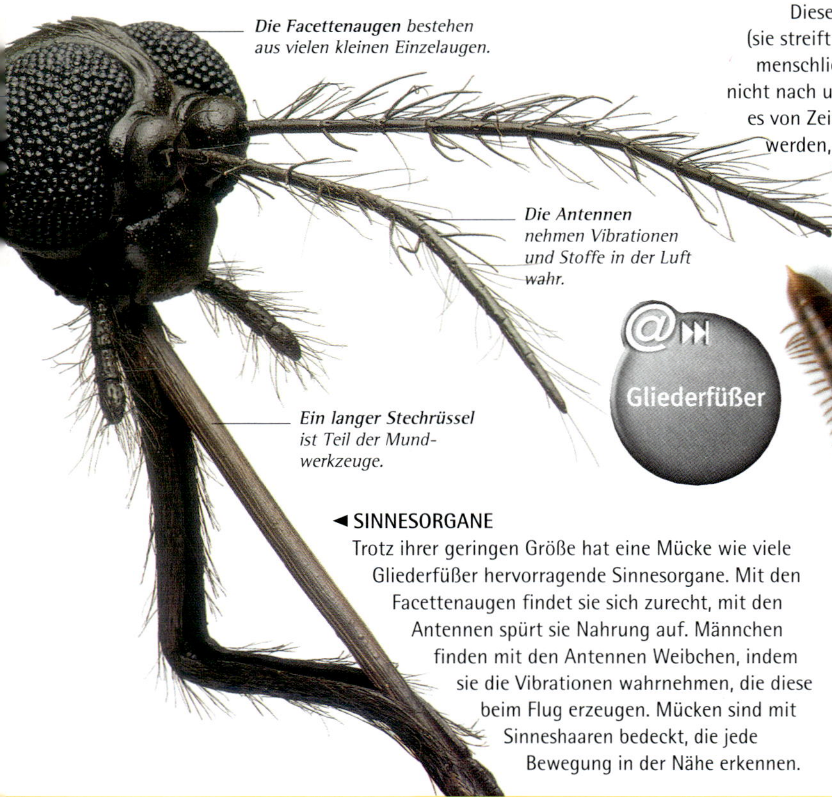

Gliederfüßer

◄ SINNESORGANE
Trotz ihrer geringen Größe hat eine Mücke wie viele Gliederfüßer hervorragende Sinnesorgane. Mit den Facettenaugen findet sie sich zurecht, mit den Antennen spürt sie Nahrung auf. Männchen finden mit den Antennen Weibchen, indem sie die Vibrationen wahrnehmen, die diese beim Flug erzeugen. Mücken sind mit Sinneshaaren bedeckt, die jede Bewegung in der Nähe erkennen.

◄ BEINE UND BEWEGUNG
Gliederfüßer sind die einzigen Wirbellosen, die stabile, gelenkige Beine besitzen. Die vielen Beinpaare eines Tausendfüßers bewegen sich auf die gleiche Weise, wenn er läuft. Hummer haben ein Paar Scheren, vier Beinpaare zum Laufen und mehrere Ruderbeine, um zu schwimmen. Insekten haben sechs Beine, viele von ihnen zusätzlich zwei Flügelpaare.

SIEHE AUCH ⏭ Hundertfüßer **116** • Insekten **97** • Krebstiere **117** • Sinne **30–31**

SPINNENTIERE

Die Spinnentiere sind nach den Insekten die zweitgrößte Gruppe der Gliederfüßer. Zu ihr gehören Spinnen, Skorpione, Weberknechte, Zecken und Milben. Die meisten leben räuberisch und beißen oder stechen. Zecken saugen Blut und Milben ernähren sich oft von Pflanzen. Spinnentiere haben acht Beine und einen zweiteiligen Körper.

▲ KÖRPERBAU EINER SPINNE
Der vordere Teil des Körpers ist das Prosoma. Hier sitzen die Mundwerkzeuge mit den Kieferklauen und die Beine. Im Hinterleib, dem Opisthosoma, befindet sich das Verdauungssystem. Der Hinterleib der Wolfsspinne ist rund und mit Haaren bedeckt. Die Spinnwarzen, die die Seide produzieren, sitzen hinten.

◄ SPINNENMUTTER
Anders als die meisten Wirbellosen sind viele Spinnentiere fürsorgliche Eltern. Dieses Jagdspinnen-Weibchen hat seine Eier in einen Kokon aus Seide gewickelt. Diesen bewacht sie vor Feinden, bis die Jungspinnen schlüpfen.

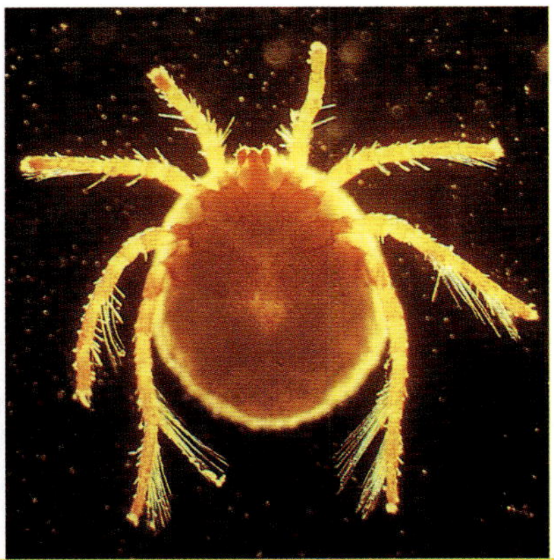

◄ WINZIGE SCHWIMMER
Die meisten Spinnentiere leben an Land und atmen Luft. Manche Milben aber kommen in Teichen und Seen vor. Sie nehmen Sauerstoff aus dem Wasser auf und schwimmen mit ihren fransengesäumten Beinen. Die meisten sind nur wenige Millimeter lang, aber oft bunt gefärbt, deshalb erkennt man sie leicht.

▲ SPINNENTIER MIT BEUTE
Dieser afrikanische Skorpion hat mit seinem Stachel einen Gecko getötet. Er zerteilt sein Opfer mit den Scheren. Skorpione können mit ihrem kleinen Mund keine großen Stücke schlucken. Stattdessen tröpfeln sie Verdauungsflüssigkeit in ihre Beute. Wenn sie sich auflöst, saugen sie sie aus. Viele Spinnentiere können monatelang ohne eine große Mahlzeit überleben.

SIEHE AUCH ⏭ Asselspinnen **96** • Milben **95** • Pfeilschwanzkrebse **96** • Skorpione **94** • Spinnen **92** • Weberknechte **95**

SPINNEN

Viele Menschen ekeln sich vor Spinnen. Da sie Insekten fangen, sind sie jedoch sehr nützlich. Es gibt 40 000 Spinnenarten. Sie sind Gliederfüßer und gehören zur Gruppe der Spinnentiere. Spinnen haben acht Beine und ein Paar giftige Kieferklauen. Manche Arten weben Netze, um Beute zu fangen, andere lauern ihren Opfern auf. Sie kommen in fast allen Lebensräumen an Land vor.

▲ JAGENDE VOGELSPINNE
Die meisten Spinnen ernähren sich von Insekten. Manche erbeuten auch Wirbeltiere wie Frösche, Eidechsen und Vögel. Diese mexikanische Schwarzrote Vogelspinne hat eine Heuschrecke gefangen. Vogelspinnen bewegen sich langsam. Sie lauern nachts ihrer Beute auf oder tasten nach Nahrung. Tagsüber verstecken sie sich in ihrem Bau.

Die kleinen äußeren Augen entdecken Beute, die bis zu 25 cm entfernt ist.

Die großen mittleren Augen schätzen vor dem Sprung die Entfernung ab.

Mit den Hinterbeinen kann sie sich kräftig abstoßen.

▲ DIE BEUTE ERSPÄHEN
Die meisten Spinnen haben acht Augen, sehen aber ziemlich schlecht. Springspinnen jedoch sehen hervorragend. Zwei besonders große Augen sind nach vorne gerichtet. Mit diesen erspähen sie ihre Opfer. Diese Spinne sucht ihre Umgebung ab und ist zum Sprung bereit. Manche Arten können bis zu 60 cm weit springen. Springspinnen jagen meist tagsüber.

▲ FALLTÜRSPINNE
Statt im Freien zu jagen, lauert diese südafrikanische Falltürspinne in ihrem Bau, der mit einem Deckel getarnt ist. Wenn ein Insekt vorbeiläuft, nimmt die Spinne die Vibrationen wahr. Sie stößt den Deckel auf, beißt das Opfer und zieht es unter die Erde. Dann schließt sie den Deckel, um die Mahlzeit zu verspeisen.

Die Beinspanne kann bis zu 28 cm betragen.

Die Haare an den Beinen nehmen Vibrationen wahr.

KLAUEN AM FUSS

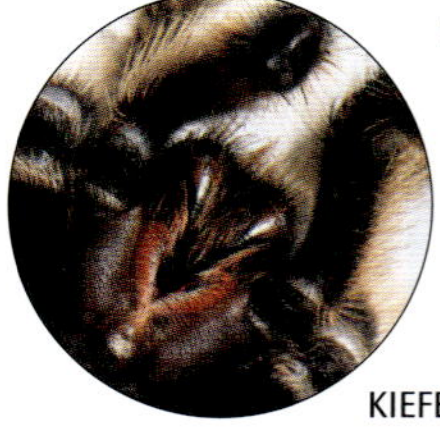

KIEFERKLAUEN

▲ HAARIGE RIESENSPINNE
Vogelspinnen wie diese Art aus Zentralamerika sind die größten Spinnen der Welt. Sie sind mit samtigen Haaren bedeckt und haben kräftige Beine. Die Füße tragen ein Paar kleiner Klauen. Die meisten Vogelspinnen leben in einer Erdhöhle und beißen ihre Opfer mit ihren giftigen Kieferklauen.

◄ GIFTIGER BISS
Obwohl alle Spinnen einen giftigen Biss haben, können nur wenige von ihnen Menschen gefährlich werden. Diese Schwarze Witwe aus Nordamerika ist sehr giftig, versteckt sich aber meistens, wenn sie gestört wird. Die australische Sydney-Trichterspinne ist größer und kann aggressiv sein. Männchen beißen des öfteren Menschen.

SIEHE AUCH ⏭ Gliederfüßer 90 • Spinnennetze 93 • Spinnentiere 91 • Verteidigung 42–43 • Wirbellose 78–79

SPINNENNETZE

Alle Spinnen produzieren Seide, aber nur manche Arten weben Netze, um Beute darin zu fangen. Viele verbreitete Arten weben radförmige Netze, aber es gibt noch eine Menge anderer Netzbauweisen. Wenn das Netz fertig ist, wartet die Spinne geduldig auf ihre Beute. Wenn ein Opfer sich in den stabilen, dehnbaren und klebrigen Seidenfäden verfängt, hat es kaum Chancen, zu entkommen.

▲ RADNETZSPINNE
Diese Garten-Kreuzspinne wartet in der Mitte ihres Radnetzes auf Beute. Mit den Füßen kann sie Vibrationen wahrnehmen. Sie ignoriert Bewegungen, die vom Wind verursacht werden, reagiert aber sofort auf Insekten, die im Netz zappeln. Sie läuft auf ihr Opfer zu, wickelt es in Seide und tötet es mit einem giftigen Biss.

EIN RADNETZ WEBEN

DER ANFANG
Die Spinne spannt zunächst einen Faden zwischen zwei Verankerungspunkten. Dann hängt sie eine Schlaufe darunter. Sie läuft in die Mitte der Schlaufe und lässt sich an einem weiteren Faden herab. An einem neuen Verankerungspunkt zieht sie den Faden straff.

EIN RAHMEN
Nun wird der Rahmen fertig gestellt. Wenn das geschehen ist, läuft die Spinne von einer Seite zur anderen und zieht zusätzliche Speichen ein, die dem Netz Stabilität verleihen. Alle diese Teile des Netzes bestehen aus Seidenfäden, die nicht klebrig sind.

KLEBRIGE SPIRALE
Nun krabbelt die Spinne in die Mitte des Netzes. Sie webt eine erste Spirale, die nicht klebt, um die Speichen in Form zu halten. Schließlich bewegt sie sich von außen nach innen, frisst die erste Spirale auf und ersetzt sie durch eine dichtere mit klebrigen Fäden.

▲ WIE SPINNEN SEIDE PRODUZIEREN
Dieses Bild zeigt, wie eine Radnetzspinne Seidenfäden produziert. Die Seide entsteht im Hinterleib und tritt aus den Spinndrüsen an die Oberfläche. Zunächst ist sie flüssig. Sie härtet aus, wenn die Spinne sie mit den Beinen dehnt. Spinnen produzieren verschiedene Arten von Seide, mit der sie ihre Eier schützen und Netze weben.

@ Spinnennetze

◄ BALDACHINNETZ
In ihrem Versteck wartet diese Baldachinspinne auf vorüberkommende Beute. Anders als ein Radnetz besteht dieses aus Seide, die nicht klebrig ist. Eine Matte aus Fäden wurde über die Vegetation gespannt. Das röhrenförmige Versteck befindet sich oft an einem Ende des Netzes. Baldachinnetze sind an mit Gras bewachsenen Stellen häufig. Manchmal findet man sie auch im Haus in ruhigen Ecken.

SIEHE AUCH ⏭ Gliederfüßer **90** • Spinnen **92** • Spinnentiere **91** • Wirbellose **78–79**

SKORPIONE

Diese nachtaktiven Räuber haben scherenförmige Pedipalpen. Sie kommen vor allem in warmen Regionen vor und ihr Stich ist giftig. Die größten dieser Spinnentiere werden bis zu 20 cm lang. Andere Arten sind kleiner, haben aber ein stärkeres Gift. Skorpione fressen Spinnen, Insekten und andere kleine Tiere, die sie fangen und mit ihren Scheren töten. Ihren Stachel setzen sie zur Verteidigung ein und lähmen damit Beutetiere.

STACHEL IM SCHWANZ ►
Zur Verteidigung hebt dieser Skorpion seinen Schwanz, bereit zuzustechen. Der Stachel sitzt an der Spitze des Schwanzes. Am Prosoma, das aus Kopf und Vorderleib besteht, sitzen vier Paare von Laufbeinen und die zu Scheren ausgebildeten Pedipalpen. Mit seinen kleinen Augen sieht der Skorpion nicht gut.

▲ LEBENDE JUNGE
Anders als die meisten Spinnentiere, die Eier legen, bringen Skorpione lebende Junge zur Welt. Diese sehen aus wie eine Miniaturausgabe ihrer Eltern und verbringen den ersten Teil ihres Lebens auf dem Rücken der Mutter. Nachdem sie sich das erste Mal gehäutet haben, beginnen sie ein selbstständiges Leben. Erwachsene Skorpione leben und jagen einzeln.

@ Skorpione

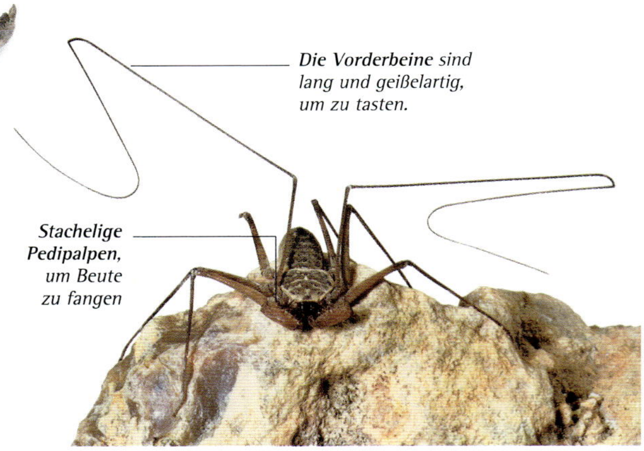

GEISSELSKORPIONE ▲
Geißelskorpione sind keine echten Skorpione und besitzen keinen Stachel. Schwanzlose Arten wie diese haben lange Vorderbeine, die sie wie Fühler einsetzen. Statt Scheren haben sie stachelige Pedipalpen, die wie ein Taschenmesser einklappen können, um Beute zu packen. Geißelskorpione können schnell laufen und bewegen sich seitwärts.

◄ PAARUNGSTANZ
Bevor der komplizierte Paarungstanz beginnt, ergreift das Männchen mit seinen Scheren die des Weibchens. Gegen Ende des Tanzes deponiert es ein Spermapaket, die Spermatophore, am Boden. Es führt das Weibchen mit dem Hinterleib darüber, sodass ihre Eizellen befruchtet werden und die Jungen sich entwickeln.

SIEHE AUCH ⏭ Gliederfüßer **90** • Spinnentiere **91** • Verteidigung **42–43** • Wirbellose **78–79**

MILBEN

Milben sind Spinnentiere mit acht Beinen. Sie ähneln winzigen Spinnen, unterscheiden sich von ihnen jedoch in vieler Hinsicht. Der Körper ist nicht deutlich unterteilt, sie spinnen keine Netze und haben ein viel breiteres Nahrungsspektrum. Viele Milbenarten leben auf Pflanzen, in der Laubstreu oder im Hausstaub. Andere sind Parasiten an anderen Tieren.

SAMTMILBE ►
Diese winzige Milbe ist wegen ihrer leuchtend roten Färbung leicht zu entdecken, wenn sie auf Mauern umherläuft. Wie alle Milben beginnt sie ihr Leben als sechsbeinige Larve, die parasitisch an anderen Gliederfüßern lebt. Wenn sie ausgewachsen ist, hat sie acht Beine.

▲ MIKROSKOPISCH KLEIN
Viele Milben sind so winzig, dass man sie nur unter dem Mikroskop erkennen kann. Diese Hausstaubmilbe lebt in Bettzeug oder Teppichen und ernährt sich von abgestorbenen Hautschüppchen. Die Milbe selbst beißt nicht, ihr Kot aber kann bei Menschen, die an Allergien leiden, Asthma auslösen.

@ ⏭ Milben

BLUTSAUGER ▼
Zecken ernähren sich von Blut. Sie ritzen ihr Opfer mit den Mundwerkzeugen an. Wenn der Gemeine Holzbock Blut saugt, schwillt sein Körper weintraubengroß an. Es kann Tage dauern, bis die Zecke ihre Mahlzeit aufgenommen hat. Wenn sie damit fertig ist, fällt sie vom Körper des Wirts ab. Manche Zecken verbreiten Krankheiten, auch unter Menschen.

HOLZBOCK VOR DER MAHLZEIT

HOLZBOCK NACH DER MAHLZEIT

SIEHE AUCH ⏭ Gliederfüßer **90** • Spinnen **92** • Spinnentiere **91** • Wirbellose **78–79**

WEBERKNECHTE

Weberknechte kann man leicht mit Spinnen verwechseln, denn sie haben acht lange, schlanke Beine. Der Körper aber ist birnenförmig. Die beiden Augen sitzen oft auf kleinen Höckern und gewähren einen Rundumblick. Manche Weberknechte leben räuberisch, andere fressen Abfallstoffe wie abgestorbene Pflanzenreste. Oft sieht man sie im Spätsommer.

◄ LANGE BEINE
Die Beine eines Weberknechts sind meist viel länger als sein Körper. Das zweite Beinpaar ist oft das längste und wird eingesetzt wie Fühler. Wenn er gefangen wird, kann der Weberknecht die anderen Beine abwerfen. Der Körper ist kompakt mit schlanken Kieferklauen und kleinen, beinähnlichen Pedipalpen.

@ ⏭ Weberknechte

SIEHE AUCH ⏭ Aasfresser **41** • Gliederfüßer **90** • Spinnen **92** • Spinnentiere **91** • Wirbellose **78–79**

ASSELSPINNEN

Asselspinnen sind keine echten Spinnen. Sie sind langbeinige Wirbellose, die in seichtem Wasser und auf dem Meeresgrund leben. Meist haben sie acht Beine, manche sogar bis zu zwölf. Die größten Arten erreichen über 75 cm Durchmesser. Sie bewegen sich langsam und ernähren sich von Tieren wie Korallen, die nicht fliehen können. Asselspinnen beginnen ihr Leben als Larven und verwandeln sich, wenn sie heranwachsen.

Assel-spinnen

AUSTRALISCHE ASSELSPINNE ►
Mit ihrer leuchtenden Färbung sticht diese Asselspinne von den tangbedeckten Felsen ab. Ihre Beine sind lang und schlank, der Körper ist klein und gedrungen. Asselspinnen umfassen ihre Beute mit den Beinen und reißen kleine Stücke mit winzigen Scheren am Mund ab.

SIEHE AUCH ⏭ Gliederfüßer 90 • Korallenriffe 73 • Spinnen 92 • Wirbellose 78–79

PFEILSCHWANZKREBSE

Diese gepanzerten Meerestiere sehen aus wie ein Helm mit einem stacheligen Schwanz. Die Mundwerkzeuge und Beine sind unter einem gewölbten Schild verborgen, der sie vor Angreifern schützt. Pfeilschwanzkrebse ernähren sich von kleinen Tieren am Meeresgrund. Einmal im Jahr kommen sie an Land, um sich zu paaren und Eier zu legen. Es gibt nur vier Arten dieser ungewöhnlichen Tiere. Die größte kann 60 cm lang werden.

OPTIMALER SCHUTZ ▲
Der Panzer bedeckt die weichen Teile des Körpers. Der vordere Teil schützt Kopf und Mundwerkzeuge und trägt ein Paar Facettenaugen. Der hintere Teil bedeckt den Hinterleib. Wenn man das Tier auf den Rücken legt, kann es sich selbst mithilfe seines Schwanzes herumdrehen.

◄ FORTPFLANZUNG
In jedem Frühjahr sammeln sich Pfeilschwanzkrebse an Stränden im Osten der Vereinigten Staaten, um sich zu paaren und Eier zu legen. Jedes Weibchen gräbt ein Loch oberhalb der Gezeitenlinie und legt Eier, die das Männchen befruchtet. Das Weibchen deckt die Eier ab, bevor es wieder zurück ins Meer läuft. Die Jungen haben beim Schlüpfen bereits einen Panzer.

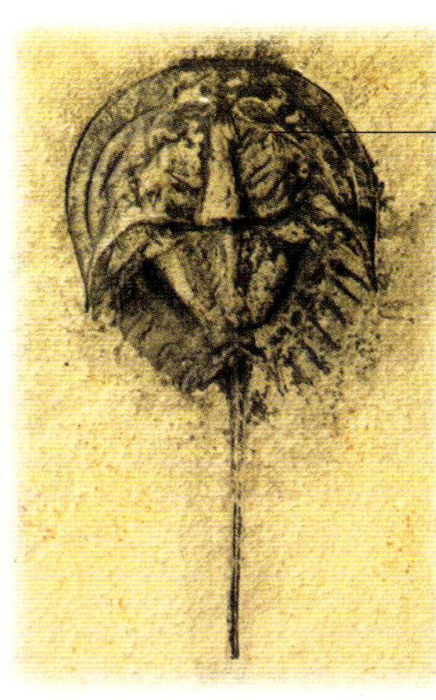

Zwei Punktaugen am Vorderrand des Panzers

Pfeil-schwanz-krebse

◄ FOSSILE PFEILSCHWANZKREBSE
Pfeilschwanzkrebse haben sich in den letzen 400 Millionen Jahren kaum verändert. Dieses versteinerte Exemplar lebte im Jura, als die Dinosaurier die Erde beherrschten. Pfeilschwanzkrebse sind keine echten Krebse. Sie sind näher mit den Spinnentieren verwandt, zu denen Spinnen, Skorpione und Milben gehören.

SIEHE AUCH ⏭ Gliederfüßer 90 • Krabben 120 • Skorpione 94 • Spinnen 92 • Spinnentiere 91

INSEKTEN

Was die Zahl an Arten betrifft, sind Insekten bei weitem die erfolgreichste Tiergruppe der Erde. Gründe dafür sind ihre geringe Größe, ihr vielfältiges Nahrungsspektrum, ihr gut entwickeltes Nervensystem und ihre Fähigkeit zu fliegen. Fast eine Million Arten wurden von Wissenschaftlern bisher beschrieben, viele weitere sind noch nicht entdeckt.

INSEKT IM FLUG ►
Insekten sind die einzigen Wirbellosen, die fliegen können. Die meisten flugfähigen Insekten, wie diese Wegwespe, haben zwei Flügelpaare. Fliegen und Mücken haben nur ein Flügelpaar und ein Paar Schwingkölbchen. Große Schmetterlinge schlagen weniger als 50-mal pro Minute mit den Flügeln, Mücken über 750-mal in der Sekunde.

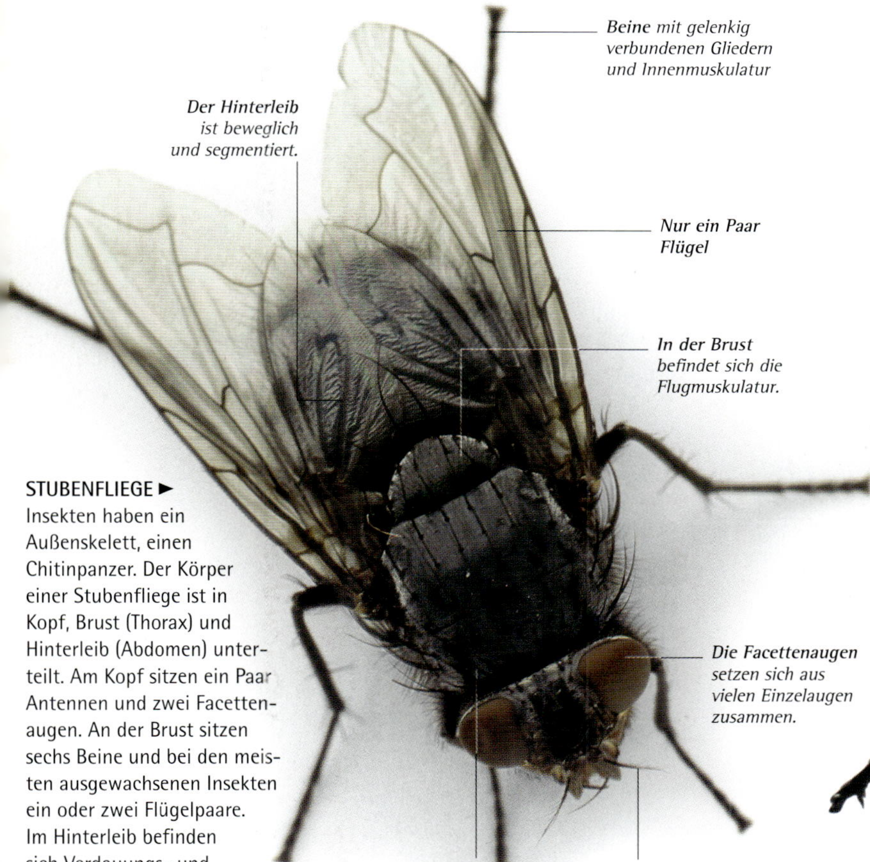

STUBENFLIEGE ►
Insekten haben ein Außenskelett, einen Chitinpanzer. Der Körper einer Stubenfliege ist in Kopf, Brust (Thorax) und Hinterleib (Abdomen) unterteilt. Am Kopf sitzen ein Paar Antennen und zwei Facettenaugen. An der Brust sitzen sechs Beine und bei den meisten ausgewachsenen Insekten ein oder zwei Flügelpaare. Im Hinterleib befinden sich Verdauungs- und Fortpflanzungsorgane.

LARVE DES MEHLKÄFERS

Insekten

AUSGEWACHSENER MEHLKÄFER

◄ DIE GESTALT VERÄNDERN
Fast alle Insekten durchlaufen eine Metamorphose, wenn sie heranwachsen. Bei manchen Gruppen wie den Käfern nennt man sie vollständige Metamorphose: Aus dem Ei entwickelt sich die Larve, die sich verpuppt. Im Puppenstadium verändert sich die Gestalt völlig. Bei einer unvollstandigen Metamorphose fehlt das Puppenstadium, die Gestalt verändert sich schrittweise.

ARTEN DER NAHRUNGSAUFNAHME

NEKTARTRINKER
Insekten haben ein breites Nahrungsspektrum. Ihre Mundwerkzeuge sind unterschiedlich ausgebildet, je nach Art der Ernährung. Schmetterlinge haben einen Saugrüssel, mit dem sie Nektar aus Blütenkelchen trinken. Nach der Mahlzeit wird der Rüssel eingerollt.

PFLANZENFRESSER
Blatthornkäfer ernähren sich von Pflanzen, Mist oder Abfällen. Sie haben kräftige Mandibeln, um ihre Nahrung zerkleinern zu können. Dieser Käfer hat außerdem drei Hörner an Kopf und Brust. Männchen kämpfen damit während der Paarungszeit gegen Rivalen.

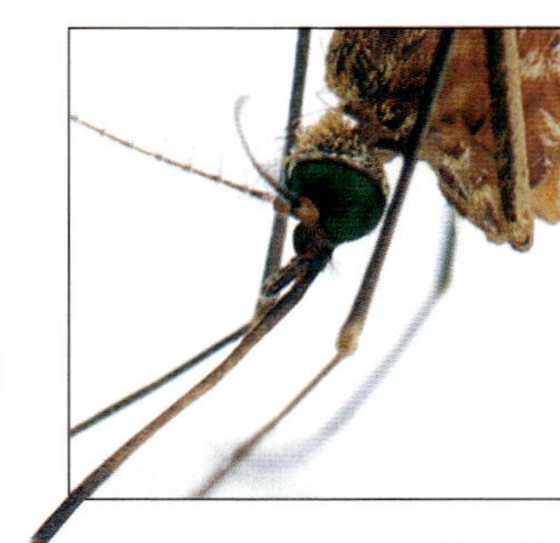

BLUTSAUGER
Die Mundwerkzeuge einer Mücke funktionieren wie ein Strohhalm. Wenn die Mücke sticht, schieben sich spitze Stilette, die in einer Scheide ihres Saugrüssels liegen, in die Haut des Opfers. Wenn sie auf ein Blutgefäß treffen, fließt Blut, das die Mücke aufsaugt.

TUPFRÜSSEL
Die Mundwerkzeuge einer Stubenfliege funktionieren wie ein Schwamm, den sie einziehen kann. Wenn sie frisst, senkt die Fliege den Rüssel herab und tropft Speichel auf ihre Nahrung. Er löst die Nahrung auf und die Fliege saugt die nährstoffreiche Flüssigkeit auf.

SIEHE AUCH ⏭ Fliegen und Mücken **108** • Gliederfüßer **90** • Käfer **106–107** • Schmetterlinge **110–111** • Sinne **30–31**

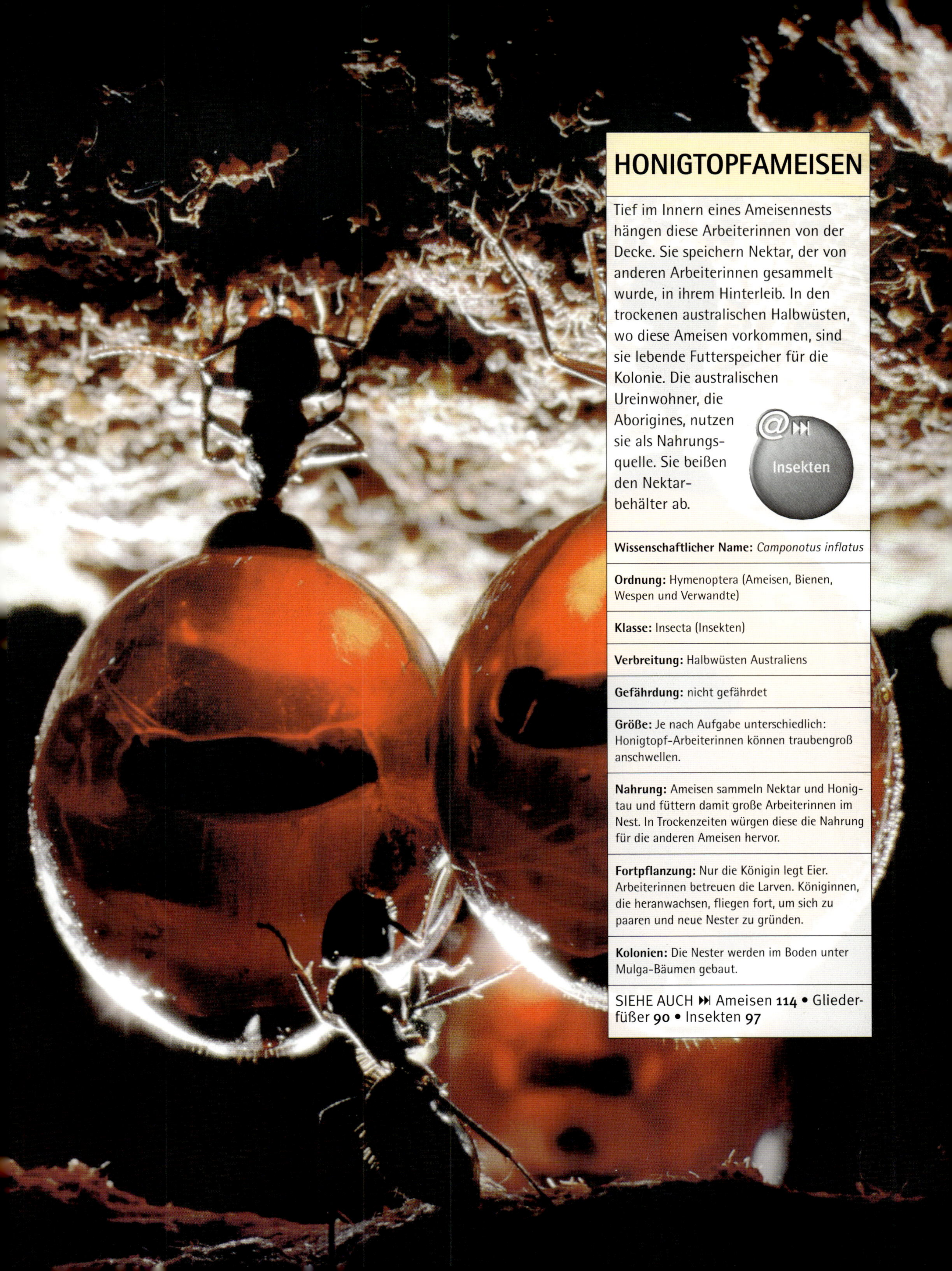

HONIGTOPFAMEISEN

Tief im Innern eines Ameisennests hängen diese Arbeiterinnen von der Decke. Sie speichern Nektar, der von anderen Arbeiterinnen gesammelt wurde, in ihrem Hinterleib. In den trockenen australischen Halbwüsten, wo diese Ameisen vorkommen, sind sie lebende Futterspeicher für die Kolonie. Die australischen Ureinwohner, die Aborigines, nutzen sie als Nahrungsquelle. Sie beißen den Nektarbehälter ab.

@ ⏭ Insekten

Wissenschaftlicher Name: *Camponotus inflatus*

Ordnung: Hymenoptera (Ameisen, Bienen, Wespen und Verwandte)

Klasse: Insecta (Insekten)

Verbreitung: Halbwüsten Australiens

Gefährdung: nicht gefährdet

Größe: Je nach Aufgabe unterschiedlich: Honigtopf-Arbeiterinnen können traubengroß anschwellen.

Nahrung: Ameisen sammeln Nektar und Honigtau und füttern damit große Arbeiterinnen im Nest. In Trockenzeiten würgen diese die Nahrung für die anderen Ameisen hervor.

Fortpflanzung: Nur die Königin legt Eier. Arbeiterinnen betreuen die Larven. Königinnen, die heranwachsen, fliegen fort, um sich zu paaren und neue Nester zu gründen.

Kolonien: Die Nester werden im Boden unter Mulga-Bäumen gebaut.

SIEHE AUCH ⏭ Ameisen **114** • Gliederfüßer **90** • Insekten **97**

LIBELLEN

Mit ihrem schlanken Körper und den durchsichtigen Flügeln gehören Libellen zu den auffälligsten Räubern unter den Insekten. Sie jagen in der Luft und fangen andere Fluginsekten mit ihren beborsteten Beinen. Libellen durchlaufen eine unvollständige Metamorphose mit drei Entwicklungsstadien: dem Ei, der Nymphe und dem ausgewachsenen Insekt. Um wachsen zu können, häuten sie sich.

▲ NYMPHE IM WASSER
Diese Libellennymphe, die auf dem Stängel einer Wasserpflanze sitzt, wartet darauf, dass Beute in Reichweite kommt. Alle Libellennymphen leben im Wasser. Sie haben einen schlanken Körper, gut entwickelte Beine und zu einer Fangmaske spezialisierte Mundwerkzeuge. Die Maske wird ausgeklappt, um Kaulquappen oder kleine Fische zu fangen.

◄ SCHLÜPFENDE LIBELLE
Nachdem die Nymphe drei Jahre lang im Wasser gelebt und sich mehrmals gehäutet hat, platzt ihre Körperhülle auf und die erwachsene Libelle schlüpft. Zunächst sind die Flügel noch zerknittert. Wenn Körperflüssigkeit in die Adern gepumpt wird, entfalten sie sich. Wenn die Flügel trocken und steif sind, ist die Libelle bereit zum ersten Flug.

SCHARFSICHTIGE JÄGER ►
Diese Blaugrüne Mosaikjungfer hält von einer Pflanze aus Ausschau nach vorüberfliegenden Insekten. Libellen haben mit ihren gewölbten Augen einen guten Rundumblick. Ihre beiden Flügelpaare können unabhängig voneinander schlagen. So können sie rückwärts fliegen und im Flug auf der Stelle stehen.

@ ⏭ Libellen

SIEHE AUCH ⏭ Gliederfüßer 90 • Insekten 97 • Süßwasser 71 • Wirbellose 78–79

▲ **BECHER-AZURJUNGFER**
Diese Libelle gehört zu den Kleinlibellen. Anders als Großlibellen legen Kleinlibellen ihre Flügel in Ruhe hinter dem Körper aneinander. Die Becher-Azurjungfer ist kleiner als die meisten Großlibellen und fliegt langsamer. Sie erbeutet Insekten und andere kleine Tiere auf Pflanzen.

▲ **EIER LEGEN**
Dieses Libellenmännchen umfasst vor der Paarung den Hals des Weibchens. Es lockert den Griff nicht, bis es einen geeigneten Ort gefunden hat, um die Eier zu legen. Mit der Hinterleibsspitze schlitzt das Weibchen die Stängel von Wasserpflanzen auf und legt seine Eier hinein. Danach bilden Weibchen und Männchen mit ihren Leibern eine herzförmige Figur, das so genannte Paarungsrad, und fliegen fort.

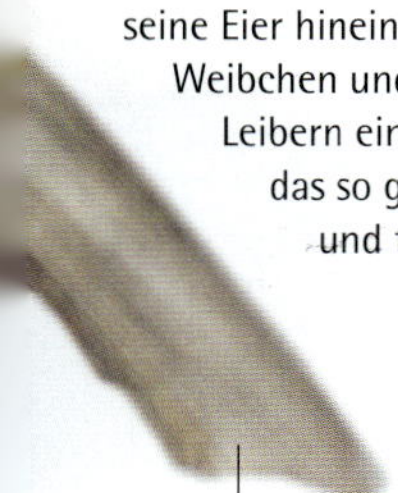

EINTAGSFLIEGEN

Eintagsfliegen leben als ausgewachsene Insekten nur kurze Zeit. Die Nymphen wachsen in Bächen, Flüssen und Seen heran und fressen Abfallstoffe. Ausgewachsene Eintagsfliegen können keine Nahrung aufnehmen und leben oft nur einen Tag. Sie schwärmen über der Wasseroberfläche. Dabei paaren sie sich in der Luft und die Weibchen lassen ihre Eier ins Wasser fallen. Danach sterben sie.

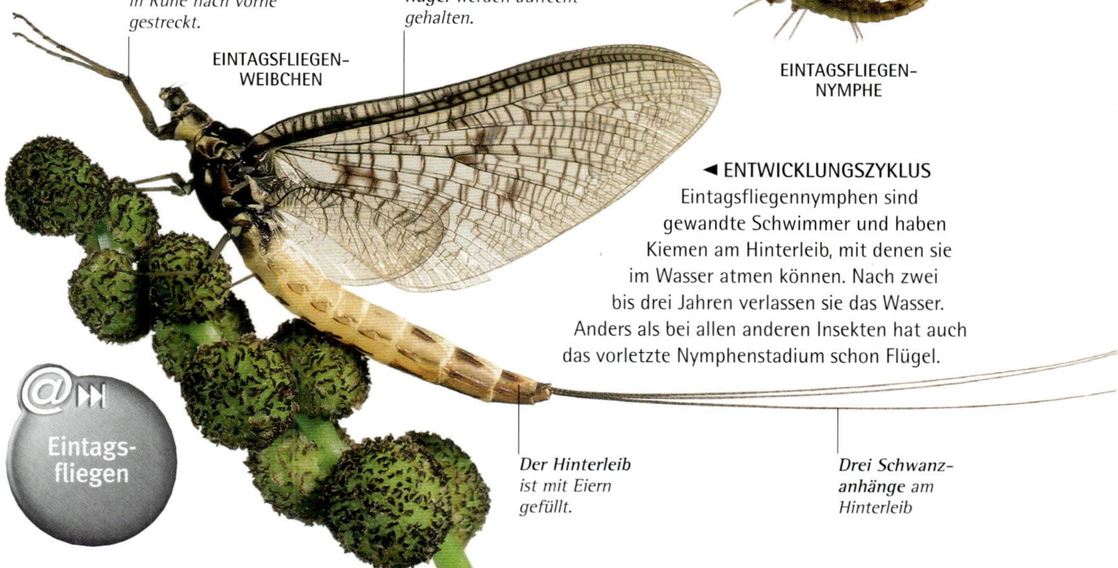

◄ **ENTWICKLUNGSZYKLUS**
Eintagsfliegennymphen sind gewandte Schwimmer und haben Kiemen am Hinterleib, mit denen sie im Wasser atmen können. Nach zwei bis drei Jahren verlassen sie das Wasser. Anders als bei allen anderen Insekten hat auch das vorletzte Nymphenstadium schon Flügel.

SIEHE AUCH ⏭ Gliederfüßer 90 • Insekten 97 • Süßwasser 71

STEINFLIEGEN

Wie Libellen und Eintagsfliegen verbringen auch Steinfliegen den ersten Teil ihres Lebens im Wasser. Die Nymphen leben in Bächen und Seen, wo sie sich vor allem von Wasserpflanzen ernähren. Ausgewachsene Steinfliegen sind schlechte Flieger und bleiben meist in der Nähe des Gewässers, um dort auf Felsen und Pflanzen umherzukrabbeln. Sie fressen kaum und leben nur kurz.

▲ **STEINFLIEGE**
Diese ausgewachsene Steinfliege hat einen kräftigen Körper und zwei Flügelpaare, die sie flach über dem Rücken falten kann. Die Weibchen mancher Arten laufen nach der Paarung über die Wasseroberfläche und lassen die Eier dort fallen. Die Nymphen ähneln den Eintagsfliegennymphen, haben aber zwei Schwanzfäden.

SIEHE AUCH ⏭ Gliederfüßer 90 • Insekten 97 • Süßwasser 71

HEUSCHRECKEN UND GRILLEN

Mit ihren großen Hinterbeinen gehören Heuschrecken und Grillen zu den besten Springern unter den Insekten. Die meisten Arten können fliegen und manche bilden riesige Schwärme, die weite Strecken ziehen können. Heuschrecken ernähren sich von Pflanzen und leben in Bodennähe. Grillen sind gute Kletterer und oft nachtaktiv. Sie fressen Pflanzen oder leben räuberisch.

IM SPRUNG ►
Mit ihren kräftigen Hinterbeinen katapultiert sich diese Punktierte Zartschrecke in die Luft. Heuschrecken und Grillen laufen langsam, springen jedoch, um Gefahren zu entkommen. In den Knien der Hinterbeine befindet sich eine Art Schnappmechanismus. Wird er ausgelöst, wird das Insekt bis zu 3 m weit katapultiert.

▲ BRAUNER GRASHÜPFER
Der Braune Grashüpfer hat einen lang gestreckten Körper und einen rundlichen Kopf, sechs Beine und zwei Flügelpaare. Die steifen Vorderflügel schützen die Hinterflügel, wenn er am Boden läuft. Die riesigen Oberschenkel der Hinterbeine sind zum Springen ausgebildet.

@ ⏭ Heuschrecken und Grillen

▲ PARTNER ANLOCKEN
Auf einem Grashalm sitzend reibt dieses Heuschreckenmännchen seine Hinterschenkel an den Hinterflügeln, um einen Partner anzulocken. Man nennt dies Stridulieren und jede Heuschreckenart hat ihren eigenen Gesang. Grillen reiben beide Flügel aneinander.

WANDERHEUSCHRECKE

▼ SCHWARM VON WANDERHEUSCHRECKEN IM SENEGAL
In Wüstenregionen können Wanderheuschrecken riesige Schwärme bilden, wenn das Wetter ungewöhnlich feucht ist. Die Heuschrecken vermehren sich so schnell, dass die Jungen den Boden bedecken. Wenn die Nahrung knapp wird, zieht der Schwarm weiter. Ein großer Schwarm kann aus über 10 Milliarden Insekten bestehen!

SIEHE AUCH ⏭ Fortbewegung 28–29 • Gliederfüßer 90 • Insekten 97 • Kommunikation 34–35 • Migration 50–51 • Wüsten 58–59

GOTTESANBETERINNEN

Mit ihren eingeklappten Vorderbeinen sehen diese räuberischen Insekten aus, als hätten sie die Hände zum Gebet gefaltet. Dies ist Teil ihrer effektiven Jagdtechnik. Wenn die Gottesanbeterin jagt, wartet sie, bis Insekten in Reichweite kommen. Dann schnappt sie zu. Viele Gottesanbeterinnen können fliegen, lauern aber meist auf Pflanzen verborgen.

LAUERNDE POSITION

DIE BEUTE PACKEN

@ Gottes-anbeterinnen

▲ BEUTEFANG
Gottesanbeterinnen lauern ihren Opfern auf. Diese hat eine Fliege entdeckt, streckt sich und bereitet sich zum Angriff vor. Sie schnellt plötzlich vorwärts und schnappt mit ihren stacheligen Vorderbeinen nach dem Insekt. Wenn sie die Beute gefangen hat, beginnt sie sofort zu fressen.

FRESSENDE GOTTES-ANBETERIN

SIEHE AUCH ⏭ Gliederfüßer **90** • Insekten **97** • Wirbellose **78–79**

STABHEUSCHRECKEN

Für Stabheuschrecken ist Tarnung überlebenswichtig. Sie verbringen ihr Leben auf Bäumen, fressen Blätter und sind darauf angewiesen, von Vögeln und anderen Fressfeinden nicht entdeckt zu werden. Nachts sind sie aktiv, tagsüber halten sie völlig still, um nicht gesehen zu werden. Gespenstheuschrecken sind nahe mit Stabheuschrecken verwandt.

@ Stab-heuschrecken

▲ GESPENSTHEUSCHRECKE
Gespenstheuschrecken haben einen abgeflachten Körper und blattartige Verbreiterungen an den Beinen. Sie tragen Flecken und erhöhte Leisten, die Blattadern ähneln. Die Eier müssen nicht von Männchen befruchtet werden. Das Weibchen lässt sie einfach auf den Boden fallen.

GUT VERBORGEN ►
Auf einem belaubten Zweig verschmelzen viele Stabheuschrecken mit ihrer Umgebung. Manche sind glatt und schlank, andere, wie diese australische Art, sehen aus wie stachelige Pflanzenstängel. Diese großen Arten stammen aus den Tropen und werden bei uns manchmal in Terrarien gehalten.

SIEHE AUCH ⏭ Gliederfüßer **90** • Insekten **97** • Wirbellose **78–79**

SCHABEN

Schaben sind Insekten, die sich von Abfallstoffen ernähren und in warmen Regionen der Erde vorkommen. Mit ihrem abgeflachten Körper können sie in enge Spalten kriechen. Obwohl sie zwei Flügelpaare besitzen, laufen sie bei Gefahr meist davon. Manche Arten sind Schädlinge im Haus, die meisten jedoch kommen in Wäldern und anderen natürlichen Lebensräumen vor.

@ ⏭ Schaben

▲ FLÜGELLOSE SCHABE
Die Madagassische Fauchschabe, die bis 9 cm lang wird, hat keine Flügel. Wenn sie bedroht wird, faucht sie, indem sie Luft durch Öffnungen (Stigmen) im Hinterleib presst. Männchen fauchen auch während der Paarungszeit, um Weibchen anzulocken. Die Eier bleiben im Körper des Weibchens, bis die Jungen geschlüpft sind.

◄ SCHNELLE VERMEHRUNG
Dieses Weibchen der Amerikanischen Schabe trägt eine Eikapsel (Oothek), die viele Eier enthält. Im Laufe seines Lebens kann es bis zu 50 Kapseln produzieren, von denen jede ein Dutzend oder mehr Eier enthält. In warmen Lebensräumen können die Jungen sich schon im Alter von 12 Wochen fortpflanzen. Da sie sich so schnell vermehren, sind sie schwierig zu bekämpfen.

SIEHE AUCH ⏭ Aasfresser **41** • Gliederfüßer **90** • Insekten **97**

AMEISENJUNGFERN

@ ⏭ Ameisenjungfern

Ameisenjungfern sind schlanke Insekten mit vier großen, netzartig geäderten Flügeln. Sie jagen andere Insekten und erspähen ihre Beute mit ihren großen Augen. Die Larven einiger Arten, die Ameisenlöwen, haben eine andere Jagdtechnik. Sie graben Gruben in sandigem Boden. Am Grund lauern sie Insekten auf, die hineinstürzen. Florfliegen sind nahe Verwandte der Ameisenjungfern, die nachts jagen.

NETZFLÜGLER IM FLUG ►
Netzflügler haben zwei Flügelpaare, die beim Fliegen in entgegengesetzter Richtung schlagen. Sie kommen weltweit vor und überwintern in Gegenden mit kalten Wintern in Gebäuden. Sie und ihre Larven ernähren sich von Blattläusen und anderen Insekten, die im Garten Schäden anrichten können.

◄ AMEISENJUNGFER
Diese Ameisenjungfer ist auf dem Zweig durch ihre Flügelzeichnung getarnt. Wenn sie fliegen, können Ameisenjungfern Libellen ähneln. Ihr Körper ist aber kürzer und sie haben einen eher flatternden Flug. Die meisten Arten kommen in Gebieten mit trockenem, sandigem Boden vor, wo die Larven, die Ameisenlöwen, ihre Fangtrichter graben.

SIEHE AUCH ⏭ Insekten **97** • Libellen **100** • Verteidigung **42–43**

WANZEN UND PFLANZENSAUGER

Wanzen und Pflanzensauger sind eine Insektengruppe mit stechend-saugenden Mundwerkzeugen und zwei Flügelpaaren. Über 80000 Arten gehören dieser Gruppe an. Manche leben räuberisch oder saugen Blut, viele andere saugen Pflanzensaft. Diese Insekten kommen in vielen verschiedenen Lebensräumen vor wie auf Wiesen, in Wäldern und Süßgewässern. Manche laufen sogar auf der Meeresoberfläche.

RIESENINSEKT ►
Diese Riesenzikade aus Südostasien ist eines der größten Insekten der Erde. Sie kann so lang werden wie die Hand eines Menschen. Wie alle Zikaden hat sie einen breiten Körper und einen breiten Kopf mit weit auseinander liegenden Augen. Männchen besitzen am Hinterleib Tymbalorgane, mit denen sie laute, weinerliche Geräusche erzeugen. Wenn es ruhig ist, kann man sie bis zu 1 km weit hören. Zikadenlarven saugen an Wurzeln Saft.

@ ⏭ Wanzen und Pflanzensauger

WASSERWANZEN

RÜCKENSCHWIMMER
Rückenschwimmer hängen in Rückenlage unter der Oberfläche von Seen oder Teichen und warten darauf, dass Fluginsekten ins Wasser fallen. Sie nehmen die Wellen wahr, die das zappelnde Insekt erzeugt. Sie packen es mit den Vorderbeinen und stechen mit den Mundwerkzeugen zu.

RIESENWASSERWANZE
Diese räuberische Wanze lebt in Süßgewässern und kann bis zu 10 cm lang werden. Sie erbeutet Frösche und Fische und lauert ihnen im schlammigem Wasser auf. Weibchen heften ihre Eier auf den Rücken des Männchens, wo sie geschützt sind, bis die Larven schlüpfen.

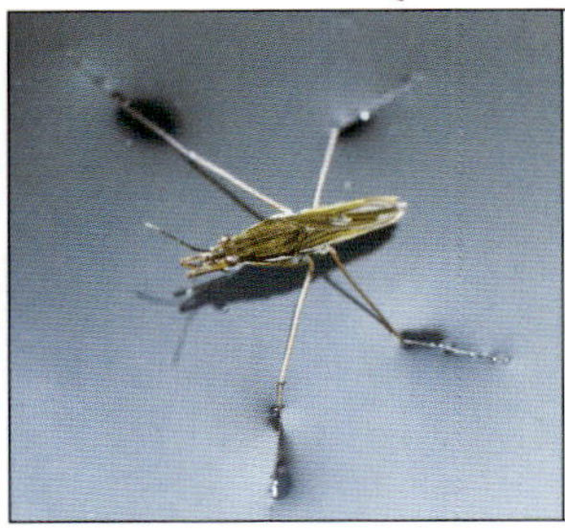

WASSERLÄUFER
Wasserläufer leben auf der Oberfläche von Teichen und Bächen. Sie erbeuten kleine Tiere, die ins Wasser fallen. Ihre Füße haben eine Wasser abweisende Behaarung, sodass das Insekt von der Oberflächenspannung des Wassers getragen wird. Meerwasserläufer leben auf dem Meer.

WASSERSKORPION
Wie alle Wasserwanzen atmet der Wasserskorpion Luft. Er nimmt sie mit einem langen Atemrohr am Hinterleib, dem Siphon, auf. Um einzuatmen, schwimmt er zur Oberfläche, hängt dort kopfunter und durchsticht mit dem Atemsiphon die Oberfläche.

JUNGE BLATTLAUS

◄ AUSGEWACHSENE BLATTLAUS UND LARVE
Die meisten Insekten pflanzen sich fort, indem sie Eier legen. Blattläuse jedoch gebären lebende Junge. Diese winzigen Insekten saugen Pflanzensaft. Blattläuse paaren sich, um sich fortzupflanzen. Im Frühjahr und Sommer jedoch bringen ungeflügelte Weibchen zahlreiche Junge zur Welt, ohne sich zu paaren. Blattlauspopulationen vermehren sich schnell und können Pflanzenkrankheiten verbreiten.

VERTEIDIGUNG ►
Diese südamerikanische Dornzikade ist getarnt, indem ihre Brust den Dorn einer Pflanze nachahmt. Wenn ein Vogel sie trotzdem entdeckt, ist sie schwierig zu verschlucken. Dornzikaden fressen meist in Gruppen und wenden sich dabei alle in die gleiche Richtung, sodass die Tarnung noch besser funktioniert.

SIEHE AUCH ⏭ Fortpflanzung 44–45 • Gliederfüßer 90 • Insekten 97 • Verteidigung 42–43

KÄFER

Fast ein Viertel aller Tierarten sind Käfer. Es gibt fast 400000 Arten, von tropischen Riesenexemplaren, die über 15 cm lang sind, bis hin zu winzigen Tieren, die man mit bloßem Auge kaum erkennen kann. Wie alle Insekten gehören Käfer zu den Gliederfüßern. Die ausgewachsenen Tiere haben einen kräftigen Körper und versteifte Vorderflügel, die die Hinterflügel bedecken und schützen. Viele Käfer ernähren sich von Pflanzen, andere sind Räuber oder Aasfresser.

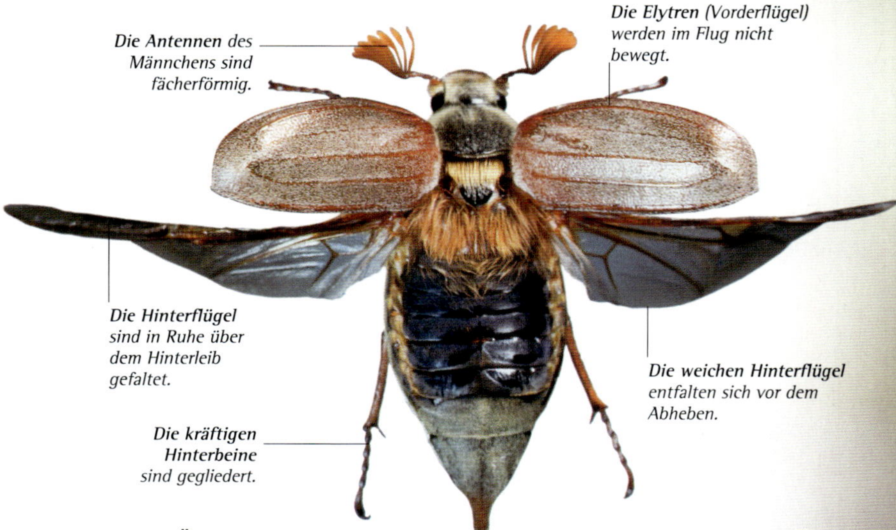

▲ MAIKÄFER IM FLUG
Wie die meisten Käfer hat der Feld-Maikäfer einen kräftigen Körper und zwei Flügelpaare. Die Elytren (Vorderflügel) sind versteift und bedecken die Hinterflügel, wenn sie geschlossen sind. Die Männchen haben Antennen, deren Segmente sich öffnen wie Fächer. Mit Klauen an den Füßen kann der Käfer sich an Pflanzen festhalten.

VIELFALT DER KÄFER

FELD-SANDLAUFKÄFER
Dieser Räuber läuft schnell und kommt in offenen, sonnigen Lebensräumen vor, wo er Insekten und Spinnen jagt. Es gibt etwa 2000 Sandlaufkäferarten. Sie haben sichelförmige Mandibeln und gute Augen. Die räuberischen Larven leben in Bauen in trockenem Boden.

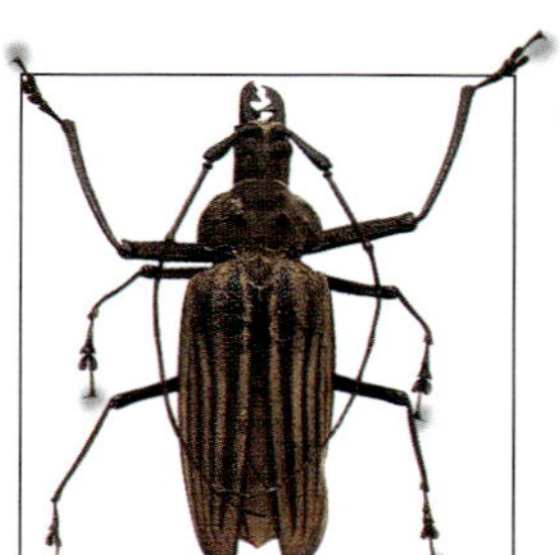

RIESIGER BOCKKÄFER
Bockkäfer haben enorm lange Antennen. Es gibt über 30000 Arten von Bockkäfern, darunter viele bunt gefärbte. Die meisten kommen in Wäldern vor, wo die Larven Gänge in tote und lebende Bäume fressen.

FROSCHSCHENKELKÄFER
Dieser Käfer kommt in den Tropen vor und ist eine von über 35000 Blattkäferarten. Viele schimmern metallisch in vielen Farben. Blattkäfer kommen weltweit vor und fressen Blätter und Wurzeln. Viele Arten, wie der Kartoffelkäfer, sind Schädlinge.

BAUMWOLLKAPSELKÄFER
Dieser Rüsselkäfer gehört zur größten Familie der Insekten, die aus über 50000 Arten besteht. Mit seinem langen Rüssel ernährt er sich von Pflanzen und frisst oft Gänge, in die er seine Eier legt. Viele Rüsselkäfer schädigen Kulturpflanzen.

GELBRANDKÄFER
Es gibt 3500 Arten dieser stromlinienförmigen Käfer, die in Teichen und Seen Würmer, Insekten und kleine Fische jagen. Die ruderartigen Hinterbeine sind mit Haaren gesäumt. Der Käfer atmet unter Wasser, indem er Luft unter seinen Elytren speichert.

Die Verbrennungskammer im Hinterleib enthält Chemikalien.

Die leuchtende Färbung warnt andere Tiere.

BOMBARDIERKÄFER ▲
Beim ersten Anzeichen von Gefahr laufen oder fliegen viele Käfer davon. Der Bombardierkäfer hat einen anderen Trick: Er versprüht mit der Spitze seines Hinterleibs giftige Chemikalien. Diese sind heiß und explodieren mit einem Knall. Der Käfer kann sie in jede Richtung versprühen – für ahnungslose Feinde eine unangenehme Überraschung!

GLÜHWÜRMCHEN ►
Dieses Glühwürmchen-Weibchen lockt mit seinem Licht Männchen an. In der Spitze des Hinterleibs wird nach Einbruch der Dunkelheit ein Leuchten erzeugt. Weibchen besitzen keine Flügel. Sie verstecken sich im Gras und geben den vorüberfliegenden Männchen Signale. Wenn das Weibchen gestört wird, erlischt sein Licht.

LEBENSZYKLUS EINES MARIENKÄFERS ►
Alle Käfer durchlaufen eine vollständige Metamorphose, bei der sie ihre Gestalt völlig verändern. Das Marienkäferweibchen legt seine Eier auf eine Pflanze. Daraus schlüpfen ungeflügelte Larven, die sich von Blattläusen ernähren. Nach etwa vier Wochen verpuppen sich die Larven. In der Puppe wird die Gestalt aufgelöst und eine neue aufgebaut. Dann platzt die Puppe auf und der Marienkäfer schlüpft.

***Das Weibchen** legt seine Eier auf Blätter.*

***Die Larve** schlüpft nach etwa einer Woche.*

***Die Larve** häutet sich mehrmals.*

***Puppe** an der Unterseite eines Blattes*

***Der frisch geschlüpfte Käfer** hat eine weiche Körperhülle und Flügel.*

***Die Farben** entstehen, wenn das Außenskelett härtet.*

@ ⏭ Käfer

◄ KÄMPFENDE HIRSCHKÄFER
Mit seinem beeindruckenden Geweih hebt ein Hirschkäfer-Männchen seinen Rivalen in die Höhe. Das Geweih besteht aus vergrößerten Mundwerkzeugen, die sich wie Zangen öffnen und schließen können. Männchen kämpfen während der Paarungszeit um Weibchen. Diese Kämpfe sehen gefährlich aus, dem Verlierer passiert dabei jedoch selten etwas.

PILLENDREHER
Der Pillendreher oder Skarabäus war bei den alten Ägyptern heilig. Einige der etwa 16500 Arten können bis 17 cm lang werden. Die Käfer sind schwarz, golden oder grün gefärbt. Sie ernähren sich von Pflanzen, Aas und Mist und beseitigen so Abfallstoffe.

SCHWARZER MODERKÄFER
Anders als die meisten Käfer hat dieser Kurzflügler einen langen, beweglichen Hinterleib und kurze Elytren. Wenn er bedroht wird, richtet er den Hinterleib nach oben, als ob er zustechen würde. Die Familie der Kurzflügler besteht aus etwa 30000 Arten.

SCHWARZKÄFER
Die Schwarzkäfer, wie diese Art der Namibwüste in Afrika, sind in trockenen Regionen verbreitet. Sie haben einen gewölbten Körper und lange Beine. Es gibt etwa 17000 Arten, von denen sich die meisten von Pflanzenresten, Aas oder Lebensmittelvorräten ernähren.

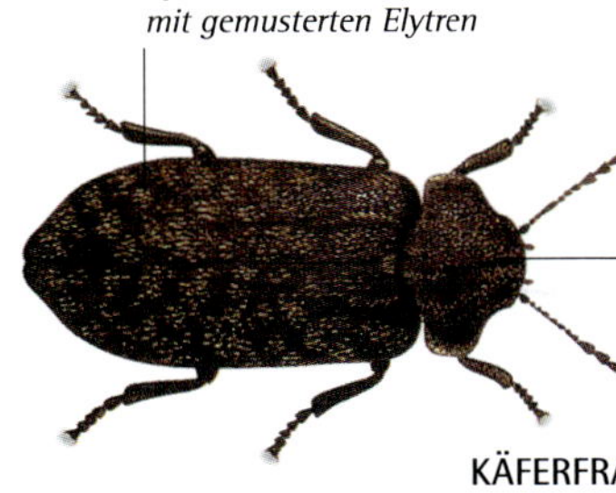

Zylindrischer Körper mit gemusterten Elytren

***Kleiner Kopf** mit kauenden Mundwerkzeugen*

***Holzbalken,** der von Larven zerfressen wurde*

KÄFERFRASSGÄNGE ►
Die Larven der Totenuhr fressen Gänge in Holzbalken und höhlen diese manchmal so aus, dass sie durchbrechen. Manche Käfer richten auch an Lebensmittelvorräten oder Nutzpflanzen Schäden an. Dazu gehören Baumwollkapselkäfer, die Baumwollplantagen schädigen, und Kartoffelkäfer, die an Kartoffelpflanzen fressen.

FLIEGEN UND MÜCKEN

Anders als die meisten flugfähigen Insekten haben Fliegen und Mücken nur ein Flügelpaar. Trotzdem sind sie oft schnelle und gewandte Flieger. Es gibt über 120 000 Arten. Manche bestäuben Blüten, andere saugen Blut oder fressen Pflanzen. Einige verbreiten Krankheitserreger.

▲ TYPISCHE FLIEGE
Die Stubenfliege ist eines der am weitesten verbreiteten Insekten. Die Vorderflügel sind durchsichtig mit wenigen Flügeladern. Die Hinterflügel sind zu Halteren umgewandelt, keulenförmigen Organen, die den Flug stabilisieren. Die Antennen sind kurz und der Körper ist mit Borsten besetzt.

Fliegen und Mücken

WICHTIGE FAMILIEN

HUMMELSCHWEBER
Mit ihrem runden, pelzigen Körper ähneln diese Fliegen Hummeln. Sie haben jedoch nur ein Paar Flügel und einen langen Rüssel, mit dem sie an Blüten Nektar saugen.

KOHLSCHNAKE
Diese Schnaken haben sehr lange, herabhängende Beine und schlanke Flügel, die bis 10 cm Spannweite haben können. Die Larven entwickeln sich im Boden oder Schlamm.

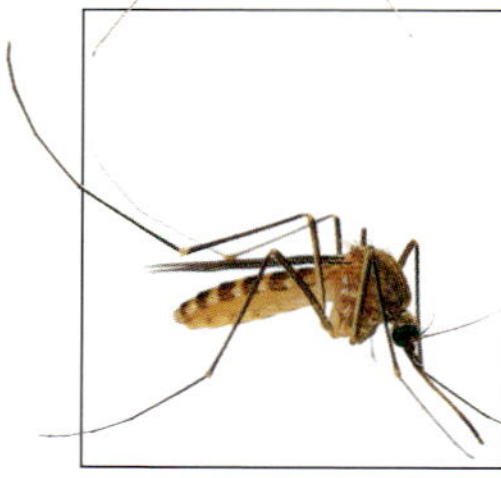

STECHMÜCKE
Weibchen saugen mit ihren nadelförmigen Mundwerkzeugen Blut. In warmen Regionen der Erde verbreiten einige Arten Malaria, eine der gefährlichsten Krankheiten.

SCHWEBFLIEGE
Mit ihrer schwarz-gelben Bänderung ähnelt diese Schwebfliege einer Wespe. Schwebfliegen ernähren sich von Pollen und Nektar. Sie können über Blüten in der Luft stehen.

RAUPENFLIEGE
Diese leuchtend gefärbte Fliege kommt in Neuguinea vor. Die Larve lebt als Parasit in anderen Insekten. Raupenfliegen werden zur Schädlingsbekämpfung eingesetzt.

◄ MADEN DER STUBENFLIEGE
Fliegen durchlaufen eine vollständige Metamorphose, bei der sie ihre Gestalt völlig verändern. Diese Maden haben weder Augen noch Beine. Sie fressen sich durch faulende Abfälle. Bei warmem Wetter verwandeln sie sich nach nur 10 Tagen in Fliegen.

FLÜSSIGE NAHRUNG ►
Die Stubenfliege ernährt sich von Speiseresten. Statt sie zu zerkauen, löst sie sie mit Speichel auf, der Verdauungsenzyme enthält. Dann benutzt sie ihre Mundwerkzeuge wie einen Schwamm, um die Mischung von Speichel und aufgelöster Nahrung aufzunehmen.

FLÖHE

Flöhe sind Parasiten, die sich vom Blut von Säugetieren und Vögeln ernähren. Die meisten Arten sind auf eine Tierart als Wirt spezialisiert. Flöhe besitzen keine Flügel, können mit ihren kräftigen Hinterbeinen jedoch enorm weit springen. Flohlarven, die aussehen wie winzige Würmer, wachsen in Nestern oder Bauen von Tieren heran und ernähren sich von den Exkrementen erwachsener Flöhe und trockenem Blut. Flöhe können Krankheiten verbreiten.

Flöhe

▲ RIESIGE SPRÜNGE
Mit seinen langen Hinterbeinen katapultiert sich der Floh hoch in die Luft. Manche Flöhe können über 30 cm hoch springen – eine unglaubliche Höhe für Tiere, die nur wenige Millimeter lang sind. Flöhe springen, um auf ihren Wirt zu gelangen oder sich von einem zum nächsten zu bewegen. Dort krabbeln sie durch die Federn oder das Fell des Wirts.

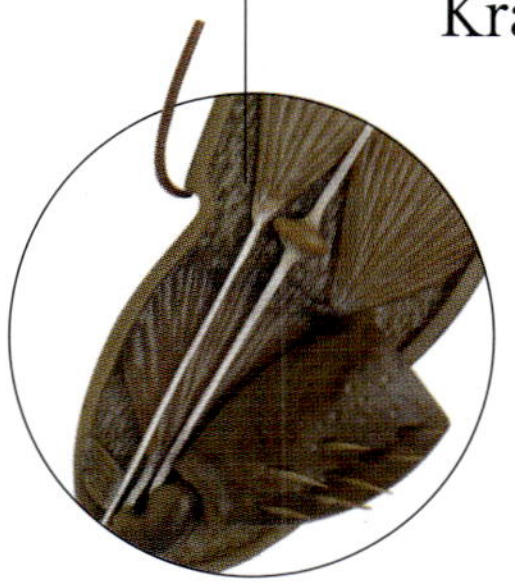

BEINMUSKULATUR IM QUERSCHNITT

FLÖHE UND KRANKHEITEN

Diese Bakterien rufen die Beulenpest hervor, eine Krankheit, die in der Vergangenheit Millionen von Menschen getötet hat. Ratten können Pestbakterien tragen, die Rattenflöhe wiederum durch einen Biss auf Menschen übertragen. Beulenpest kann mit Antibiotika behandelt werden. Besser ist es, die Ratten zu dezimieren. Flöhe verbreiten auch Parasiten. Der Hundefloh zum Beispiel verbreitet Bandwürmer auf Hunde und Katzen, manchmal auch auf Menschen.

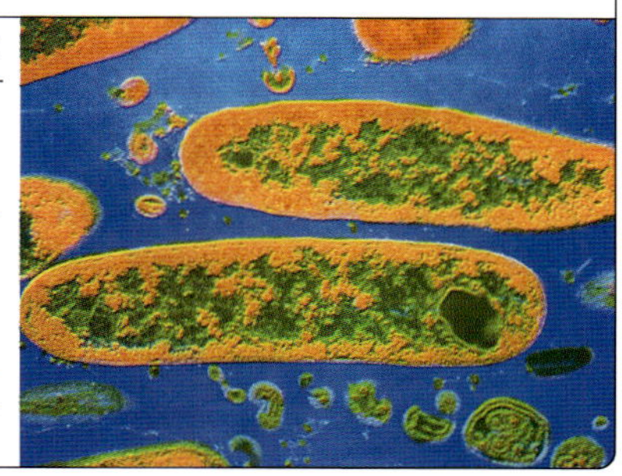

SIEHE AUCH ⏭ Gliederfüßer 90 • Insekten 97 • Mäuse 304 • Wirbellose 78–79

LÄUSE

Läuse

Läuse sind Blut saugende Parasiten, die ihr gesamtes Leben auf ihrem Wirt verbringen. Sie haben keine Flügel und halten sich mit ihren kräftigen Klauen im Fell oder Gefieder fest. Läuse befallen Säugetiere und Vögel. Eine Art, die Kopflaus, ist ein häufiger Parasit an Menschen. Die meisten Arten befallen nur eine Tierart.

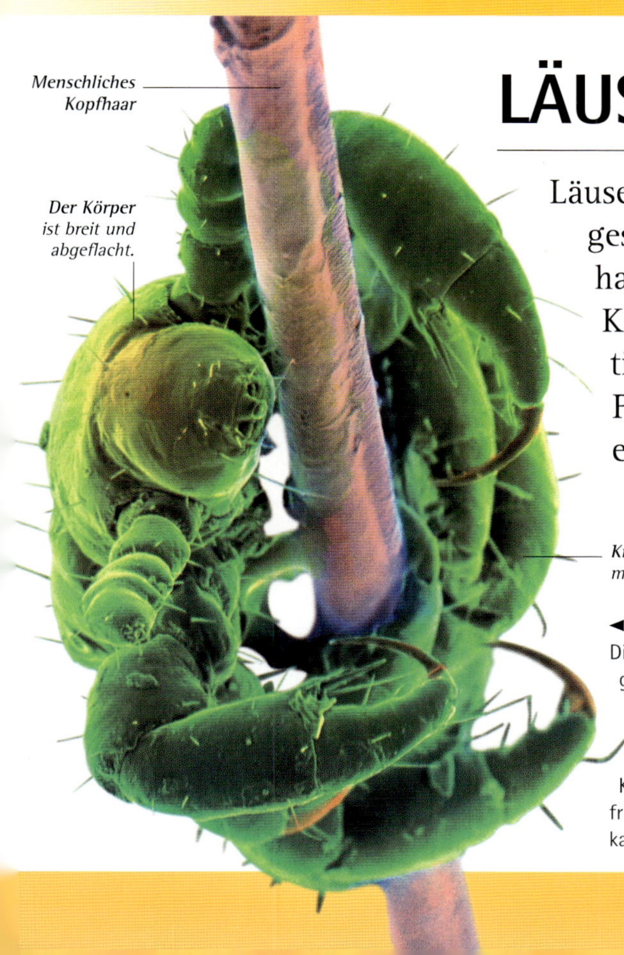

◄ KOPFLAUS DES MENSCHEN
Die Kopflaus umklammert mit ihren gebogenen Klauen Haare. Sie hat einen kleinen Kopf und einen großen Hinterleib, der anschwillt und dunkel wird, wenn sie Blut saugt. Kopfläuse befallen häufiger Kinder als Erwachsene, auch wenn die Haare frisch gewaschen sind. Mit Spezialshampoos kann man sie loswerden.

DAS LEBEN BEGINNT ►
Dieses Ei einer Kopflaus, Nisse genannt, ist an einem menschlichen Haar befestigt. Die Larve beginnt gerade zu schlüpfen. Weibchen legen ihre Eier einzeln ab und befestigen sie mit einer klebstoffartigen Substanz im Haar. Nach etwa neun Tagen schlüpft die Larve.

SIEHE AUCH ⏭ Gliederfüßer 90 • Insekten 97 • Wirbellose 78–79

SCHMETTERLINGE

Mit über 160 000 Arten bilden die Schmetterlinge die drittgrößte Insektengruppe. Sie zeichnet sich dadurch aus, dass ihre Flügel mit winzigen Schüppchen bedeckt sind. Bei Nachtfaltern sind diese meist matt gefärbt, bei Tagfaltern oft herrlich bunt. Schmetterlinge saugen Nektar und andere Flüssigkeiten, die Raupen ernähren sich meist von Blättern. Schmetterlinge kommen weltweit vor und manche wandern weite Strecken, um sich fortzupflanzen.

@ Schmetterlinge

TAGFALTER

NACHTFALTER

TAG- ODER NACHTFALTER? ▲
Tagfalter fliegen am Tag und sind meist bunt. Sie haben keulenförmige Antennen und ruhen mit aufrecht aneinander gelegten Flügeln. Nachtfalter sind oft matt gefärbt und fliegen meist nachts. Die Antennen sind oft gefiedert und viele falten ihre Flügel dachförmig über dem Körper.

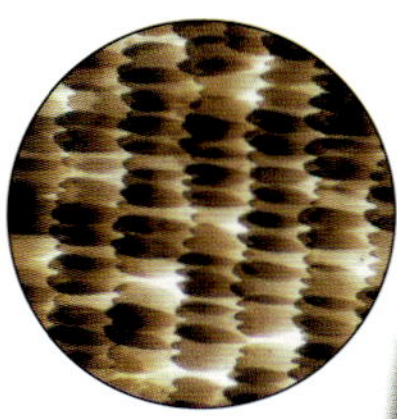

MIKROSKOPISCHE AUFNAHME VON FLÜGELSCHUPPEN

SCHWALBENSCHWANZ ►
Wie alle Tagfalter hat dieser amerikanische Schwalbenschwanz zwei Flügelpaare, schlanke Antennen und einen Saugrüssel. Mit seinen sechs Beinen sitzt er auf Blüten. Schmetterlinge der Familie der Edelfalter (Nymphalidae) sitzen nur auf vier Beinen. Das erste Beinpaar ist sehr klein und wird am Körper angelegt.

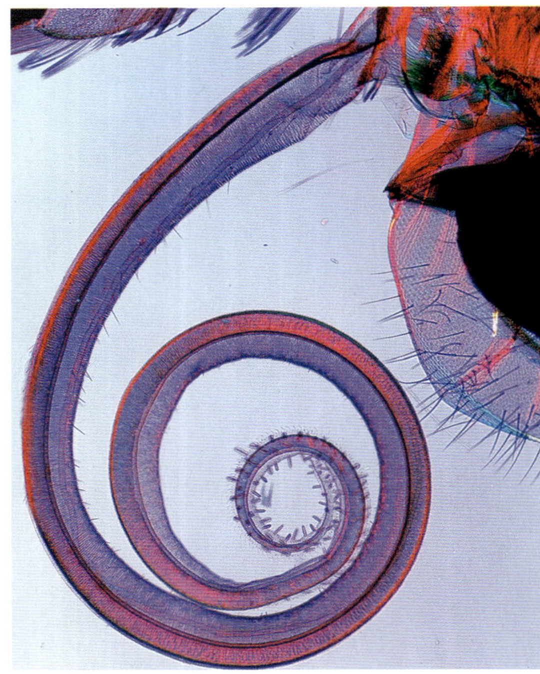

▲ ROLLRÜSSEL
Die Mundwerkzeuge eines Schmetterlings bilden einen Saugrüssel, der wie eine Spirale eingerollt ist. Er kann entrollt und wie ein Strohhalm verwendet werden, um zuckerhaltige Flüssigkeiten aus Blüten zu saugen.

SCHMETTERLINGS-REKORDE

DER KLEINSTE
Die Flügelspanne dieses Zwergbläulings kann weniger als 1 cm betragen. Er ist der kleinste bekannte Tagfalter. Er kommt im Westen der USA und in Mittel- und Südamerika vor und wurde auf Hawaii eingeschleppt.

DER GRÖSSTE
Mit einer Flügelspanne von über 30 cm ist der seltene Königin-Alexandra-Vogelflügler der größte Tagfalter der Erde. Er kommt in den Wäldern Neuguineas vor und seine Raupen ernähren sich von Pfeifenwinden.

Die Augenflecken schrecken Feinde ab.

WARNSIGNALE ▲

Dieses Nachtpfauenauge verjagt Fressfeinde, indem es seine Augenflecken zeigt. Die Zeichnung erschreckt Angreifer, sodass der Falter entkommen kann. Andere Arten wie der Monarchfalter sind leuchtend gefärbt, um zu signalisieren, dass sie giftig sind.

WINZIGE MOTTE ►

Federgeistchen haben dünne Beine und schlanke, gefiederte Flügel. Die Flügelspannweite kann weniger als 1,5 cm betragen, und obwohl sie verbreitet sind, bleiben sie oft unbemerkt. Viele Motten sind noch kleiner. Man nennt sie Kleinschmetterlinge. Sie sind sehr häufig und einige Arten richten Schäden an Nutzpflanzen an.

▲ EIN SCHMETTERLING SCHLÜPFT

Tag- und Nachtfalter durchlaufen eine vollständige Metamorphose. Hier legt ein Schwalbenschwanz seine Eier an eine Nahrungspflanze. Nachdem die Raupe geschlüpft ist, wächst sie schnell und häutet sich oft. Dann hört sie auf zu fressen und verpuppt sich. Aus der Puppe schlüpft später der Schmetterling.

SCHMETTERLINGSWANDERUNGEN

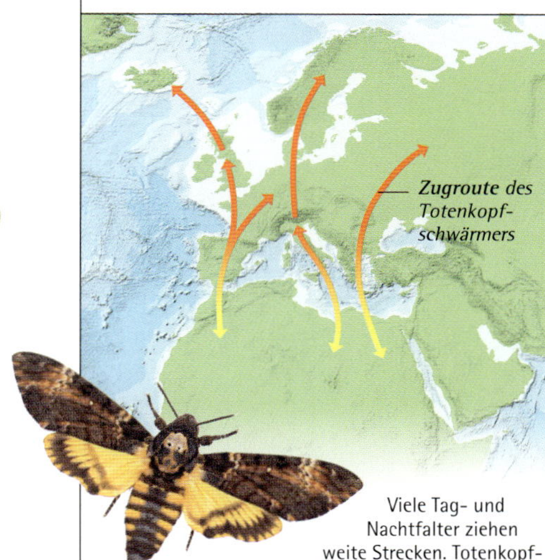

Viele Tag- und Nachtfalter ziehen weite Strecken. Totenkopfschwärmer verbringen den Winter oft in Nordafrika und fliegen im Frühjahr nordwärts. Die Falter können bis zum Polarkreis gelangen, der über 2000 km entfernt liegt. Während des Zuges paaren sie sich und legen Eier. Danach sterben die Eltern häufig, während ihr Nachwuchs den Rückflug antritt.

WEITE WANDERUNGEN

Der Monarchfalter legt bei seinen Wanderungen die weitesten Strecken zurück. Jedes Jahr fliegen Millionen der Falter über Mexiko und die USA bis nach Kanada, um sich dort fortzupflanzen.

DER LAUTESTE

Die meisten Schmetterlinge sind leise. Männchen dieser Edelfalterart jedoch erzeugen mit ihren Flügeln ein klickendes Geräusch. Am lautesten ist es zur Paarungszeit, wenn die Männchen sich in den Wäldern Zentral- und Südamerikas jagen.

GROSSE SCHÄDEN

Der Kleine Kohlweißling legt seine Eier an Kohl und verwandte Pflanzen. Die Raupen können die Ernte vernichten, wenn man nichts gegen sie unternimmt. Diese Art hat sich von Europa aus in viele andere Erdteile ausgebreitet.

WEITESTE VERBREITUNG

Der Distelfalter kommt auf allen Kontinenten außer in der Antarktis vor. Er ist ein ruheloser Wanderer und legt weite Strecken zurück. Die Raupen fressen an unterschiedlichen Pflanzen wie an Disteln, Brennnesseln und Brombeeren.

DER SELTENSTE

Diese Bläulingsart war früher in Florida häufig, ist aber um 1940 ausgestorben. Später ist sie von den Karibischen Inseln wieder in die USA eingewandert. Gründe für die Seltenheit vieler Schmetterlinge: Lebensraumzerstörung und Umweltverschmutzung.

SIEHE AUCH ⏭ Gebirge **66** • Grasländer **56–57** • Insekten **97** • Migration **50–51** • Wirbellose **78–79**

BIENEN UND HUMMELN

Bienen und Hummeln sind nahe Verwandte der Wespen und Ameisen. Diese Gruppen bilden nach den Käfern die zweitgrößte Insektengruppe. Bienen und Hummeln ernähren sich von Blütennektar und Pollen. Dabei wird Pollen von einer Blüte zur nächsten transportiert. So wird die Pflanze bestäubt und kann Samen bilden. Manche Bienen leben einzeln, Hummeln und Honigbienen jedoch leben in Staaten zusammen. Meistens bestimmt hier eine Königin das Zusammenleben.

HINTERLEIB MIT AUSGEFAHRENEM STACHEL

▲ KÖRPERBAU EINER HUMMEL
Eine Erdhummel ist auf einer Blüte gelandet und beginnt zu trinken. Ihr Körper ist mit Haaren bedeckt und trägt zwei schmale Flügelpaare. Die Vorder- und Hinterflügel sind mit einer Reihe winziger Häkchen verbunden und schlagen im Flug gemeinsam. Im Hinterleib besitzt sie zur Verteidigung einen Stachel. Den Pollen transportiert sie in einem Körbchen aus Haaren an den Hinterbeinen.

▲ SCHWÄRMENDE BIENEN
Wenn es im Nest zu eng wird, fliegt die Königin mit vielen Arbeiterinnen weg und überlässt einer jungen Königin das Nest. Der Schwarm lässt sich oft auf einem Ast nieder, während Kundschafterinnen einen geeigneten Ort suchen, um ein neues Nest zu gründen.

KÖNIGIN

DROHNE

ARBEITERIN

◄ KASTEN DER HONIGBIENE
Im Bienenstaat gibt es drei verschiedene Kasten. Die Königin hat einen längeren Körper und ist die einzige im Stock, die Eier legt. Die Männchen, die sich mit ihr paaren, heißen Drohnen. Arbeiterinnen erledigen all die Aufgaben, die getan werden müssen. Sie legen keine Eier, betreuen aber die Larven und bauen und verteidigen das Nest. Sie sammeln auch Nektar und Pollen und produzieren Honig als Nahrungsvorrat für den Winter.

BLATTSCHNEIDERBIENE ►
Blattschneiderbienen leben einzeln. Diese Biene schneidet Blattstücke mit den Mandibeln ab und baut einen Behälter, den sie mit Pollen füllt. Darauf legt sie je ein Ei. Die Larve frisst dann den Pollen. Viele andere einzeln lebende Bienen legen ihre Eier in Röhren in der Erde oder Gänge in morschem Holz.

@ Bienen und Hummeln

SIEHE AUCH ⏭ Ameisen 114 • Insekten 97 • Kommunikation 34–35 • Wespen 113

WESPEN

Manche Wespenarten sind aggressiv und besitzen einen kräftigen Stachel. Wespen sind für Menschen jedoch nützlich, denn sie tragen dazu bei, Insekten unter Kontrolle zu halten, die Schäden anrichten. Soziale Wespen leben in großen Staaten. Sie jagen Insekten, mit denen sie die Larven füttern. Andere Wespen leben einzeln. Manche wachsen in Gallen an Pflanzen heran, andere sind Parasiten.

Gegliederte *Beine* an der *Brust*

Die schlanke ille verbindet *Brust* und *Hinterleib.*

Die auffallenden Streifen warnen andere Tiere.

◄ GEMEINE WESPE
Wespen haben meist einen schlanken Körper mit einer schmalen Taille. Sie besitzen zwei Flügelpaare, die im Flug gemeinsam schlagen. Soziale Wespen wie diese haben kräftige Mandibeln, mit denen sie Holzfasern für ihre Nester und Futter für ihre Larven kauen. Viele Wespen sind bunt gezeichnet.

Der Hinterleib ist *gebogen, wenn die Wespe ein Ei legt.*

▲ LEBENDER BOHRER
Dieses Holzschlupfwespen-Weibchen hat mit seinem Geruchssinn die Larve eines anderen Insekts wahrgenommen. Es bohrt mit der scharfen Spitze seiner Legeröhre ins Holz, um ein Ei auf dem Körper der Larve abzulegen. Wenn die Wespenlarve schlüpft, wird sie ihren Wirt nach und nach auffressen.

Parasitische Wespenlarven im *Innern der Galle*

▲ GALLEN UND LARVEN
Dieses Gebilde ist eine Galle, eine Wucherung an einer Pflanze, die durch ein Insekt ausgelöst wurde. Gallwespenlarven, die im Innern leben, finden hier Nahrung und sind geschützt. Hier sind jedoch die Larven einer parasitischen Wespe geschlüpft und fressen die Gallwespenlarven.

EIN WESPENNEST ENTSTEHT

DER ANFANG
Diese Wespenkönigin hat begonnen ein Nest zu bauen. Sie kaut dazu Fasern von morschem Holz ab. Diese vermischt sie mit Speichel. Die Paste verteilt sie, sodass Papierwände entstehen, die wie Becher geformt sind. Das Nest hängt an einem Stiel aus Papier.

ZUSÄTZLICHE LAGEN
Die Königin baut weitere Lagen um das Nest. Sie sind durch Spalten getrennt. Das Luftpolster darin hält das Nest warm wie eine Isolierung in den Mauern eines Hauses. Wenn vier oder fünf Wände fertig sind, krabbelt die Königin ins Innere.

EIKAMMERN
Die Königin baut eine Schicht aus Zellen im Innern des Nestes. Sie legt in jede Zelle ein Ei und füttert die Larven, sobald sie geschlüpft sind. Sie wachsen zu Arbeiterinnen heran. Die Königin legt dann nur noch Eier, während Arbeiterinnen das Nest vergrößern.

PLATZ SCHAFFEN
Die Arbeiterinnen reißen die inneren Wände des Nestes nach und nach ein und bauen außen neue. Zum Ende des Sommers kann das Nest 20 cm Durchmesser haben und bis zu 5000 Arbeiterinnen beherbergen.

GRABWESPE ►
Diese Grabwespe ist auf der Suche nach Schaben. Die Wespe selbst ernährt sich von Nektar, muss jedoch einen Nahrungsvorrat für ihre Larven anlegen. Eine erbeutete Schabe lähmt sie mit ihrem Stachel und transportiert sie in ein Nest. Sie legt dann ein Ei an den Schabenkörper. Wenn die Larve schlüpft, frisst sie die Schabe auf.

SIEHE AUCH ⏭ Bienen und Hummeln **112** • Insekten **97** • Nester und Baue **48–49** • Schaben **104** • Verhalten **32–33**

AMEISEN

Ameisen sind soziale Insekten, die in Staaten zusammenleben und die Arbeiten untereinander aufteilen. Die Königin legt ihr Leben lang Eier, während die Arbeiterinnen, die sich nicht fortpflanzen, Nahrung sammeln und sich um die Larven kümmern. Arbeiterinnen sind ungeflügelt. Von Zeit zu Zeit schwärmen geflügelte Männchen und Königinnen, um anderswo neue Nester zu gründen.

▲ AMEISENPFLANZE
Die Myrmecodonia aus Südostasien beherbergt eine Ameisenkolonie. Im verdickten Stängel leben die Ameisen in hohlen Kammern. Sie trinken den Nektar, den die Blüten produzieren. Im Gegenzug verteidigen sie die Pflanze gegen Tiere, die die Blätter fressen. Der Kot der Ameisen ist außerdem ein Dünger für die Pflanze.

◄ WALDAMEISEN-ARBEITERIN
Diese Arbeiterin hat einen gegliederten Körper wie alle Insekten. Die längliche Brust setzt mit einer Taille am rundlichen Hinterleib an. Die Augen sind gut entwickelt, andere Ameisenarten aber sehen schlecht. Die empfindlichen Antennen nehmen Geruchsstoffe der Nahrung wahr. Mit den Füßen hinterlassen Ameisen Duftstoffe, die Pheromone, mit denen sie zurück zum Nest finden.

◄ AMEISENBAUM
Die hohlen Dornen der Flötenakazie sind das Zuhause dieser Ameisen. Hier leben und vermehren sie sich und greifen Tiere an, die die Zweige und Blätter fressen wollen. Der Baum versorgt sie mit Nektar und nahrhaften Ölen. Die Ameisen gelangen durch kleine Löcher in die Dornen, die manchmal im Wind flötende Geräusche erzeugen.

Ameisen

BLATTSCHNEIDERAMEISEN ►
Diese Blattschneiderameisen, die neben ihrer Last winzig wirken, tragen Blattstückchen in ihre unterirdischen Nester. Auf den Blättern züchten sie einen speziellen Pilz, den sie fressen. Andere Ameisen haben ein breiteres Nahrungsspektrum, zu dem Samen und andere Insekten gehören. Treiberameisen bewegen sich in Schwärmen über den Boden und greifen jedes Tier an, das nicht fliehen kann.

SIEHE AUCH ⏭ Bienen und Hummeln 112 • Ameisenbären 250 • Fleischfresser 38 • Gliederfüßer 90 • Honigtopfameisen 98–99 • Insekte

TERMITEN

Termiten sind Insekten, die Ameisen ähneln. Sie sind jedoch nicht nahe mit ihnen verwandt und ernähren sich anders. Als reine Pflanzenfresser fressen sie abgestorbene Blätter und morsches Holz, selten lebende Pflanzen. Termiten leben in großen Staaten und kommen in warmen Regionen vor. Einige Arten bauen riesige und beeindruckende Nester. Manche fressen sich durch Balken von Gebäuden.

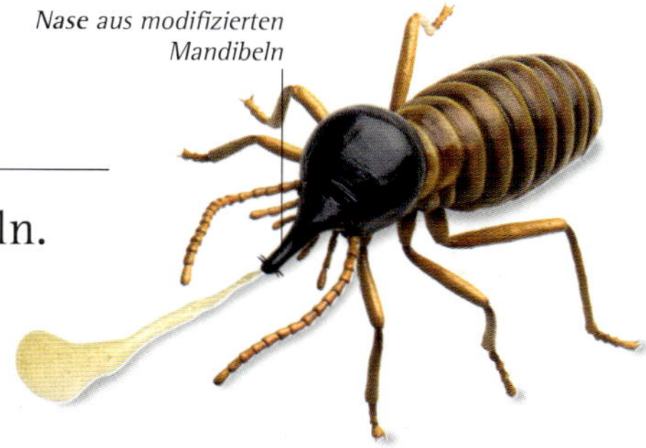

▲ SELBSTVERTEIDIGUNG
Termiten haben viele Feinde und ihre Nester werden oft von Ameisen angegriffen. Bei manchen Arten gibt es spezialisierte Soldaten, die Nasensoldaten. Sie haben nasenförmige Köpfe, mit denen sie bei Gefahr eine klebrige Flüssigkeit über ihre Angreifer sprühen, die sich dann in den Fäden verfangen.

@ ⏭ Termiten

KÖRPERBAU EINER TERMITE ►
Termiten haben einen zylindrischen Körper mit breiter Taille. Sie meiden das Tageslicht, denn sie trocknen leicht aus. Soldaten verteidigen das Nest, während Arbeiter Nahrung suchen und am Nest bauen. Die Königin kann bis 8 cm lang werden. Sie verlässt das Nest nie und legt bis zu 30 000 Eier am Tag.

BAUMEISTER ►
Manche Termitenarten errichten hügelförmige Lehmnester, die bis zu 7 m hoch sein können. Dieser Querschnitt zeigt im Innern Entlüftungsgänge, eine Brutkammer und einen Garten, wo die Termiten einen bestimmten Pilz auf morschem Holz züchten. Sie ernten und fressen ihn.

❶ *Zugang* zu Wasser unter dem Nest
❷ *Brutkammer* mit Eiern und Larven
❸ *Die Königin* lebt in der Königinnenkammer.
❹ *Kammern*, in denen Termiten leben

BAUWEISEN VON TERMITEN

NEST MIT DACH
Dieses Termitennest ist pilzförmig mit zentraler Säule und mehreren überhängenden Dächern. Solche Nester findet man im tropischen Afrika, wo es fast jeden Tag heftig regnet. Die herabhängenden Dächer halten den Regen ab und die Termiten bleiben trocken.

BAUMNEST
In den Wäldern Südamerikas bauen viele Termiten kugelige Nester und befestigen sie an Baumstämmen und Zweigen. Die Nester bestehen aus einer Mischung aus dem Kot und Speichel der Termiten. In verlassenen Nestern nisten sich oft Schlangen und Vögel ein.

SÄULENNEST
Dieses riesige australische Termitennest besteht aus getrocknetem Lehm. Die flachen Seiten sind nach Osten und Westen ausgerichtet. So wärmt sich das Nest auf, wenn die Sonne auf- und untergeht. Mittags, wenn die Sonne direkt darüber steht, bleibt es kühl.

SIEHE AUCH ⏭ Ameisen **114** • Grasländer **56–57** • Insekten **97** • Nester und Baue **48–49**

HUNDERTFÜSSER

Hundertfüßer haben einen lang gestreckten Körper und an jedem Segment ein Beinpaar. Diese Gliederfüßer können bis zu 180 Beinpaare haben, die meisten aber besitzen wesentlich weniger. Sie sind Räuber und töten ihre Beute mit Giftklauen, die seitlich am Kopf sitzen. Tausendfüßer ähneln ihnen, haben aber zwei Beinpaare an jedem Körpersegment und ernähren sich von verrottenden Pflanzen und Pilzen.

◄ SCHNELLER LÄUFER
Hundertfüßer sind schnelle Läufer. Einige Arten können fast 2 km/h sprinten. Die meisten Arten sehen schlecht. Mit ihren Antennen suchen sie nach Beute. Mit dem flachen Körper können sie sich unter Steinen oder Baumstämmen verstecken.

HUNDERTFÜSSER IN DER ERDE ►
Erdläufer wie dieser leben und jagen in der Laubstreu und im Boden. Sie sind blass und fadenförmig und besitzen dutzende kleiner Beine. Diese Hundertfüßer können sich wie Schlangen winden. So kriechen sie auf der Suche nach Milben und anderen kleinen Beutetieren durch enge Spalten.

Hundert-füßer

◄ BEWEGUNG EINES TAUSENDFÜSSERS
Wie alle Tausendfüßer hat diese Art zwei Beinpaare an jedem Körpersegment. Aus der Entfernung sieht er aus wie ein Hundertfüßer, er bewegt sich jedoch langsam und hat keine Giftklauen. Tausendfüßer haben bis zu 375 Beinpaare. Viele Arten wie auch diese haben keine Augen und orientieren sich mit dem Geruchs- und Tastsinn.

VOR DEM EINROLLEN

EINGEROLLT

▲ SELBSTVERTEIDIGUNG
Dieser Saftkugler kann sich nicht mit einem giftigen Biss oder Stich verteidigen. Wenn er bedroht wird, rollt er sich zu einer Kugel ein und wartet, bis die Gefahr vorüber ist. Der Körper ist für einen Tausendfüßer sehr kurz. Auch längere Arten rollen sich oft ein, wenn man sie berührt, und manche sondern giftige Substanzen ab.

RIESIGER HUNDERTFÜSSER ►
Mit seinen Giftklauen hat dieser Riesenhundertfüßer eine Maus getötet. Riesenhundertfüßer leben in den Tropen. Manche sind bunt gefärbt und einige werden bis zu 30 cm lang. Sie lauern ihrer Beute nachts auf. Ihr giftiger Biss kann auch für Menschen gefährlich sein.

SIEHE AUCH ⏭ Aasfresser 41 • Gliederfüßer 90 • Mäuse 304 • Verteidigung 42–43 • Wirbellose 78–79

KREBSTIERE

Zu dieser großen Gruppe Wirbelloser gehören Krebse, Krabben, Hummer, Garnelen, Entenmuscheln und Wasserflöhe. Krebstiere haben einen harten Panzer. Im Vergleich zu anderen Gliederfüßern sind sie an Land selten. In Süßgewässern und im Meer aber sind sie sehr häufig. Die Größe variiert von mikroskopisch kleinen Ruderfußkrebsen bis hin zu riesigen Krabben, bei denen die Spannweite der Beine über drei Meter beträgt.

AN LAND LEBENDES KREBSTIER ▲
Asseln sind die einzigen Krebstiere, die ständig an Land leben. Ihr Körper trocknet leicht aus, deshalb halten sie sich an feuchten Orten auf. Die Weibchen transportieren ihre Eier in einer Tasche unten am Hinterleib, in der auch die Jungen noch einige Tage bleiben. Auch manche Krabben leben an Land, pflanzen sich aber im Wasser fort.

▲ LEBEN IM PANZER
Wie alle Gliederfüßer haben Krebstiere ein Außenskelett. Das dieser Putzergarnele ist transparent und dünn. Bei Krabben und Hummern aber ist es dicker und schwerer. Krebstiere haben zwei Antennenpaare und gestielte Facettenaugen. Ihre vielen Beinpaare benutzen sie zum Laufen, Schwimmen und Ergreifen der Nahrung.

◄ PLANKTON
Nahe der Meeresoberfläche driften unglaubliche Mengen junger Krebstiere im Wasser. Sie sind Bestandteil des Planktons, kleiner, driftender Meeresorganismen, die für Fische und Wale lebenswichtige Nahrung sind. Die Larven der Krebstiere sehen völlig anders aus als ihre Eltern und ernähren sich unterschiedlich. Wie die meisten Wirbellosen verwandeln sie sich, während sie heranwachsen.

@ ⏭ Krebstiere

◄ ENTENMUSCHEL
Diese Entenmuschel, die von leuchtend gefärbten Korallen umgeben ist, fängt mit ihren Beinen Nahrung. Das Gehäuse ähnelt einer Muschelschale. Es öffnet sich, sodass die Beine ausgestreckt werden können, und schließt sich, wenn sie eingezogen werden. Das ist wichtig, wenn die Entenmuschel an Felsen in der Brandung festsitzt.

SIEHE AUCH ⏭ Gliederfüßer 90 • Korallen 81 • Küsten 72 • Ozeane 74–75 • Sinne 30–31 • Süßwasser 71

PALMENDIEB

Dieser große, an Land lebende Krebs ist an einer Palme emporgeklettert und schneidet mit seinen mächtigen Scheren eine Kokosnuss ab. Am Boden wird er sie öffnen und das Fruchtfleisch fressen. Palmendiebe ernähren sich auch von Abfällen und Aas und suchen nachts an Stränden nach Nahrung. Anders als andere Einsiedlerkrebse haben die erwachsenen Tiere einen harten Panzer, der den Hinterleib bedeckt. Der Palmendieb ist der größten an Land lebende Gliederfüßer.

@ ⏭ Krabben

Wissenschaftlicher Name: *Birgus latro*

Ordnung: Decapoda (Krabben und Verwandte)

Klasse: Crustacea (Krebstiere)

Verbreitung: Inseln im Westpazifik und im östlichen Indischen Ozean

Gefährdung: in Teilen des Verbreitungsgebietes selten

Länge: Beinspanne bis 1 m

Gewicht: bis 4 kg

Nahrung: Kokosnüsse, Blätter, Früchte, Aas

Fortpflanzung: Findet zwischen Juni und September statt. Jedes Weibchen gibt mehrere hundert Eier ins Meer ab.

Lebenszyklus: Larven leben im Meer. Wenn sie an Land kommen, leben die jungen Krabben zunächst in Schneckenhäusern.

SIEHE AUCH ⏭ Gliederfüßer **90** • Krabben **120** • Krebstiere **117**

KRABBEN

Krabben sind Gliederfüßer und gehören zu den Krebstieren. Die meisten haben einen breiten Körper mit einem an der Unterseite verborgenen Hinterleib und einen kräftigen Panzer (Carapax), der Kopf und Brust bedeckt. Sie haben acht Laufbeine und ein zusätzliches Paar, das in Scheren endet. Mit diesen ergreifen sie Nahrung und verteidigen sich. Krabben sind Räuber und Aasfresser. Die meisten Arten leben an Küsten.

GEBORGTES GEHÄUSE ▲
Anders als die meisten Krabben haben Einsiedlerkrebse einen lang gestreckten Körper mit einem weichen, verletzlichen Hinterleib. Um sich zu schützen, leben sie in leeren Schneckenhäusern. Diesem Einsiedlerkrebs wird sein Haus bald zu klein sein. Dann wird er es durch ein größeres ersetzen. Einsiedlerkrebse fressen an der Gezeitenlinie tote Tiere.

@ ⏭ Krabben

▲ MÄCHTIGE SCHEREN
Mit dem dicken Panzer und den mächtigen Scheren kann ein ausgewachsener Taschenkrebs über 1 kg wiegen. Wie die meisten Krebstiere driften Krabben als Larven im offenen Wasser. Sie verwandeln ihre Gestalt, bevor sie sich zwischen Felsen oder im Sediment des Meeresgrundes niederlassen.

▲ RIESENKRABBE
Die Gruppe der Seespinnen hat einen birnenförmigen Körper, kleine Scheren und lange, schlanke Beine. Japanische Riesenkrabben sind die größten Krebstiere der Erde mit einer Beinspanne von bis zu 3,5 m und leben in der Tiefsee. Manche Seespinnenarten befestigen zur Tarnung Muschelschalen oder Tang an den stacheligen Fortsätzen ihres Carapax.

WINKERKRABBEN ►
Diese beiden Winkerkrabben-Männchen kämpfen bei Ebbe mit ihren Scheren. Winkerkrabben leben in Mangrovensümpfen, wo sie im Schlamm Höhlen graben. Männchen haben eine kleinere Schere, die sie zum Fressen verwenden, und eine riesige, mit der sie kämpfen und Weibchen anlocken.

SIEHE AUCH ⏭ Krebstiere **117** • Nester und Baue **48–49** • Palmendieb **118–119**

HUMMER UND LANGUSTEN

Hummer sind Krebstiere mit kräftigem Körper, die auf dem Meeresgrund leben und bis 1 m lang werden können. Sie haben acht Laufbeine und ein vorderes Paar, das oft riesige Scheren trägt. Hummer sind Räuber und brechen mit ihren Scheren Schalentiere auf. Ihre kleinen Verwandten, die Langusten, haben eine ähnliche Gestalt und kommen sowohl in Süß- und Brackwasser als auch in Salzwasser vor.

▲ FANGSCHRECKENKREBS
Während er mit seinen großen hellen Augen durch das Wasser späht, wartet dieser Fangschreckenkrebs auf Beute. Wenn ein Tier in Reichweite kommt, packt er mit seinen kräftigen Vorderbeinen zu. Fangschreckenkrebse können bis zu 35 cm lang werden und einem Menschen einen Finger abtrennen.

LANGUSTENWANDERUNG ▲
Diese Langusten wandern nahe der Küste Floridas in einer Reihe über den Meeresgrund. Sie verbringen den Winter in tiefem Wasser und den Sommer auf Korallenriffen in Strandnähe. Ihre Scheren sind klein, aber der Körper ist zum Schutz vor Feinden mit Stacheln und scharfen Kanten versehen.

Hummer und Langusten

▲ ANTARKTISCHER KRILL
Diese langustenähnlichen Krebse leben in den Ozeanen um die Antarktis. Sie kommen um das Eis und im offenen Wasser vor, wo sie riesige Schwärme bilden. Die Krebse haben stachelige Beine, mit denen sie wie mit einem Sieb Plankton aus dem Wasser filtern. Krill ist eine wichtige Nahrung für viele Meerestiere wie Fische, Pinguine, Seehunde und Wale.

◄ KNACKEN UND SCHNEIDEN
Die beiden Scheren des Europäischen Hummers sind unterschiedlich geformt und werden verschieden verwendet. Die kräftige rechte Schere hat stumpfe Zähne, um Schalen zu knacken. Die schlankere linke hat scharfe Zähne, um weiche Nahrung zu schneiden. Hummer bewegen sich laufend vorwärts. Bei Gefahr jedoch schlagen sie plötzlich mit dem Schwanz und schnellen rückwärts durchs Wasser.

SIEHE AUCH ⏭ Gliederfüßer **90** • Körperbau **26–27** • Krebstiere **117** • Migration **50–51** • Ozeane **74–75**

◄ AMBULAKRALFÜSSCHEN
Die Ambulakralfüßchen dieses Gemeinen Seesterns ragen ins Wasser und greifen nach allem, was sie berühren. Alle Stachelhäuter besitzen diese Füßchen, die in Reihen entlang ihres Körpers angeordnet sind. Sie sind mit Körperflüssigkeit gefüllt und elastisch. Wenn das Tier den Druck verändert, kann es sie ausstrecken oder zurückziehen.

▲ AUSEINANDER ZIEHEN
Dieser Seestern öffnet mit seinen Ambulakralfüßchen eine Muschelschale. Die Füße greifen die beiden Schalenhälften und ziehen sie langsam auseinander. Wenn sich die Hälften trennen, stülpt der Seestern seinen Magen nach außen und schiebt ihn in die Schale, um die weichen Teile der Muschel zu verdauen.

STACHELHÄUTER

Zu dieser Gruppe Wirbelloser gehören Seesterne, Seeigel und Seegurken sowie seltene Tiere wie Seelilien. Äußerlich ähneln sich die verschiedenen Gruppen nicht sehr, sie haben jedoch alle ein kalkhaltiges Skelett und die Körperteile sind fünfstrahlig ausgebildet. Stachelhäuter leben im Meer, aber nur wenige von ihnen können schwimmen. Stattdessen kriechen sie mit ihren mit Saugnäpfen besetzten winzigen Füßchen.

@ ⏭ Stachelhäuter

SKELETT EINES SEEIGELS ►
Das Skelett eines Seeigels besteht aus kleinen Kalkplatten. Sie bilden ein festes Gehäuse, das wie eine runde Muschelschale aussieht. Bei den meisten Stachelhäutern sind die Platten mit Kalkstacheln besetzt, die zur Verteidigung eingesetzt werden. Bei manchen Arten können sie über 15 cm lang werden.

TENTAKEL

◄ SEEGURKE
Seegurken leben auf dem Meeresgrund. Trotz ihrer gurkenähnlichen Gestalt haben sie einen fünfstrahligen Körper. Sie haben fünf Reihen von Ambulakralfüßchen und fünf Büschel mit Tentakeln, um Nahrung aufzunehmen. Wenn sie angegriffen werden, schleudern manche Seegurken ihre inneren Organe den Angreifern entgegen. Die Organe regenerieren bald.

◄ SEELILIEN
Diese Seelilien, die an einem Korallenriff wachsen, haben viele elegante Arme, die beim Schwimmen auf und ab schlagen. Der Mund öffnet sich nach oben und mit den Armen fängt die Seelilie schwebende Nahrungspartikel ein. Seelilien zählen zu einer ursprünglichen Gruppe der Stachelhäuter, den Crinoiden, die früher zu den häufigsten Meerestieren gehörten. Zu Beginn ihres Lebens sitzen sie an einem Stiel verankert am Meeresgrund.

SIEHE AUCH ⏭ Korallenriffe **73** • Körperbau **26–27** • Wirbellose **78–79**

SEESTERNE

Seesterne sind an ihrer einzigartigen Gestalt leichter zu erkennen als andere Stachelhäuter. Die meisten Arten haben fünf Arme. Zu ihnen gehören einige der buntesten Meerestiere. Sie bewegen sich langsam und ernähren sich hauptsächlich von Muscheln, Korallen und anderen Tieren. Schlangensterne ähneln den Seesternen, sind aber Aasfresser.

◄ NEUE ARME WACHSEN NACH

Wenn ein Seestern einen Arm verliert, regeneriert dieser sich schnell, das heißt, er wächst nach. Normalerweise stirbt der abgetrennte Arm ab. Bei manchen Seesternen kann aber auch er sich zu einem neuen Tier regenerieren. Es dauert mehrere Monate, bis die vier neuen Arme völlig ausgewachsen sind.

KORALLENFRESSER ►

Der Dornenkronen-Seestern hat lange, giftige Stacheln und ernährt sich von Korallen. Manchmal überfallen die Tiere in großer Zahl Korallenriffe und verwüsten sie völlig. Meist erholen sich Riffe jedoch von diesen Überfällen.

FORMEN VON SEESTERNEN ▲

Seesterne haben einen stern- oder kissenförmigen Körper, je nach Länge ihrer Arme. Die Arme können sie biegen, aber nur langsam und nicht sehr weit. Schlangensterne haben in der Mitte des Körpers eine Scheibe und dünne, bewegliche Arme. Anders als Seesterne können sie sie um feste Objekte schlingen.

SIEHE AUCH ⏭ Korallenriffe 73 • Ökologie 14–15 • Stachelhäuter 122 • Wirbellose 78–79

SEEIGEL

Die meisten Seeigel leben an Felsen und Riffen, wo sie mit ihrem Kieferapparat Pflanzen und kleine Tiere abweiden. Manche Arten sind nicht symmetrisch gebaut und leben am Meeresgrund. Sie graben sich durch das Sediment oder suchen am Boden Nahrung. Die leeren Gehäuse toter Seeigel werden oft an den Strand gespült. Bei lebenden Tieren trägt das Gehäuse oft Reihen von Ambulakralfüßchen und Kalkstacheln.

▲ LEBEN IN EINEM GEHÄUSE

Das hohle Gehäuse des Gemeinen Seeigels besteht aus hunderten einzelner Platten mit je fünf Stacheln und fünf Löchern für die Ambulakralfüßchen. Der Seeigel bewegt sich mit seinen Stacheln und Füßchen und erklimmt damit sogar Felsen. Er befördert mit ihnen außerdem Nahrung in seinen Mund, der sich unten am Körper befindet.

DIE LARVE ►

Diese Seeigel-Larve ist kleiner als ein Stecknadelkopf und driftet einige Wochen lang unter der Meeresoberfläche. Wenn sie älter wird, verändert sie ihre Gestalt (Metamorphose). Dieses vergrößerte Bild zeigt, wie ihr Skelett sich auszubilden beginnt. Schließlich nimmt sie die Gestalt des ausgewachsenen Seeigels an und lässt sich an einem Felsen oder Riff nieder. Manche Stachelhäuter bringen Larven zur Welt, während andere Eier und Spermien ins Wasser entlassen.

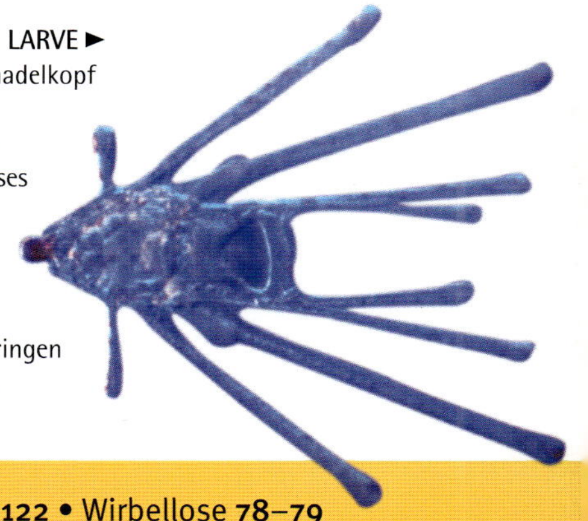

SIEHE AUCH ⏭ Korallenriffe 73 • Küsten 72 • Stachelhäuter 122 • Wirbellose 78–79

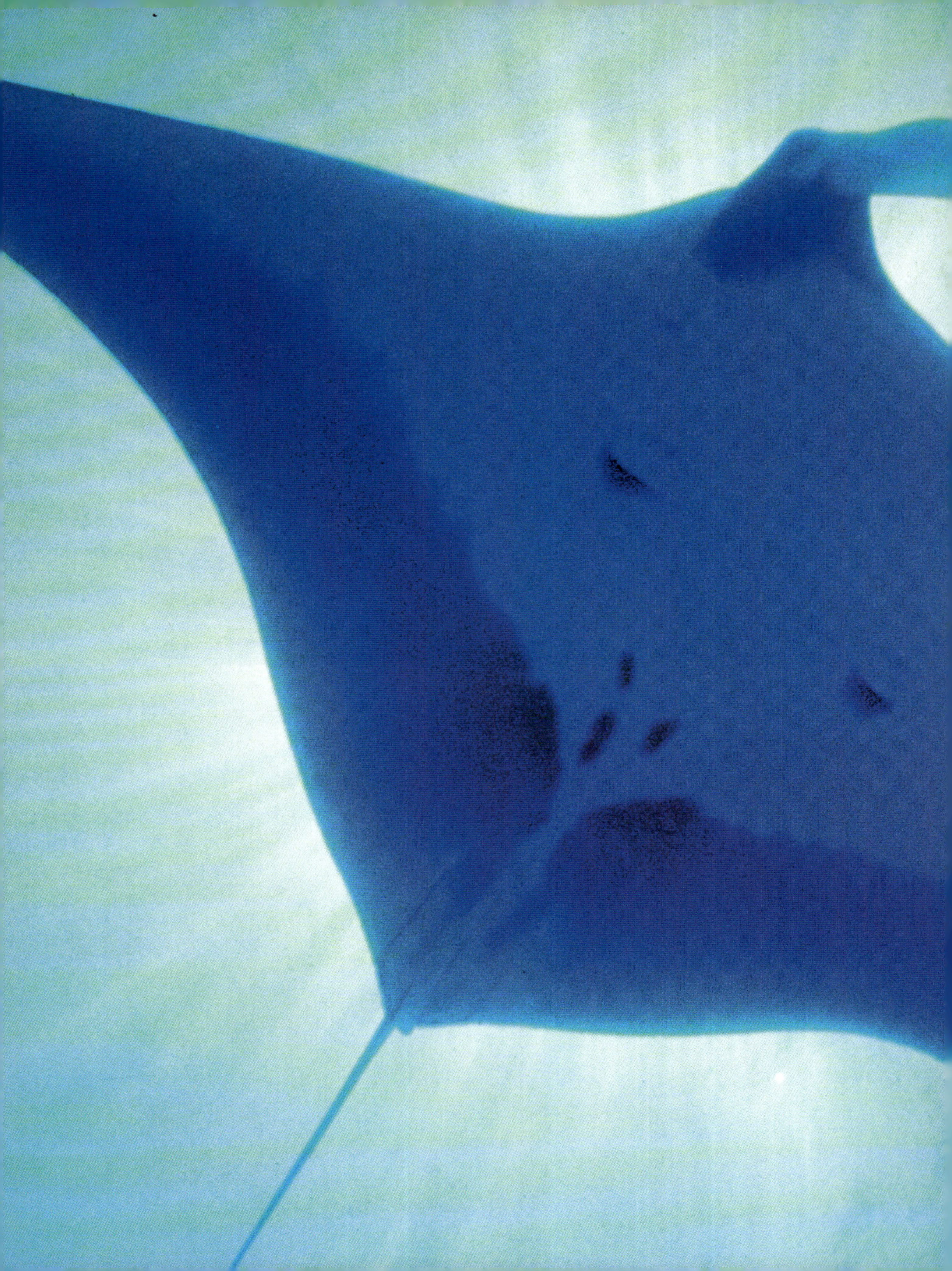

FISCHE

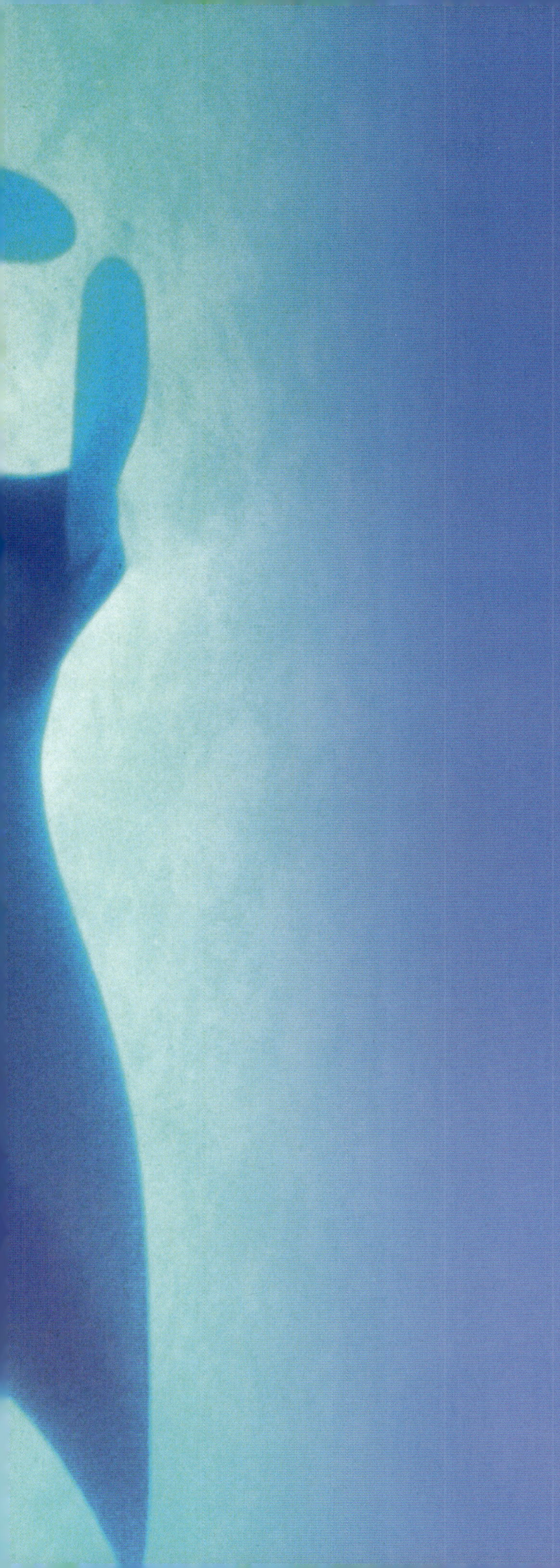

◄ EIN SANFTER RIESE
Ein Manta-Rochen durchquert langsam das sonnendurchflutete Wasser. Dabei wirken seine Flossen wie die Flügel eines riesigen Vogels. Der Manta gehört zu den Knorpelfischen. Zwei andere Fischgruppen sind die Kieferlosen und die Knochenfische. Zu den Fischen gehören die ältesten Wirbeltiere. Die meisten Fische leben entweder im Meer oder im Süßwasser. Manche Arten können auch zwischen beiden Lebensräumen hin- und herwechseln.

FISCHE

Fische sind Wirbeltiere, die im Wasser leben. Die meisten Fische atmen über Kiemen. Umgangssprachlich rechnet man vier Gruppen zu den Fischen: die Neunaugen, die Schleimaale, die Knorpel- und die Knochenfische. Diese Gruppen verbindet ihre Lebensweise im Wasser. Sie sind jedoch nur entfernt miteinander verwandt. Fische bewohnen mit mindestens 25000 Arten die verschiedensten Gewässer.

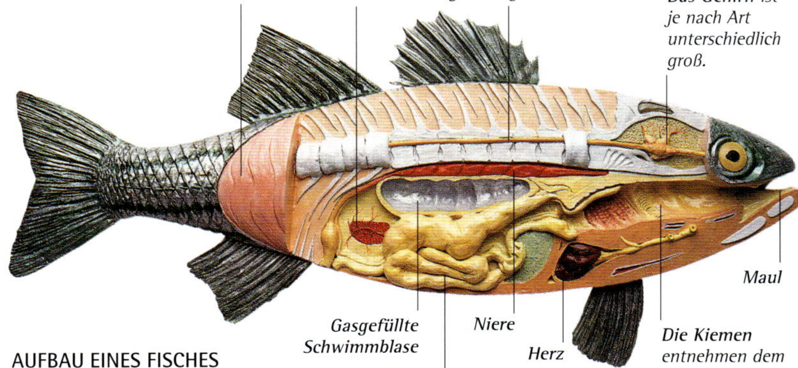

AUFBAU EINES FISCHES
Die meisten Organe eines Fisches liegen in der Bauchhöhle. Viele Knochenfische besitzen eine gasgefüllte Schwimmblase, die ihnen das Schweben im Wasser ermöglicht. Haie erzeugen dagegen mit ihrer ölhaltigen Leber Auftrieb. Über die Nieren und Kiemen scheiden Fische Abbauprodukte aus.

ALS FISCHE BEZEICHNETE GRUPPEN

Kieferlose	Knorpelfische	Knochenfische
Neunauge  Schleimaal 	Rochen 	Buntbarsch 

WIE FISCHE SCHWIMMEN ►
Fische brauchen einige Kraft, um sich durch das Wasser zu bewegen. Schnelle Fische sind stromlinienförmig gebaut. Entlang der Wirbelsäule angeordnete Muskelpakete ziehen sich in Wellen zusammen, krümmen den Körper und bewegen den Schwanz von einer Seite zur anderen. Einige Fische setzen auch ihre Brustflossen als Ruder ein.

GOLDFISCH

WIE FISCHE ATMEN

Zum Leben benötigen Fische Sauerstoff. Die meisten Fische können ihn nicht wie Landtiere aus der Luft entnehmen, sondern müssen ihn mit Kiemen aus dem Wasser gewinnen. Das Aussehen und die Position der Kiemen unterscheiden sich bei verschiedenen Fischarten, doch das Prinzip ihrer Funktionsweise ist ähnlich. An den Kiemenbögen befinden sich gut durchblutete Kiemenfilamente. Der Fisch nimmt Wasser durch das Maul auf und presst es durch die Kiemenreusen, wo es von gröberen Verschmutzungen befreit wird. Danach gelangt das Wasser zu den Kiemenfilamenten, durch deren Schleimhäute der Sauerstoff vom Wasser in die Blutgefäße gelangt. Gleichzeitig werden Abbaustoffe und Kohlendioxid an das Wasser abgegeben.

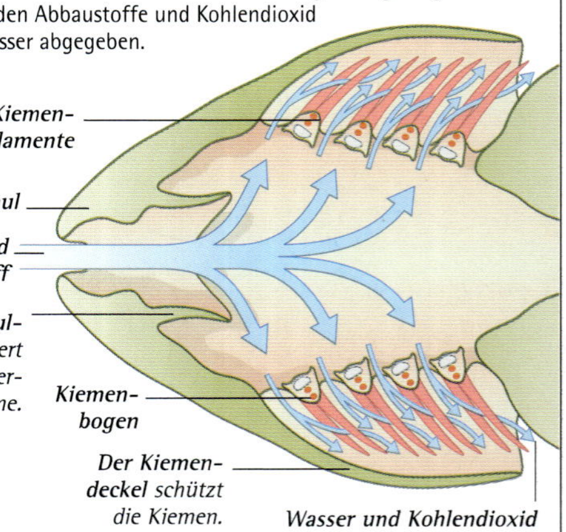

TEMPERATURREGELUNG ►
Die meisten Fische sind kaltblütig. Ihre Körpertemperatur entspricht also der des sie umgebenden Wassers. Die schnellsten Raubfische, zu denen dieser Fuchshai gehört, benutzen jedoch ein spezielles Wärmetauschsystem, mit dessen Hilfe sie in kaltem Wasser warm bleiben und ihre Muskeln effektiv arbeiten lassen können. Durch die Muskelarbeit erwärmtes Blut gelangt in ein so genanntes Wundernetz aus Gefäßen, durch das die Wärme auf andere Muskeln, das Gehirn und den Magen übertragen wird.

▲ KÖRPERFORM
Der australische Seedrachen führt zwischen den Algen ein ruhiges Leben, da er durch seine Form und die blattähnlichen Fortsätze des Körpers gut getarnt ist. Fische haben sich im Lauf ihrer Entwicklung mit den verschiedensten Körperformen an ihre Lebensräume angepasst. Dabei haben sie gelegentlich ihre Stromlinienform aufgegeben, die ihnen ansonsten hilft, das Wasser mit geringem Widerstand zu durchschwimmen.

FISCHFORMEN

SEEHASE
Der Seehase hat für seine Flossen noch eine andere Verwendung gefunden, als sich mit ihnen im Wasser zu bewegen. Mit seinen zu einem Saugnapf verwachsenen Bauchflossen kann er sich an ausgewaschenen Felsen festhalten. Hier legen die Weibchen ihre Eier vor Räubern geschützt ab und die Männchen bewachen den Laich.

SIAMESISCHER KAMPFFISCH
Kampffische setzen ihre Flossen ein, um Weibchen und anderen Männchen zu imponieren. Natürlich sind sie in der Wildform nicht so groß wie in der hier gezeigten Zuchtform, bei der sie das Tier beim Schwimmen behindern. Obwohl die Männchen nur 6 cm groß werden, kämpfen sie manchmal bis zum Tode miteinander.

DREIBEINFISCH
Der weiche Schlamm, der große Teile der Tiefseeböden bedeckt, erschwert Raubfischen das Lauern auf die Beute. Diese Fische können sich mit ihren extrem langen Flossen abstützen, sodass sie sich oberhalb des Schlamms befinden. Stundenlang lauern sie regungslos, bis ein Beutetier nah genug kommt, um geschnappt zu werden.

SIEHE AUCH ►► Fortbewegung **28–29** • Körperbau **26–27** • Ozeane **74–75** • Systematik **308–309**

KIEFERLOSE

Anhand von Fossilien wissen wir, dass die frühen Fische vor etwa 450 bis 360 Millionen Jahren keine Kiefer besaßen. Die einzigen heute noch lebenden kieferlosen Wirbeltiere sind über 50 Schleimaal- und 38 Neunaugen-Arten. Anstelle eines normalen Mauls besitzen die aalähnlichen Tiere eine runde Saugscheibe mit kleinen Raspelzähnen. Neunaugen leben als Parasiten von lebenden Fischen. Schleimaale sind Aasfresser und fressen tote Tiere.

◄ SCHLEIMAAL
Schleimaale können mit ihrem Körper einen Knoten bilden, weil sie anstelle einer Wirbelsäule eine biegsame Chorda dorsalis besitzen. Mit dem Knoten stützen sie sich auf einem verwesenden Körper ab, wenn sie Fleisch herausreißen. Die Flexibilität hilft ihnen auch Räubern zu entkommen. Die geschlüpften Jungen sehen wie Miniaturausgaben ihrer Eltern aus.

*Die **Tentakel** helfen den blinden Tieren bei der Nahrungssuche.*

@⏭ Kieferlose

***Große Augen** zur Beutesuche*

***Saugnapfmaul** mit Raspelzähnen*

***Kiemenöffnungen** in der schuppenlosen Haut*

▲ MEERESNEUNAUGEN
Die meisten Neunaugen leben im Meer, wandern aber zur Eiablage die Flüsse hinauf. Die wurmartigen Larven werden Ammocoetes-Larven genannt und graben sich in den Schlamm ein. Dort leben sie rund drei Jahre lang und ernähren sich von organischen Abfällen. Nach der Umwandlung in Erwachsene saugen sie sich an Fischen fest und ernähren sich von Blut, Körperflüssigkeiten und Fleisch.

KNORPELFISCHE

Rochen, Haie und Chimären bilden die kleine, aber erfolgreiche Gruppe der Knorpelfische. Der riesige Walhai, der Manta-Rochen und der Weiße Hai gehören zu dieser Klasse. Das Skelett der Knorpelfische besteht aus biegsamem, leichtem Knorpel anstelle von Knochen. Die Zähne der meisten Arten werden ständig durch neue ersetzt. Die schuppenlose Haut ist mit kleinen Zähnchen besetzt, die wie richtige Zähne aus Dentin bestehen.

*Die **großen Brustflossen** dienen der Steuerung und dem Auftrieb.*

CHIMÄRE ►
Diese Pflugnasen- oder Elefantenchimäre besitzt eine besonders lange Schnauze und lebt vor der Küste Südaustraliens. Chimären oder Seekatzen bewohnen das tiefe Meer. Es gibt über 30 Arten, die einen lang gestreckten Körper und einen massigen Kopf aufweisen, der mit Poren zum Aufspüren der Beute besetzt ist. Anders als bei den Haien und Rochen sind keine Kiemenschlitze sichtbar.

▲ ZITTERROCHEN
Wie die meisten Rochen lebt der Marmor-Zitterrochen auf dem Meeresboden, wo er gut getarnt ist. Wenn er berührt wird, kann er sich mit einem elektrischen Schlag verteidigen, der stark genug ist, um andere Fische zu töten oder einen Menschen zu lähmen. Die meisten Fische legen Eier, doch viele Rochenarten sind lebend gebärend.

SIEHE AUCH ⏭ Aasfresser 41 • Fische 126–127

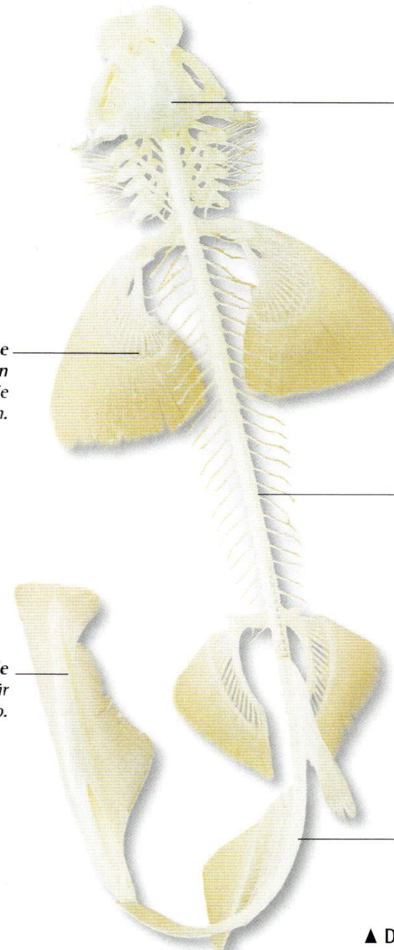

▲ DORNHAI-SKELETT
Wer schon einmal einen Dorsch gegessen hat, weiß, wie hart und spitz die Gräten sein können. Im Gegensatz dazu setzt sich das Skelett eines Dornhais aus weniger Bestandteilen zusammen, die aus weicherem Knorpel aufgebaut sind. Sogar der Schädel und die Rippen bestehen aus Knorpel, sodass sie sehr flexibel sind. Wenn man den Hai am Schwanz hochhält, kann er sich kreisförmig krümmen und zubeißen.

▲ HAIFORM
Der Schwarzspitzen-Riffhai zeigt alle Eigenschaften eines typischen Hais. Mit seinem spitzen Kopf, dem unterständigen Maul und dem stromlinienförmigen Körper ist er ein schneller Schwimmer. Die asymmetrische Schwanzflosse verschafft dem Tier beim Schwimmen Auftrieb. Wie die meisten Haie besitzt der Schwarzspitzen-Riffhai fünf Kiemenspalten und bekommt lebende Junge.

@ ⏭ Knorpelfische

VORFAHR DER HAIE UND ROCHEN ►
Weil Knorpel weicher als Knochen ist, findet man nur selten Fossilien von Knorpelfischen, wie diesen *Heliobatis*-Rochen. Man hat jedoch schon Knorpelfisch-Fossilien in nahezu 400 Millionen Jahre alten Gesteinen gefunden. Einige dieser Überreste ähneln modernen Arten bereits auffällig. Haizähne sind relativ oft in Fossilien erhalten geblieben, da sie erheblich härter als der Knorpel des Skeletts sind.

SIEHE AUCH ⏭ Fische 126–127 • Haie 131 • Körperbau 26–27 • Ozeane 74–75 • Rochen 130

ROCHEN

Die Rochen stellen die größte Gruppe der Knorpelfische dar. Zu ihnen gehören Stachelrochen, Zitterrochen und die riesigen Plankton fressenden Mantas. An den flachen Körper schließen sich übergangslos die flügelförmigen Brustflossen an. Von den über 500 Arten leben die meisten im Meer. Der überwiegende Teil lebt nahe am Meeresboden und ernährt sich von Fischen, Krebstieren und im Boden befindlichen Würmern.

UNTERSEITE EINES ROCHENS

OBERSEITE EINES ROCHENS

GEFLECKTER RÜCKEN ►
Das Fleckenmuster auf dem Rücken dieses Marmorrochens dient der Tarnung zwischen den Kieseln und dem Sand auf dem Meeresgrund. Diese Art wird nicht kommerziell gefangen, landet aber manchmal als Beifang im Netz. Wegen der schönen Zeichnung sieht man sie manchmal in Aquarien. Viele Rochen sind lebend gebärend, doch diese Art produziert lange braune Eikapseln.

Rochen

◄ SCHMERZHAFTER STICH
Wie andere Rochen ist der Stachelrochen durch seine Tarnung vor Räubern geschützt. Er kann sich aber auch mit seinem Schwanzstachel verteidigen. Der Stich ist für Menschen äußerst schmerzhaft. Die Tiere sind jedoch nicht aggressiv, sodass sie bei den Grand Caymans in der Karibik oft von Tauchern besucht werden. Die seltenen, bis zu 2 m großen Riesen-Süßwasserstechrochen findet man auf Borneo, in Thailand und Australien.

SÄGEROCHEN ►
Der Sägerochen ähnelt einem abgeflachten Hai, ist aber ein lang gestreckter Rochen, der in tropischen Küstengewässern und Flussmündungen vorkommt. Mit Schlägen seiner sägeähnlichen Schnauze kann er im Schwarm schwimmende Fische erbeuten oder den Boden nach Muscheln durchwühlen.

SIEHE AUCH ⏭ Knorpelfische 128–129 • Ozeane 74–75

HAIE

In den Meeren leben rund 350 Haiarten. Einige davon wie der Bullenhai schwimmen auch ein Stück weit die Flüsse hinauf. Haie sind Knorpelfische, die in der Größe vom 25 cm großen Zwerghai bis zum 12 m langen Walhai reichen. Sie sind hervorragende Jäger und können ihre Beute am Aussehen, am Geruch und an dem von ihr erzeugten elektrischen Feld erkennen. Nur von wenigen Haiarten sind Angriffe auf Menschen bekannt, doch alle Haie sollten mit Vorsicht behandelt werden.

WEISSER HAI ►
Der Weiße Hai wird von allen Haien am meisten gefürchtet, da er als Menschenfresser gilt. Doch meistens scheint es sich bei den Angriffen um ein Missverständnis zu handeln. Für einen Hai erinnern Schwimmer an Robben und Surfer an Schildkröten. Bei einem Angriff rammt der Weiße Hai sein Opfer mit aufgerissenem Maul, wobei seine scharfen Zähne entblößt sind.

Haie

KIEFER UND ZÄHNE

Haie besitzen mehrere hintereinander angeordnete Zahnreihen. Die äußerste ist in Gebrauch, während die anderen flach im Kiefer liegen. Die nächsten Zähne wandern nach vorn, wenn die alten abbrechen oder ausfallen. Sie können alle 8–15 Tage ersetzt werden. Je nach Nahrung unterscheiden sich die Zähne bei verschiedenen Haiarten.

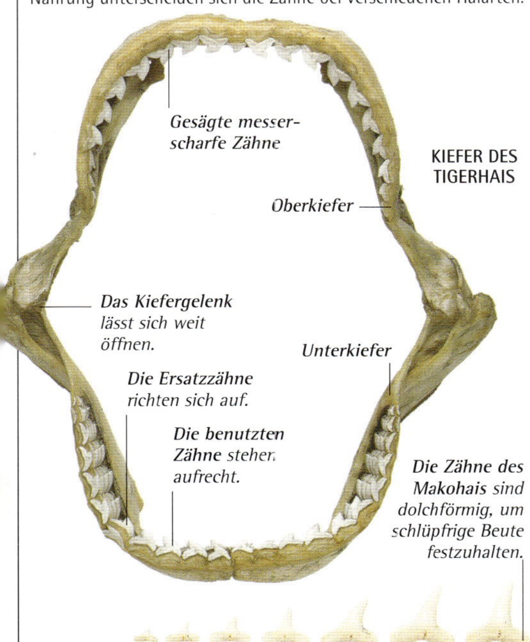

KIEFER DES TIGERHAIS

◄ GEBURT UND WACHSTUM
Die meisten Haie und Rochen sind lebend gebärend. Kleinere Haiarten legen jedoch oft Eier, die eine feste Kapsel besitzen. Die Kapseln der Dornhai-Eier bleiben mit ihren langen Fortsätzen in den Algen hängen. Die Jungen wachsen darin sechs bis neun Monate lang heran, bevor sie schlüpfen. Leere Eihüllen werden oft an die Strände gespült.

EIKAPSEL

DORNHAI

BLAUHAI ▲
Der Blauhai legt auf seinen Wanderungen oft tausende von Kilometern zurück. Die im Nordatlantik lebenden Tiere folgen den Meeresströmungen im Uhrzeigersinn. Die pazifischen Blauhaie wandern abhängig von den Jahreszeiten nach Norden und Süden. Blauhaie können mehrere hundert Meter tief tauchen, wo sie sich von Fischen und Tintenfischen ernähren.

SIEHE AUCH ⏭ Bronzehai 36–37 • Gefährliche Fische 152–153 • Knorpelfische 128–129 • Walhai 132–133

WALHAI

Walhaie sind die größten Fische der Welt. Trotz ihrer Größe und ihres Furcht erregenden Aussehens sind sie für Menschen völlig harmlos. Das Maul ist bis zu 1 m breit und enthält etwa 300 Reihen kleiner Zähnchen, obwohl Walhaie ihre Nahrung nicht abbeißen oder kauen können. Sie ernähren sich von Plankton (kleinen Krebstierchen und Fischen), indem sie mit offenem Maul durch das Wasser schwimmen.

@ ⏭ Haie

Wissenschaftlicher Name: *Rhincodon typus*

Ordnung: Orectolobiformes (Teppichhaie)

Klasse: Chondrichthyes (Knorpelfische)

Verbreitung: weltweit in tropischen Gewässern

Gefährdung: vom Aussterben bedroht

Länge: 12–18 m

Gewicht: über 12 t

Nahrung: Leitet mehr als 6000 l Wasser pro Stunde durch seine Kiemen und ernährt sich von herausgefilterten Krebstieren und Plankton.

Vermehrung: Vermehrt sich erst im Alter von 30 Jahren. Die meisten erwachsenen Tiere sind Einzelgänger.

Zahl der Jungen: Die Weibchen gebären hunderte von etwa 60 cm langen lebenden Jungen.

SIEHE AUCH ⏭ Haie **131** • Knorpelfische **128–129** • Ozeane **74–75**

KNOCHENFISCHE

Die Knochenfische bilden die größte Fischgruppe. Ihr Skelett besteht fast vollständig aus kräftigen, leichten Knochen. Die meisten Knochenfische besitzen eine gasgefüllte Schwimmblase, mit deren Hilfe sie ihren Auftrieb regulieren können. Viele Knochenfische geben tausende oder sogar Millionen von Eiern einfach ins Wasser ab, wo die Larven aus ihnen schlüpfen. Einige Arten wie die Seepferdchen legen nur wenige Eier, betreiben aber Brutpflege, sodass mehr Junge aufwachsen.

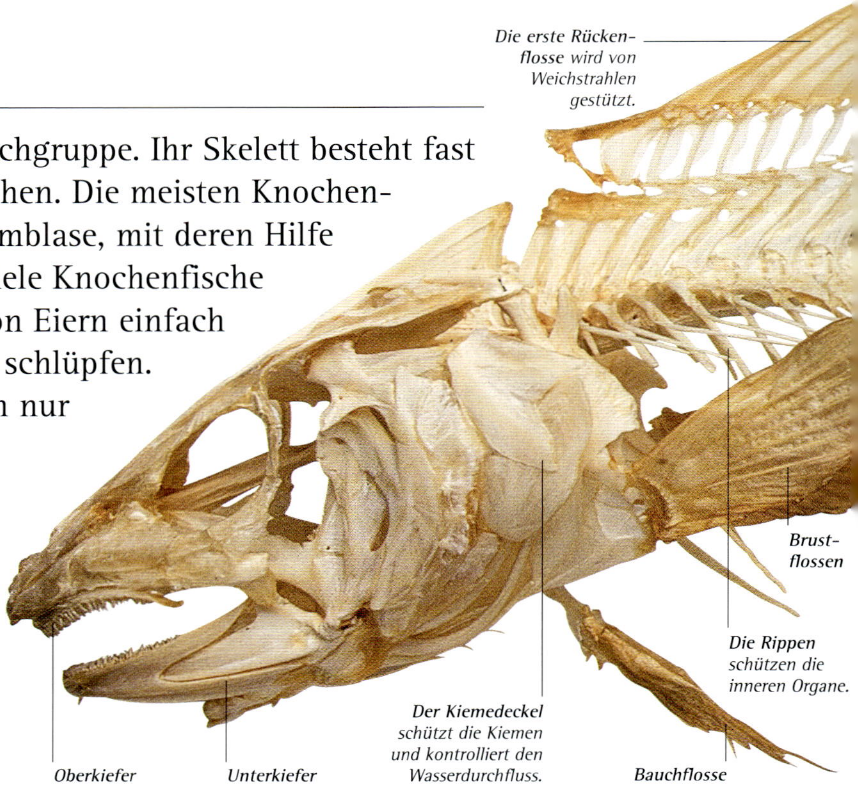

KNOCHENFISCH-SKELETT ►
Wie andere Wirbeltiere hat der Kabeljau einen Schädel, eine Wirbelsäule und Rippen. Sein Skelett umfasst auch viele feine Knochen, die die Flossen stützen. Die Wirbel besitzen kräftige Fortsätze, die sich mit von den Flossenbasen ausgehenden Knochen überlappen. Die Flossen selbst werden von Flossenstrahlen gestützt, bei denen man Weich- und Hartstrahlen unterscheidet. Der Dorsch besitzt nur Weichstrahlen.

Knochenfische

▲ FISCH MIT HARTSTRAHLEN
Bei manchen Fischen wie etwa diesem Flussbarsch enthalten die Flossen sowohl spitze Hartstrahlen als auch biegsame Weichstrahlen. Über die Hälfte der bekannten Fischarten besitzt Hartstrahlen. Die Zahl der Flossenstrahlen wird auch benutzt, um Arten zu unterscheiden. Die Stachelstrahlen machen es Raubfischen schwer, ihren Besitzer zu verschlucken.

KNOCHENFISCH-SCHUPPEN ►
Die meisten Fische sind wie dieser Goldfisch von sich überlappenden Schuppen bedeckt, die den Körper schützen und den Fisch leichter durchs Wasser gleiten lassen. Die Schuppen sind dünne Knochenplatten, anhand derer man sogar das Alter von manchen Fischen schätzen kann. Wie bei Bäumen können Zuwachsringe gezählt werden.

◄ SEITENLINIE
Makrelen und viele andere Knochenfische leben zu ihrer Sicherheit in Schwärmen. Die Fische bewegen sich fast wie ein einzelner, da sie mit ihrer Seitenlinie die Bewegungen der anderen wahrnehmen können. Die Seitenlinie ist ein Kanalsystem mit Sinneszellen, das am Kopf beginnt und die Seite entlangläuft. Mit ihr kann der Fisch Wasserbewegungen erkennen.

SIEHE AUCH ⏭ Dorsche **140** • Fische **126–127** • Körperbau **26–27** • Ozeane **74–75** • Seepferdchen **144**

FLEISCHFLOSSER

Quastenflosser und Lungenfische sind die einzigen heute lebenden Vertreter einer alten Knochenfischgruppe, die man Fleischflosser nennt. Ihre Flossen werden von fleischigen Fortsätzen bewegt, die über starke Muskeln mit dem Skelett verbunden sind. Mitglieder dieser Fischgruppe haben echte Gliedmaßen entwickelt und wurden so die Vorfahren der vierfüßigen Landtiere. Fleischflosser waren im Devon, vor 400 bis 350 Millionen Jahren, weit verbreitet. Heute sind nur noch acht lebende Arten bekannt.

LEBENDES FOSSIL ▲
Man nahm an, dass die Quastenflosser schon vor 65 Millionen Jahren ausgestorben seien. Dann wurde 1938 ein einzelnes Tier vor Südafrika im Indischen Ozean gefangen. Die fast 2 m langen Raubfische leben in großer Tiefe zwischen Felsen und in Höhlen. Allerdings vermehren sie sich langsam und sind durch die Fischerei gefährdet. Bei Indonesien ist 1997 eine zweite Art entdeckt worden.

@⏭ Fleischflosser

LUNGENFISCH ►
Der Australische Lungenfisch lebt in tiefen Gewässern und atmet normalerweise mit Kiemen. Er besitzt aber auch eine einfache Lunge, um in sauerstoffarmem Wasser Luft von der Wasseroberfläche atmen zu können. Afrikanische und südamerikanische Lungenfische leben in kleineren Gewässern, die austrocknen können. Sie besitzen kleine Kiemen, atmen aber immer über ein Lungenpaar.

SIEHE AUCH ⏭ Evolution **16–17** • Fische **126–127**

STÖRE

Die urtümlich aussehenden Störe gehören zu einer Gruppe primitiver Knochenfische, bei denen nur Teile des Kopfes und der Flossenbasen aus Knochen bestehen. Der Rest des Skeletts besteht weitgehend aus Knorpel. Störe leben in den Küstengewässern Europas und Nordamerikas und wandern zur Eiablage die Flüsse hinauf. Andere urtümliche Knochenfische sind der Löffelstör, die Knochenhechte, die Lungenfische und der Kahlhecht.

BELUGA-STÖR ▲
Der Beluga-Stör oder Hausen ist mit mindestens 5 m Länge und rund 1500 kg Gewicht der größte Fisch, der ins Süßwasser vordringt. Größere Tiere haben vermutlich existiert, doch durch die Überfischung sind sie heute kaum noch zu finden. Die erwachsenen Tiere leben im Meer, wandern aber zur Eiablage in die Flüsse. Diese Störe können über 100 Jahre alt werden.

VERGRÖSSERUNG DER STÖRHAUT

EINZELNE KNOCHENPLATTE

@ ⏭ Störe

◄ LÖFFELSTÖR
Der nordamerikanische Löffelstör wird 1,5 m lang und lebt hauptsächlich im Flusssystem des Mississippi. Die abgeflachte Schnauze ist fast so lang wie der Körper. Sie enthält Elektrorezeptoren, mit denen er Objekte im trüben Flusswasser aufspüren kann. Der seltene chinesische Schwertstör lebt im Jangtse. Auch Löffelstöre werden wegen ihres Kaviars gefangen.

***Die langen Kiefer** sind mit scharfen Zähnen besetzt.*

KNOCHENHECHT ►
Andere primitive Knochenfische sind die Knochenhechte, die in nordamerikanischen Süßgewässern leben. Mit den scharfen Zähnen und den langen Kiefern erinnern sie an kleine Alligatoren. Die Fische stehen regungslos zwischen den Pflanzen und warten darauf, dass eine ahnungslose Beute vorbeischwimmt.

SIEHE AUCH ⏭ Knochenfische 134–135 • Süßwasser 71

Die Wirbelsäule stützt den oberen Teil der Schwanzflosse.

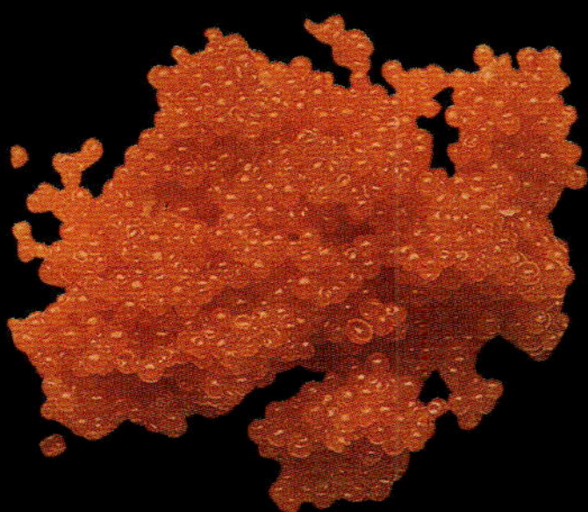

▲ KAVIAR
Störe sind für den Kaviar bekannt, eine teure Delikatesse, die aus ihren nicht abgelaichten Eiern besteht. Der am meisten geschätzte stammt vom Beluga-Stör, der hauptsächlich im Kaspischen und im Schwarzen Meer vorkommt. Große Tiere können 100–200 kg Kaviar enthalten. Als Ersatz wird auch der Rogen (die Eier) des Seehasen benutzt.

Die löffelförmige Schnauze *wird zum Aufstöbern kleiner Futtertiere eingesetzt.*

Die Rückenflosse sitzt weit hinten.

Die harten Schuppen *enthalten das emailleartige Ganoin.*

ARAPAIMA ►
Der Arapaima oder Pirarucu aus dem Amazonas in Südamerika ist mit bis zu 2,5 m Länge einer der größten Süßwasserfische. Er kann große Fische und sogar Vögel erbeuten. Übrigens sind die Fische vorbildliche Eltern. Die Eier und die frisch geschlüpften Jungen werden von beiden Eltern bewacht. Bei tiefem Wasserstand können die Fische allerdings leicht gefangen werden, sodass sie heute selten geworden sind.

Harte Schuppen *zum Schutz vor Raubtieren*

Stromlinienförmiger Körper

Kräftige Schwanzflosse

KNOCHENZÜNGLERÄHNLICHE

In tropischen Gewässern lebt eine Gruppe ursprünglicher Fische, die die Knochenzüngler und die Messerfische umfasst. Sie besitzen kleine, scharfe Zähne auf der Zunge und am Gaumendach. Viele dieser Fische leben in sauerstoffarmen Gewässern und manche können über ihre Schwimmblase Sauerstoff aus der Luft aufnehmen. Zu den Knochenzünglern gehört der Arapaima, zu den Messerfischen zählen die Altweltmesserfische und der Tapirfisch.

◄ TAUSENDDOLLARFISCH
Mit seinem schmalen Körper schlüpft dieser Messerfisch leicht durch die Wasserpflanzen des tropischen Südostasiens. Messerfische haben keine separate Schwanzflosse. Stattdessen bewegen sie sich mit Wellenbewegungen der langen Afterflosse vorwärts. Mit seiner Schwimmblase kann der Fisch Luft veratmen, die er regelmäßig von der Wasseroberfläche aufnimmt.

Der Körper ist schmal und silbrig.

@ ⏭ Knochenzüngler

Mit wellenförmigen Bewegungen *der Flosse kann der Fisch vor- und rückwärts schwimmen.*

Die Zeichnung *war der Grund für den deutschen Namen des Fisches.*

SCHWACHSTROMELEKTRIKER ►
Der afrikanische Tapirfisch kann schwache elektrische Impulse aussenden, die von Objekten zurückgeworfen werden. Dieses System wirkt wie ein Radar und hilft dem Fisch bei der Orientierung in schlammigen Gewässern. Er besitzt ein relativ großes Gehirn, um die Signale auszuwerten. Mit dem nach unten zeigenden Nasenfortsatz kann er den Bodengrund nach Nahrung durchsuchen.

SIEHE AUCH ⏭ Knochenfische 134–135 • Sinne 30–31 • Süßwasser 71

AALE UND MURÄNEN

Sie besitzen schlangenähnliche Körper und eine schuppenlose Haut. Neben Aalen und Muränen gehören zu dieser Gruppe Conger, Schlangenaale und Tiefseeaale. Die meisten Arten leben im Meer, doch es gibt auch Süßwasserbewohner, die nur zum Ablaichen ins Meer wandern. Die über 700 Arten beginnen ihr Leben als transparente Larve. Die Larven unterscheiden sich so sehr von den erwachsenen Tieren, dass sie früher als eigene Arten betrachtet wurden.

***Die Haut** ist oft bunt gemustert.*

***Die kräftigen Kiefer** wirken gefährlich, doch Menschen werden kaum gebissen.*

***Nadelscharfe Zähne** zum Ergreifen der Beute*

◄ MURÄNE

Muränen sind in den Riffen tropischer Meere weit verbreitet. Tagsüber verstecken sie sich, wobei oft nur der Kopf aus einem Felsspalt oder einer Höhle hervorschaut. Sie können jedoch plötzlich nach einem Fisch schnappen. In der Abenddämmerung gehen sie auf die Jagd. Der lange, dünne Körper erlaubt es der Muräne, auf der Jagd zwischen den Korallen hindurchzuschlüpfen.

***Schwarz-weiße Markierung** zur Tarnung*

◄ ZEBRAMURÄNE

Die Zebramuräne hat harte, an Kiesel erinnernde Zähne, mit denen sie Krabben, Muscheln und Seeigel zerbeißen kann. Wie bei allen Muränen zieht sich ein Flossensaum über ihre hintere Körperhälfte. Sie schwimmt, indem sie sich wie eine Schlange vorwärts schlängelt.

GEISTERMURÄNE ►

Die Geistermuräne besitzt auffällige Nasenfortsätze und Kinnbarteln, die sie wie ein Minidrache aussehen lassen. Die Männchen sind hellblau mit gelben Flossen, die Weibchen gelb und die Jungen fast schwarz gefärbt. Bei diesen Muränen können sich Männchen gelb färben und zu Weibchen werden. Diese großen Weibchen können viele Eier produzieren.

***Die Kiefer** öffnen und schließen sich beim Atmen.*

***Der dünne Körper** kann 1,2 m lang werden.*

GLASAALE ►

Europäische und nordamerikanische Aale laichen nur einmal im Leben im Meer ab und sterben danach. Aus den Eiern schlüpfen transparente Weidenblattlarven, die von den Meeresströmungen in die Nähe der Küsten getragen werden. Dort verändern sie ihre Gestalt und werden zu durchsichtigen Glasaalen, die nun in die Flussmündungen eindringen und stromaufwärts schwimmen, um im Süßwasser heranzuwachsen.

EUROPÄISCHER AAL

Glatte Haut

@ ⏭ Aale und Muränen

LAICHWANDERUNG DER AALE

Aale leben viele Jahre lang in Flüssen und Seen, bevor sie zum Laichen tausende von Kilometern ins Sargasso-Meer zurücklegen. Wie sie den Weg finden, weiß man heute nicht genau. Die Larven werden von den Meeresströmungen zu den Flussmündungen zurückgetragen. Die Europäischen Aale erreichen ihr Ziel in etwa einem Jahr.

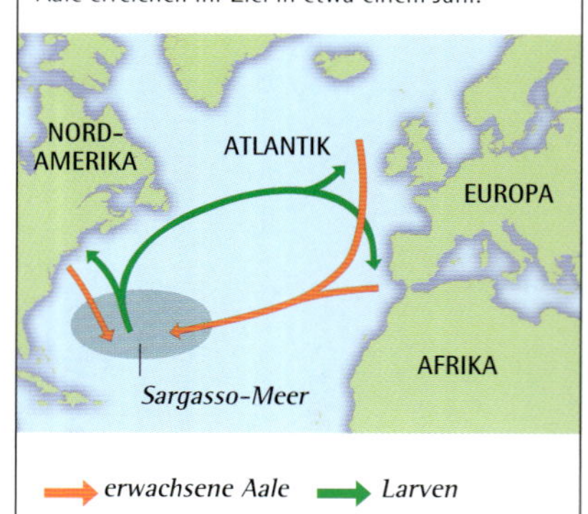

SIEHE AUCH ⏭ Fortpflanzung 44–45 • Korallenfische 148–149 • Korallenriffe 73 • Migration 50–51

◄ ANCHOVETA-SCHWARM
Riesige Anchoveta-Schwärme schwimmen vor der peruanischen Küste. Kalte, nährstoffreiche Strömungen steigen zur Meeresoberfläche und regen das Planktonwachstum an. Sie liefern den Anchovetas Nahrung. In regelmäßigen Abständen verhindert ein »El Niño« genanntes Wetter die Strömungen, sodass das Plankton und damit die Zahl der Anchovetas abnimmt. Sie sind außerdem durch Überfischung gefährdet.

HERINGE

Silbrige Heringe leben im offenen Meer in großen Schwärmen. Die Fische schwimmen mit weit offenem Maul durch das Wasser und filtern kleine Krebstierchen aus dem Plankton. Jahrhundertelang dienten Heringe und ihre Verwandten Millionen von Menschen auf der Welt als Quelle von Nahrung, Öl, Dünge- und Futtermitteln. Heringe stellen ein wichtiges Glied vieler Nahrungsketten dar. Haie, Vögel, Robben und Wale folgen den Wanderungen ihrer Schwärme.

ATLANTISCHER HERING

SARDINE

HERINGSVERWANDTE ▲
Auf der ganzen Welt gibt es über 360 Arten von Heringen und ihren kleineren Verwandten. Die meisten Arten wie die Sardinen, Sprotten, Anchovis und Anchovetas geben tausende von Eiern an ihren traditionellen Laichplätzen ab. Alsen wandern jedoch zum Laichen die Flüsse hinauf. Nach dem Schlupf lassen sich die Larven von den Meeresströmungen forttragen.

HERINGSBESTÄNDE IM ATLANTIK

Im Jahr 1977 brachen die Heringsbestände im nordöstlichen Atlantik infolge moderner Fangmethoden zusammen. 1965 betrug der Gesamtfang etwa 3,5 Millionen Tonnen und in Großbritannien (Diagramm) etwa 100000 t. 1977 ist er auf 40000 t zurückgegangen. Die Heringsfischerei wurde verboten. 1983 begann man wieder, doch die Bestände erholten sich nur langsam.

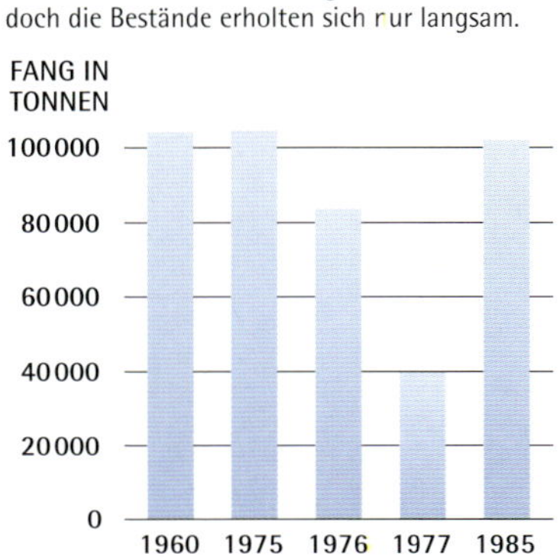

SARDINENFANG ►
Spanische Fischer locken einen Sardinenschwarm mit hellen Lichtern an. Sardinen sind im Mittelmeer und im Nordatlantik kommerziell wichtig. Der Name bezieht sich nicht auf nur eine Fischart. Wenn man eine Büchse Sardinen öffnet, kann man in Norwegen Sprotten, in Portugal Sardinen und in Nordamerika junge Heringe oder Sardinen bekommen.

ÖLSARDINEN

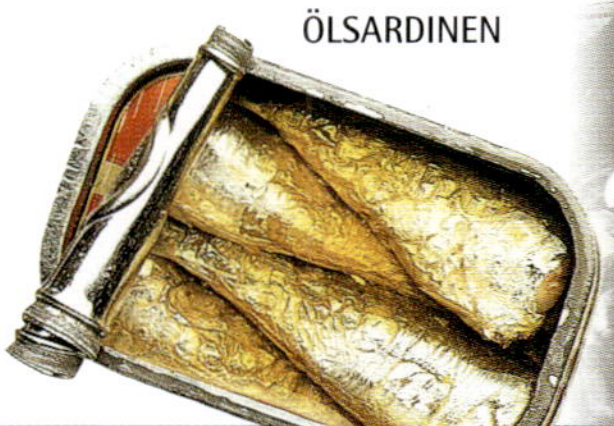

SIEHE AUCH ⏭ Fische 126–127 • Knochenfische 134–135 • Ozeane 74–75

DORSCHE

Dorsche gehören zu den bekanntesten Meeresfischen der nördlichen Erdhalbkugel und zu den wichtigsten Nutzfischen der Welt. Zu ihren Verwandten zählen Schellfisch, Wittling, Seehecht und Pollak. Sie leben im kühlen Wasser des Nordatlantiks sowie der Ost- und Barentssee. Dorsche fressen Fische (etwa Heringe), Krabben, Würmer und Weichtiere. Von ihnen ernähren sich Robben, Delfine, Seevögel und Fische wie der Heilbutt.

KOMMERZIELLER DORSCHFANG ▲
Moderne Fischerboote können einen ganzen Dorschschwarm auf einmal fangen. Da Dorsche in vielen Ländern beliebt sind, sind sie stark überfischt worden. Früher waren sie die häufigsten Fische im Nordatlantik, doch die Bestände sind 1992 zusammengebrochen. Die meisten Dorsche im Nordatlantik sind heute weniger als fünf Jahre alt, da die größeren älteren gefangen worden sind.

◄ KABELJAU
Der Kabeljau kann bis zu 2 m lang und 30 Jahre alt werden, doch solche Tiere sind selten geworden. Tagsüber schwimmt und jagt der Kabeljau im offenen Meer in großen Schwärmen. Im flachen Wasser schwimmt er allein und sucht zwischen den Steinen und Algen nach Krabben. Ein Kabeljau kann Millionen von Eiern ablaichen – der Rekord liegt bei über neun Millionen.

@ ⏭ Dorsche

TIEFSEEDORSCH

Der Pazifische Grenadierfisch ist eine von über 250 Grenadierfischarten, die man in jedem Meer findet. Die auch als Rattenschwänze bezeichneten Fische sind in der Tiefsee lebende Dorschverwandte. Sie haben große Köpfe und lange Schwänze. Der Pazifische Grenadierfisch lebt in Tiefen von etwa 300–3700 m und verbringt die meiste Zeit in der Nähe des Meeresbodens. Manchmal steigt er aber auch in mittlere oder Oberflächengewässer auf. Grenadierfische können recht häufig vorkommen. Anders als die Dorsche sind sie nicht überfischt worden, da sie keine sonderlich guten Speisefische sind.

▲ FÜNF BARTELN
Fünfbärtelige Seequappen sind schlanke Verwandte der Dorsche. Ihre Rückenflosse wird von einem langen Flossensaum gebildet. Die Fische jagen Krebstiere in Gezeitentümpeln und Küstenbereichen Nordeuropas. Die jungen Fische schwimmen an der Wasseroberfläche und werden oft von Seevögeln gefressen.

SIEHE AUCH ⏭ Knochenfische 134–135 • Ozeane 74–75 • Tiefseefische 154–155

PLATTFISCHE

Plattfische findet man in allen Meeren. Sie liegen versteckt vor Räubern auf dem Meeresgrund und ernähren sich von kleinen Fischen, Weichtieren, Krabben und Würmern. Die Jungfische schlüpfen aus im Plankton schwebenden Eiern und lassen sich auf dem Meeresgrund nieder. Es gibt etwa 570 Plattfischarten. Zu ihnen gehören Scholle, Seezunge, Heilbutt, Flunder und Steinbutt.

@ Plattfische

Die Haut wirkt wie der Sand des Meeresbodens.

GETARNTER STEINBUTT ▲
Der Steinbutt kann bis zu 1 m lang werden und ist damit einer der größten Plattfische. Er ist schwer zu erkennen, da er seine Farbe wechseln und sich so an die Umgebung anpassen kann. Der Steinbutt vergräbt sich im Sand, sodass nur die Augen herausschauen. Beide Augen befinden sich auf der linken Seite wie bei seinem nahen Verwandten, dem Glattbutt.

***Lange Rückenflosse** von Kopf bis Schwanz*

***Augen** auf der rechten Körperseite*

***Die augenlose Seite** liegt auf dem Grund.*

***Muskeln und Blutgefäße** sind auf der Unterseite der Scholle sichtbar.*

***Die Unterseite** ist hell gefärbt.*

SCHOLLE ▲
Die Scholle ist ein verbreiteter europäischer Plattfisch. Ihre Augen befinden sich auf der rechten Körperseite, sodass sie auf der linken liegt. Die dunklere Oberseite verschmilzt optisch mit dem Meeresboden. Schollen sind hauptsächlich nachts aktiv, wenn sie nach Muscheln suchen. Erwachsene Schollen haben zum Zermalmen von Muscheln Schlundzähne.

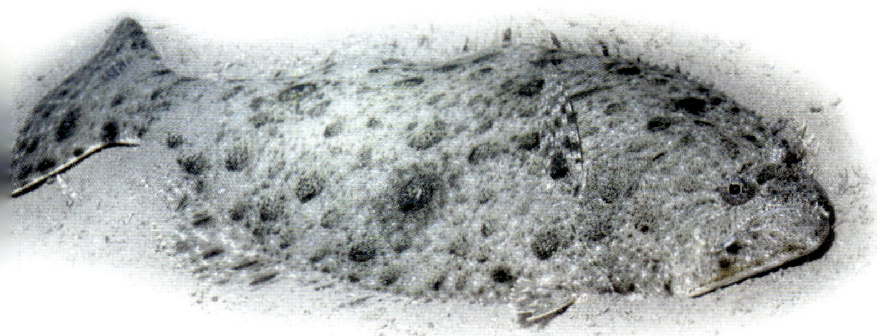

VARIABLE AUGEN ▲
Der bis zu 1,5 m lange Kalifornische Heilbutt ist normalerweise linksäugig, doch bei manchen Populationen trägt fast die Hälfte der Tiere die Augen auf der rechten Seite. Die Augen können also bei den heranwachsenden Fischen entweder auf die rechte oder linke Seite wandern.

LEBENSZYKLUS DER SEEZUNGE

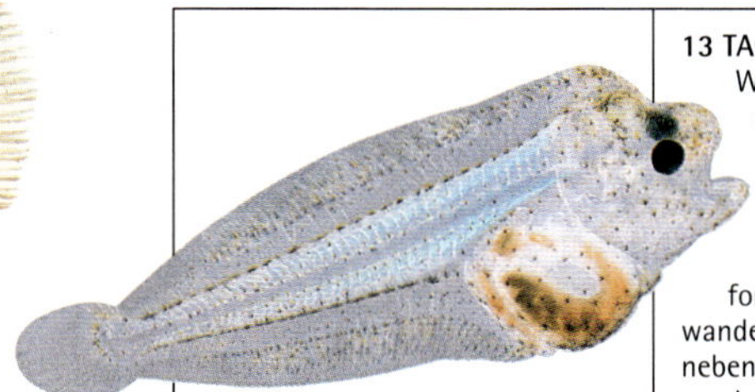

13 TAGE ALTE LARVE
Wie alle Plattfische beginnt die junge Seezunge ihr Leben mit aufrechtem Körper und einem Auge auf jeder Seite. Langsam verändert sich die Körperform. Das Auge auf der linken wandert auf die rechte Seite neben das rechte Auge. Die Fische werden außerdem dünn und flach.

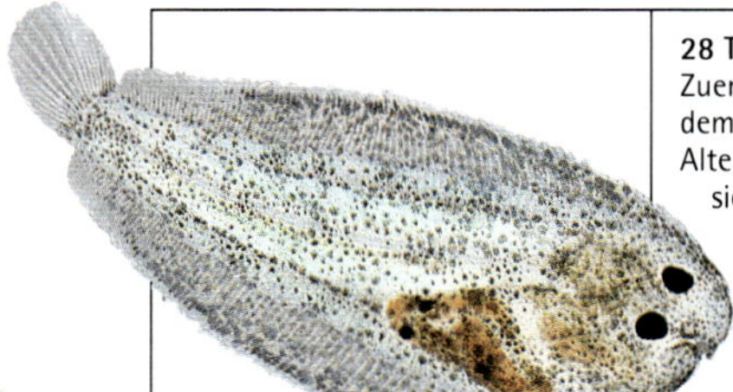

28 TAGE ALTE LARVE
Zuerst hält sich die Seezunge über dem Meeresgrund auf, doch im Alter von einem Monat lässt sie sich auf dem Grund nieder und legt sich auf ihre augenlose Seite. Nun ist auch ihr Maul nach oben gewandert. Die Haut ist noch halb transparent, sodass man die Knochen und Organe sehen kann.

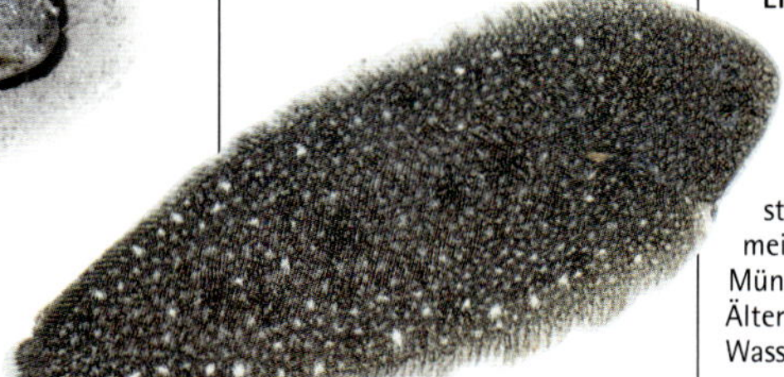

EIN JAHR ALTE SEEZUNGE
Die Haut auf der Oberseite der Seezunge färbt sich nun und wird viel dunkler. Wenn die Seezunge ein Jahr alt ist, kann sie das Farbmuster aktiv steuern. Jungfische leben meistens in den geschützten Mündungsbereichen der Flüsse. Ältere Tiere wandern in tieferes Wasser.

SIEHE AUCH ⏭ Fische 126–127 • Knochenfische 134–135 • Ozeane 74–75

KARPFEN

Die Karpfenfische bilden eine der größten Fischgruppen des Süßwassers. Zu den über 2600 Arten gehören Goldfische, Elritzen, Schleien, Brachsen und Rotaugen. Karpfenfische findet man in Nordamerika, Europa, Afrika und Asien. Wie Salmler und Welse besitzen Karpfenfische einen Weberschen Apparat, der die Schwimmblase mit dem Innenohr verbindet und so das Gehör verbessert.

▲ KARPFEN
Karpfen kommen in Europa und Asien vor, sind aber auch erfolgreich in viele andere Erdteile eingeführt worden. Die Kiefer des Karpfens tragen keine Zähne. Stattdessen besitzt er stumpfe Schlundzähne und eine ihnen gegenüberliegende Platte, den Karpfenstein. Damit kann er Pflanzen und kleinere Wirbellose zerdrücken. Karpfen werden oft als Zierfische in Teichen gehalten. Als Nutzfische züchtet man sie auch, um sie zu essen.

TELESKOP-SCHLEIER-SCHWANZ

@ Karpfen

KOMETEN-SCHWEIF

SPIEGELKARPFEN

▲ ZIERKARPFEN
Karpfen und Goldfische werden schon jahrhundertelang als Zierfische gehalten. Durch Zuchtauswahl sind viele Formen und Farben entstanden, wie etwa der Teleskopfisch mit seinen hervorstehenden Augen, bunte Kometenschweife und der Spiegelkarpfen, der nur wenige Schuppen besitzt. Koikarpfen sind heute sehr beliebt.

BITTERLINGE UND MUSCHELN ►
Bitterlingsweibchen legen ihre Eier mit einer Legeröhre in eine Süßwassermuschel. Mit dem Wasser, das die Muschel zum Atmen einsaugt, gelangen auch die männlichen Spermien der Bitterlinge hinein. Die Jungen, die aus den Eiern schlüpfen, wachsen geschützt in der Muschel heran, ohne ihr dadurch zu schaden.

SIEHE AUCH ⏭ Fortpflanzung 44–45 • Knochenfische 134–135 • Süßwasser 71 • Weichtiere 86

WELSE

Es gibt über 2400 Welsarten, von denen die meisten im Süßwasser leben. Außer in der Antarktis findet man sie auf jedem Kontinent. Auffällig sind die langen Barteln, die die meisten Welse tragen. Sie sind dicht mit Geschmacksknospen besetzt, sodass die Fische auch in trüben Gewässern ihre Nahrung finden können. Katzenwelse können mithilfe ihrer Brustflossen sogar von einem Gewässer ins andere gelangen.

▲ **PERLHUHNWELS**
Perlhuhnwelse können relativ schlecht sehen, aber ausgezeichnet hören. Mit den langen Barteln können sie ihre Nahrung auch in trübem Wasser finden und die Stachelstrahlen ihrer Flossen machen es Raubfischen schwer, sie zu verschlucken. Sie sind wegen ihrer Zeichnung begehrte, aber auch sehr teure Aquarienfische.

@ ⏭ Welse

AQUARIENFISCH ►
Panzerwelse werden oft als Aquarienfische gehalten, weil sie klein, attraktiv und relativ einfach zu pflegen sind. Sie besitzen wie alle Welse keine Schuppen, sondern werden durch Knochenplatten geschützt. Die Gattung der Panzerwelse ist im tropischen und subtropischen Südamerika weit verbreitet.

▲ **WALLER**
Die meisten Welse leben in wärmeren Gewässern, doch die größte Art – der Waller – kommt aus Ost- und Mitteleuropa. Er kann mindestens 3 m, angeblich sogar 5 m lang werden. Die gefräßigen Raubfische können Wasservögel und Fische verschlingen. Es gibt sogar Berichte, nach denen Waller Hunde gefressen haben sollen.

ZITTERAAL

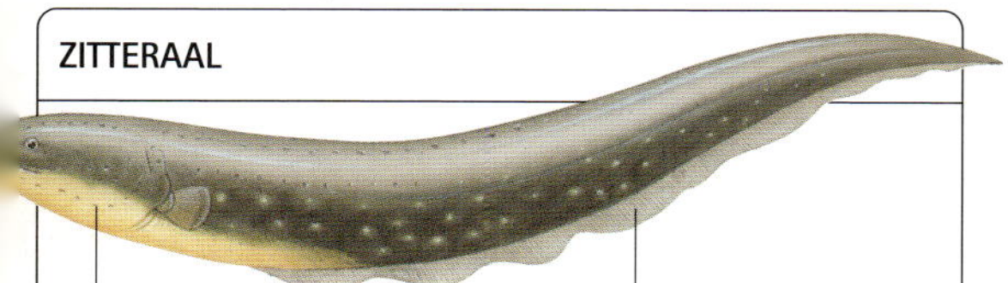

Der Zitteraal ist kein Aal, sondern gehört zur mit den Aalen nicht nah verwandten Gruppe der Messeraale. Obwohl sie sich nicht sehr ähneln, haben die elektrischen Aale und die Welse einen gemeinsamen Vorfahren. Messeraale leben in warmen Süßgewässern Zentral- und Südamerikas. Sie können zur Orientierung und zur Nahrungssuche schwache elektrische Ströme erzeugen. Der Zitteraal kann sogar elektrische Schläge austeilen, die andere Fische töten oder lähmen und auch Menschen gefährlich werden können.

▲ **KORALLENWELSE**
Etwa 30 Welsarten leben im Meer. Der Korallenwels ist von ihnen der am weitesten verbreitete. Er lebt in den Korallenriffen des Indischen und Pazifischen Ozeans. Zum Schutz gegen Raubfische bilden die Jungen dichte Schwärme. Taucher nehmen sich vor den Welsen in Acht, da sie spitze Stacheln in den Rücken- und Brustflossen besitzen, die ein schwaches Gift enthalten.

SIEHE AUCH ⏭ Karpfen 142 • Süßwasser 71 • Verteidigung 42–43

SEEPFERDCHEN

Seepferdchen gehören zu einer Gruppe spezialisierter Fische, die unter der Haut Knochenplatten tragen, die wie eine Rüstung wirken. Sie schwimmen sehr langsam aufrecht durch das Wasser und werden dabei von winzigen Flossen angetrieben. Die meisten Arten verstecken sich zwischen Algen und Seegras, wo sie sich vor allem von winzigen Krebstierchen ernähren.

FORTPFLANZUNG BEI SEEPFERDCHEN ▲
Seepferdchen erleben einen ungewöhnlichen Start ins Leben. Sie laichen nach einer komplizierten Balz, die mehrere Tage dauern kann. Das Weibchen legt dann seine Eier in einer speziellen Bruttasche am Bauch des Männchens ab. Hier sind sie geschützt, bis die Jungen schlüpfen und aus der Tasche entlassen werden.

STICHLINGSNEST ►
Stichlinge sind entfernte Verwandte der Seepferdchen. Dieses Männchen des Dreistachligen Stichlings hat aus Wasserpflanzen ein tunnelförmiges Nest gebaut. Es lockt Weibchen zum Ablaichen hinein und bewacht das Nest, bis die Jungen schlüpfen. Stichlinge kommen in Bächen, Flüssen, Seen und Küstengewässern Nordeuropas vor.

▲ ZEBRASEENADEL
Es ist nicht leicht zu sehen, wo hier vorn und hinten ist. Die schwarz-weiße Bänderung verbirgt die Augen. Schnauze und Schwanz sehen sich recht ähnlich. Wie bei den Seepferdchen tragen auch Seenadelmännchen die Eier am Bauch mit sich herum. Zebraseenadeln leben in warmen Meeren vom Roten Meer bis zum australischen Großen Barriereriff.

SIEHE AUCH ⏭ Brutpflege 46–47 • Fortpflanzung 44–45 • Verteidigung 42–43

BUNTBARSCHE

Buntbarsche sind eine große Gruppe von Süßwasserfischen mit mehr als 2000 verschiedenen Arten. Sie leben in warmen Süßgewässern Zentral- und Südamerikas, Afrikas und Indiens. Afrikanische Seen beherbergen eine ganz spezielle Buntbarschfauna, die nirgendwo sonst auf der Welt vorkommt. Buntbarsche betreiben eine intensive Brutpflege. Manche Arten sind Maulbrüter und bewahren Eier oder Jungfische im Maul auf, um sie zu schützen.

▲ MAULBRÜTER
Die meisten afrikanischen Buntbarsche sind Maulbrüter. Nach der Eiablage nimmt das Weibchen (manchmal auch das Männchen) die Eier ins Maul, bis die Jungen schlüpfen. Die Jungen werden zum Fressen entlassen, bei Nacht oder drohender Gefahr jedoch wieder eingesammelt. Nach zwei oder drei Wochen werden sie selbstständig.

SIEHE AUCH ⏭ Brutpflege 46–47 • Süßwasser 71

LACHSE

Manche Lachspopulationen leben in abgeschlossenen Seen und verbringen ihr ganzes Leben im Süßwasser. Doch viele Arten unternehmen zum Laichen lange Wanderungen vom Atlantik und Pazifik zurück zu den Flüssen, in denen sie selbst geschlüpft sind. Fische, die auf diese Weise vom Salz- ins Süßwasser wandern, nennt man anadrom. Die meisten Lachse und ihre Verwandten, die Forellen, leben auf der nördlichen Erdhalbkugel.

▲ WANDERUNG DER ROTLACHSE
Bei ihrer Reise die Flüsse Nordamerikas und Alaskas hinauf überwinden die Lachse mit kräftigen Schwanzschlägen sogar Wasserfälle. Vor dem Ablaichen verbringen sie mehrere Jahre im Meer, wo sie gierig andere Fische fressen und sich so Reserven zulegen. Manchmal werden spezielle Lachsleitern gebaut, um den Tieren über Staudämme hinwegzuhelfen.

▲ SCHNITTIGER LACHS
Der Atlantische Lachs besitzt einen kräftigen, stromlinienförmigen Körper und einen großen Schwanz zum Zurücklegen weiter Entfernungen. In Europa geschlüpfte Lachse können den Atlantik durchqueren, um das reichliche Futterangebot vor der grönländischen Küste zu nutzen. Lachse sind beliebte Speisefische. Sie sind infolge des Dammbaus, der ihnen den Zugang zu ihren Laichplätzen versperrt, und des illegalen Fangs mittlerweile recht selten geworden.

▲ LAICHZEIT DER ROTLACHSE
Während der Laichzeit wechseln Rotlachse ihre Farbe. Die Männchen bekommen verlängerte Kiefer und Buckel auf dem Rücken, während sie flussaufwärts den Laichplätzen entgegenschwimmen. Dort graben die Weibchen ein Nest in den Kies des Flussbetts, in das sie ihre klebrigen Eier legen. Die Eier werden dann von den Männchen besamt. Von der langen Reise und vom Ablaichen erschöpft, sterben die erwachsenen Fische bald.

◄ LACHSEIER
Aus den zwischen dem Kies liegenden Lachseiern schlüpfen kleine Fischchen, die sich zuerst noch von ihrem Dottersack ernähren. Wenn er aufgezehrt ist, verlassen sie das Nest, um nach Futter zu suchen. Viele Junglachse werden von Raubfischen gefressen, doch die überlebenden schwimmen weiter flussabwärts. Wenn sie das Meer erreichen, sind sie wunderbar silbrig gefärbt.

SIEHE AUCH ⏭ Fische **126–127** • Fortpflanzung **44–45** • Migration **50–51** • Ozeane **74–75** • Süßwasser **71**

SPORTFISCHEN

Viele in der Sportfischerei gejagte Fische sind kräftige Räuber, die beim Fang einen aufregenden Kampf liefern. Wie alle Fische besitzen sie zwei verschiedene Muskeltypen. Die dunklen roten Muskeln dienen dem ausdauernden Schwimmen, während die weißen eine kurze, schnelle Beschleunigung ermöglichen. Die ausdauernden Tunfische besitzen vor allem dunkle Muskulatur. Hechte, die schnell zustoßen müssen, haben hauptsächlich weiße Muskeln.

▲ SCHNELLER SCHWIMMER
Der Rote oder Blauflossen-Tunfisch ist mit seinem stromlinienförmigen Körper und der sichelförmigen Schwanzflosse für das Schwimmen mit höchster Geschwindigkeit bestens ausgerüstet. Er kann auch die Rückenflosse anlegen, um den Wasserwiderstand weiter zu verringern. Auf kurzen Strecken kann der Rote Tunfisch Geschwindigkeiten von bis zu 70 km/h erreichen.

KÄMPFENDER MARLIN ►
Der Blaue Marlin wird von Anglern geschätzt, weil er beim Fang Aufsehen erregende Kämpfe liefert und oft weit aus dem Wasser springt. Die großen Fische leben im offenen Meer und können über 800 kg schwer werden. Mit ihren stromlinienförmigen Körpern können sie sehr schnell schwimmen. Sie ernähren sich von anderen Fischen, etwa Makrelen und Tunfischen, und von Tintenfischen.

▲ FLIEGENDE FISCHE
Fliegende Fische leben in der Nähe der Wasseroberfläche. Wenn sie von einem Raubfisch gejagt werden, können sie aus dem Wasser springen und mithilfe ihrer großen Brustflossen über das Wasser gleiten. Wenn Fischer also Fliegende Fische beobachten, können sie vermuten, dass ein großer Raubfisch in der Nähe ist. Ein lautes Boot kann Fliegende Fische auch zur Flucht veranlassen.

DER SCHNELLSTE HAI ▲
Den Makohai, der zur Gruppe der Makrelenhaie gehört, betrachtet man als schnellsten Hai der Welt. Wenn er an einer Angelleine hängt, kann er mit einer Geschwindigkeit von 75 km/h bis zu 6 m hoch aus dem Wasser springen. Der Makohai besitzt scharfe, dolchartige Zähne, mit denen er schlüpfrige, schnell schwimmende Beute wie Makrelen, Tunfische und Kalmare ergreifen kann.

*Die **Brustflossen** werden zum Manövrieren zwischen den Pflanzen eingesetzt.*

*Die **Afterflosse** sitzt weit hinten, um den Körper beim Zustoßen zu stabilisieren.*

▲ FORELLENBARSCH
Der Forellenbarsch stammt ursprünglich aus Nordamerika, ist aber als Sportfisch in anderen Ländern eingeführt worden. In den USA werden Wettbewerbe abgehalten, wer den schwersten Barsch fängt – große Exemplare können bis zu 11 kg wiegen. Mit seinem großen Maul ist der Barsch ein gefräßiger Räuber, sodass er in den Ländern, in die er eingeführt worden ist, eine große Gefahr für die einheimische Fischwelt darstellt. Forellenbarsche legen ihre Eier in einem Kiesnest ab. Die Männchen bewachen die Eier und die geschlüpften Jungen.

@ ⏭ Sportfischen

*Der **große Schwanz** ermöglicht ein schnelles Zustoßen.*

▲ HECHT
Der Hecht ist in Amerika und Europa ein beliebter Süßwasser-Sportfisch. Mit seinen weichen, drehbaren Flossen kann er bewegungslos im Wasser stehen. So kann er zwischen den Wasserpflanzen auf der Lauer liegen, um dann plötzlich wie ein Torpedo hervorzubrechen und sich auf seine Beute zu stürzen. Er ernährt sich hauptsächlich von Fischen, frisst aber auch Insekten, Frösche und auf der Wasseroberfläche schwimmende Tiere wie Spitzmäuse und junge Wasservögel.

*Der **helle Streifen** gab der Regenbogenforelle ihren Namen.*

*Der **Rücken** trägt viele kleine Flecke.*

REGENBOGENFORELLE ►
Die meisten Forellen bevorzugen kühle, klare Fließgewässer, doch Regenbogenforellen sind da weniger wählerisch. Ursprünglich in Nordamerika heimisch, sind diese Forellen überall auf der Welt ausgesetzt worden. Regenbogenforellen sind Raubfische. Oft schnappen sie an der Wasseroberfläche nach Insekten. Das wird von Anglern ausgenutzt, die mit »Fliegen« fangen – Angelhaken, die wie Insekten aussehen.

KORALLENFISCHE

Korallenfische leben in den tropischen Korallenriffen und ihrer Umgebung. Viele von ihnen tragen bunte Muster, an denen sie sich erkennen, mit denen sie sich tarnen oder Raubfische verscheuchen können. Einige Fische ernähren sich von den Korallen selbst, doch die meisten von Algen und anderen Fischen. Ein Korallenriff kann hunderte verschiedener Fischarten beherbergen.

SANDKÄSTEN ►
Bei Nacht können sich die jungen Spiegelfleck-Lippfische vor Raubfischen verstecken, indem sie sich in den Sand eingraben und dort bis zum Morgen bleiben. Jungfische wie die abgebildeten sind sehr bunt gefärbt, wechseln jedoch die Zeichnung, wenn sie heranwachsen.

◄ WEIDENDE PAPAGEIFISCHE
Papageifische weiden tagsüber das Riff ab. Mit den wie zu einem Papageienschnabel zusammengewachsenen Zähnen können sie Algen von den Steinen und Korallen abkratzen. Ohne die Papageifische und andere Pflanzenfresser wie die Doktorfische würde das Riff schnell von Algen überwuchert. Der große Büffelkopf-Papageifisch zermahlt mit seinem Gebiss die Korallen selbst und scheidet Korallensand aus.

Korallenfische

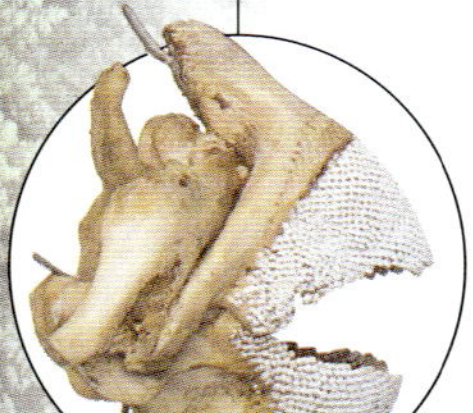

PAPAGEIFISCH-SCHÄDEL

◄ PLANKTONFRESSER
Tagsüber schwimmen Schwärme orangeroter Fahnenbarsche über die Oberfläche des Riffs. Sie nehmen dabei Plankton (kleine umhertreibende Tiere und Pflanzen) auf. Kleine, bunte Riffbarsche fressen auf die gleiche Weise. Abends halten sich die Planktonfresser näher am Riff und verstecken sich bei Dunkelheit zwischen den Korallen. In der Morgendämmerung kommen sie wieder hervor.

JUNGER KAISERFISCH

ERWACHSENER KAISERFISCH

IMPERATOR-KAISERFISCH ▲
Der Imperator-Kaiserfisch besitzt auffällige gelbe und blaue Streifen. Im Gegensatz dazu sind Jungfische bis zu einer Größe von 13 cm dunkelblau gefärbt und zeigen weiße Kreise und Linien. Erwachsene Männchen verteidigen ihr Revier und vertreiben andere Männchen daraus. Sie beachten dabei jedoch junge Kaiserfische nicht, vermutlich, weil sie nur auf das Erwachsenenkleid reagieren.

BUNTE KORALLENFISCHE

MANDARINFISCH
Mandarinfische leben zwischen Korallenschutt und Sand in den flachen Riffbereichen. Sie sind von einem scheußlich schmeckenden Schleim bedeckt, sodass nur wenige Fische sie fressen. Raubfische werden schon durch die Farben gewarnt.

FALTERFISCH
Viele Falterfische wie diesen Orange-Gitterfalterfisch findet man in den Korallenriffen. Alle Arten zeigen eine ähnliche Form, unterscheiden sich jedoch durch die Farbmuster. Anhand der Zeichnung können sie sich gegenseitig erkennen.

PADDELBARSCH
Der gefleckte Paddelbarsch jagt kleine Fische und Krebstiere in Riffnähe. Er ist in vielen Riffen selten geworden, da er als Speisefisch gejagt wird. Die purpurn gefärbten Jungfische werden auch gefangen und als Aquarienfische verkauft.

LEOPARDENDRÜCKERFISCH
Das Muster des Leopardendrückerfisches macht es leicht, ihn zu erkennen. Aus der Entfernung verschmilzt die Zeichnung jedoch mit dem Riff. Die dunklen Farben verbergen die Augen, sodass Raubfische hinten und vorn verwechseln können.

Das große Maul öffnet und schließt die Muräne beim Atmen.

◄ RAUBFISCHE
Die Gefleckte Muräne hat sich in einem alten Rohr niedergelassen. Sie wartet, bis geeignete Beute in Reichweite kommt, und startet dann einen Überraschungsangriff. Die einmal gepackten Fische haben es schwer, ihrem Maul zu entkommen. Obwohl Muränen selbst Raubfische sind, kommen sie erst im Dunkeln aus ihrem Versteck hervor, da sie sonst größeren Räubern wie Haien zum Opfer fallen könnten.

NACHTSCHWÄRMER ►
Soldatenfische sind nachtaktiv, weil sie dann von weniger Raubfischen bedroht sind. Mit ihren großen Augen können sie im Dunkeln gut sehen und die winzigen Tierchen des Zooplanktons erbeuten. Obwohl sie im Licht der Tauchlampe rot leuchten, kann ihre Farbe im Dunkeln nicht erkannt werden. Tagsüber verstecken sie sich in Höhlen oder unter Korallen.

Der Putzerfisch entfernt Reste aus dem Maul des Barsches

KLEINER HELFER ►
Dieser Juwelenbarsch lässt sich gerade von einem kleinen Putzerlippfisch die Zähne reinigen. Der sammelt auch Parasiten von der Haut und den Kiemen ab und frisst abgestorbene Haut und Futterreste. Normalerweise würde der Barsch einen Fisch von der Größe des Putzers fressen, doch er lässt ihn in Ruhe. Eine Partnerschaft, die beiden nützt, nennt man Symbiose.

SIEHE AUCH ⏭ Aasfresser 41 • Korallen 81 • Korallenriffe 73 • Ökologie 14–15 • Verteidigung 42–43

BLUTSTROPFEN-SCHLEIMFISCH

Als Schleimfische bezeichnet man die Fische der Familie Blenniidae. Diese Gruppe umfasst etwa 350 Arten, die man an felsigen Küsten oder in Korallenriffen findet. Die meisten Schleimfische besitzen schuppenlose Körper und eine durchgehende Rückenflosse. Ihre keilförmigen Köpfe tragen winzige, kammförmige Zähne, mit denen sie Algen von Steinen abschaben. Manche Schleimfische wie dieser tragen Fortsätze über den Augen.

@ ⏭ Korallenfische

Wissenschaftlicher Name: *Blenniella chrysospilos*	
Ordnung: Perciformes (Barschfische)	
Klasse: Actinopterygii (Strahlenflosser)	
Verbreitung: tropische oder gemäßigte Gewässer des Atlantiks, Indischen Ozeans oder Pazifiks	
Gefährdung: Manche Arten sind durch den Fang als Aquarienfische gefährdet.	
Länge: Bis zu 45 cm, doch die meisten Schleimfische bleiben kleiner als 15 cm.	
Nahrung: von Steinen abgeschabte Algen, kleine Wirbellose, etwa Muscheln	
Fortpflanzung: Während der Balz ändern die Männchen ihre Färbung, um Weibchen anzulocken und Rivalen abzuschrecken.	
Anzahl der Jungen: Weibchen legen etwa 100 Eier, die meistens vom Männchen bis zum Schlupf bewacht werden.	

SIEHE AUCH ⏭ Korallenfische **148–149**
Korallenriffe **73**

GEFÄHRLICHE FISCHE

Fische müssen viel Geschick aufbringen, um nicht von Raubfischen erbeutet zu werden. Viele vertrauen auf ihre Tarnung, doch andere haben sich mit Stacheln oder Giften bewaffnet. Sie setzen diese Waffen meistens nur zur Verteidigung ein. Wenn Menschen gebissen oder gestochen werden, fühlt sich der Fisch meist bedroht. Bei sehr seltenen Gelegenheiten können einige Fische, etwa Haie, auch von sich aus Menschen angreifen.

▲ MENSCHENFRESSER
Der tropische Tigerhai ist einer der am meisten gefürchteten Haie und wird als genauso oder sogar gefährlicher als der Weiße Hai betrachtet. Es ist bekannt, dass er Taucher, Schwimmer und Boote angegriffen hat. Zu seiner Beute gehören Fische, Vögel, Krebstiere und Säugetiere. Er kann sogar Abfälle fressen, darunter Holz und Metall. Der Hai hat einen großen Kopf und einen stromlinienförmigen Körper. Jungtiere tragen senkrechte Tigerstreifen, die mit dem Alter verblassen.

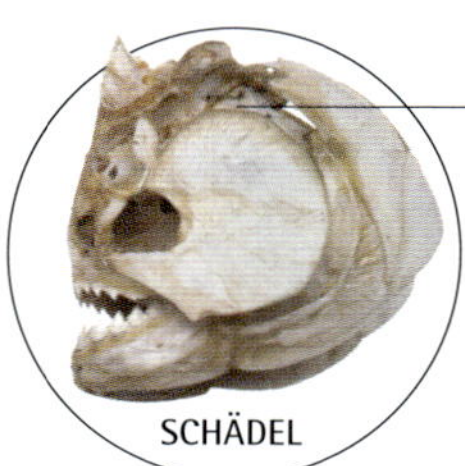

▲ ROTER PIRANHA
Rote Piranhas leben in südamerikanischen Flüssen. Sie fressen kleinere Fische, Insekten und Früchte. Für Menschen stellen sie normalerweise keine Gefahr dar. Blut eines verwundeten Tiers kann die Fische jedoch in Aufregung versetzen. In diesem Zustand kann ein Schwarm auch größere Tiere oder Menschen angreifen. Die meisten Berichte über die Gefährlichkeit der Fische sind jedoch übertrieben. Rote Piranhas sind meist dunkel blaubraun gefärbt mit glänzenden Flecken und rotem Bauch.

▼ BARRAKUDA-SCHWARM
Barrakudas sind schnelle Raubfische mit messerscharfen Zähnen. Sie schwimmen in Schwärmen in tropischen Meeren, sodass sie selbst nicht größeren Raubfischen wie etwa Haien zum Opfer fallen. Große ausgewachsene Barrakudas sind dagegen meist Einzelgänger. Sehr selten greift so ein Fisch einen Menschen an, etwa wenn er eine Hand oder eine glänzende Uhr für einen Fisch hält.

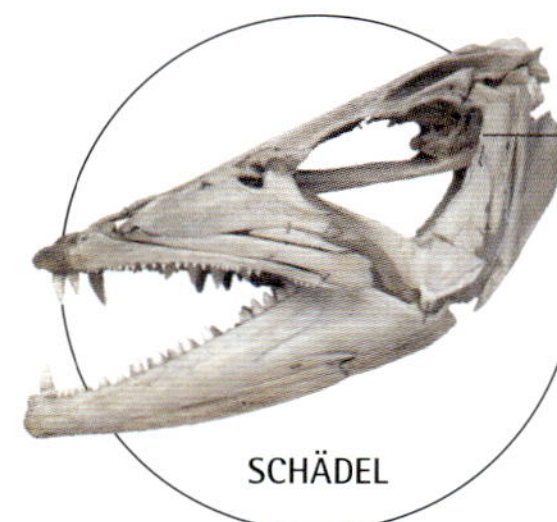

Das Auge ist gut getarnt, um Raubfische zu verwirren.

Giftige Flossenstrahlen

Große Brustflosse mit giftigen Flossenstrahlen

Der Schwanz sorgt für den plötzlichen Antrieb beim Beutefang.

@ ⏭ Gefährliche Fische

IGELFISCH ▲

Der Igelfisch gehört zu den Kugelfischen. Bei Bedrohung schluckt er Wasser, sodass er wie ein stachliger Fußball aussieht. Für Menschen sind Kugelfische nur beim Verzehr gefährlich. Sie enthalten ein tödliches Gift, das Tetrodotoxin. Ein Fisch enthält genug davon, um 30 Menschen zu töten. Trotzdem werden die ungiftigen Teile des Fisches in Japan als Delikatesse verzehrt.

AUFGEBLASENER IGELFISCH

◄ GIFTFISCH

Die tropischen Feuerfische sind leuchtend gefärbt und besitzen elegante, doch giftige stachlige Flossen. Ihre rot-weißen Streifen warnen Raubfische davor, sie zu fressen. Wespen benutzen ähnliche Farbkombinationen, um vor ihrem Stachel zu warnen. Weil sie gut zu sehen sind, sind Feuerfische für Taucher weniger gefährlich als Skorpion- und Steinfische.

TARNUNG

DRACHENKOPF
Drachenköpfe leben in Korallenriffen. Durch ihre Tarnung werden sie von Beutefischen nicht bemerkt. Stachlige Flossenstrahlen enthalten ein schmerzhaftes Gift. Wie die meisten giftigen Fische sind Drachenköpfe nicht aggressiv und setzen ihr Gift nur zur Selbstverteidigung ein.

STEINFISCH
Wie der Name sagt, sehen Steinfische wie Felsbrocken aus und sind daher nahezu unsichtbar. Sie sind die giftigsten bekannten Fische. Falls man auf einen Steinfisch tritt, kann man gestochen werden. Der Stich ist extrem schmerzhaft und kann sogar tödlich sein.

PETERMÄNNCHEN
Petermännchen vergraben sich an europäischen Küsten zum Teil im Sand des Flachwassers. Falls man auf einen Fisch tritt, injizieren die Strahlen der schwarzen Rückenflosse ein Gift. Der Stich ist zwar sehr schmerzhaft, aber normalerweise nicht lebensgefährlich.

SIEHE AUCH ⏭ Haie 131 • Korallenfische 148–149 • Korallenriffe 73 • Ozeane 74–75 • Verteidigung 42–43

TIEFSEEFISCHE

Die meisten Tiefseefische haben nie in ihrem Leben Kontakt zum Meeresgrund oder zur Wasseroberfläche. Sie schwimmen und schweben in tiefem, kaltem, dunklem Wasser. Obwohl es auch große Tiefseefische wie den Riemenfisch gibt, sind die meisten klein, weil die Nahrung knapp ist. Viele sind schwarz, damit sie nicht in dem Licht zu erkennen sind, das viele Tiefseeraubfische erzeugen.

Die Brustflosse ist recht groß.

PHOTOPHOREN ►

Das Sonnenlicht kann nicht tief in das Meerwasser eindringen und im Bereich von 500–1000 m Tiefe ist es bereits pechschwarz. Tiefsee-Drachenfische erzeugen jedoch in den so genannten Photophoren an ihren Seiten ihr eigenes Licht. Man bezeichnet das als Biolumineszenz. Tiefseefische können andere an ihrem Lichtmuster erkennen.

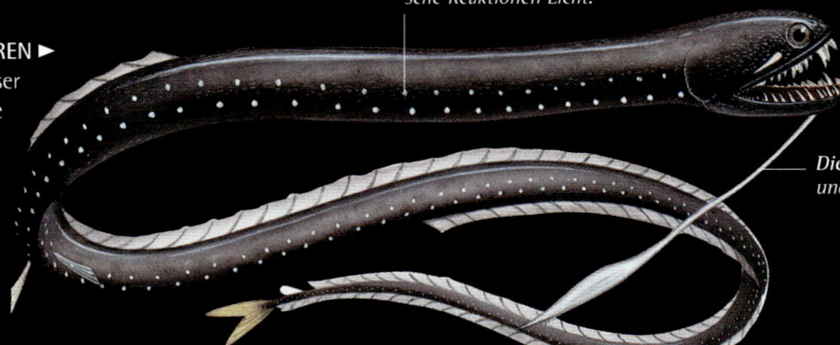

***Die Photophoren** erzeugen durch biochemische Reaktionen Licht.*

***Die Angel** leuchtet und lockt Beute an.*

***Große Schwanzflosse** zur schnellen Bewegung*

***Die leuchtende Angel** bewegt sich, um Beute anzulocken.*

***Die nadelspitzen Zähne** ergreifen die an der Angel interessierten Fisch*

***Die Kiefer** öffnen sich weit, um Beute zu verschlingen.*

BUCKLIGER ANGLERFISCH

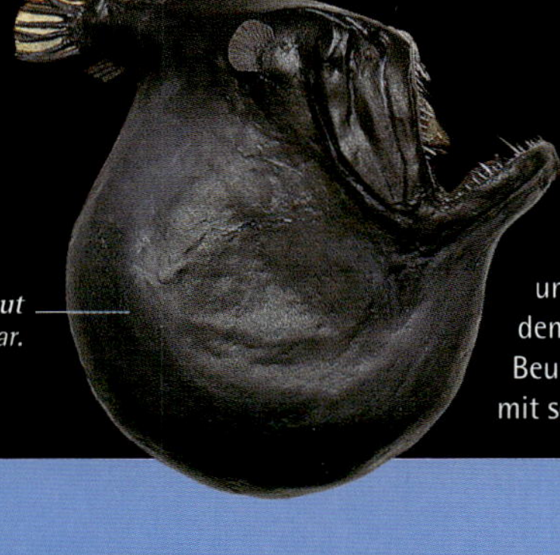

***Magen und Haut** sind sehr dehnbar.*

◄ TEUFELSANGLERFISCH

Dieser Anglerfisch misst nur etwa 13 cm, ist jedoch ein gefräßiger Räuber. Er lockt seine Beute mit einer leuchtenden »Angelrute« in Reichweite. Sie besteht aus einem umgewandelten Flossenstrahl und wird vor dem Maul auf- und abbewegt. Kommt ein Beutefisch in Reichweite, schnappt der Angler mit seinen langen Zähnen zu.

▲ TIEFSEE-ANGLERFISCH

In den pechschwarzen Tiefen der Ozeane kann es schwierig sein, einen Partner zu finden. Wenn ein Männchen dieses Anglerfischs ein Weibchen findet, beißt es sich an ihm fest und wird zum Parasiten. Es kann dann seine Eier befruchten, wann immer es sie ablegt. Das Männchen ist viel kleiner als das Weibchen, dem dieser Vorgang nicht schadet.

Die Zähne sind zahlreich, aber klein.

Das leuchtende Maul könnte Kleinkrebse anlocken.

▲ RIESENMAULHAI

Der Riesenmaulhai kann mindestens 5 m groß werden und ist trotzdem erst 1976 entdeckt worden. Da er aber im tiefen Wasser lebt und kaum jemals an die Oberfläche kommt, wird er sehr selten beobachtet. Er filtert Kleinkrebschen und anderes Plankton aus dem Wasser, das er mit seinem großen Maul aufnimmt.

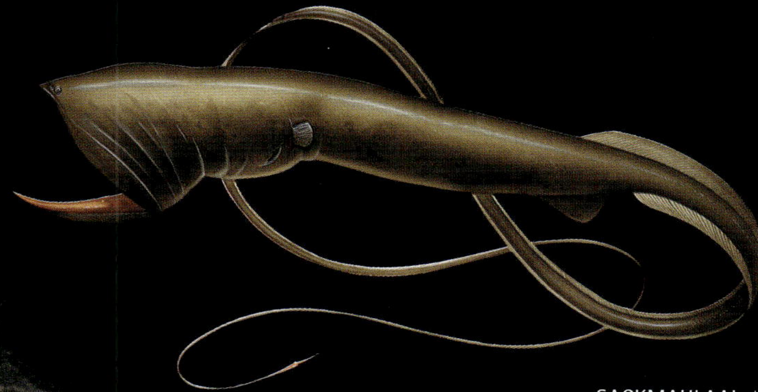

SACKMAULAAL ▲

Der Sackmaulaal besitzt ein im Verhältnis zu seiner Körpergröße riesiges Maul. Er kann seine Kiefer so weit öffnen, dass er Fische verschlingen kann, die größer als er selbst sind. Er lebt nämlich in Tiefen von mehr als 1000 m, wo die Nahrung knapp ist. Die Schwanzspitze leuchtet und kann vor dem Maul bewegt werden, um Fische anzulocken.

@ ⏭ Tiefsee-fische

BEREICHE DER TIEFSEE ►

Viele Meerestiere leben im oder auf dem Meeresgrund, während andere ihr Leben lang in mittleren Wasserschichten umherschwimmen. Alle Tiere auf dieser Doppelseite haben einen bevorzugten Tiefenbereich. Wenige von ihnen leben in der tiefsten Zone, dem Hadal. Der Sublitoral- und Bathyalbereich wimmelt dagegen vor Leben.

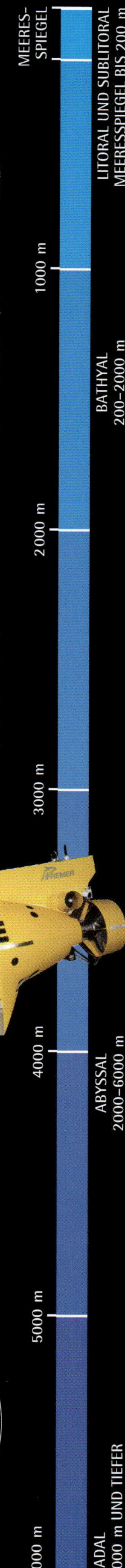

◄ BEILFISCH

Beilfische können sich für Raubfische nahezu unsichtbar machen. Sie sind so schmal, dass sie von vorn kaum gesehen werden können. Von unten ist ihre Silhouette nicht zu erkennen, da der Bauch silbrig gefärbt ist. Ihre Augen zeigen nach oben, um über ihnen schwimmende Raubfische entdecken zu können.

TIEFSEEBOOT

▲ RIEMENFISCH

Der Riemenfisch erinnert an einen riesigen Aal, der leuchtend rote Flossen und lange Strahlen auf dem Kopf besitzt. Er wird bis zu 11 m lang, sodass man die Tiere in der Vergangenheit oft für gefährliche Seeschlangen gehalten hat. Sie fressen kleine Krebstierchen, Fische und Tintenfische und leben in Tiefen von etwa 1000 m.

Die Minerale wirken wie Rauch.

Riesige Würmer leben in Symbiose mit Bakterien.

◄ HEISSE QUELLEN

Hydrothermale Spalten sind Stellen, an denen mineralreiches heißes Wasser nach oben durch den Meeresboden schießt. Man findet sie in etwa 2000–3000 m Tiefe auf den mittelozeanischen Rücken, wo es vulkanische Aktivität gibt. Würmer, Muscheln und Krebstiere leben im warmen Wasser und liefern Fischen wie Aalmuttern und Eingeweidefischen Nahrung.

TIEFSEE-AALMUTTER

SIEHE AUCH ⏭ Haie 131 • Ozeane 74–75 • Verteidigung 42–43

AMPHIBIEN

◄ DOPPELLEBEN
Der Rotaugenfrosch lebt in den Regenwäldern Zentralamerikas. Seine Haut ist an den warmen, feuchten Lebensraum angepasst. Wie alle Amphibien ist er wechselwarm. Die meisten dieser Tiere können sowohl an Land als auch im Wasser leben. Der Begriff »Amphibien« setzt sich aus den griechischen Wörtern »amphi« und »bios« zusammen, was so viel wie »doppeltes Leben« bedeutet.

AMPHIBIEN

Amphibien kann man in drei Gruppen unterteilen: Froschlurche (Frösche und Kröten), Schwanzlurche (Molche und Salamander) und Blindwühlen. Sie sind wechselwarm – ihre Körpertemperatur passt sich also ihrer Umgebung an. Sie besitzen eine nackte, feuchte Haut ohne Federn, Schuppen oder Haare. Die meisten Amphibien laichen im Wasser ab, wo auch ihre Larven heranwachsen. Anfangs atmen sie mithilfe von Kiemen, später mit Lungen.

FROSCHLURCH-EIGENSCHAFTEN ▲
Frösche und Kröten sind wegen ihrer unverwechselbaren Körperform die am leichtesten zu erkennenden Amphibien. Wie diese Orientalische Rotbauchunke haben sie schwanzlose, gedrungene Körper mit langen Hinterbeinen, hervorstehende Augen und breite Mäuler. Die Haut ist dünn und für Wasser und Luft durchlässig. Viele Amphibien können über ihre Haut genauso gut atmen wie über ihre Lungen.

AMPHIBIEN
Froschlurche
 *Grüner Ostafrikanischer Riedfrosch*
Schwanzlurche
 *Marmormolch*
Blindwühlen
 *Blindwühle*

INS WASSER UND WIEDER HERAUS ▲
Wasser spielt im Leben dieses Leopardfrosches eine wesentliche Rolle. Wie die meisten Amphibien muss der Frosch seine Haut feucht halten, damit Sauerstoff und Kohlendioxid sie passieren können. Die meisten Amphibien benötigen Wasser, um sich zu paaren, die Eier abzulegen und zu befruchten. Das liegt daran, dass keine wasserundurchlässige Schale die Eier vor dem Austrocknen bewahrt. Die geschlüpften Larven verbringen mehrere Phasen ihres Lebens im Wasser, bevor sie an Land gehen können.

Amphibien

◄ FARBE UND ZEICHNUNG

Amphibien weisen erstaunliche Unterschiede in ihren Zeichnungsmustern auf. Dieser Feuerbauchmolch zeigt beispielsweise einen dunklen Rücken und einen anders gefärbten Bauch. Von oben betrachtet ist er über dem Bodengrund gut getarnt. Der orangerote Bauch wird dagegen gezeigt, um Räuber abzuschrecken. Vielen Amphibien hilft ihre Farbe auch, Wärme aufzunehmen oder zu reflektieren, sowie bei der Partnersuche.

FRÜHE VORFAHREN ▼

Amphibien haben sich aus Fischen mit Flossen und primitiven Lungen entwickelt. Die Flossen wandelten sich in Beine um, sodass sie an Land kriechen konnten. Zu den frühesten Amphibien gehört der krokodilähnliche *Eryops*, der bis zu 1,5 m lang werden konnte. Von versteinerten Skeletten aus Nordamerika wissen wir, dass diese ausgestorbene Art vor etwa 270 Millionen Jahren lebte.

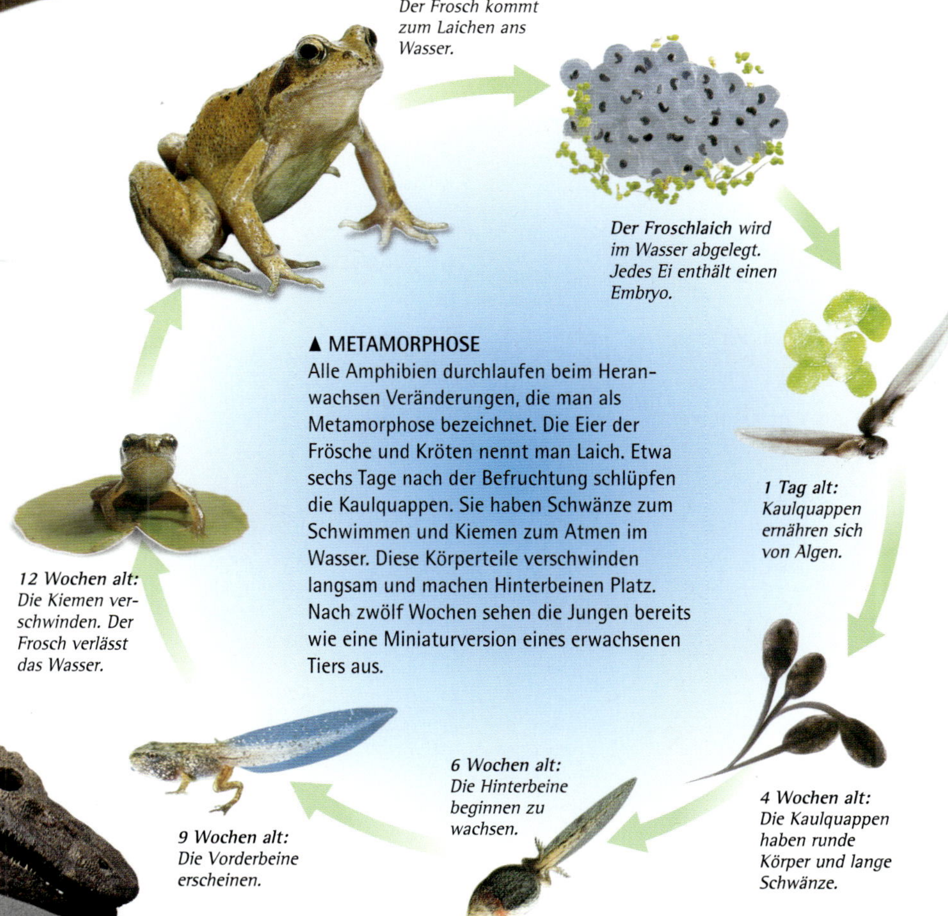

▲ METAMORPHOSE

Alle Amphibien durchlaufen beim Heranwachsen Veränderungen, die man als Metamorphose bezeichnet. Die Eier der Frösche und Kröten nennt man Laich. Etwa sechs Tage nach der Befruchtung schlüpfen die Kaulquappen. Sie haben Schwänze zum Schwimmen und Kiemen zum Atmen im Wasser. Diese Körperteile verschwinden langsam und machen Hinterbeinen Platz. Nach zwölf Wochen sehen die Jungen bereits wie eine Miniaturversion eines erwachsenen Tiers aus.

SIEHE AUCH ⏭ Evolution 16–17 • Fleischflosser 135 • Fortpflanzung 44–45

FROSCHLURCHE

Mit mehr als 4200 Arten sind die Frösche und Kröten die größte der drei Amphibiengruppen. Sie kommen in den verschiedensten Lebensräumen vor – in Seen, Feuchtgebieten, Steppen, Bergen und sogar Wüsten. Es gibt zwischen Fröschen und Kröten keinen eindeutigen Unterschied. Meist bezeichnet man jedoch die glatthäutigen und mehr ans Wasser gebundenen Arten als Frösche. Die meisten Kröten leben eher an Land und haben eine warzige Haut.

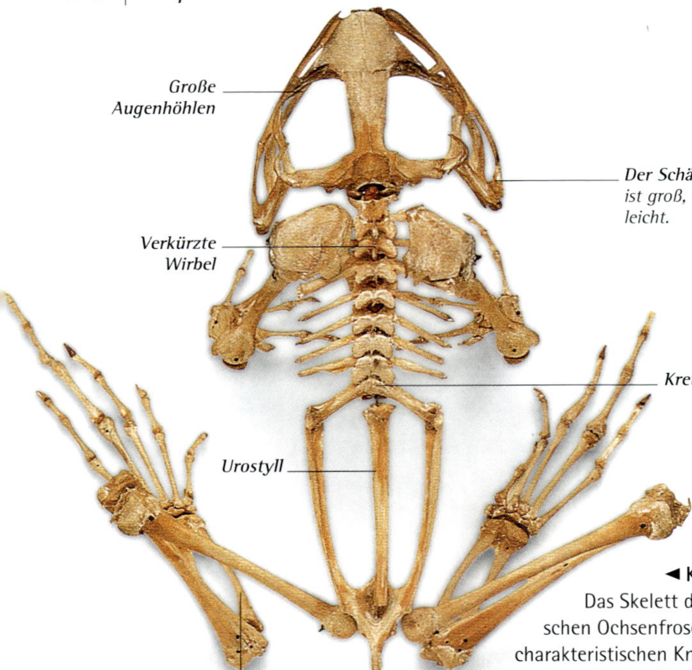

◄ **KNOCHENBAU**
Das Skelett des Amerikanischen Ochsenfrosches zeigt den charakteristischen Knochenbau der Froschlurche. Sie besitzen große Augenhöhlen, einen breiten Schädel und eine kurze Wirbelsäule mit zehn oder weniger Wirbeln. Der kurze Schwanz der ursprünglichen Froschlurche ist im Verlauf der Entwicklung verschwunden. Nur das Urostyl ist übrig, ein stabförmiger Knochen, der aus verschmolzenen Schwanzwirbeln besteht. Die Hinterbeine besitzen verlängerte Fußwurzelknochen, sodass sie zusammengelegt werden können.

▲ **UMKLAMMERUNG**
Bei der Paarung umklammern die Männchen die Weibchen, was man als Amplexus bezeichnet. Die Männchen der Grasfrösche umfassen die Weibchen hinter den Vorderbeinen, die anderer Arten vor den Hinterbeinen. Wenn das Weibchen die Eier abgibt, befruchtet das Männchen sie. Der Laich verbleibt im Wasser und aus den Eiern schlüpfen Kaulquappen.

◄ **LOCKRUFE**
Frosch- und Krötenmännchen quaken, um Partnerinnen anzulocken. Sie erzeugen die Geräusche mit Schallblasen an der Kehle. Jede Frosch- und Krötenart hat ihren eigenen Ruf, sodass das Quaken dieses Gladiatorfrosches nur Froschlurche der gleichen Art anzieht.

MÄNNLICHE HEBAMME ►
Das Männchen der westeuropäischen Geburtshelferkröte zeigt eine außergewöhnliche Art der Brutpflege. Das Weibchen legt eine Laichschnur von bis zu 50 Eiern und übergibt sie dem Männchen. Dieses umwickelt damit seine Hinterbeine. Nach drei Wochen bringt es die Eier zu einem Teich, in dem die Kaulquappen schlüpfen.

Viele Beine helfen beim Schlagen des Schaums mit.

Der Schaum schützt die Eier und hält sie feucht.

▲ SCHAUMSCHLÄGER

Südafrikanische Graue Baumfrösche sitzen auf einem über dem Wasser hängenden Ast und schlagen mit den Hinterbeinen Schleim zu einem Schaumnest. In den Schaum legen sie ihre Eier, sodass sie in der Sonne nicht austrocknen. Nach dem Schlupf fallen die Kaulquappen in das Wasser hinunter, wo sie Nahrung finden und sich zu Fröschen entwickeln.

VERTEIDIGUNG

TARNUNG
Der asiatische Zipfelfrosch ist zwischen den Blättern des Waldbodens perfekt getarnt. Die spitze Nase und die Zipfel über den Augen erinnern an Blattspitzen. Viele andere Froschlurche tarnen sich ebenfalls, um von den Feinden und der Beute nicht bemerkt zu werden.

ALARMSTUFE ROT
Die auffällige Farbe des madagassischen Tomatenfrosches soll Räuber warnen, dass er giftig ist und man ihn besser in Ruhe lassen sollte. Wie viele andere Froscharten ist auch der Tomatenfrosch in seinem Lebensraum bedroht und unterliegt dem Risiko auszusterben.

PFEILGIFTFRÖSCHE
Die farbenprächtigsten Froschlurche sind die kleinen Pfeilgiftfrösche Zentral- und Südamerikas. Die Indios des Amazonasbeckens sammeln das Hautgift einer bestimmten Art und bestreichen damit die Spitzen der Pfeile, die sie dann bei der Jagd benutzen.

ÜBERRASCHUNG
Der chilenische Vieraugenfrosch besitzt ein Drüsenpaar an seinen Seiten, das an Augen erinnert. Wenn er sich sicher fühlt, bedecken seine Schenkel die falschen Augen. Bei Bedrohung enthüllt er plötzlich die Augenflecken, sodass sich der Fressfeind erschreckt.

Die klebrige Zunge erbeutet das Insekt.

Das Insekt hat keine Möglichkeit zu entkommen.

Der Frosch springt auf seine Beute zu.

Starke Hinterbeine zum weiten Sprung

Die Füße stoßen sich vom Boden ab.

DER SPRUNG NACH DER BEUTE ▲

Während er nach einer Assel springt, muss dieser Grasfrosch die erforderliche Sprungweite in kürzester Zeit berechnen. Außerdem muss er seine lange, klebrige Zunge im richtigen Moment ausstrecken, um seine Beute zu erwischen. Wenn Frösche schnelle Insekten wie Fliegen oder Grillen erbeuten wollen, bleibt ihnen kein zweiter Versuch. Meistens sind sie schnell genug, doch wenn sie ihre Beute verfehlen, entkommt sie, sodass sie ihre Energie verschwendet haben.

Die Eischnüre sind um die Hinterbeine gewunden.

Die warzige Haut ist für viele Kröten charakteristisch.

SIEHE AUCH ⏭ Amphibien 158–159 • Goldkröten 162–163 • Verteidigung 42–43

GOLDKRÖTEN

Versammlungen der Goldkröten gehören der Vergangenheit an. Wissenschaftler vermuten, dass durch die zunehmende ultraviolette Strahlung und die Klimaveränderung das Immunsystem der Tiere geschwächt wurde, sodass sie schließlich ausgestorben sind.

@ Froschlurche

Wissenschaftlicher Name: *Bufo periglenes*

Ordnung: Anura (Froschlurche)

Klasse: Amphibia (Amphibien)

Verbreitung: Monteverde Cloud Forest, Costa Rica

Gefährdung: Ist seit 1989 nicht mehr gesehen worden und wird für ausgestorben gehalten.

Länge: Weibchen 42–56 mm
Männchen 39–48 mm

Farbe: Männchen sind auffällig orangefarben, Weibchen schwarz mit scharlachfarbenen, gelb umrandeten Flecken.

Nahrung: Insekten

Fortpflanzung: Die Frösche versammeln sich in der Regenzeit um kleine Tümpel. Bei der Paarung werden 200 bis 400 Eier abgegeben. Die Larven brauchen fünf Wochen, um erwachsen zu werden.

SIEHE AUCH ⏭ Amphibien **158–159** • Froschlurche **160–161**

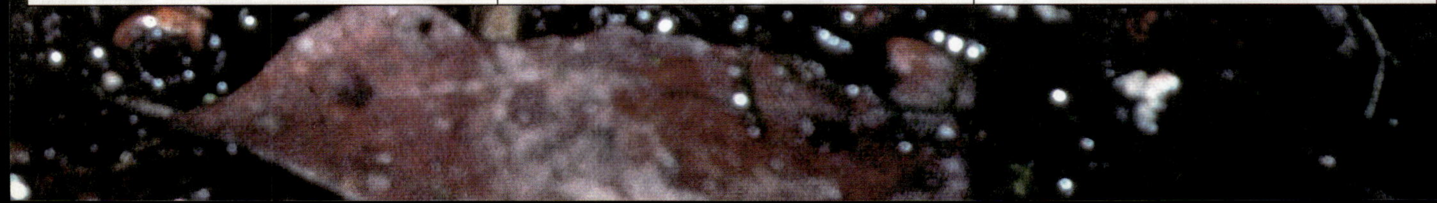

SCHWANZLURCHE

Es gibt über 400 Molch- und Salamanderarten. Die schlanken Schwanzlurche sind scheue Tiere, die vor allem in den gemäßigten Regionen der Nordhalbkugel feuchte Lebensräume bewohnen. Die meisten Arten durchlaufen eine Metamorphose (Veränderung der Gestalt), doch eine kleine Zahl im Wasser lebender Salamander behält larventypische Körperteile bei, etwa die Außenkiemen und die Flossen.

BALZRITUAL ►
Kammmolche verfügen über ein kompliziertes Balzritual. Zuerst präsentiert das Männchen seinen farbenprächtigen Bauch. Es stellt seinen Kamm auf und bewegt seinen Schwanz hin und her, wobei es dem Weibchen Duftstoffe (Pheromone) zufächelt, um seine Aufmerksamkeit zu erregen. Dann deponiert es seine Spermien auf dem Bodengrund und dirigiert das Weibchen darüber, sodass die Eier befruchtet werden können.

AUF ALLEN VIEREN ►
Der Feuersalamander läuft auf dem Land recht langsam. Er bewegt seine Beine in einer Abfolge abwechselnder Schritte. Dazu hebt er den Vorderfuß einer Körperseite zur gleichen Zeit an wie den Hinterfuß der anderen. Bei schnellen Bewegungen nimmt er den Schwanz zu Hilfe, der von einer auf die andere Seite peitscht. Diese Bewegung nimmt mit der Laufgeschwindigkeit des Salamanders zu.

Schwanzlurche

Der Wurm steckt zwischen den Kiefern des Salamanders.

▲ MAHLZEIT!

An Land lebende Schwanzlurche wie dieser Krokodilmolch verlassen sich bei der Jagd auf Tiere wie Regenwürmer auf ihr Sehvermögen. Wenn der Salamander die Beute bemerkt hat, nähert er sich ihr langsam, um dann schnell zuzuschnappen. Im Wasser lebende Schwanzlurche fressen Kaulquappen, Schnecken und kleine Fische. Sie finden ihre Beute mit dem Geruchssinn.

GEFLECKTER FURCHENMOLCH ►

Der nordamerikanische Gefleckte Furchenmolch ist ein Schwanzlurch. Auf beiden Seiten des Kopfes trägt er auffällige rote Kiemen. Sie sind gut durchblutet, damit sie Sauerstoff aus dem Wasser aufnehmen können. Die Tiere, die in wärmeren Gewässern mit geringerem Sauerstoffgehalt leben, haben größere Kiemen als die aus kühleren, sauerstoffreichen Gewässern.

***Gut durchblutete Kiemen** nehmen Sauerstoff auf.*

***Die Kiemen** der Larven werden bei erwachsenen Tieren beibehalten.*

***Als Albino** hat dieses Tier keine pigmentierte Haut.*

***Die Vorderbeine** wären für das Landleben zu schwach.*

▲ FÜR IMMER JUNG

Den Zustand des Axolotl bezeichnet man als Neotenie. Das bedeutet, dass er im Larvenzustand geschlechtsreif wird. Dafür entwickelt er nicht die zum Leben an Land geeigneten Beine und die Körperform der erwachsenen Tiere. Stattdessen behält er die Kiemen bei und führt ein Wasserleben. Frei lebende Axolotl gibt es nur noch im Xochimilco-See in Mexiko.

***Der rechte Hinterfuß** sorgt gleichzeitig für die Fortbewegung.*

***Das linke Hinterbein** bewegt sich gleichzeitig mit dem rechten Vorderbein.*

***Der Schwanz** krümmt sich, damit das Tier die Balance halten kann.*

SIEHE AUCH ⏭ Amphibien **158–159** • Laubwälder **64**

BLINDWÜHLEN

Blindwühlen sind beinlose, wurmähnliche Amphibien mit spitzen Zähnen und einem Knochenskelett. Manche bohren sich mit ihren spitzen Schnauzen durch die Erde. Andere leben im Wasser und werden Schwimmwühlen genannt. Sie nutzen Flossensäume an ihrem Schwanz zum Schwimmen. Es gibt in den tropischen Regionen Afrikas, Asiens und Südamerikas etwa 170 Arten.

◄ TENTAKEL ZUM RIECHEN

Blindwühlen können schlecht sehen, da ihre Augen von einer Hautschicht bedeckt sind. Als Ausgleich besitzen sie ein Sinnesorgan unterhalb der Augenhöhlen. Dieser Tentakel nimmt Duftstoffe aus der Luft auf, sodass die Tiere damit Partner oder Beutetiere, etwa Regenwürmer, finden können.

***Der Tentakel** kann Duftstoffe in der Luft wahrnehmen.*

Blindwühlen

SIEHE AUCH ⏭ Amphibien **158–159** • Sinne **30–31** • Würmer **85**

REPTILIEN

◄ **GEDULDIGER JÄGER**
Der Grüne Baumpython kommt auf Neuguinea und im nördlichen Australien vor. Er sucht in der Nacht auf den Ästen der Regenwaldbäume nach Fledertieren, schlafenden Vögeln und anderer Beute. Wie alle Reptilien ist er wechselwarm und besitzt eine schuppige Haut. Neben den Schlangen gehören die Echsen, die Krokodile und Alligatoren sowie die Schildkröten zu den Reptilien.

▲ SCHÜTZENDER PANZER
Wie andere Schildkröten kann sich diese indische Sternschildkröte nicht nur mit ihrer schuppigen Haut schützen. Sie besitzt auch einen starken Panzer, der aus großen Schilden besteht, die auf Knochenplatten liegen. Den oberen Teil des Panzers nennt man Carapax, den flachen Teil auf der Bauchseite Plastron. Der Panzer schützt die Schildkröte vor Fressfeinden und schlechter Witterung, verlangsamt aber ihre Fortbewegung.

REPTILIEN

Reptilien sind wechselwarme Tiere mit schuppiger Haut. Es gibt etwa 8000 Arten, zu denen Panzerechsen, Echsen, Schlangen, Schildkröten und Brückenechsen gehören. Die meisten Reptilien, sogar die im Wasser lebenden, legen ihre Eier an Land ab. Nur einige wenige Echsen und Schlangen sind lebend gebärend. Die Beine sind bei Reptilien zur Seite abgewinkelt, nicht nach unten gerichtet wie bei Dinosauriern, Säugetieren und Vögeln.

TEMPERATURREGELUNG ►
Die meisten Reptilien können keine Körperwärme erzeugen. Ihre Körpertemperatur hängt von der ihrer Umgebung ab. Jedes Reptil hat eine Vorzugstemperatur, bei der es aktiv ist. Durch ihr Verhalten können die Tiere diese Temperatur aufrechterhalten. Sie sonnen sich wie diese Perleidechse, um Wärme aufzunehmen. Wenn der Tag heißer wird, sucht sie den Schatten auf, um sich abzukühlen. Durch den Wechsel zwischen Sonne und Schatten können die Tiere ihre Temperatur relativ stabil halten.

◄ HAUTENG
Wie alle Reptilien ist diese Grüne Spitzkopfnatter mit schuppiger Haut bedeckt. Die Schuppen sind ein Teil der äußeren Hautschicht (Epidermis) und mit Keratin verstärkt, der gleichen Substanz, aus der unsere Fingernägel bestehen. Die Bauchschuppen der meisten Schlangen bilden eine Reihe sich überlappender Platten, die eine gleichmäßige Fortbewegung ermöglichen. Alle Reptilien ersetzen die Schuppen, indem sie sich häuten. So können die Tiere wachsen und die abgenutzte alte Haut abstoßen.

REPTILIEN

Brückenechsen	Echsen	Schlangen	Schildkröten	Panzerechsen

Brückenechse	*Waran*	*Tigerpython*	*Panterschildkröte*	*Brillenkaiman*

◄ LETZTE ÜBERLEBENDE

Dieses ungewöhnliche Reptil heißt Brückenechse oder Tuatara. Obwohl es wie eine Echse aussieht, gehört es zu einer eigenen Gruppe, die Rhynchocephalia genannt wird. Ihre übrigen Mitglieder starben vor Millionen von Jahren aus. Die beiden überlebenden Arten bewohnen kleine Inseln vor der Küste Neuseelands. Die Tiere wachsen langsam, können aber mehr als 100 Jahre alt werden. Sie leben in Seevogel-Kolonien, wo sie Insekten und manchmal einen Jungvogel fressen.

@ ⏭ Reptilien

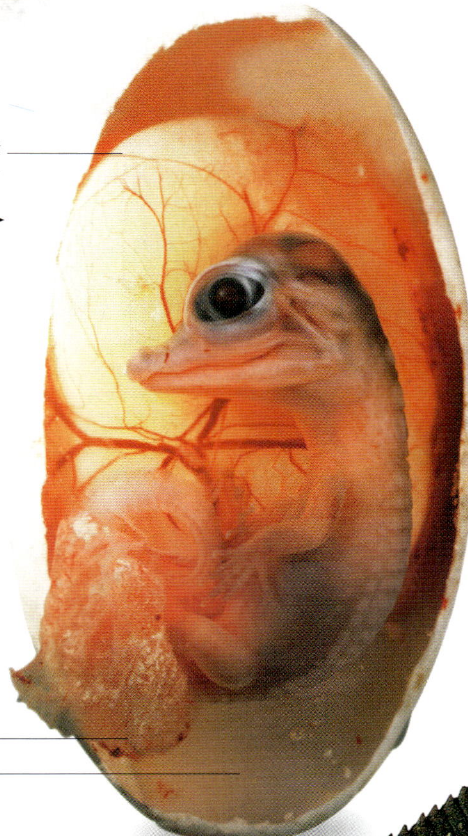

REPTILIEN-EI ►

Wie alle Reptilien-Eier enthält dieses Ei eines Alligators alles, was der Embryo zu seiner Entwicklung braucht. Die Schale hat winzige Poren, durch die der Sauerstoff ins Ei gelangen kann, den der Embryo zur Atmung braucht. Alle Tiere benötigen in den ersten Entwicklungsstadien eine wässrige Umgebung. Deshalb ist der Embryo in einer Amnion genannten Membrane eingeschlossen. Die Nährstoffe erhält er aus dem Dotter, während das Eiweiß ihn polstert und mit Wasser und Proteinen versorgt. Nach der Eiablage dauert es rund 40 Tage bis zum Schlupf.

AUSGESTORBENER RIESE ▲

Die Dinosaurier beherrschten die Welt von der Zeit vor 230 Millionen Jahren bis zu ihrem Aussterben 180 Millionen Jahre später. Der Name bedeutet »schreckliche Echse« und wie die heutigen Echsen hatten sie eine schuppige Haut und legten Eier. Viele von ihnen erreichten eine enorme Größe. *Giganotosaurus* maß etwa 12,5 m von der Nase bis zum Schwanz und wog bis zu 8 t.

SIEHE AUCH ⏭ Aussterben **19** • Echsen **176** • Fortpflanzung **44–45** • Schildkröten **170–171** • Schlangen **184–185**

▲ LANGSTRECKENSCHWIMMER
Meeresschildkröten sind an das Leben in den warmen Meeren angepasst. Sie haben kräftige flossenförmige Beine und flache, stromlinienförmige Panzer, mit denen sie leicht weite Entfernungen zurücklegen können. Manche von ihnen wie diese Suppenschildkröte schwimmen bis zu 1000 km weit, um von ihren Jagdgewässern zu ihren Eiablageplätzen zu gelangen.

SCHILDKRÖTEN

Schildkröten tragen einen Panzer, der sie vor Verletzungen und Fressfeinden schützt. Es gibt ungefähr 300 verschiedene Arten, von denen die meisten in Seen und Flüssen leben. Sieben Arten leben im Meer und etwa 50 sind Landschildkröten. Die an Land lebenden Arten haben oft hohe, kuppelförmige Rückenpanzer. Die der im Wasser lebenden Arten sind dagegen meist flacher. Alle Schildkröten zerreißen ihre Nahrung mit den scharfen Hornrändern ihrer Kiefer, da sie zahnlos sind.

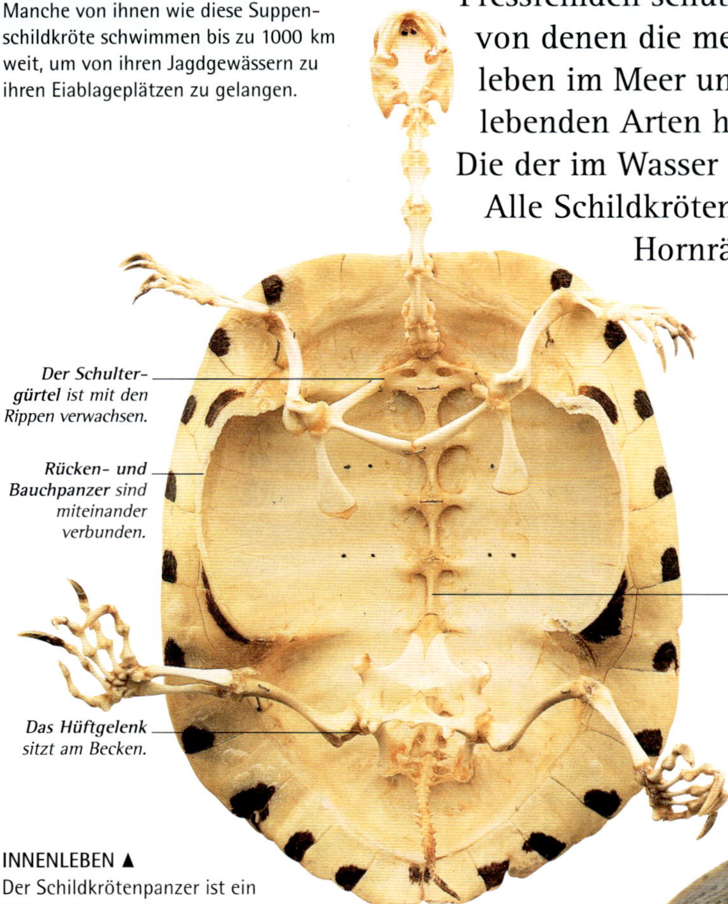

INNENLEBEN ▲
Der Schildkrötenpanzer ist ein Teil des Skeletts. Er besteht aus zwei unterschiedlichen Schichten. Hornschilde bilden die äußere Schicht, werden aber bei manchen Arten durch eine ledrige Haut ersetzt. Die innere Schicht besteht aus Knochenplatten. Viele Skeletteile einschließlich der Rippen und der Wirbelsäule sind mit ihnen verschmolzen. Das Becken und der Schultergürtel befinden sich daher innerhalb des Brustkorbs. Schildkröten besitzen vier Beine, wobei die der Wasserschildkröten Schwimmhäute tragen oder zu Flossen umgebildet sind.

▲ GUT VERSTECKT
Die Rotwangenschmuckschildkröte ist ein Allesfresser, der in nordamerikanischen Gewässern häufig beobachtet werden kann. Sie ist ein Halsberger, kann also ihren Hals in einer vertikalen S-Form einziehen. Außerdem können die Beine unter dem Rückenpanzer verborgen werden. Auf diese Weise schützt die Rotwangenschmuckschildkröte ihren Körper.

◄ LEDERPANZER
Die Panzer der Weichschildkröten tragen keine Hornschilde und fühlen sich ledrig an. Die darunter liegenden Knochenplatten sind sehr leicht gebaut, sodass die Tiere schnell und wendig sind. Weichschildkröten gibt es in Afrika, Asien und Nordamerika. Sie graben sich gern in den Grund der Gewässer ein, wo sie vor Feinden geschützt sind und auf Beute lauern. Manchmal sieht man sie auch beim Sonnenbad.

◄ SCHLANGENHALSSCHILDKRÖTE
Ihren langen Hals kann die Fleisch fressende australische Schlangenhalsschildkröte wie einen Schnorchel einsetzen. Außerdem kann sie mit ihm gut vorbeischwimmende Beute wie Frösche und Fische erreichen. Diese Schildkröte gehört zu den Halswendern. Halswender verbergen ihren Hals seitlich unter dem Rand des Rückenpanzers.

TÖDLICHER KÖDER ▲
Die Geierschildkröte lebt im Süden der USA. Dort lauert sie am Boden von Seen und langsam fließenden Flüssen, um allen Beutetieren aufzulauern, die sie bekommen kann – einschließlich anderer Schildkröten. Die Geierschildkröte besitzt einen Zungenfortsatz, der wie ein rötlicher Wurm aussieht. Wenn sich Fische für die scheinbar leckere Mahlzeit interessieren, finden sie sich bald zwischen den kräftigen Kiefern der Schildkröte wieder.

▲ EIABLAGE
Alle Schildkröten legen ihre Eier an Land ab, auch die Meeresschildkröten. Das Weibchen der Unechten Karettschildkröte legt ihre Eier in eine selbst gegrabene Grube am Strand, die sie dann wieder mit Sand auffüllt. Nach etwa zwei Monaten schlüpfen die Jungen und machen sich sofort auf, um ins Wasser zu gelangen und ihr Leben im Meer zu beginnen.

@ Schildkröten

RIESEN VON GALAPAGOS ►
Mit bis zu 250 kg Gewicht sind die Riesenschildkröten der Galapagosinseln die größten Schildkröten der Welt. Diese Pflanzenfresser können große Wassermengen speichern und so die lange Trockenzeit überleben. Riesenschildkröten leben in kleinen Gruppen, innerhalb derer die Männchen manchmal um die Vorherrschaft kämpfen.

ECHTE KARETTSCHILDKRÖTE

Die Echte Karettschildkröte besitzt scharfe, schnabelförmige Kiefer, die sich sehr gut zur Nahrungssuche im Korallenriff eignen. Die Art ist für ihren braun gefleckten Rückenpanzer bekannt, der oft als Schildpatt bezeichnet wird und früher sehr begehrt war. Wegen des Panzers wurden die Schildkröten lange Zeit gejagt, was zu einem massiven Rückgang der Bestände geführt hat. Obwohl die Echte Karettschildkröte heute geschützt ist, werden die Panzer immer noch illegal gehandelt.

@ ⏭ Schildkröten

Wissenschaftlicher Name: *Eretmochelys imbricata*

Ordnung: Testudines (Schildkröten)

Klasse: Reptilia (Reptilien)

Verbreitung: tropische Korallenriffe im Atlantischen, Pazifischen und Indischen Ozean

Gefährdung: vom Aussterben bedroht

Länge: 55–95 cm

Gewicht: 55–80 kg

Nahrung: Wirbellose wie Schwämme, Seescheiden, Weichtiere und Seeigel

Fortpflanzung: Paarung oft im Flachwasser

Zahl der Jungen: Weibchen legen zwei bis sechs Gelege mit durchschnittlich 130 Eiern.

SIEHE AUCH ⏭ Artenschutz **22–23** • Schildkröten **170–171**

▲ GROSSWILDJÄGER
Das Nilkrokodil lebt in vielen Gewässern Afrikas. Wie die meisten Panzerechsen jagt es meistens nachts. Tagsüber sonnt es sich oft auf Sandbänken. Fische sind sein Grundnahrungsmittel, obwohl große Nilkrokodile auch Tiere wie Zebras und Büffel angreifen können. Sie ziehen ihre Beute unter Wasser, um sie zu ertränken. Um Brocken herauszureißen, drehen sie sich um ihre eigene Achse.

PANZERECHSEN

Zu den Panzerechsen gehören die größten heute lebenden Reptilien. Die 23 Arten bilden drei Familien: die Alligatoren und Kaimane, die Echten Krokodile und die Gaviale. Obwohl Panzerechsen sich an Land fortbewegen können, sind ihre Körper an das Leben in Gewässern angepasst, wo sie die wichtigsten Raubtiere sind. Die meisten können aus dem Wasser heraus angreifen, um Tiere am Ufer zu erbeuten. Die größte Art, das Leistenkrokodil, kann über 9 m lang werden.

▼ WINTERTAUGLICH
Der Hechtalligator lebt in den Flüssen und Sümpfen der südöstlichen USA. Die Wintermonate verbringt er eingegraben im Untergrund. Anders als andere Panzerechsen kann der Hechtalligator sogar Frost überleben und sich Atemlöcher in eisbedeckten Seen anlegen. In der Vergangenheit wurde die Art fast bis zur Ausrottung gejagt, doch heute gibt es Gesetze zu ihrem Schutz.

▲ FISCHECHSE
Der Gavial lebt in indischen und südostasiatischen Flüssen. Er ist ein spezialisierter Fischfresser. Mit seinem aus scharfen Zähnen bestehenden Reusengebiss kann er schlüpfrige Beute festhalten. Der häutige Nasenaufsatz, den die Männchen tragen, dient möglicherweise als Resonanzorgan beim Brüllen.

GUTE ELTERN ▲
Wie die meisten Panzerechsen sind Nilkrokodile sehr aufmerksame Eltern. Das Weibchen legt seine Eier in eine in den Boden gegrabene Grube, die es mit Pflanzen bedeckt und bewacht, bis die Jungen schlupfbereit sind. Wenn es zirpende Geräusche aus dem Nest hört, gräbt es sie aus. Es kann sogar vorsichtig die Schale öffnen, um die Jungen dann im Maul zum Wasser zu tragen.

WO IST DER UNTERSCHIED?

Ein Krokodil von einem Alligator zu unterscheiden ist nicht immer leicht. Am besten kann man es, wenn die Tiere ihr Maul geschlossen haben. Außerdem gibt es noch Unterschiede im Knochenbau.

Krokodil Bei geschlossenem Maul ragen einige der Unterkieferzähne, insbesondere der große vierte, am Oberkiefer aus dem Maul heraus. Von oben betrachtet zeigen Krokodile oft längere und schmalere Schnauzen als Alligatoren.

Alligator Wenn Alligatoren und Kaimane ihr Maul schließen, sind die Zähne ihres Unterkiefers nicht zu sehen. Die Mitglieder dieser Gruppe haben oft kürzere, breitere Schnauzen als die Krokodile.

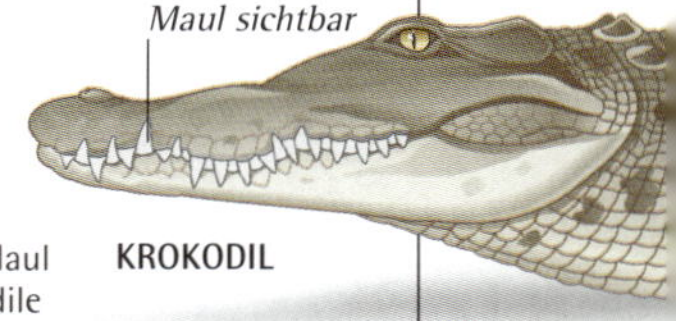

◄ KINDERSTUBE IM WASSER
Dieser junge Kaiman ist gut für das Leben in den Flüssen und Feuchtgebieten Südamerikas ausgerüstet. Seine Augen, Nasenlöcher und Ohren sitzen hoch am Kopf, sodass er atmen und sehen kann, während er versteckt im Wasser liegt. Junge Kaimane bleiben wie andere Panzerechsen zu ihrem Schutz in der Nähe der Mutter. Wenn sie abtauchen, verdecken sie Nasenlöcher und Ohren mit Hautfalten. Mit einem zusätzlichen Augenlid schützen sie ihre Augen.

@ ⏭ Panzerechsen

SIEHE AUCH ⏭ Artenschutz 22–23 • Brutpflege 46–47 • Reptilien 168–169

ECHSEN

Mit 4500 Arten bilden die Echsen die größte und vielfältigste Gruppe der Reptilien. Die meisten Echsen besitzen schlanke Körper, große Köpfe, vier gleich lange Beine und einen langen Schwanz. Einige Echsen besitzen keine Gliedmaßen. Die meisten Arten legen Eier, doch manche sind lebend gebärend. Eidechsen sind hauptsächlich Räuber und fressen Insekten, andere Reptilien oder kleine Säugetiere.

▲ HEISSER TANZ
Die Sandechse lebt auf dem glühend heißen Sand der südafrikanischen Namib-Wüste. Um sich abzukühlen, hebt sie gleichzeitig zwei ihrer Beine vom Boden ab. Wenn das nicht ausreicht, gräbt sich die Echse im Sand ein. Echsen können in Wüsten überleben, da Reptilien weniger Nahrung als warmblütige Tiere benötigen.

▲ SCHWANZABWURF
Manche Echsen können ihren Schwanz abwerfen, um Fressfeinden zu entkommen. Die Wirbel ihres Schwanzes besitzen Sollbruchstellen, an denen er leicht abbrechen kann. Der Schwanz wächst wie bei diesem Baumskink schnell nach. Schließlich sieht er äußerlich ähnlich wie der alte Schwanz aus. Im Inneren befindet sich allerdings nur eine biegsame Knorpelstütze anstelle eines Knochens.

▲ ESSENSZEIT
Die meisten Echsen sind Fleischfresser. Man kann grob zwei verschiedene Jagdtechniken unterscheiden. Manche Echsen suchen wie diese Smaragdeidechse aktiv nach Beute. Andere lauern und warten, bis Beutetiere in die Nähe kommen, um sie im Sprung zu fangen. Unter diesen sind die Geckos für den Menschen am nützlichsten, da sie oft Insekten fressen, die in den Tropen den Weg in die Häuser gefunden haben.

▲ ECHSEN OHNE BEINE
Obwohl die Blindschleiche eher einer Schlange oder einem Wurm ähnelt, gehört sie zu den Echsen. Blindschleichen sind nachtaktiv und benutzen ihre gegabelten Zungen, um langsame Beute wie Regenwürmer und Schnecken aufzuspüren. Die kalten Wintermonate verbringen sie unter lockerer Erde, Blättern oder Wurzeln. Sie können mehrere Jahre alt werden, haben aber auch Feinde wie Ottern, Ratten oder Turmfalken.

SIEHE AUCH ⏭ Reptilien **168–169** • Verteidigung **42–43** • Wüsten **58–59**

LEGUANE

Die Leguane sind eine vielfältige Echsengruppe. Sie kommen in verschiedenen Lebensräumen wie Küsten, Wüsten, Wäldern und Steppen vor. Große Leguane wie der Grüne Leguan und die Meerechsen sind Pflanzenfresser, kleine wie die Halsbandleguane und die *Anolis*-Arten Fleischfresser. Viele Leguane haben Stacheln, Kämme oder Hautlappen, die sie größer und gefährlicher erscheinen lassen.

▲ MEERESBEWOHNER
Meerechsen weiden im Meer um die Galapagos-Inseln Algen ab. Sie tauchen im kalten Wasser bis zu 15 m tief und wärmen sich dann in der Sonne auf. Die Echsen schlucken dabei Meerwasser, dessen Salz sie über Drüsen in ihrem Maul abscheiden und zu den Nasenlöchern transportieren können, wo es dann ausgeschieden wird.

◄ GRÜNER LEGUAN
Der Grüne Leguan ist die größte Leguanart. Dieses Männchen kann einmal einschließlich des Schwanzes 2 m lang werden. Grüne Leguane leben in den Bäumen Zentral- und Südamerikas. Ihre langen Schwänze dienen der Balance, während die Füße zum Ergreifen von Ästen ideal sind. Die Leguane sonnen sich oft auf Ästen, die über dem Wasser hängen. Wenn sich ein Fressfeind nähert, lassen sie sich einfach fallen und schwimmen in Sicherheit.

INTERESSANTE LEGUANE

KRÖTENECHSE
Diese flache Echse lebt in den Wüsten des westlichen Nordamerika, wo sie sich hauptsächlich von Ameisen ernährt. Da sie langsam ist, verlässt sie sich auf ihre Tarnung und ihre Stacheln zu ihrer Verteidigung. Wenn das nicht reicht, kann sie aus den Augenlidern Blut verspritzen.

BALZVERHALTEN
Männliche *Anolis* können ihre farbigen Kehlfahnen abstellen und mit den Köpfen nicken, um Weibchen anzulocken und Rivalen abzuschrecken. Sie leben im Südosten der USA, in Mittelamerika und der Karibik. Manche Arten können auch akustisch kommunizieren.

HALSBANDLEGUAN
Die auffällige Nackenzeichnung hat den Halsbandleguanen ihren Namen gegeben. Sie leben in felsigen Gebieten der westlichen USA und in Mexiko. Sie sind sehr geschickte Jäger und können sich bei einem schnellen Sprint auf den Hinterbeinen aufrichten.

@ ⏭ Leguane

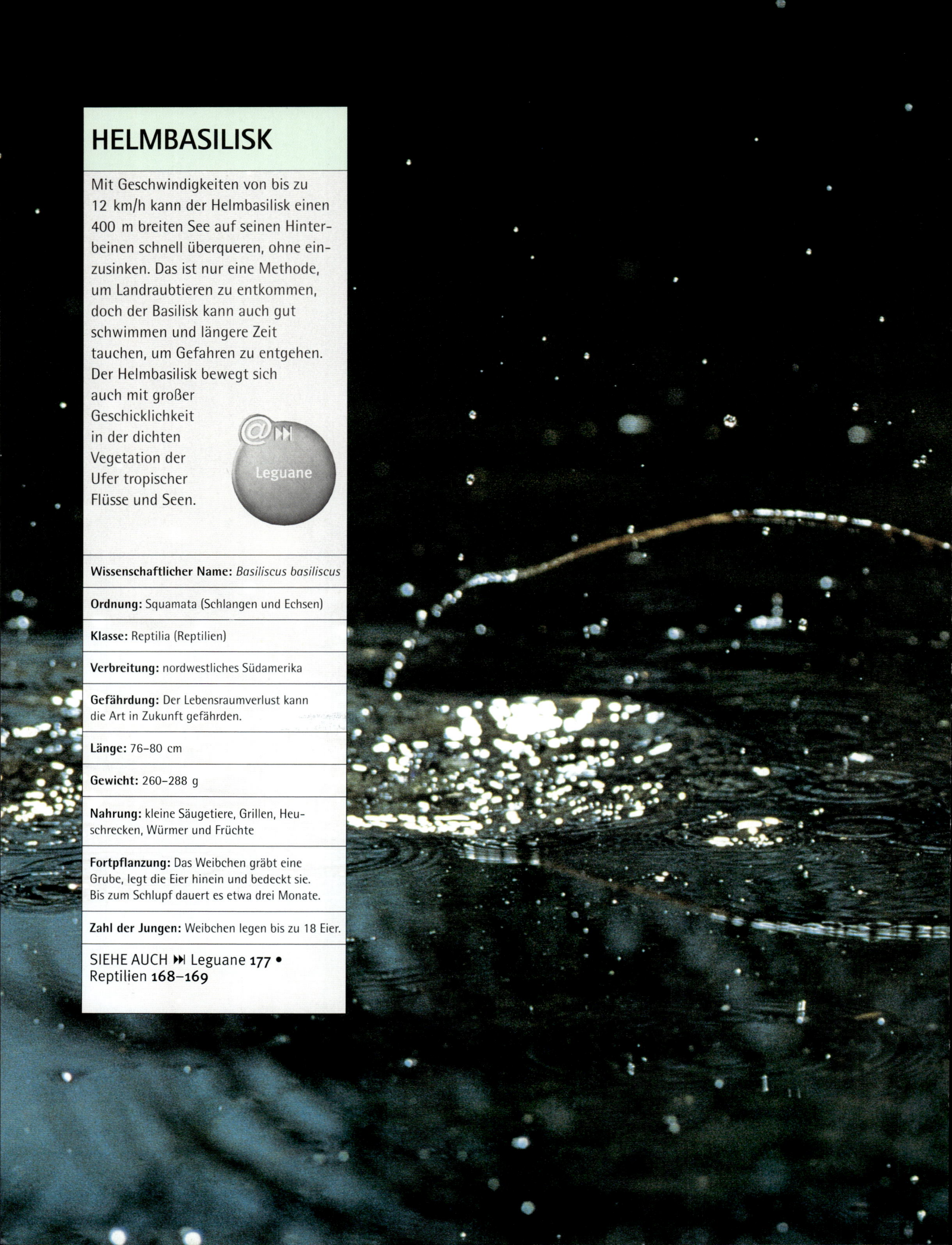

HELMBASILISK

Mit Geschwindigkeiten von bis zu 12 km/h kann der Helmbasilisk einen 400 m breiten See auf seinen Hinterbeinen schnell überqueren, ohne einzusinken. Das ist nur eine Methode, um Landraubtieren zu entkommen, doch der Basilisk kann auch gut schwimmen und längere Zeit tauchen, um Gefahren zu entgehen. Der Helmbasilisk bewegt sich auch mit großer Geschicklichkeit in der dichten Vegetation der Ufer tropischer Flüsse und Seen.

Wissenschaftlicher Name: *Basiliscus basiliscus*

Ordnung: Squamata (Schlangen und Echsen)

Klasse: Reptilia (Reptilien)

Verbreitung: nordwestliches Südamerika

Gefährdung: Der Lebensraumverlust kann die Art in Zukunft gefährden.

Länge: 76–80 cm

Gewicht: 260–288 g

Nahrung: kleine Säugetiere, Grillen, Heuschrecken, Würmer und Früchte

Fortpflanzung: Das Weibchen gräbt eine Grube, legt die Eier hinein und bedeckt sie. Bis zum Schlupf dauert es etwa drei Monate.

Zahl der Jungen: Weibchen legen bis zu 18 Eier.

SIEHE AUCH ⏭ Leguane **177** • Reptilien **168–169**

JACKSON-CHAMÄLEON IN NORMALER FÄRBUNG

CHAMÄLEONS

Chamäleons, die hauptsächlich in den tropischen Wäldern Afrikas und Madagaskars vorkommen, sind dafür bekannt, dass sie ihre Hautfarbe verändern können. Sie sind die einzigen Echsen, deren Füße sich zu Greifzangen und damit idealen Kletterwerkzeugen entwickelt haben. Chamäleons benutzen ihre Zunge, die zweimal so lang wie der Körper sein kann, um Insekten abzuschießen. Die Augen können sich unabhängig voneinander bewegen, sodass die Tiere eine sehr gute Rundumsicht haben.

Das linke Auge schaut nach hinten.

JACKSON-CHAMÄLEON IN GEREIZTER STIMMUNG

Das rechte Auge blickt nach vorn.

Die Hörner sind ein Merkmal dieser Art.

Der Schwanz hilft beim Balancieren.

Der Schwanz kann auch zum Festhalten eingesetzt werden.

▲ FARBBEWUSST

Ein Chamäleon nutzt seine Farben, um sich vor Fressfeinden und Beute zu verstecken oder um sich mit Artgenossen zu verständigen. Die hellgrüne Farbe lässt das Jackson-Chamäleon mit der Umwelt verschmelzen. Rivalisierende Männchen zeigen ihre Erregung dadurch, dass sie einen bräunlichen Farbton annehmen. Wenn keines zurückweicht, verhaken sie ihre Hörner und versuchen den Gegner aus dem Gleichgewicht zu bringen.

Chamäleons

VIELFALT

PANTERCHAMÄLEON
Das Panterchamäleon bevorzugt dünn bewachsenes Buschwerk, kann sich jedoch auch an künstliche Lebensräume anpassen. Die Männchen leuchten beim Imponieren vor Rivalen rot und orange. Manchmal verletzen sie sich während der Kämpfe ernsthaft.

PARSONS CHAMÄLEON
Dieser Regenwaldbewohner bewegt sich langsam und lauert auf Beute. Die Tiere verbringen die kühlere Jahreszeit in einer Winterstarre. Die Männchen sind größer und farbenprächtiger als die Weibchen. Man kann sie an den orangefarbenen Schuppen auf den Augen erkennen.

MADAGASKAR-RIESENCHAMÄLEON
Diese Art ist das größte Chamäleon. Ungewöhnlich ist, dass das Männchen weniger farbenfreudig als das Weibchen ist. Es färbt sich aber während der Balz. Die Tiere leben hoch in den Bäumen in den heißesten Gegenden Madagaskars.

STUMMELSCHWANZCHAMÄLEON ►

Eine der kleinsten Echsen der Welt ist das nur 34 mm groß werdende Stummelschwanzchamäleon. Für sein Leben zwischen Falllaub und niedrigen Ästen, wo es sich von kleinen Insekten ernährt, ist es gut getarnt. Mit seinem kurzen Schwanz und den winzigen Beinen ist es nicht in der Lage, viel höher zu klettern. Stummelschwanzchamäleons leben in den Regenwäldern Madagaskars und vorgelagerter Inseln.

SIEHE AUCH ⏭ Echsen **176** • Reptilien **168–169** • Verteidigung **42–43**

AGAMEN

Agamen sind mit den Leguanen und Chamäleons verwandt. Diese Echsengruppe kommt in den verschiedensten Größen und Formen in Asien, Afrika und Australien vor. Manche Regenwaldarten können mithilfe zwischen dem Körper und den Vorderbeinen aufgespannter Häute von Ast zu Ast gleiten. Verschiedene Arten haben vergrößerte Schuppen, die sich entweder auf ihrem Körper oder ihrem Schwanz befinden.

▲ DORNTEUFEL
Der Dornteufel oder Moloch kommt in vielen Wüsten Australiens vor. Die bizarre Echse ist vollständig mit dornenartigen Fortsätzen bedeckt. Sie mag Furcht erregend aussehen, ist jedoch harmlos, außer für Ameisen. Der Dornteufel kann pro Stunde bis zu 1000 Ameisen verzehren, die er mit seiner Zunge aufleckt und mit speziellen Zähnen zerdrückt.

Agamen

GESELLIGE ECHSEN ►
Ein langer Schwanz und verlängerte Gliedmaßen verhelfen der Siedleragame zu großer Beweglichkeit, sodass sie sich nach ihrer Beute recken kann. Diese Agamen leben in kleinen Kolonien zusammen, die von einem Männchen beherrscht werden. In manchen gibt es auch ein dominantes Weibchen. Männchen verteidigen ihre Kolonien mit Bissen und Schwanzschlägen.

VERTEIDIGUNGSSTRATEGIEN

KRAGENECHSE
Bei Bedrohung stellt die australische Kragenechse die Hautlappen an ihren Schultern auf. Sie reißt das Maul auf, zischt und rennt manchmal auf die Bedrohung zu. Wenn dieser Bluff nicht wirkt, läuft sie schnell davon.

DORNSCHWANZ-AGAME
Diese Agame lebt in den Wüsten Nordafrikas und Vorderasiens. Bei Störungen versteckt sie sich in Spalten und bläst sich auf, sodass sie nicht herausgezogen werden kann. Außerdem schlägt sie mit ihrem Schwanz um sich.

NACKENSTACHLER
Der Nackenstachler besitzt Stacheln auf Rücken und Nacken sowie hinter jedem Auge. Die Tiere leben in Südostasien. Sie bewohnen Bäume, in denen sie mit ihren starken Krallen gut klettern können.

BARTAGAME
Der Bart dieser Echse besteht aus loser, stachliger Haut. Um Fressfeinde wie Raubvögel und Warane abzuschrecken, plattet die Agame ihren Körper ab, bläht ihren Bart auf und öffnet das leuchtend gefärbte Maul.

ZWEIBEINER
Die Chinesische Wasseragame erinnert an einen Grünen Leguan. Sie ähnelt ihm auch im Verhalten und springt bei Bedrohung ebenfalls ins Wasser. An Land kann sie jedoch auf den Hinterbeine davonlaufen.

SIEHE AUCH ⏭ Echsen 176 • Leguane 177 • Reptilien 168–169

GECKOS

Geckos sind kleine Echsen mit flachen Köpfen und großen Augen. Geckos besitzen keine Augenlider, haben jedoch spezielle Füße, mit denen sie an den unterschiedlichsten Oberflächen wie Baumstämmen und Felsen Halt finden. Die meisten Geckos sind nachtaktiv, manche jedoch auch tagaktiv. Es gibt rund 1000 Arten, von denen jede ihren speziellen Ruf hat, mit dem sie Partner anlockt oder Rivalen verscheucht.

@ Geckos

◄ HALT FINDEN
Der Tokee aus Südostasien kann an glatten, senkrechten Oberflächen emporklettern und sogar an der Decke entlanglaufen. Jede Zehe ist mit tausenden feiner Haftlamellen ausgestattet, von denen jede wieder tausende von Haftborsten besitzt. Diese greifen in winzigste Unebenheiten der Oberflächen und geben dem Gecko den nötigen Halt.

▼ SCHNELLES LECKEN
Wie die meisten Geckos besitzt dieser madagassische Taggecko keine Augenlider. Stattdessen werden seine Augen von einer transparenten Membran bedeckt und geschützt, die man als Brille bezeichnet. Da er die Augen nicht mit Tränenflüssigkeit reinigen kann, benutzt er dazu seine Zunge. Wie der Name bereits sagt, sind diese Geckos tagsüber aktiv. Sie bevorzugen die üppige Vegetation des madagassischen Regenwalds, in der sie gut getarnt sind.

GECKO-GALERIE

LEOPARDGECKO
Der Bewohner zentralasiatischer Felswüsten und Trockensteppen trägt seinen Namen wegen seiner Zeichnung. Er benutzt seinen Schwanz als Energiespeicher. Bei gutem Nahrungsangebot wird der Schwanz dicker und schrumpft bei Mangel.

FETTSCHWANZGECKO
Das scheue Tier speichert Fett in seinem Schwanz, um es als Energiereserve zu benutzen. Die Männchen rufen nach Partnerinnen, indem sie mit der Zunge gegen ihr Gaumendach schnalzen. Die Tiere werden bis zu 25 Jahre alt.

BÄNDERGECKO
Mit einer Länge von bis zu 22 cm ist das der größte Gecko Australiens. Er kommt auch auf Neuguinea und den Solomon-Inseln vor. Er lebt vor allem in tropischen Gebieten mit hohen Niederschlägen, da er viel Feuchtigkeit zum Überleben benötigt.

FALTENGECKO
Durch das Abspreizen der Hautlappen zwischen den Körperseiten und den Zehen kann der Faltengecko im Regenwald von Baum zu Baum gleiten. Dieser Gecko ist eine von sechs fliegenden Arten, die in Südostasien vorkommen.

SIEHE AUCH ⏭ Echsen 176 • Reptilien 168–169

SANDSKINK

Kurze Beine sind typisch für Skinke.

Die glänzenden ***Schuppen*** *werden von kleinen Knochenplatten verstärkt.*

Die ***schaufelförmige Nase*** *gleitet gut durch den Sand.*

SKINKE

Mit fast 1300 Arten stellen die Skinke die größte Echsengruppe dar. Sie sind scheue Tiere, die in den wärmeren Regionen der Welt vorkommen. Sie leben vor allem auf dem Boden, wo sie sich zwischen Steinen, Falllaub oder durch Eingraben verbergen. Die meisten Skinke besitzen kurze Beine und glatte, mit Schuppen bedeckte Körper. Fast die Hälfte der Skinke ist lebend gebärend.

GLÄNZENDER SKINK ▲
Sandskinke leben in den Sandwüsten Nordafrikas und Arabiens. Ihre glatten, glänzenden Körper mit zylindrischem Querschnitt machen sie zu typischen Skinken. Obwohl sie auch auf dem Sand unterwegs sind, können sie in ihn eintauchen und sich wie ein Fisch im Wasser fortbewegen. So entkommen sie Fressfeinden, fangen ihre Beute und meiden extreme Temperaturen.

ZWEI KÖPFE SIND BESSER ALS EINER ►
Der Tannenzapfenskink lebt in den trockenen Gebieten Australiens. Dieser Allesfresser verbringt die meiste Zeit in sandigen Bauen oder in Felsspalten. Er hat einen langen untersetzten Körper mit runzligen Schuppen. Sein Schwanz ist wie sein Kopf geformt, was Fressfeinde irritiert. Da ein Räuber nicht weiß, in welche Richtung der Skink fliehen wird, kann dieser die Verwirrung nutzen und in seinen Bau entkommen.

BLAUZUNGENSKINK ►
Der Blauzungenskink kommt in Australien und auf den in der Nähe gelegenen südostasiatischen Inseln vor. Er ist viel größer, schwerer gebaut und langsamer als andere Skinke. Bei Bedrohung streckt er Angreifern seine leuchtend blaue Zunge entgegen, zischt und plattet seinen Körper ab. Blauzungenskinke werden häufig im Terrarium gehalten.

Das Schwanzende wird mit dem Maul ergriffen.

◄ STACHLIGER VERWANDTER
Der südafrikanische Gürtelschweif ist nah mit den Skinken verwandt. Bei Bedrohung nimmt er seinen Schwanz in das Maul und rollt sich zusammen, um dem Angreifer ein Maul voller Stacheln zu präsentieren. Er lebt in Familienverbänden in Gebüsch- und felsigem Ödland. Der größte Teil seiner Nahrung besteht aus Insekten und Spinnen.

@ ⏭ Skinke

SIEHE AUCH ⏭ Echsen 176 • Reptilien 168–169 • Verteidigung 42–43 • Wüsten 58–59

WARANE

Warane sind Fleisch fressende Echsen, die in Asien, Afrika und Australien vorkommen. Ausgestattet mit einem guten Geruchssinn, langen, scharfen Krallen und kräftigen Kiefern sind sie geschickte Jäger. Sie fressen jedes Tier, das sie erwischen können. Manche Arten fressen auch Aas. Die meisten können gut klettern und schwimmen. Zu den Waranen gehört der bis zu 3 m lange Komodowaran, die größte Echse der Welt.

ABENDESSEN ►
Komodowarane jagen große Tiere, sogar Wildschweine, Hirsche und Wasserbüffel. Sie lauern meistens ihrer Beute auf und ergreifen sie mit ihren Kiefern. Wenn das Opfer entkommen kann, so stirbt es doch bald an einer Infektion, die durch Bakterien im Speichel der Komodowarane verursacht wird.

◄ RINGKAMPF
Zu Beginn der Paarungszeit führen männliche Warane rituelle Kämpfe um die Weibchen durch. Gestützt von ihrem Schwanz richten sie sich auf, umfassen den Rivalen und versuchen ihn zu Boden zu drücken. Bei manchen Arten wie diesen Bengalwaranen handelt es sich nur um eine Kraftprobe, die der Verlierer ohne Verletzungen übersteht. Andere Arten verletzen sich durch Bisse.

@ ⏭ Warane

▲ AMERIKANISCHER VERWANDTER
Die Gilaechse ist groß und kräftig. Sie lebt im Südwesten der USA und in Mexiko und ist mit den Waranen entfernt verwandt. Sie ist eine der beiden einzigen giftigen Echsen der Welt. Das Gift wird im Unterkiefer erzeugt und sammelt sich in Rinnen der Zähne. Es wird der Beute nicht injiziert, sondern fließt durch kauende Bewegungen der Echse in die Wunde.

FORTBEWEGUNG

Schlangen können sich auf verschiedene Weisen bewegen, die von der Größe der Schlange und der Beschaffenheit des Untergrunds abhängen.

Geradliniges Kriechen Auf diese Weise bewegen sich viele große und schwere Schlangen vorwärts. Jede Bauchschuppe wird angehoben, nach vorn bewegt und wieder abgesetzt.

Schlängelbewegung Die Schlange behält beim Kriechen ihre Schlangenlinienform bei. Sie drückt sich dabei gegen Objekte auf dem Boden und stößt sich von ihnen ab.

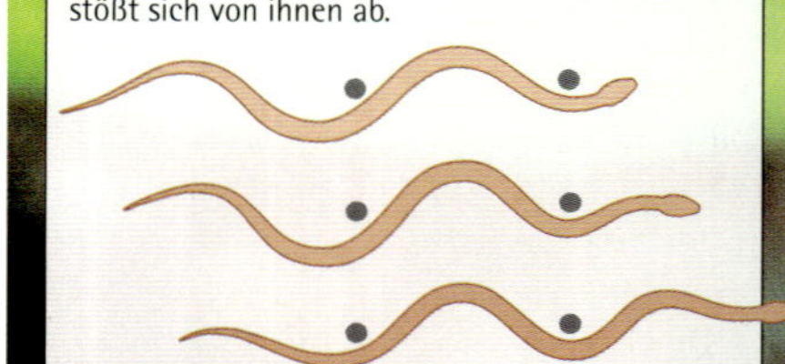

Ziehharmonikabewegung Wenn sie durch einen unterirdischen Bau kriecht, verankert sich die Schlange mit weiten Schlingen und zieht oder schiebt den Rest des Körpers nach vorn.

SCHLANGEN

Schlangen sind lang gestreckte, meist dünne Reptilien mit schuppiger Haut und gegabelten Zungen. Die Zähne eignen sich nicht zum Zerreißen der Beute, sodass sie ganz geschluckt werden muss. Die etwa 3000 Arten kommen auf allen Kontinenten mit Ausnahme der Antarktis vor. Über 800 Arten sind giftig. Mit ihren Giftzähnen injizieren sie das Gift in die Beute. Die Schlangen und Warane gehen auf gemeinsame Vorfahren zurück.

▲ AUS DER HAUT FAHREN
Wie alle Reptilien streift der Dunkle Tigerpython regelmäßig die äußere Hautschicht ab, wenn er wächst. Bei Schlangen beginnt diese Häutung im Bereich des Mauls. Die Schlange reibt die Kopfseiten an Gegenständen, um die Haut zurückzurollen. Dann schlüpft sie aus der alten Hülle, die in einem Stück erhalten bleibt.

Schlangen

▲ SINNE DER SCHLANGEN
Schlangen haben einzigartige Sinnesorgane. Die Zunge ist ein empfindliches Instrument zum Schmecken, Riechen und Tasten. Sie sammelt Duftstoffe, die im Jacobsonschen Organ im Gaumendach analysiert werden. Schlangen haben keine äußeren Ohren und sind taub, können jedoch Vibrationen sehr gut spüren. Manche besitzen Grubenorgane, mit denen sie die Körperwärme anderer Tiere wahrnehmen können.

BEWEGLICHES SKELETT ▲
Abhängig von der Länge besteht die Wirbelsäule der Schlangen aus 180 bis 400 Wirbeln. So ist der Körper gleichzeitig kräftig und beweglich. Die an der Wirbelsäule sitzenden Rippen geben ihm die Gestalt und dienen als Ansatzpunkte der Muskeln. Die Kiefer sind lose miteinander verbunden, sodass sich das Maul zum Verschlingen großer Beute weit öffnen lässt.

TÖDLICHE INJEKTIONEN

Die Vipern sind eine Giftschlangengruppe. Wenn die Giftzähne nicht benutzt werden, liegen sie angeklappt am Gaumendach. Beim Biss verschieben sich die Kiefer, sodass sich die Giftzähne aufrichten. Gleichzeitig wird Gift aus den Drüsen in Kanäle innerhalb der Zähne gepresst, aus denen es durch Löcher an der Spitze austritt. Giftnattern haben auch hohle Zähne, die kürzer und fest stehend sind.

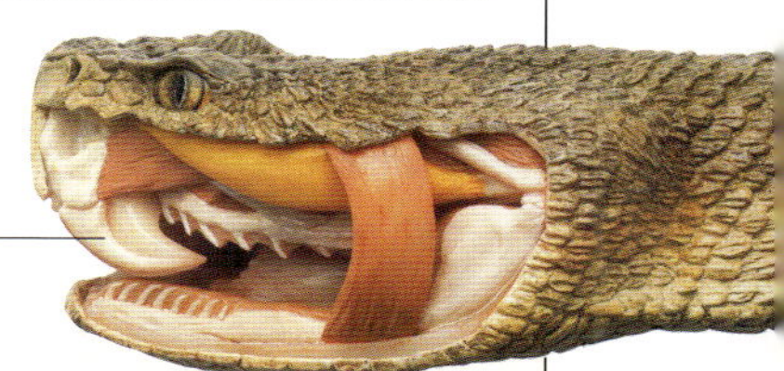

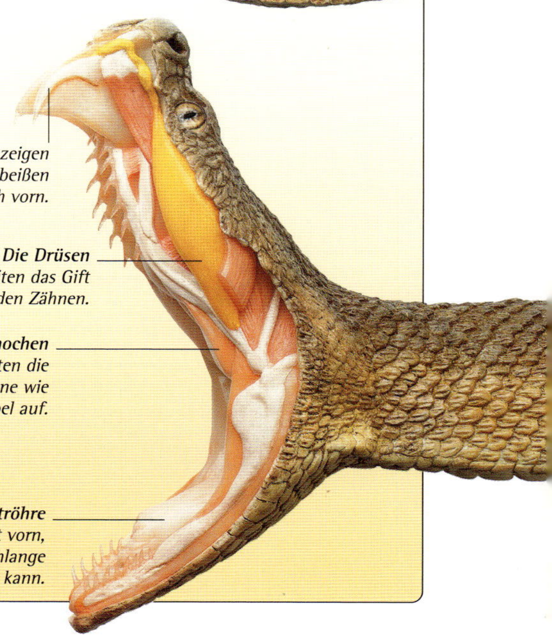

◄ NEUER ANFANG
Diese junge Hakennatter überprüft die Umgebung, bevor sie das Ei verlässt. Sie ist nicht in Eile und kann sich noch ein paar Tage im Ei ausruhen. Junge Schlangen öffnen die Eischale mit einem Eizahn am Oberkiefer, der danach abfällt. Einige Schlangen, wie die Boa-Arten, bekommen lebende Junge anstatt Eier zu legen.

SIEHE AUCH ⏭ Evolution **16–17** • Körperbau **26–27** • Reptilien **168–169** • Sinne **30–31**

RIESENSCHLANGEN

Die größten Schlangen der Welt gehören zu den Riesenschlangen, zu denen die Boas und Pythons zählen. Boas leben hauptsächlich in Amerika und sind lebend gebärend. Pythons kommen in Afrika, Asien und Australien vor und legen Eier. Dass Schlangen von echsenartigen Vorfahren abstammen, kann man bei Riesenschlangen an kleinen Resten der Hinterbeine sehen. Riesenschlangen erdrücken ihre Beute.

▲ HUNDSKOPFBOA
Diese Hundskopfboa ist eine von vier Arten, die man im tropischen Amerika findet. Hundskopfboas sind hauptsächlich nachtaktiv. Sie können Beute ergreifen und mit dem vorderen Körperteil erdrücken, während der hintere sich an einem Ast festhält. Erwachsene Hundskopfboas fressen vor allem Säugetiere und Vögel, während die jungen sich von Echsen ernähren.

◄ VERTEIDIGUNGSTRICKS
Kopf und Schwanz dieses Erdpythons sind nur schwer zu unterscheiden. Bei Bedrohung rollt er sich zusammen und hebt den Schwanz an, während er den Kopf versteckt. Dieses Verhalten kann Fressfeinde verwirren und ablenken. Der Python lebt in den Regenwäldern Afrikas, wo er die meiste Zeit unterirdisch verbringt, um Mäuse und andere Kleinsäuger zu jagen.

▲ BRUTPFLEGE
Der Grüne Baumpython ist eine der wenigen Schlangen, die Brutpflege betreiben. Das Weibchen legt seinen Körper um die Eier und erzeugt durch Muskelzittern Wärme, um die Entwicklung der Embryonen zu beschleunigen. Während der sieben Wochen bis zum Schlupf nimmt es keine Nahrung zu sich. Diese Pythons, die im tropischen Australien und auf benachbarten Inseln vorkommen, ähneln den Hundskopfboas sehr.

@ ⏭ Riesenschlangen

TÖDLICHE UMARMUNG ►
Die Anakonda umschlingt einen Kaiman, bis er zu atmen aufhört. Diese Bewohnerin von Südamerika ist mit bis zu 250 kg Gewicht die schwerste Schlange der Welt. Sie lauert in Sümpfen und langsam fließenden Flüssen auf ihre nächste Beute. Die Weibchen werden größer als die Männchen und können bis zu 10 m lang werden.

SIEHE AUCH ⏭ Brutpflege **46–47** • Fleischfresser **38** • Reptilien **168–169** • Schlangen **184–185**

NATTERN

Mehr als zwei Drittel aller Schlangen sind Nattern. Sie treten in den verschiedensten Größen, Formen und Farben auf. Manche von ihnen leben in Bäumen, andere unterirdisch. Sie können auf eine bestimmte Beute spezialisiert sein oder jedes kleine Tier fressen, das sie erwischen können. Etwa zwei Drittel der Nattern sind schwach giftig. Ihre Giftzähne, die im hinteren Teil des Mauls sitzen, erzeugen Wunden, in die das Gift fließt.

▲ NACHAHMUNG
Manche Formen der Königsnatter sehen wie die tödlich giftigen Korallenschlangen aus der Familie der Giftnattern aus. Die Königsnatter selbst ist harmlos, schreckt mit ihrer Färbung aber Fressfeinde ab. Obwohl sie ungiftig ist, verteidigt sie sich mit Bissen. Sie kann auch eine übel riechende Flüssigkeit abgeben.

@ ⏭ Nattern

SCHEINTOD ►
Indem sie sich auf den Rücken legt und die Zunge heraushängen lässt, stellt sich die Ringelnatter tot und hofft, dass Fressfeinde das Interesse an ihr verlieren. Zur Verteidigung zischt sie auch und gibt einen stechenden Geruch ab. Die in Europa häufige ungiftige Schlange jagt oft im Wasser und ernährt sich von Fröschen und Fischen.

SCHMUCKBAUMNATTER ►
Diese schwach giftige südostasiatische Schlange kann von einem Baum zum anderen gleiten. Dabei spreizt sie die Rippen, um den Körper abzuflachen, und zieht den Bauch ein, um eine Höhlung zu erzeugen. Diese Veränderung der Form verleiht der Schlange eine aerodynamische Gestalt.

▲ GROSSMAUL
Die afrikanische Eierschlange kann Kiefer und Maul so weit dehnen, dass sie ganze Eier verschlucken kann. Eine Besonderheit der Wirbelsäule unterstützt diese Ernährungsweise. Ein Teil hält das Ei im Schlund der Schlange fest, während Wirbelfortsätze es anritzen, sodass der Inhalt herausgedrückt werden kann. Schließlich würgt die Schlange die Eierschale wieder aus. Die Eierschlange ist im Frühjahr besonders aktiv und fastet den Rest des Jahres über.

NATTERNGALERIE

VIPERNATTER
Diese Schlange ernährt sich hauptsächlich von Fisch. Sie kann lange ohne zu atmen im Wasser bleiben und auf Beute lauern. Sie sonnt sich auch oft an Land, nicht zuletzt, weil die Wärme ihre Verdauung unterstützt.

INDIGONATTER
Mit bis zu 2,5 m Länge ist die harmlose Natter die längste Schlange Nordamerikas. Als Bodenbewohnerin sucht sie oft in Schildkrötenbauen Schutz. Sie kommt in Mexiko noch häufig vor, ist in den USA jedoch selten geworden.

MANGROVEN-NACHTBAUMNATTER
Die hier in Drohhaltung abgebildete südostasiatische Natter ist schwach giftig. Die hauptsächlich nachtaktive Schlange ernährt sich von Vögeln und ihren Eiern sowie kleinen Säugetieren.

BRAUNE NACHTBAUMNATTER
Die in Australien und auf Neuguinea lebende Schlange hat seit ihrer Einschleppung auf der Pazifikinsel Guam großen Schaden angerichtet. Sie tötet viele der nur auf Guam vorkommenden Vögel.

SIEHE AUCH ⏭ Reptilien 168–169 • Schlangen 184–185 • Verteidigung 42–43

GIFTNATTERN

Zu den Giftnattern gehören Seeschlangen, Korallenschlangen, Mambas und Kobras. Die afrikanischen und asiatischen Kobras können sich aufrichten und ihren Kopfschild spreizen. Alle Giftnattern besitzen hohle Giftzähne, die sich vorn im Kiefer befinden. Das tödliche Gift greift hauptsächlich das Nervensystem an und lähmt die Beute, wird aber auch zur Verteidigung gegen Feinde wie etwa Krokodile eingesetzt.

Die breiten ***Bauchschuppen*** *helfen der Gelblippen-Seeschlange, sich an Land zu bewegen.*

▲ SEESCHLANGEN
Mehr als 60 Schlangenarten leben in den tropischen Bereichen des Indischen und Pazifischen Ozeans. Man unterteilt sie in Seeschlangen und Plattschwanz-Seeschlangen. Alle besitzen ruderähnliche Schwänze und verschließbare Nasenlöcher. Plattschwanz-Seeschlangen wie die abgebildete können an Land gehen, wo sie auch ihre Eier ablegen. Echte Seeschlangen sind an Land hilflos.

Der Kopfschild *ist vollständig gespreizt.*

Die Verlängerung *der Luftröhre erlaubt gleichzeitiges Atmen und Fressen.*

SCHLANGE MIT KOPFHAUBE ►
Die ägyptische Kobra oder Uräusschlange greift selten unnötig an. Bei Bedrohung richtet sie den vorderen Körperteil auf, spreizt die Haut im Kopfbereich durch Aufstellen der Rippen ab und gibt ein langes Zischen von sich. Wenn der Angreifer nicht zurückweicht, greift die Schlange an und versucht ihn mit ihren Giftzähnen zu beißen. Wenn möglich ergreift sie jedoch die Gelegenheit zur Flucht.

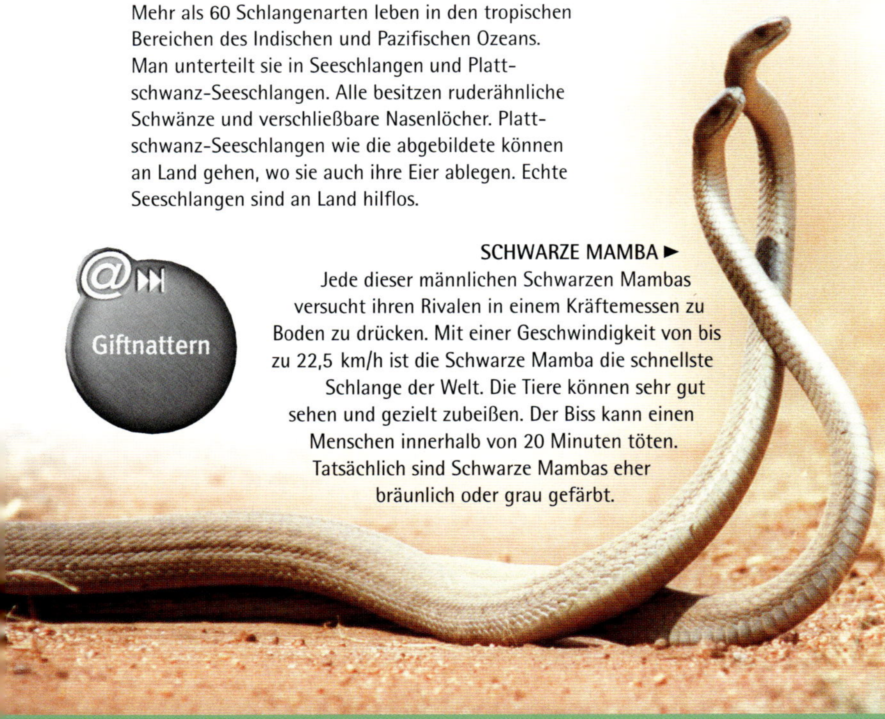

SCHWARZE MAMBA ►
Jede dieser männlichen Schwarzen Mambas versucht ihren Rivalen in einem Kräftemessen zu Boden zu drücken. Mit einer Geschwindigkeit von bis zu 22,5 km/h ist die Schwarze Mamba die schnellste Schlange der Welt. Die Tiere können sehr gut sehen und gezielt zubeißen. Der Biss kann einen Menschen innerhalb von 20 Minuten töten. Tatsächlich sind Schwarze Mambas eher bräunlich oder grau gefärbt.

@ ⏭ Giftnattern

MONOKELKOBRA

Bis vor kurzer Zeit nahm man an, dass die meisten asiatischen Kobras Unterarten der Monokelkobra seien. Mittlerweile haben Wissenschaftler elf Arten unterschieden, darunter auch diese aus Ostasien. Die asiatischen Arten werden auch von Schlangenbeschwörern vorgeführt. Verschiedene Kobraarten zeigen auf ihren Kopfschilden augenähnliche Markierungen, mit denen sie Fressfeinde abschrecken.

Der Augenfleck *soll Feinde erschrecken.*

SIEHE AUCH ⏭ Fleischfresser 38 • Reptilien 168–169 • Schlangen 184–185

VIPERN

Vipern oder Ottern sind Giftschlangen, die ihre langen Giftzähne bei geschlossenem Maul zurückklappen. Die meisten Vipern besitzen dicke Körper, bewegen sich langsam und lauern ihrer Beute auf. Man unterscheidet Vipern mit (Grubenottern) und ohne Gruben. Grubenottern wie die Klapperschlangen besitzen wärmeempfindliche Gruben zwischen Augen und Nasenlöchern. Die Gruben sind sehr empfindlich, sodass die Schlangen damit Beute entdecken können, die nur den Bruchteil eines Grades wärmer als ihre Umgebung ist.

SCHWANZRASSEL ►
Der Schwanz der Klapperschlange erzeugt ein rasselndes Geräusch, das andere Tiere vor der Annäherung warnt. Die Rassel besteht aus abgestorbenen, hohlen Schuppen, die lose miteinander verbunden sind. Sie bleiben bei jedem Mal übrig, wenn die Klapperschlange ihre alte Haut abstreift. Es gibt etwa 30 Klapperschlangenarten, von denen die meisten in den USA und in Mexiko leben.

Vipern

VIPERNVIELFALT

SÜDLICHE PRÄRIEKLAPPERSCHLANGE
Diese Klapperschlange lebt in Kalifornien und Mexiko, vor allem in Steppen und Buschland. Sie jagt an warmen Tagen tagsüber, doch wenn es zu heiß ist, wird sie nachtaktiv. Sie ernährt sich von Echsen, Nagetieren und Vögeln.

PUFFOTTER
Die Puffotter ist eine bissige afrikanische Schlange mit großem Körperumfang. Sie zischt laut durch die Nasenlöcher, um Fressfeinde abzuschrecken. Wie viele andere Vipern entfernt sie sich bei Störungen nicht. Sie vertraut darauf, mit ihrer Färbung gut getarnt zu sein.

KUPFERKOPF
Dieser Verwandte der Klapperschlangen kommt in den östlichen USA vor und lebt von verschiedenen Beutetieren, von kleinen Säugetieren über Amphibien bis zu Insekten. Bei Bedrohung vibriert der Kupferkopf mit dem Schwanz, obwohl er gar keine Rassel besitzt.

MALAIISCHE MOKASSINOTTER
Diese südostasiatische Grubenotter findet man am Waldrand und in Lichtungen. Das Gift ist sehr wirksam und die Tiere sind bei Störungen recht angriffslustig.

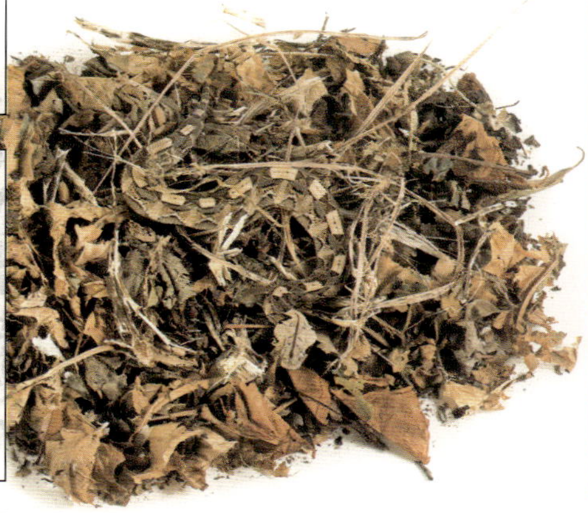

▲ GUT VERSTECKT
Die Gabunviper ist eine auffällig gemusterte Schlange, die jedoch in ihren tropischen Waldlebensräumen vollständig mit der Umgebung verschmilzt. Die mit der Puffotter verwandte kräftige Viper kann bis zu 1,8 m lang werden und besitzt bis zu 4 cm lange Giftzähne. Ihre Beute sind Nagetiere und andere kleine Säuger. Sie lauert ihrer Beute gut versteckt zwischen dem Falllaub auf.

▲ SPURENSUCHE
Anders als die meisten anderen Schlangen überwindet die afrikanische Zwergpuffotter oder Peringueys Otter lockeren Wüstensand durch Seitenwinden. Das ist eine effektive Methode, sich schnell fortzubewegen, ohne einzusinken. Nur zwei bis drei Bereiche des Körpers berühren kurzzeitig den Boden, wenn sich die Schlange seitwärts bewegt und dabei ihre charakteristischen Spuren hinterlässt.

VÖGEL

◄ PRÄCHTIGES GEFIEDER
Vögel sind die einzigen heutigen Tiere, die Federn besitzen. Sie sind die Nachfahren von Dinosauriern, von denen einige ebenfalls Federn besaßen. Das Gefieder kann eine unauffällige Tarnfärbung haben. Bei anderen Arten ist es farbenprächtig und wird zur Balz eingesetzt wie bei diesem Hellroten Ara aus den Wäldern Zentral- und Südamerikas. Bei den meisten Arten balzen die Männchen, um mögliche Partnerinnen zu beeindrucken.

VÖGEL

Mit ihren oft prächtigen Farben, den Rufen und Gesängen und ihrer Fähigkeit, alle Lebensräume der Erde zu besiedeln, sind Vögel die auffälligsten Wirbeltiere. Es gibt fast 10 000 Vogelarten, von denen die meisten fliegen können. Sie sind auf verschiedene Weise an das Fliegen angepasst: Sie besitzen Flügel, eine kräftige Brustmuskulatur, Federn und ein leichtes Skelett. Vögel vermehren sich, indem sie Eier legen, für die viele Arten Nester bauen.

FEDERN ►
Ein bei Vögeln einzigartiges Merkmal sind die Federn, die den Körper bedecken. Eine Feder besteht aus einem zentralen Schaft, an dem viele Federäste entspringen. Die Federäste sind miteinander verzahnt wie die Zähne eines Reißverschlusses und verleihen dem Vogelkörper eine glatte Oberfläche.

SCHWUNGFEDER IN VERGRÖSSERUNG

DER VOGELFLUG
Vögel wie dieses Rotkehlchen gehören zu den besten Fliegern im Tierreich. Sie können langsam oder schnell fliegen, herabstoßen, in der Luft stehen, gleiten und segeln. Kolibris können sogar rückwärts fliegen. So können Vögel an vielfältige Nahrung gelangen und über dem Erdboden ruhen und nisten. Viele Vögel ziehen weite Strecken. Auch flugunfähige Vögel wie Strauße, Emus und Pinguine besitzen Flügel. Ihre Vorfahren konnten fliegen.

SCHNABELFORMEN

SAMENFRESSER
Viele Vögel wie dieser australische Zebrafink haben einen kurzen, kegelförmigen Schnabel, mit dem sie Samen aufknacken. Alle Samenfresser haben Gruben im Oberschnabel, wo die Samen eingeklemmt und festgehalten werden können.

FRUCHT- UND NUSSFRESSER
Größere Papageien wie die Blaustirnamazone aus den Regenwäldern Südamerikas haben einen kräftigen Hakenschnabel. Mit ihm schälen sie die dicke Schale von Früchten ab und zerkleinern das weiche Fruchtfleisch oder knacken Nüsse.

NEKTARTRINKER
Verschiedene Vögel wie Kolibris und dieses Rotbrust-Glanzköpfchen aus Afrika sind darauf spezialisiert, zuckerhaltigen Nektar aus Blüten zu trinken. Ihre Schnäbel sind lang und schmal und oft nach unten gebogen, um in die Blütenkelche zu gelangen.

FISCHFRESSER
Der Schnabel dieses Nachtreihers, der in wärmeren Regionen weit verbreitet ist, ist typisch für einen Fischfresser. Er ist lang, kräftig und dolchförmig. Bei manchen Arten sind die Ränder gesägt, um die Beute besser festhalten zu können.

FLEISCHFRESSER
Der mächtige, hakenförmige Schnabel dieses Steinadlers ähnelt dem der meisten Greifvögel und Eulen. Er ist sehr kräftig mit scharfen Kanten, um Haut und Fleisch der Beute in Stücke reißen zu können. Geier haben die größten Schnäbel.

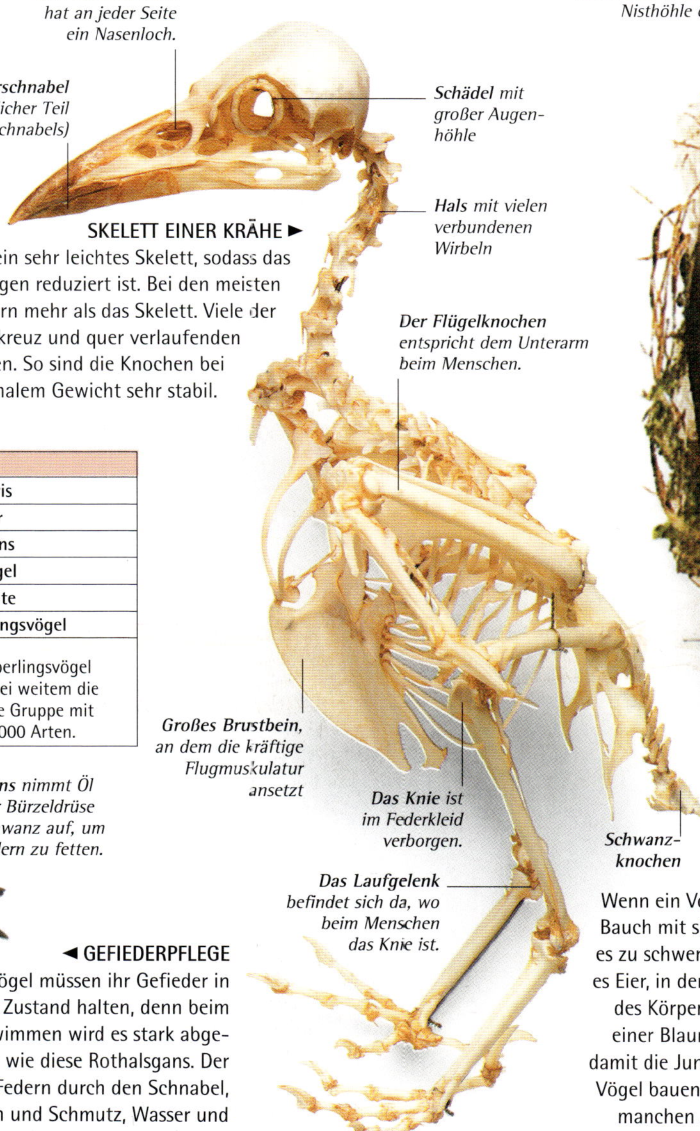

SKELETT EINER KRÄHE ►
Vögel haben ein sehr leichtes Skelett, sodass das Körpergewicht zum Fliegen reduziert ist. Bei den meisten Vögeln wiegen die Federn mehr als das Skelett. Viele der Knochen sind hohl mit kreuz und quer verlaufenden Knochenstreben. So sind die Knochen bei minimalem Gewicht sehr stabil.

EINIGE DER BEKANNTESTEN VOGELGRUPPEN		
Laufvögel	Hühnervögel	Kolibris
Pinguine	Kraniche	Segler
Lappentaucher	Bussarde	Trogons
Seetaucher	Rallen	Eisvögel
Albatrosse	Watvögel	Spechte
Pelikane	Papageien	Sperlingsvögel
Reiher und Störche	Kuckucke	Die Sperlingsvögel sind bei weitem die größte Gruppe mit fast 6000 Arten.
Flamingos	Tauben	
Enten und Gänse	Eulen	
Greifvögel	Ziegenmelker	

VOGELEIER ▲
Wenn ein Vogelweibchen seine Jungen im Bauch mit sich herumtragen müsste, wäre es zu schwer zum Fliegen. Stattdessen legt es Eier, in denen sich die Jungen außerhalb des Körpers entwickeln. Die Eier, hier die einer Blaumeise, haben kräftige Schalen, damit die Jungen im Innern geschützt sind. Vögel bauen unterschiedlichste Nester. Bei manchen Arten sind sie kompliziert und sehr schön gefertigt.

◄ GEFIEDERPFLEGE
Vögel müssen ihr Gefieder in einwandfreiem Zustand halten, denn beim Fliegen oder Schwimmen wird es stark abgenutzt. Sie putzen sich wie diese Rothalsgans. Der Vogel zieht seine Federn durch den Schnabel, um sie zu glätten und Schmutz, Wasser und Parasiten zu entfernen.

SIEHE AUCH ⏭ Fortbewegung 28–29 • Migration 50–51 • Nester und Baue 48–49 • Sperlingsvögel 226–227

FLUGUNFÄHIGE VÖGEL

Manche Vögel haben ihre Flugfähigkeit verloren. Dazu zählen die Pinguine, einige Enten, viele Rallen, eine Papageienart und die Laufvögel. Zu den Laufvögeln gehören Strauße, Emus, Nandus, Kasuare und Kiwis. Sie haben kräftige Beine und Füße, um gut laufen und rennen zu können. Die kleinen, schwachen Flügel mit flauschigen Federn sind zum Fliegen untauglich. Die Laufvögel zählen wahrscheinlich zu den ursprünglichsten Vögeln.

▲ **SCHNELLE LÄUFER**
Diese männlichen Strauße rivalisieren um ihre Reviere und den sozialen Rang. Die Sieger paaren sich mit den meisten Weibchen. Strauße kommen in Afrika in offenem Gelände vor. Da sie kaum Versteckmöglichkeiten haben, laufen sie, um Feinden zu entkommen. Sie können weite Strecken mit 70 km/h Geschwindigkeit rennen.

Flugunfähige Vögel

ROLLENTAUSCH ►
Die üblichen Rollen der Geschlechter sind bei Nandus, Kasuaren, Straußen und Emus vertauscht. Die Männchen sorgen statt der Weibchen für die Jungen. Nachdem es die Eier allein ausgebrütet hat, bewacht dieses Nandu-Männchen aus Südamerika seinen Nachwuchs.

◄ **HELMKASUAR**
Die drei Kasuar-Arten Neuguineas und Australiens sind riesige Vögel, die bis zu 70 kg wiegen. Ein Helmkasuar kann einen Menschen mit seinen scharfen Klauen töten. Der Knochenkamm auf dem Kopf ist möglicherweise hilfreich, wenn der Vogel sich durch dichte Vegetation schlägt oder im Laub nach Nahrung sucht.

GUT ZU FUSS

STREIFENKIWI
Alle vier Kiwi-Arten leben in den Wäldern Neuseelands und benachbarter Inseln. Anders als bei anderen Vögeln sitzen die Nasenlöcher an der Spitze des langen Schnabels. Kiwis laufen nachts umher und stochern im Boden nach Würmern.

EMU
Der Emu wird bis 1,90 m hoch. Auf der Suche nach Samen, Beeren, Beutetieren und Süßwasser durchstreift er das australische Grasland. Wenn die Nahrung knapp wird, wandert er manchmal hunderte von Kilometern weit.

SIEHE AUCH ⏭ Artenschutz 22–23 • Pinguine 195 • Vögel 192–193

Flügel gespreizt, um das Gleichgewicht zu halten

Alle Pinguine sind oberseits grau oder schwarz und unterseits weiß.

Dichtes, pelzähnliches Gefieder über einer dicken Fettschicht

@ ⏭ Pinguine

PINGUINE

Pinguine sind hervorragend an das Leben im Meer angepasst. Ihr kompakter, stromlinienförmiger Körper gleitet perfekt durchs Wasser und das Federkleid aus kurzen, steifen Federn schützt gegen die Kälte. Pinguine können nicht fliegen, denn ihre Flügel haben sich zu Flossen entwickelt. Sie fressen Fische, Tintenfische und Krill. Alle 17 Arten kommen auf der Südhalbkugel vor.

▲ RIESIGE KOLONIEN
Pinguine sind soziale Vögel. Ihre Brutkolonien an Felsenstränden, auf Eis oder Schnee sind oft riesig. Bei manchen Arten wie diesen Adelie-Pinguinen bestehen sie aus bis zu einer halben Million Vögeln. Adelie-Pinguine brüten in sehr rauer Umgebung auf Inseln und Küsten in der Antarktis. Die Nester liegen dicht beisammen, jedes Paar ist gerade so weit von seinen Nachbarn entfernt, dass es durch Picken mit dem Schnabel nicht erreichbar ist. So haben es die Tiere während Schneestürmen wärmer.

BRILLENPINGUIN ►
Obwohl Pinguine in kalten Regionen am häufigsten sind, kommen sie nicht nur in der Antarktis vor. Der Galapagos-Pinguin zum Beispiel lebt am Äquator, der Brillenpinguin in Südafrika. Wie die meisten Pinguine legt er zwei Eier. Wenn es jedoch nicht genug Nahrung gibt, überlebt nur ein Küken. Die Küken schlüpfen mit einem weichen Dunenkleid und können nicht schwimmen, bevor sie ihr wasserfestes Erwachsenengefieder bekommen haben.

KÖNIGSPINGUIN ►
Der Königspinguin baut kein Nest. Stattdessen trägt er sein einziges Ei auf der Oberseite seiner Füße. Diese werden von vielen kleinen Blutgefäßen versorgt, sodass das Ei gewärmt wird. Es dauert 51-57 Tage, bis das Küken schlüpft. Die erwachsenen Vögel kümmern sich 10-13 Monate lang um ihr Junges, bis es völlig selbstständig ist.

SCHNELLE SCHWIMMER ►
Mit ihrem plumpen Körper und den Schwimmhäuten zwischen den Zehen bewegen sich Pinguine im Wasser viel gewandter als an Land. Sie beherrschen verschiedene Schwimmtechniken und können in hohem Bogen aus dem Wasser springen. Dieser Goldschopfpinguin »fliegt« flügelschlagend unter Wasser.

SIEHE AUCH ⏭ Evolution 16–17 • Polargebiete 70 • Zügelpinguine 68–69

Das Gefieder ist nur zur Brutzeit bunt gefärbt.

Spitzer Schnabel, um Fische unter Wasser zu erbeuten

Das Nest ist eine an Wasserpflanzen befestigte Plattform.

LAPPEN- UND SEETAUCHER

Lappentaucher und die nicht nahe mit ihnen verwandten Seetaucher haben scharfe, dolchförmige Schnäbel, um Fische und andere Tiere im Wasser zu erbeuten. Beim Schwimmen liegen manche Arten so tief im Wasser, dass der Rücken teilweise untergetaucht ist. Sie sind hervorragende Schwimmer und können in große Tiefen hinabtauchen. Lappentaucher kommen fast weltweit vor, Seetaucher vor allem auf der Nordhalbkugel.

▲ SCHWIMMNEST
See- und Lappentaucher wie dieser Rothalstaucher bauen große Schwimmnester aus abgestorbenen Pflanzenteilen. Damit es nicht wegschwimmt, befestigen sie das Nest an Wasserpflanzen. Für die Vögel ist es nicht einfach, aus dem Wasser auf das Nest zu klettern, denn die Beine sitzen sehr weit hinten am Körper. So erzeugen sie beim Schwimmen und Tauchen mehr Antrieb, das Laufen aber fällt den Vögeln schwer.

Das kastanienbraune Nackengefieder ist fächerförmig gespreizt.

Der Vogel schaut seinen Partner an und richtet sich auf.

Wasserpflanzen werden mit dem Schnabel präsentiert.

@ ⏭ Lappen- und Seetaucher

◄ HOCHZEITSZEREMONIE
Manche Lappentaucher vollführen Hochzeitstänze mit rituellen Bewegungen, die von Art zu Art unterschiedlich sind. Dieser Haubentaucher ist mit Wasserpflanzen vom Grund des Sees aufgetaucht und präsentiert sie seinem Partner. Danach wird dieser ebenfalls Wasserpflanzen sammeln. Die Vögel richten sich Brust an Brust auf und schütteln die Köpfe.

▲ REVIERVERTEIDIGUNG
Im Frühjahr grenzen Seetaucher auf Seen ihre Reviere ab, um sich genug Nahrung zu sichern. Brütende Paare wie diese Eistaucher verteidigen ihre Fischrechte gegen Rivalen. Das Männchen verkündet seine Besitzansprüche mit lauten Rufen, die noch in 1,6 km Entfernung zu hören sind. Im Winter kommen Seetaucher oft an die Küste.

FÜRSORGLICHE ELTERN ►
Nach dem Schlüpfen schwimmen Lappentaucherküken wie diese Bindentaucher auf dem Rücken ihrer Eltern. So bleiben sie trocken und sind vor Feinden sicher. Lappentaucher fressen oft kleine Federn und verfüttern sie auch an ihre Jungen. Sie werden regelmäßig wieder hochgewürgt und ausgespuckt. So schützen sie vor verschluckten Fischgräten.

Ein Bindentaucher füttert sein Junges.

SIEHE AUCH ⏭ Brutpflege 46–47 • Nester und Baue 48–49 • Vögel 192–193

ALBATROSSE

Albatrosse sind große Seevögel, die mit ihren langen Flügeln niedrig über den Wellen gleiten. Mit einer Flügelspannweite von bis zu 3,5 m ist der Wanderalbatros der größte Vogel der Erde. Albatrosse legen riesige Entfernungen zurück, manchmal fliegen sie um die ganze Erde. Die meisten kommen auf der Südhalbkugel vor, manche im Nordpazifik. Fast alle der 21 Albatrosarten werden seltener. Jedes Jahr verfangen sich tausende der Vögel in Fangleinen von Fischern.

GLEITFLUG ►
Albatrosse sparen Energie, indem sie in den Wellentälern gleiten. Aufwinde verleihen ihnen hier Auftrieb ohne große zusätzliche Kraftanstrengung. So können sie weite Entfernungen fast ohne einen Flügelschlag zurücklegen. Dieser Schwarzbrauenalbatros kommt von hoher See zurück.

***Der schwere Körper** wiegt 3-5 kg.*

***Der Flügel** kann im Schultergelenk in einer Stellung fixiert werden.*

***Schwimmhäute** an den Füßen verlangsamen den Flug bei der Landung.*

***Die langen schmalen Flügel** sind zum Gleiten und Segeln geeignet.*

RÖHRENNASE ►
Albatrosse gehören zur Gruppe der Röhrennasen, zu der auch Sturmvögel, Tauchsturmvögel und Sturmschwalben gehören. Diese Arten sind nach der Form ihrer verlängerten Nasenlöcher benannt, die wie bei diesem Riesensturmvogel oben am Schnabel oder bei Albatrossen seitlich sitzen. Röhrennasen haben einen guten Geruchssinn, mit dem sie Partner, ihre Jungen und Nahrung aufspüren.

***Große Nasenlöcher** außen am Schnabel*

***Hakenschnabel,** um Fleisch aus Aas herauszureißen*

@ ⏭ Albatrosse

◄ LANGSAME BRÜTER
Dieser Gelbnasenalbatros sitzt auf seinem einzigen Ei, um es warm zu halten. Albatrosse brüten von allen Vögeln am längsten. Bei vielen Arten dauert es bis zu einem Jahr, bis die Jungen herangewachsen sind. Deshalb können Albatrosse nur jedes zweite Jahr brüten. Sie werden im Durchschnitt etwa 30 Jahre alt, brüten aber oft nicht, bevor sie 10-15 Jahre alt sind.

▲ BALZTANZ
Dieses Wanderalbatros-Paar führt auf der abgelegenen Insel Südgeorgien im Atlantik einen spektakulären Balztanz auf. So wird die Bindung zwischen den Partnern gefestigt. Die Vögel verbeugen sich voreinander, klappern mit den Schnäbeln und tanzen mit geöffneten Flügeln.

SIEHE AUCH ⏭ Pelikane 198–199 • Vögel 192–193

PELIKANE

Pelikane sind die größten Vertreter einer Vogelgruppe, zu der auch Kormorane, Tölpel, Fregattvögel und Schlangenhalsvögel gehören. Alle diese Arten fressen Fische und sind gute Schwimmer, deren vier Zehen mit Schwimmhäuten verbunden sind. Ihre Fischfangtechniken reichen von Unterwasserjagden zum spektakulären Herabstoßen aus der Luft. Viele dieser Vögel leben am Meer, einige Pelikane, Kormorane und Schlangenhalsvögel auch im Süßwasser.

ROSAPELIKAN ►

Pelikane sind unverkennbare Vögel. Sie haben einen mächtigen Schnabel und große Füße. An der Unterseite des Schnabels befindet sich eine Hautfalte, die sich dehnen und einen Kehlsack bilden kann. Wenn der Vogel sie durch das Wasser zieht, funktioniert sie wie ein Fischernetz. Ein gefüllter Kehlsack fasst über 13 kg Wasser und Fische. Pelikane jagen oft in der Gruppe. Sie schwimmen in einer Reihe und treiben Fische ins seichte Wasser, wo sie nicht entkommen können.

Pelikane

▲ AUF FELSEN RASTEN

Pelikane wie diese Braunen Pelikane ruhen zwischen ihren Fischfängen lange Zeit auf Felsen oder Sandbänken. Anders als andere Pelikane fangen Braune Pelikane ihre Beute nicht an der Wasseroberfläche. Stattdessen tauchen sie nach Fischen. Wenn sie einen Fisch entdecken, fliegen sie 10 m in die Höhe, legen ihre Flügel an und stoßen ins Meer hinab.

DAS GEFIEDER TROCKNEN ►
Anders als die meisten Wasservögel haben Kormorane kein Wasser abweisendes Gefieder. Wenn sie nass sind, werden die Federn schwer. So können die Vögel besser tauchen. Danach lassen sie an einem Ansitz mit ausgebreiteten Flügeln ihr Gefieder trocknen.

BEUTE AUFSPIESSEN ►
Dieser Amerikanische Schlangenhalsvogel spießt Beute mit seinem spitzen Schnabel auf. Dann schüttelt er den Fisch ab, wirft ihn in die Luft und verschluckt ihn mit dem Kopf voran. Der Name dieser Vögel kommt daher, dass beim Schwimmen nur der lange, schlanke Kopf und Hals aus dem Wasser ragen. So sieht es aus, als würde eine Schlange schwimmen.

▲ RIESIGE KOLONIE
Basstölpel nisten in dichten Kolonien auf Felseninseln im Nordatlantik. Jedes Paar verteidigt einen kleinen Fleck um sein Nest gegen seine Nachbarn. Kämpfe sind häufig und die lauten Rufe können ohrenbetäubend sein. Die Elternvögel fliegen bis zu 200 km an einem Tag, um Futter für ihre Jungen zu finden.

BALZTÄNZE ►
Blaufußtölpel festigen ihre Paarbindungen wie alle Tölpel mit komplizierten Balzritualen. Hier erhebt ein Vogel seinen Schnabel vor seinem Partner zum Himmel. Später hebt er seine leuchtend blauen Füße nacheinander in einem langsamen Tanz und erinnert dabei an einen Clown, der seine riesigen Schuhe zeigt.

ROTER KEHLSACK ►
Fregattvogelmännchen locken Weibchen zur Paarung an, indem sie ihren Kehlsack zu einem leuchtend roten Ballon aufblasen. Bindenfregattvögel leben in tropischen Regionen des Pazifiks, des Atlantiks und des Indischen Ozeans und brüten auf abgelegenen Inseln. Sie sind hervorragende Flieger und jagen anderen Vögeln deren erbeutete Fische ab.

SIEHE AUCH ⏭ Eigenschaften der Tiere **10–11** • Fortpflanzung **44–45** • Küsten **72** • Ozeane **74–75**

REIHER

Reiher leben an Gewässern und in Feuchtgebieten, nur wenige von ihnen besiedeln trockenere Lebensräume. Mit ihren langen Beinen waten sie langsam im Wasser oder Schlamm und halten nach Beute wie Fischen und Fröschen Ausschau. Störche sind nahe mit den Reihern verwandt. Die meisten Arten haben einen langen, meist s-förmig gebogenen Hals. Wenn sie Beute entdecken, stoßen sie plötzlich zu und erbeuten ihr Opfer mit dem dolchförmigen Schnabel.

◄ **NESTER AUF DÄCHERN**
Weißstörche nisten in fast ganz Europa auf Kirchtürmen und anderen hohen Gebäuden. In jedem Frühjahr kommen die Störche aus Afrika, wo sie den Winter verbringen, zu denselben Nistplätzen zurück. Viele Legenden ranken sich um die Störche, wie die, dass der Klapperstorch die kleinen Kinder bringt.

REIHER UND IHRE VERWANDTEN

SCHMUCKREIHER
Es gibt mehrere kleine Reiherarten mit weißem Gefieder. Um ihre Partner bei der Balz zu beeindrucken, spreizen sie ihre eleganten Federbüschel. Ende des 19. und zu Beginn des 20. Jahrhunderts wurden viele von ihnen getötet, um mit den Federn Damenhüte zu schmücken.

SATTELSTORCH
Dieser merkwürdige Vogel lebt in Feuchtgebieten im tropischen Afrika. Mit seinem riesigen, bunten Schnabel erbeutet er Fische, Krabben, Frösche und Wasserkäfer. Anders als viele Reiher und Störche nisten die Paare einzeln, nicht in Kolonien.

GOLIATHREIHER
Die größte Reiherart der Welt, der afrikanische Goliathreiher, wird bis zu 1,5 m hoch und kann größere Tiere erbeuten als seine kleineren Verwandten. Meist sucht er allein oder paarweise nach Nahrung und erbeutet Fische in Seen, Flüssen und Sümpfen.

SIEHE AUCH ⏭ Aasfresser 41 • Brutpflege 46–47 • Greifvögel 206–207 • Süßwasser 71 • Wat- und Möwenvögel 212–213

FLAMINGOS

Flamingos sind eine ursprüngliche Vogelgruppe, die sich vor mehr als 10 Millionen Jahren entwickelt hat. Es gibt fünf Arten, die alle in den Tropen und Subtropen vorkommen, meist im Salz- und Brackwasser seichter Seen oder Küstenlagunen. Flamingos sieben mit ihren hoch spezialisierten Schnäbeln winzige Organismen aus dem Wasser.

◄ GRAUREIHER
Eine der häufigsten Reiherarten, der Graureiher, kommt in fast ganz Europa, in Ost- und Südafrika und in Asien vor. Der große Vogel jagt als Einzelgänger und lauert seiner Beute auf. Er steht still wie eine Statue, bis ein Tier in Reichweite kommt. Dann stößt er vor und verschlingt es als Ganzes. Seine Nahrung besteht aus Fischen, Fröschen, Molchen, kleinen Säugetieren, Insekten und sogar Entenküken.

@ ⏭ Reiher

▲ AASFRESSER
Der Marabu lebt in Afrika in Grasland, am Wasser und in Städten und frisst vor allem Aas und Abfälle. Auf Nahrungssuche gleitet er auf seinen breiten Flügeln wie ein Greifvogel. Oft erscheinen mehrere Marabus an einem Tierkadaver und streiten mit den Geiern um die Mahlzeit. Ihre großen Schnäbel durchdringen Fell und Haut und legen das Fleisch frei. Marabus töten auch lebende Beute.

@ ⏭ Flamingos

ZWERGFLAMINGO ►
Flamingos sind soziale Vögel. Diese Art kommt zahlreich in Ostafrika vor. Die Kolonien auf den Seen des Großen Afrikanischen Grabenbruchs, von denen jede aus über einer Million Vögeln besteht, gehören zu den schönsten Naturschauspielen der Erde.

▲ NAHRUNG FILTERN
Ein Flamingo schwenkt seinen Schnabel umgekehrt durchs Wasser. Die große, fleischige Zunge funktioniert wie eine Saugpumpe, die Wasser durch die kammartigen Schnabelränder einsaugt. So werden winzige Wasserorganismen herausgefiltert, von denen der Vogel sich ernährt. Rosaflamingos wie dieser fressen vor allem Krebstierchen, andere Arten winzige Algen.

▲ ELTERLICHE FÜRSORGE
Der Andenflamingo ist eine von drei Flamingoarten, die auf hoch gelegenen Seen in den südamerikanischen Anden vorkommen. Wie alle Flamingos baut er Nester aus Schlamm. Das einzige Junge wird von beiden Eltern gefüttert. Sie tropfen eine nährstoffreiche, milchähnliche Flüssigkeit aus ihrem Schnabel in den des Kükens.

ENTEN UND GÄNSE

Die Vögel, die zu dieser großen Gruppe gehören, haben breite, abgeflachte Schnäbel, ein wasserdichtes Gefieder und Schwimmhäute zwischen den Zehen. Zu der Gruppe gehören auch die Schwäne, die ein weißes Gefieder und einen leuchtend gefärbten Schnabel haben. Gänse weiden an Land Gras oder Getreide. Viele Entenarten schwimmen und tauchen nach Pflanzen oder Tieren.

MANDARINENTEN-WEIBCHEN

MANDARINENTEN-MÄNNCHEN

◄ LIEBER NICHT AUFFALLEN
Wie bei allen Enten sehen Männchen und Weibchen bei Mandarinenten unterschiedlich aus. Das Männchen hat ein buntes Gefieder, um Weibchen anzulocken. Das Gefieder des Weibchens ist unauffällig, damit es getarnt ist, während es brütet. Enten können nicht fliegen, wenn sie ihre Flügelfedern mausern (wechseln). Während dieser gefährlichen Zeit haben Männchen ein braunes Tarngefieder.

GÄNSE, ENTEN UND SCHWÄNE

BRANDGANS
Die Brandgans sucht an Stränden und im Watt nach Nahrung. Sie schwenkt ihren Schnabel von einer Seite zur anderen, um kleine Wassertiere zu fangen. Im Spätsommer ziehen Brandgänse in großer Zahl zur Nordsee, um sich dort zu mausern.

SICHELPFEIFGANS
Pfeifgänse sind nach ihren hohen Rufen benannt, die sich stark vom Schnattern der meisten anderen Enten unterscheiden. Sie haben lange Hälse und Beine und weiden an Land Gras. Diese Art lebt im Grasland und in Sümpfen Australiens.

TRAUERSCHWAN
Die anderen sechs Schwanenarten sind vorwiegend weiß, der Trauerschwan bildet die Ausnahme. Er stammt aus Australien, wurde aber als Ziervogel in vielen Regionen der Erde eingeführt. In Australien gibt es Schwärme mit bis zu 30000 Vögeln.

ZWERGGLANZENTE
Diese Ente ist nur so groß wie eine Stadttaube und die kleinste Entenart der Erde. Ihr Schnabel sieht eher aus wie der einer Gans. Sie kommt in Afrika vor und nistet in Baumlöchern, auf Klippen, in Termitennestern oder auf Dächern.

◄ GRÜNDELN
Enten suchen auf unterschiedliche Weise Nahrung. Manche Arten tauchen. Andere nehmen mit dem Schnabel an der Wasseroberfläche kleine Tiere und Pflanzenteilchen auf. Sie filtern sie mit Hornleisten an den Schnabelrändern aus dem Wasser. Manche gründeln, das heißt, sie tauchen mit dem Vorderkörper ins Wasser wie diese Stockente.

MÄNNLICHE STOCKENTE

▲ FLUGFORMATION
Dieser Schwarm ziehender Kanadagänse fliegt in zwei langen Reihen in V-Formation. So sparen die Vögel Energie. Jede Gans profitiert vom Auftrieb, den das Tier vor ihr erzeugt. Die Gänse wechseln regelmäßig die Plätze, damit sich das Tier an der Spitze, das die meiste Kraft verbraucht, erholen kann.

VOR DEM AUSSTERBEN BEWAHRT ►
Hawaiigänse stammen von der Hauptinsel Hawaiis. Durch Bejagung und Raubtiere, die von Siedlern eingeführt wurden, hat ihre Zahl stark abgenommen. 1949 waren nur noch 20-30 Tiere am Leben. Nachzuchten in Gefangenschaft retteten die Art vor dem Aussterben. Die Gänse tragen Beinringe mit Nummern, damit jedes Tier identifiziert werden kann.

KUSCHELIGES NEST ►
Wie andere Enten und Gänse hat dieses Kaisergans-Weibchen sein Nest mit einer Schicht Daunenfedern ausgelegt, die es sich an der Brust ausgezupft hat. So sind die Eier gut isoliert, wenn es auf Nahrungssuche ist. Bevor es das Nest verlässt, bedeckt es die Eier mit Daunen, um sie vor Raubtieren zu verbergen.

@ ⏭ Enten und Gänse

HAUSENTE ►
Enten und Gänse wurden schon vor langer Zeit wegen ihres Fleisches, ihrer Eier und ihrer Daunen gezüchtet, die man für Kleidung und Betten verwendete. Die Stockente, die am weitesten verbreitete Ente der Welt, wird seit mindestens 2000 Jahren gezüchtet. Seitdem entstanden durch Zucht dutzende verschiedener Rassen. Domestizierte Stockenten sind schwerer als die Wildform und unterschiedlich gefärbt.

SIEHE AUCH ⏭ Artenschutz **22–23** • Höckerschwan **204–205** • Migration **50–51** • Polargebiete **70**

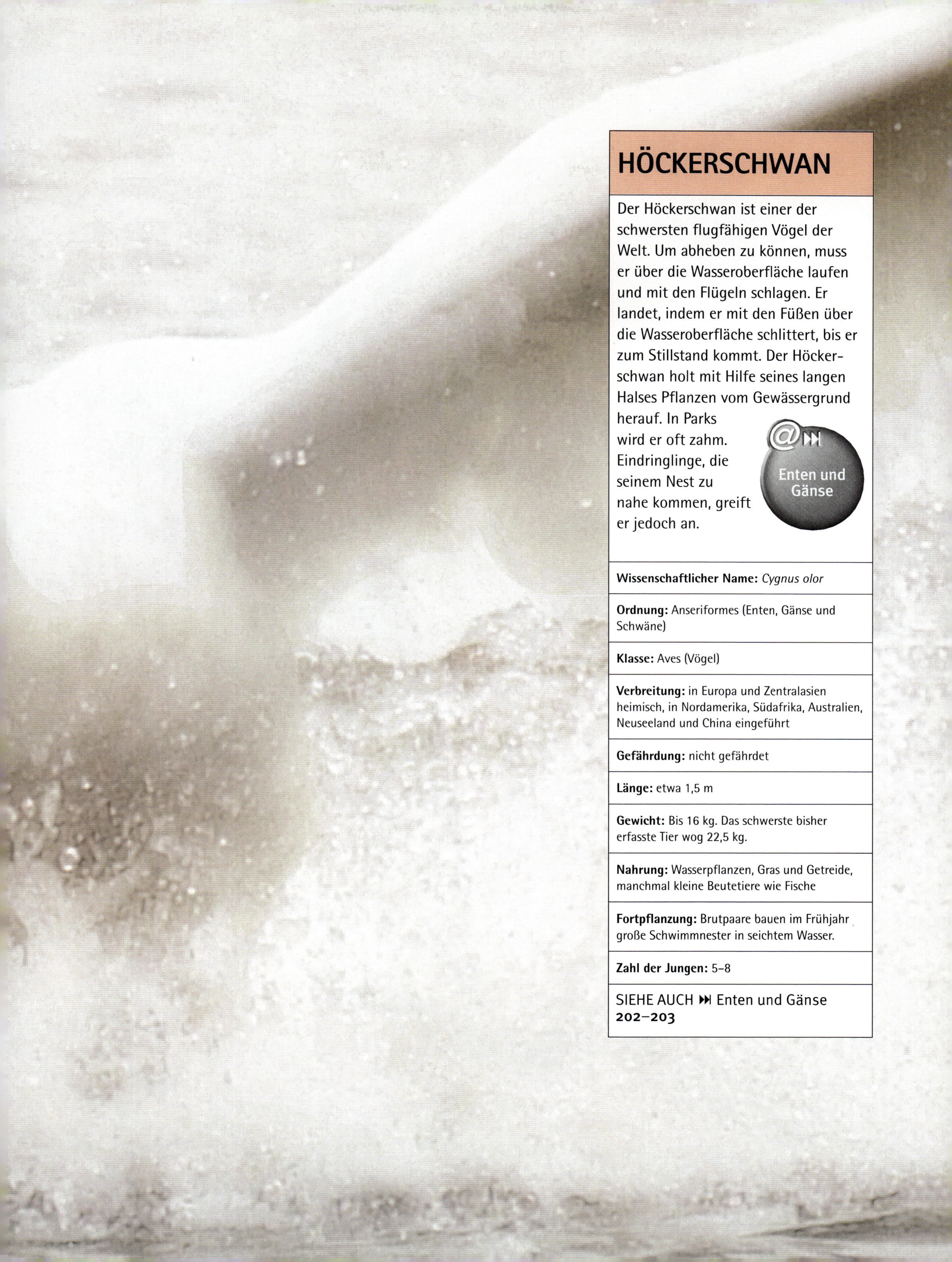

HÖCKERSCHWAN

Der Höckerschwan ist einer der schwersten flugfähigen Vögel der Welt. Um abheben zu können, muss er über die Wasseroberfläche laufen und mit den Flügeln schlagen. Er landet, indem er mit den Füßen über die Wasseroberfläche schlittert, bis er zum Stillstand kommt. Der Höckerschwan holt mit Hilfe seines langen Halses Pflanzen vom Gewässergrund herauf. In Parks wird er oft zahm. Eindringlinge, die seinem Nest zu nahe kommen, greift er jedoch an.

@ ⏭ Enten und Gänse

Wissenschaftlicher Name: *Cygnus olor*

Ordnung: Anseriformes (Enten, Gänse und Schwäne)

Klasse: Aves (Vögel)

Verbreitung: in Europa und Zentralasien heimisch, in Nordamerika, Südafrika, Australien, Neuseeland und China eingeführt

Gefährdung: nicht gefährdet

Länge: etwa 1,5 m

Gewicht: Bis 16 kg. Das schwerste bisher erfasste Tier wog 22,5 kg.

Nahrung: Wasserpflanzen, Gras und Getreide, manchmal kleine Beutetiere wie Fische

Fortpflanzung: Brutpaare bauen im Frühjahr große Schwimmnester in seichtem Wasser.

Zahl der Jungen: 5–8

SIEHE AUCH ⏭ Enten und Gänse **202–203**

GREIFVÖGEL

Mit ihren Hakenschnäbeln, den scharfen Krallen und scharfsichtigen Augen sind Greifvögel hervorragende Jäger. Dieser Gruppe tagaktiver Vögel gehören etwa 300 Arten an, von kleinen, nur 15 cm langen Falken bis hin zu riesigen Kondoren, die eine Flügelspanne von 2,3 m erreichen können. Auch Ernährung und Jagdtechniken sind unterschiedlich. Manche Greifvögel wie die Geier fressen vorwiegend Aas.

◄ RAUBADLER

Alle Greifvögel sind hervorragende Flieger. Adler, Geier, Habichte und Bussarde haben lange, breite Flügel, mit denen sie gleiten und segeln können. Die gefingerten Flügelspitzen steuern den Flug und verleihen Auftrieb. Falken und andere kleinere Greifvögel haben schmalere, zurückgebogene Flügel, die ihnen schnelle Flugmanöver ermöglichen.

DIE JUNGEN FÜTTERN ►

Viele Greifvögel bilden Paare fürs Leben und kommen jedes Jahr zum gleichen Nistplatz zurück. Die meisten Arten wie dieser nordamerikanische Rotschwanzbussard bauen unordentliche Nester aus Zweigen oder übernehmen alte Krähennester. Greifvögel ziehen oft nur ein oder zwei Junge groß, Falken und einige andere Arten manchmal mehr.

◄ VOGELBEUTE
Der in Europa und Asien verbreitete Sperber jagt kleine bis mittelgroße Vögel. Er überrascht sie, indem er im Flug plötzlich die Richtung ändert oder hinter Hecken fliegt und plötzlich hervorstößt, um das Opfer zu packen. Dieses Männchen rupft seine Beute. Weibchen sind bis zu 75 % schwerer als Männchen und können größere Tiere erlegen.

▲ NACH FISCHEN TAUCHEN
Der Fischadler erbeutet Fische bis zur Größe von Lachsen. Dabei greift er mit den Beinen ins Wasser und taucht manchmal mit dem ganzen Körper unter. Scharfe Klauen und Schuppen an den Füßen ermöglichen es ihm, den glitschigen Fisch, der oft kräftig zappelt, festzuhalten. Außerdem besitzt er eine spezielle Zehe, die er nach hinten wenden kann, um fester zupacken zu können.

◄ AASFRESSER
Diese Weißrückengeier fressen an einer toten Ziege. In der afrikanischen Savanne gibt es mehrere Geierarten. Jede Art ist auf einen anderen Teil des Körpers spezialisiert und es herrscht eine strenge Hackordnung. Geier haben Hakenschnäbel, um Haut und Fleisch aufzureißen, und eine raue Zunge, um Fleisch von den Knochen zu raspeln. Ihre Beine und Füße sind weniger kräftig als die anderer Greifvögel, da sie keine lebende Beute töten und forttragen.

@ ⏭ Greifvögel

VERSCHIEDENE GREIFVÖGEL

MERLIN
Der Merlin gehört zur Familie der Falken und kommt in Nordamerika, Europa und Asien vor. Er ist in der Luft schnell und wendig und fliegt niedrig über dem Boden, um Beute zu fangen. Kleine Vögel wie Lerchen, Finken und Sperlinge machen den Großteil seiner Nahrung aus.

GAUKLER
Dieser Greifvogel ist eine der buntesten Arten und für die afrikanische Savanne charakteristisch. Er hat lange spitze Flügel, die er im Flug typisch v-förmig hält und einen sehr kurzen Schwanz. Benannt ist er nach seinem typisch taumelnden Flug.

SCHOPFKARAKARA
Karakaras sind große Falken, die im Süden der USA und Mexikos bis nach Südamerika vorkommen. Die meisten von ihnen fressen Insekten und Aas und verbringen viel Zeit am Boden. Den Schopfkarakara sieht man oft an Straßen überfahrene Tiere fressen.

ADLERBUSSARD
Dieser Bussard ist eine Art der Halbwüsten, grasbewachsenen Ebenen und Gebirge, die von Südostasien bis Nordafrika und Zentralasien vorkommt. Kleine Nagetiere sind seine bevorzugte Beute. Mit seinen langen Beinen fängt er die Beutetiere im hohen Gras.

ANDENKONDOR
Kondore gehören zu den Neuweltgeiern. Es gibt zwei Arten: den sehr seltenen Kalifornischen Kondor und den Andenkondor Südamerikas. Andenkondor-Männchen haben eine Flügelspanne von über 3 m und gehören zu den schwersten flugfähigen Vögeln der Erde.

SIEHE AUCH ⏭ Aasfresser 41 • Eulen 220 • Grasländer 56–57 • Nadelwälder 65 • Nester und Baue 48–49

HÜHNERVÖGEL

Zu den Hühnervögeln gehören Fasane, Rebhühner, Truthähne und das Haushuhn, das auf der ganzen Erde als Nutztier gehalten wird. Fast alle Hühnervögel haben einen plumpen Körper und kräftige Füße mit drei dicken Zehen. Sie sind ausdauernde Läufer, die selten fliegen, außer wenn sie bei Gefahr aus der Deckung aufsteigen.

▲ SCHNELLER START
Das Männchen des chinesischen Königsfasans hat einen bis zu 2 m langen Schwanz. Wie die meisten Hühnervögel flieht es vor Feinden, indem es in die Luft aufsteigt und sich in Sicherheit bringt. Die lauten Flügelschläge seiner breiten Flügel vertreiben Raubtiere.

EIN RAD SCHLAGEN ►
Einer der auffälligsten Hühnervögel ist der Pfau. Sein prächtiges Rad wird von langen Federn gebildet, die den eigentlichen Schwanz bedecken. Die Federn tragen glänzende Flecken. So entsteht der Eindruck, als wären sie mit Augen bedeckt, die einen anstarren. Der Pfau schlägt sein Rad, um damit Weibchen zu beeindrucken.

Hühnervögel

PFAU

◄ WILDE STAMMART
Das Bankivahuhn ist die Stammart des Haushuhns. Es kommt in Wäldern Indiens und Südostasiens vor. Durch Bejagung und Kreuzung mit Haushühnern ist es jedoch selten geworden. Männchen beeindrucken mit ihrem prächtigen Gefieder die Weibchen. Die Weibchen legen ihre Eier im dichten Unterwuchs auf den Boden.

BRAHMA-HÜHNER

HAUSHÜHNER ►
Haushühner werden ihres Fleisches und der Eier wegen seit etwa 5000 Jahren gezüchtet. Heute gibt es weltweit etwa 24 Milliarden Haushühner, fast viermal so viele wie Menschen. Man züchtet viele verschiedene Rassen, indem man Tiere mit bestimmten Merkmalen miteinander kreuzt.

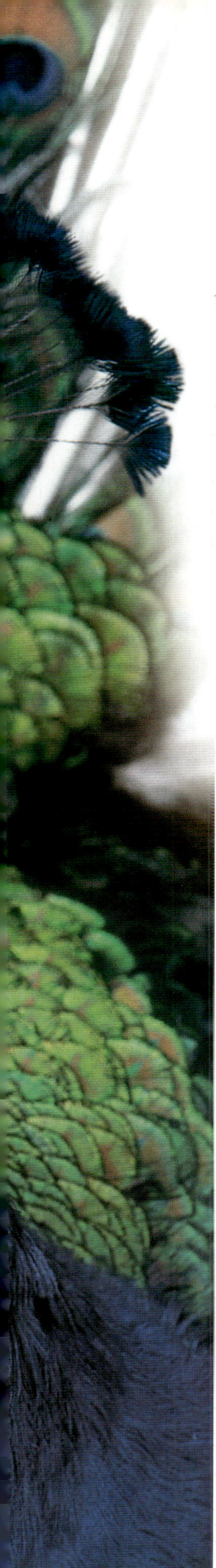

Die Küken tragen ein dichtes, wärmendes Daunenkleid.

▲ NESTFLÜCHTER
Hühnerküken verlassen ihr Nest wenige Stunden nach dem Schlüpfen. Sie laufen herum und suchen ohne die Hilfe ihrer Eltern Futter. Diese Fasanenküken sind nur zwei Tage alt und 6 cm groß, aber fast völlig selbstständig. Junge Hühnervögel fallen oft Feinden zum Opfer. Deshalb sind die Gelege groß und erreichen 8-12 Eier oder mehr.

Graubraune Federn zu Frühjahrsbeginn

IM SCHNEE GETARNT ►
Alpenschneehühner sind an das Überleben in kalten, schneebedeckten Landschaften im Hochgebirge und in der arktischen Tundra Europas, Asiens und Nordamerikas angepasst. Sie wechseln viermal im Jahr ihr Gefieder. Dieses variiert von grau über gefleckt zu völlig weiß. So sind sie bei jeder Schneelage getarnt. Sie überleben eisige Winterstürme, indem sie Gänge unter dem Schnee graben.

Kräftiger Schnabel, um Insekten zu fangen und Samen zu knacken

▲ WECHSELNDE ERNÄHRUNG
Wachteln wie diese Japanische Zwergwachtel sind die kleinsten Hühnervögel. Manche sind nur etwas größer als Sperlinge, aber viel fetter. Wie die meisten Hühnervögel fressen sie Samen und andere Pflanzenteile. Die Jungen fangen auch Insekten, denn diese enthalten zusätzliche Proteine, die sie zum Wachstum brauchen.

BALZENDE HÄHNE ▲
Sobald der Schnee schmilzt, sammeln sich Beifußhühner im nordamerikanischen Grasland. Jedes Jahr kommen sie zu denselben Plätzen. Hier zeigen die Männchen ihr spektakuläres Balzverhalten, das die Weibchen beobachten. Sie schreiten vor und zurück und schlagen ihre spitzen Schwanzfedern zu einem Fächer. Zum Höhepunkt der Balz entlassen sie die Luft mit einem lauten Knall aus den gelben Luftsäcken an der Brust.

FARBENPRÄCHTIGE HÜHNERVÖGEL

CHUKARHUHN Chukarhühner sind mittelgroße Hühnervögel, die mit dem bei uns heimischen Rebhuhn verwandt sind. Sie kommen in trockenem, felsigem Gelände vom Nahen Osten bis nach China vor. Zur Bejagung wurden sie in vielen anderen Erdteilen ausgewildert.	
KALIFORNISCHE SCHOPFWACHTEL Diese Art ist eine von mehreren amerikanischen Wachtelarten, die eine Haube besitzen. Männchen haben eine schwarz-weiße Kopfzeichnung, Weibchen sind einheitlicher gefärbt. Lebt meist in Schwärmen.	
TEMMINCK-TRAGOPAN Die fünf Tragopan-Arten leben versteckt in dichten Gebirgswäldern in Südostasien. Die Männchen haben Flecken kahler, bunt gefärbter Haut an Kopf und Hals. Bei dieser Art sind sie leuchtend blau mit scharlachroten Flecken.	
WILDER TRUTHAHN Die größten Hühnervögel, die Truthühner, kommen in bewaldetem Grasland fast überall in den USA wild vor. Die Männchen spreizen bei der Balz ihr Gefieder und geben kullernde Laute von sich. Wilde Truthühner sind oft scheu, weil sie bejagt werden.	

SIEHE AUCH ⏭ Enten und Gänse **202–203** • Vögel **192–193**

KRANICHE

Kraniche sind groß und elegant und gehören zu den Vögeln mit der längsten Lebenserwartung. In Gefangenschaft können sie 80 Jahre alt werden. Das ist vielleicht neben ihren spektakulären Balztänzen ein Grund, warum Kraniche im Glauben und den Ritualen vieler Kulturen eine Rolle spielen. Leider sind dennoch die meisten der 15 Kranicharten der Erde bedroht.

VOGELZUG ▲
Wie andere Kranicharten zieht der Kanadakranich weite Strecken. Er brütet im Sommer in Kanada und dem Norden der Vereinigten Staaten und zieht im Winter nach Mexiko. Die meisten Schwärme fliegen in 150–200 m Höhe, manche steigen bis 3600 m auf. Wie Störche und viele Greifvögel gleiten Kraniche auf aufsteigenden warmen Luftströmen, den Aufwinden, um Energie zu sparen.

◄ BALZTÄNZE
Mandschurenkraniche brüten in Sibirien, der Mongolei und auf Hokkaido, der nördlichsten der japanischen Hauptinseln. Die Vögel bilden lebenslange Paare und stärken ihre Bindung durch Tänze, bei denen sie sich verbeugen, laufen und mit den Flügeln schlagen. Dieses Paar verteidigt sein Revier und begleitet seinen Tanz mit einem Duett wilder Trompetenrufe.

◄ SÜDAFRIKANISCHER KRONENKRANICH
Kraniche sind eine ursprüngliche Vogelgruppe. Fossilien der Vorfahren dieser Art sind 60 Millionen Jahre alt und stammen aus dem frühen Tertiär. Die beiden Kronenkranicharten leben in Feuchtgebieten, Savannen und Farmland in Ost- und Südafrika. Mit einem aufblasbaren Kehlsack können sie laute, trompetende Rufe erzeugen.

▲ BEDROHTE ART
Die seltenste Kranichart, der Schreikranich, brütet nur in Kanada in freier Natur und zieht im Winter nach Texas. Um 1940 war er vom Aussterben bedroht und nur noch 20 Vögel waren am Leben. Durch Naturschutzprogramme und Zuchten in Gefangenschaft stieg die Population wieder auf über 400 Tiere an.

Kraniche

SIEHE AUCH ⏭ Artenschutz 22–23 • Migration 50–51 • Vögel 192–193

TRAPPEN

Trappen sind untersetzte, am Boden lebende Vögel, die in offenen Lebensräumen in Europa, Afrika, Asien und Australien vorkommen und nur selten fliegen. Die Riesentrappe konkurriert mit dem Höckerschwan um den Titel des größten flugfähigen Vogels der Erde: Männchen können bis zu 19 kg schwer werden!

◄ RIESE IM GRASLAND
Die Riesentrappe lebt in trockenen Ebenen in Afrika. Sie streift auf der Suche nach Käfern, Heuschrecken und anderen Beutetieren umher. Der Scharlachspint reitet oft auf ihrem Rücken und erbeutet Insekten, die die Trappe aufscheucht.

@ ⏭ Trappen

BALZRITUAL ►
Dieses Männchen der Zwergtrappe zeigt einen ungewöhnlichen Balztanz. Um Weibchen zu beeindrucken, stampft es auf den Boden und hüpft wiederholt in die Luft. Die Flügel erzeugen ein zischendes Geräusch. Gleichzeitig schnaubt es und plustert sein Nackengefieder wie einen Ballon auf.

SIEHE AUCH ⏭ Grasländer 56–57 • Höckerschwan 204–205 • Vögel 192–193

RALLEN

Zu den Rallen gehören Teich-, Bläss- und Sumpfhühner. Viele waten in Sümpfen und Schilfbeständen umher. Moor- und Blässhühner leben auf offenen Gewässern. Einige Arten besiedelten abgelegene Inseln, wo sie keine natürlichen Feinde hatten und ihre Flugfähigkeit verloren. Viele von ihnen starben aus, als Siedler Katzen und Hunde einführten, für die sie eine leichte Beute waren.

◄ PURPURHUHN
Diese große, prächtig gefärbte Ralle kommt in Südeuropa, Afrika und Asien vor. Wie die meisten ihrer Verwandten hat sie sehr lange Beine und lange dünne Zehen, um über Schlamm zu laufen oder schwankendes Schilf zu umfassen. An den Zehen trägt sie fleischige Schwimmlappen.

FUSS EINES BLÄSSHUHNS

@ ⏭ Rallen

RALLEN UND VERWANDTE

MOHRENRALLE
Diese anpassungsfähige Art kommt an kleinen Wasserläufen in trockenem Gelände ebenso vor wie in großen Feuchtgebieten. Sie ist weniger scheu als viele ihrer Verwandten. Paare singen im Duett: Ein Vogel ruft schnatternd, der andere macht weiche, gurrende Geräusche.

BINDENRALLE
Diese nur drosselgroße Ralle erbeutet Krabben, Frösche, kleine Fische und die Eier und Jungen anderer Vögel. Wenn sie gestört wird, läuft sie in Deckung, statt zu fliegen. Ihr Verbreitungsgebiet umfasst Australien, Neuguinea und die Pazifischen Inseln.

SONNENRALLE
Dieser einzigartige Vogel Zentral- und Südamerikas ist mit den Rallen verwandt. Mit dem gesprenkelten Gefieder ist er fast unsichtbar. Wenn er bedroht wird, öffnet er plötzlich die Flügel und große orangefarbene Augenflecke werden sichtbar, um Feinde abzuschrecken.

SIEHE AUCH ⏭ Süßwasser 71 • Vögel 192–193

WAT- UND MÖWEN-VÖGEL

Watvögel kommen in Feuchtgebieten und in der arktischen Tundra vor. Sie haben oft lange Beine, um im Wasser oder Schlamm zu waten. Oft ist auch der Schnabel lang, um im weichen Boden nach Nahrung zu stochern. Einige andere Gruppen wie Möwen, Seeschwalben und Scherenschnäbel sind nahe Verwandte, von denen die meisten am Meer leben. Alken, zu denen Papageitaucher und Lummen gehören, leben ständig auf dem Meer und kommen nur zum Brüten an Land.

◄ SÄBELSCHNÄBLER
Wie alle Säbelschnäbler brütet diese Art, die in Europa, Afrika und Zentralasien vorkommt, an Lagunen und anderen Salzwassergebieten an Küsten und im Binnenland. Säbelschnäbler fressen Krabben, Würmer und andere kleine Wassertiere, indem sie mit unter Wasser oder im Schlamm leicht geöffnetem Schnabel vorwärts schreiten. Sie schwenken den Schnabel von einer Seite zur anderen. Sinnesorgane im Schnabel nehmen so Beutetiere wahr.

@ Wat- und Möwenvögel

LEBEN AM STRAND

GOLDREGENPFEIFER
Diese Art brütet in Nordeuropa in Mooren und ist mit ihrem gesprenkelten Gefieder hervorragend getarnt. Im Winter kommt sie an Küsten oder in die Feldflur, wo sie oft große Schwärme bildet.

MASKENKIEBITZ
Der Maskenkiebitz ist in Australien und Neuseeland heimisch. Obwohl er normalerweise an Küsten und im Grasland vorkommt, sieht man ihn auch häufig in Städten. An der Basis des Schnabels trägt er gelbe Hautlappen.

INKA-SEESCHWALBE
Wie alle Seeschwalben ist die südamerikanische Inka-Seeschwalbe eine gewandte Fliegerin. Sie rüttelt über dem Meer und taucht ein, um kleine Fische zu fangen. Seeschwalben haben längere, spitzere Flügel als Möwen.

LACHMÖWE
Die Lachmöwe aus Europa und Asien hat im Sommer einen schokoladenbraun gefärbten Kopf. Dieser Vogel bekommt gerade sein Wintergefieder: Von der braunen Kopffärbung ist nur noch ein Fleck übrig.

SCHWARZNACKEN-STELZENLÄUFER
Stelzenläufer haben extrem lange, dünne Beine. Im Verhältnis zur Körpergröße sind sie länger als bei allen anderen Vögeln. So können Stelzenläufer auch durch tieferes Wasser waten und Wasserinsekten fangen.

VERSCHIEDENE SCHNÄBEL

Die Schnäbel variieren bei Watvögeln in Länge und Form und werden unterschiedlich verwendet. So können viele Arten im gleichen Lebensraum leben, ohne um die gleiche Nahrung zu konkurrieren. Steinwälzer und Regenpfeifer haben eher kurze Schnäbel und fangen ihre Beute nahe der Oberfläche. Knutts haben längere Schnäbel und bohren in den Schlamm oder Sand. Brachvögel haben sehr lange Schnäbel, um Beute weit unter der Oberfläche zu erreichen. Austernfischer und einige andere Arten öffnen Muschelschalen mit ihren dicken, kräftigen Schnäbeln.

Der Sandregenpfeifer ist beim Brüten schwer zu entdecken.

◄ GUT GETARNT
Viele Watvögel brüten an leicht zugänglichen Stellen wie Stränden oder Grasland am Boden. Dort können verschiedene Räuber wie Säugetiere, Nagetiere und Krähen die Elternvögel angreifen und die Eier und Jungen stehlen. Deshalb haben viele Arten wie dieser Sandregenpfeifer ein braun, grau oder schwarz schattiertes Tarngefieder.

Der Schnabel ertastet einen Fisch und schnappt zu.

▲ NACH BEUTE SCHNAPPEN
Der amerikanische Schwarzmantel-Scherenschnabel ist eine von drei Scherenschnabel-Arten. Alle haben sehr lange Schnäbel, die an eine einzigartige Fangmethode angepasst sind: Der untere Teil ist länger als der obere. Wenn der Vogel über das Wasser fliegt, zieht er ihn durchs Wasser. Wenn er einen Fisch ertastet, klappt er den Schnabel zu und biegt den Kopf zurück, um die Beute zu verschlucken.

◄ SILBERMÖWE
Die Silbermöwe ist einer der erfolgreichsten Seevögel und kommt in ganz Europa, Nordasien und Nordamerika vor. Seit einiger Zeit fressen viele Silbermöwen Abfälle und nisten auf Hausdächern und anderen Gebäuden, manchmal weit von der Küste entfernt. Diese großen, kräftigen Vögel sind wegen ihrer lauten Rufe und der Angewohnheit, auf Leute herabzustoßen, die ihren Nestern zu nahe kommen, oft unbeliebt. Manche Menschen aber beobachten und hören die Seevögel gern.

AUF KLIPPEN BRÜTEN ►
Alken wie Papageitaucher, Lummen und diese Tordalken sind hervorragende Schwimmer mit Schwimmhäuten an den Füßen und stromlinienförmigem Körper. Die meisten von ihnen brüten wie diese Tordalken an Klippen in tiefen Felsspalten. Trottellummen bevorzugen schmale Felsbänder und Papageitaucher graben Brutröhren. Viele Alken bauen keine Nester, sondern legen ihr einziges Ei direkt auf den Felsen.

Die Beine sitzen weit hinten am Körper.

Großer schwarzer, messerförmiger Schnabel

Der Vogel sitzt aufrecht wie ein Pinguin.

SIEHE AUCH ⏭ Küsten **72** • Migration **50–51** • Papageitaucher **214–215** • Reiher **200–201** • Vögel **192–193**

PAPAGEITAUCHER

Mit seinem bunten Schnabel und seinem ungelenken, watschelnden Gang wirkt der Papageitaucher an Land wie ein Clown. Ganz anders im Meer, denn er ist ein hervorragender Schwimmer, der den Großteil seines Lebens weit draußen vor der Küste verbringt. Er taucht nach kleinen Fischen und schnellt durchs Wasser, indem er mit seinen Füßen paddelt. Im Sommer tragen beide Elternteile Fische zu ihren Jungen.

Wat- und Möwenvögel

Wissenschaftlicher Name: *Fratercula arctica*

Ordnung: Charadriiformes (Wat- und Möwenvögel)

Klasse: Aves (Vögel)

Verbreitung: Nordatlantik und arktische Meere, von Nordamerika über Europa nach Russland

Gefährdung: nicht gefährdet

Länge: 26-36 cm

Gewicht: etwa 400-500 g

Nahrung: Meeresfische, vor allem Heringe und Sandaale, auch Krebstiere

Fortpflanzung: Im Frühjahr sammeln sich Papageitaucher in Brutkolonien an Felsenküsten und Inseln im Meer. Jedes Paar hat eine eigene Bruthöhle.

Anzahl der Jungen: 1

SIEHE AUCH ⏭ Küsten **72** • Vögel **192–193** • Wat- und Möwenvögel **212–213**

PAPAGEIEN

Papageien bilden eine große Gruppe mit etwa 350 Arten, darunter Kakadus, Sittiche, Loris, Amazonen und Aras. Sie sind intelligente, soziale Vögel mit lauten Rufen und meist buntem Gefieder. Fast alle Papageien leben in warmen Regionen wie den tropischen Regenwäldern. Da die Wälder oft abgeholzt und Tiere aus der freien Natur als Haustiere verkauft werden, sind viele Arten gefährdet.

Die langen ***Schwungfedern*** *sind zum Steuern ausgebreitet.*

Lange schmale Flügel, *um zwischen Bäumen wenden zu können*

Die mittleren Schwanzfedern *sind grün.*

Haube *aufgestellt oder angelegt, je nach Stimmung*

Kräftiger Hakenschnabel *mit scharfen Rändern*

Die ***großen Füße*** *mit beweglichen Zehen umfassen die Äste.*

ZEICHENSPRACHE ►
Kakadus kommen nur in Australien, Neuguinea und auf einigen indonesischen Inseln vor. Es gibt 21 Arten, eine davon ist dieser Gelbhaubenkakadu. Alle haben eine große Haube, die sie aufstellen, wenn sie beunruhigt oder aufgeregt sind. Ihr Gefieder ist meist einfarbig.

Wilde Wellensittiche *sind immer grün-gelb.*

Die Vögel *sitzen dicht beisammen.*

▲ SEITE AN SEITE
Papageien sind sehr gesellig und leben meist in Schwärmen. Diese Wellensittiche haben sich alle auf demselben Ast zum Schlafen niedergelassen. In der Gruppe können sie Gefahren leichter wahrnehmen. Wellensittiche leben im trockenen Grasland Australiens. Sie sammeln sich manchmal zu tausenden in großen Schwärmen.

Das Weibchen *ist rot und blau mit dunklem Schnabel.*

Das Männchen *ist leuchtend grün mit gelbem Schnabel.*

FESTE BINDUNG ►
Papageien sind langlebige Vögel. Manche großen Arten werden in Gefangenschaft über 80 Jahre alt. Paare bleiben ein Leben lang beisammen. Bei den meisten Arten sehen beide Geschlechter gleich aus. Bei wenigen wie diesen australischen Edelpapageien sind Männchen und Weibchen unterschiedlich gefärbt.

GESCHICKTE FÜSSE ►
Diese Gelbnackenamazone aus Südamerika hebt eine Frucht zum Schnabel, um sie zu öffnen. Die fleischigen Zehen benutzt sie wie Finger. Papageien sind die einzigen Vögel, die mit den Füßen Dinge aufheben können. Wenn sie in Bäumen umherklettern, können sie sich geschickt festhalten.

Die Zehen halten die Nahrung geschickt fest.

Je zwei Zehen weisen nach vorne und nach hinten.

▲ SCHNELLER FLIEGER
Viele Papageien wie dieser Prachtrosella fliegen weite Strecken, um Nahrung zu suchen oder ihre Schlafbäume zu erreichen. Mit dem stromlinienförmigen Körper, den langen Flügeln und den kräftigen Flügelmuskeln kommen sie schnell voran. Zwischen den schnellen Flügelschlägen gleiten sie oft einige Sekunden lang.

Langer Schwanz, um im Flug zu steuern

NEKTARTRINKER ►
Viele Papageien fressen Früchte, Samen und Nüsse. Manche Arten jedoch wie der Schimmelloris aus Neuguinea ernähren sich von Pollen und Nektar. Die stachelige Spitze ihrer langen Zunge nimmt wie eine Bürste den Pollen und Nektar aus Blütenkelchen auf.

PAPAGEIENPARADE

GRAUPAPAGEI
Diese Art aus Westafrika wird oft als Haustier gehalten. Viele Papageien lernen in Gefangenschaft die menschliche Sprache nachzuahmen. Der Graupapagei spricht am besten. Ein Vogel lernte von seinem Besitzer zu zählen und viele verschiedene Gegenstände, Formen und Farben zu benennen.

ROSAKAKADU
Der Rosakakadu oder Galah ist 35 cm lang, etwa so groß wie eine Stadttaube, und kommt in Australien vor. Er lebte ursprünglich in Wäldern und Grasland. Mittlerweile ist er in Gärten, Parks und Farmland verbreitet. In manchen Gegenden richten Schwärme an Nutzpflanzen ernsthafte Schäden an.

SCHWARZKÖPFCHEN
Schwarzköpfchen sind kleine Papageienvögel, die in der bewaldeten Savanne Afrikas vorkommen. Paare putzen sich häufig gegenseitig. Mit diesem Ritual wird die Bindung zwischen den Vögeln gefestigt. Schwarzköpfchen ernähren sich hauptsächlich von Grassamen, sie fressen aber auch Insekten.

GRÜNFLÜGELARA
Die größten Papageien sind die Aras Zentral- und Südamerikas. Sie haben massive Schnäbel, mit denen sie die härtesten Nüsse und Samen knacken können. Der Grünflügelara nistet in hohlen Bäumen oder Felsenhöhlen. Er ist sehr selten, da sein Waldlebensraum zerstört wird.

SIEHE AUCH ⏭ Artenschutz 22–23 • Pflanzenfresser 39 • Regenwälder 60–61 • Vögel 192–193

KUCKUCKE

Kuckucke sind dafür bekannt, dass sie ihre Eier in die Nester anderer Vögel legen, damit diese ihre Jungen aufziehen. Aber nicht alle Kuckucke überlisten andere Vögel. Etwa 80 der 135 Kuckucksarten bauen ihre eigenen Nester und sorgen für ihren Nachwuchs. Auch die Turakos, farbenprächtige afrikanische Verwandte der Kuckucke, gehören dazu. Die meisten Kuckucke sind scheu, ihre Rufe sind jedoch oft laut.

EINDRINGLING ►
Ein Junges unseres einheimischen Kuckucks bekommt seine Eltern nie zu Gesicht. Nachdem es im Nest seiner Adoptiveltern geschlüpft ist, hebt es ein Ei nach dem anderen auf seinen Rücken und schiebt es über den Nestrand. So hat es keine Rivalen, die ihm das Futter streitig machen.

Die rote Haube wird bei Aufregung aufgestellt.

Der Farbstoff des Gefieders enthält Kupfer.

Der lange Schwanz hält beim Klettern das Gleichgewicht.

◄ GLÄNZENDES GEFIEDER
Die meisten Turakos haben wie dieser Fischerturako ein schimmerndes rot-grünes Gefieder. Während der Balz präsentieren sie es in den Baumwipfeln. Turakos fressen im Blätterdach und verteidigen ihr Nest und ihre Futterplätze gegen andere Vögel.

BRUTPARASIT ▲
Der einheimische Kuckuck ist der bekannteste Vogel, der seine Eier in die Nester anderer Arten legt. Vögel, die dies tun, nennt man Brutparasiten. Nach der Paarung erkundet das Weibchen die Umgebung, um geeignete Nester zu finden. Es legt in jedes ein Ei, während die rechtmäßigen Eigentümer auf Futtersuche sind.

Kuckucke

Der Schnabel bildet Hornschild aus.

◄ LAUTER VOGEL
Turakos leben im Regenwald, wo sie im dichten Blätterdach schwierig zu entdecken sind. Deshalb kommunizieren die Vögel mit Rufen. Dieser Rossturako ruft laut, um mit einem Partner oder Mitgliedern seines Schwarms Kontakt aufzunehmen. Die krächzenden und kullernden Chöre der Turakos ähneln den Lauten, die manche Affen hervorbringen.

SCHNELLER LÄUFER ►
Der Große Rennkuckuck kommt in den Wüsten Mexikos und im Südwesten der USA vor. Er kann fliegen, sprintet jedoch meist, um Beute zu fangen oder Gefahren zu entkommen. Er gehört zu den wenigen Tieren, die Klapperschlangen töten können. Er packt sie mit seinem kräftigen Schnabel und schlägt sie gegen Steine, bis sie tot sind.

SIEHE AUCH ⏭ Brutpflege 46–47 • Kommunikation 34–35 • Verhalten 32–33 • Vögel 192–192

TAUBEN

Die Tauben bilden eine große Vogelgruppe. Sie haben einen plumpen Körper mit gedrungenem Schnabel und kurzen Beinen. Die Flügel der ausdauernden und schnellen Flieger werden durch kräftige Brustmuskeln bewegt. Wenn Tauben laufen, bewegen sie ihren Kopf vor und zurück, vielleicht, um das Gleichgewicht besser halten zu können. Am häufigsten sind Tauben in Wäldern, Agrarland und in Städten.

Tauben

▲ WELTWEITE ERFOLGSGESCHICHTE
Die Stadttaube ist in Städten auf der ganzen Welt verbreitet und ein vertrauter Anblick. In der Stadt findet sie alles, was sie braucht. Sie ernährt sich von Abfällen, nistet an Gebäuden und Brücken und scheint unbeeindruckt von Lärm und den vielen Menschen. Die Stadttaube stammt von der wilden Felsentaube ab.

TAUBEN

PERLENFRUCHTTAUBE
Viele der Tauben, die in den Tropen vorkommen, fressen Früchte. Sie haben oft ein buntes Gefieder, ganz anders als die matt gefärbten Stadttauben. Die Perlenfruchttaube lebt in Neuguinea im Regenwald und sucht in Schwärmen nach reifen Früchten.

MAURITIUS-TAUBE
Die Mauritius-Taube ist eine der seltensten Vogelarten der Welt. In freier Natur überlebt sie heute nur in einem Stück Wald auf der Insel Mauritius im Indischen Ozean. Ratten, Affen und Mangusten, die Siedler auf die Insel gebracht haben, haben sie fast ausgerottet.

TRAUERTAUBE
Diese elegante Taube ist nach ihrem weichen Gurren benannt, das für unsere Ohren traurig klingt. Sie ist in Nordamerika die häufigste Taubenart und kommt in vielen Lebensräumen vor: in Grasland, Wüsten, auf Farmen und in Städten.

▲ MÄCHTIGER DURST
Anders als die meisten Vögel müssen Tauben nicht in kleinen Schlucken trinken und den Kopf heben, damit das Wasser durch ihre Kehle fließt. Sie tauchen ihren Schnabel ins Wasser und saugen es wie mit einem Strohhalm ein. Taubennahrung besteht oft aus trockenen Samen. Deshalb müssen die Vögel häufig trinken. Sie können am Tag bis zu 15 % ihres eigenen Körpergewichts aufnehmen.

KROPFMILCH ►
Tauben wie diese Türkentaube füttern ihre Jungen mit einer dicken Flüssigkeit, die der Milch von Säugetierweibchen ähnelt. Sie ist reich an essenziellen Fettsäuren, Mineralien und Proteinen. So wachsen die Jungen schnell heran. Beide Eltern kümmern sich um den Nachwuchs und füttern die Jungen mit Kropfmilch.

SIEHE AUCH ⏭ Fortbewegung **28–29** • Lebensräume **54–55** • Vögel **192–193**

EULEN

Die meisten Eulen sind nachts oder in der Dämmerung aktiv. Mit den großen Augen können sie im schwachen Licht sehr gut sehen. Noch wichtiger ist bei der Suche nach Beute ihr Gehör. Die weichen Flügel schlagen fast lautlos, so können Eulen ihre Beute überraschen. Wie tagaktive Greifvögel besitzen Eulen Hakenschnäbel und kräftige Klauen, um ihre Opfer zu schlagen.

◄ ANFLUG AUF DIE BEUTE

Die Schleiereule hat ein herzförmiges Gesicht und eine weiße Unterseite. So wirkt sie nachts wie ein Gespenst. Sie kommt in offenem Gelände auf allen Kontinenten außer in der Antarktis vor, auch auf vielen abgelegenen Inseln. Der Großteil ihrer Nahrung besteht aus kleinen Nagetieren wie Mäusen und Wühlmäusen. Sie fliegt in niedriger Höhe auf und ab und steht im Flug in der Luft, um Bewegungen am Boden wahrzunehmen. Wenn sie Beute lokalisiert, geht sie zum Angriff über.

Eulen

EULEN AUS ALLER WELT

KUCKUCKSKAUZ

Dieser australische Kauz ist nach seinen tiefen, kuckucksähnlichen Rufen benannt, mit denen er Partnerinnen anlockt und sein Revier verteidigt. Er fängt oft Insekten, die von Straßenlaternen angezogen werden. Auch Mäuse und kleine Vögel jagt er.

SCHNEEEULE

Das Gefieder der Schneeeule ist vorwiegend weiß. Sie brütet in der Arktis in der offenen Tundra. Mit ihrer Färbung ist sie zwischen Felsen und Schnee gut getarnt. Im Winter zwingt sie Nahrungsmangel dazu, weiter in den Süden zu ziehen.

HALSBAND-ZWERGOHREULE

Diese kleine Eule aus Süd- und Ostasien wiegt nur 125 g. Sie ist eine von etwa 60 Arten von Zwergohreulen. Tagsüber schläft sie in Bäumen. Wenn eine Eule nahe am Stamm sitzt, ähnelt sie der Rinde so stark, dass man sie kaum noch sieht.

BRILLENKAUZ

Mit den weißen Ringen um die Augen sieht diese Eule aus, als würde sie eine große Brille tragen. Sie lebt in Wäldern Zentral- und Südamerikas. Meist wartet sie auf einem Ast, bis Beute darunter durchfliegt. Sie stößt herab, um sie zu schlagen.

ROTER FISCHUHU

Einige Eulenarten in Asien und Afrika fangen Fische. Sie haben nackte Zehen mit besonders scharfen Klauen und scharfe Schuppen an den Füßen, um ihre glitschige Beute festzuhalten. Der Rote Fischuhu lebt an Gebirgsbächen und in Sümpfen.

HUNGRIGER NACHWUCHS ►
Waldkauzeltern bleiben ein Leben lang zusammen und nisten meist in Baumlöchern. Die Jungen sind unterschiedlich groß, denn sie schlüpfen nicht gleichzeitig. Wenn die Nahrung knapp wird, verhungern die jüngeren früher, denn die älteren Geschwister schnappen sich das meiste Futter. Das scheint grausam, aber so überleben wenigstens einige Junge aus jeder Brut.

GEWÖLLE

Eulen verschlucken ihre Beute als Ganzes, anders als tagaktive Greifvögel, die ihre Opfer rupfen oder häuten und das Fleisch in Stücke reißen. Nachdem sie das Fleisch verdaut haben, würgen sie Federn, Fell und andere unverdauliche Teile als Gewölle wieder hervor. Wenn man ein Gewölle vorsichtig zerlegt, kann man sehen, was die Eule gefressen hat.

SINNE FÜR DIE NACHT ►
Die Sinne des Uhus sind wie die aller Eulen an das Leben in der Nacht angepasst. Die großen, empfindlichen Ohren nehmen das leiseste Rascheln von Beute im Dunkeln wahr. Sie sind unter dem Gefieder des runden Gesichtsschleiers verborgen. Die Augen sind riesig, um so viel Licht wie möglich einzufangen. Sie sind zu groß, um im Schädel bewegt werden zu können. Stattdessen kann die Eule den Kopf fast vollständig herumdrehen, um sich umzuschauen.

SIEHE AUCH ⏭ Grasländer 56–57 • Greifvögel 206–207 • Nagetiere 302 • Nester und Baue 48–49 • Sinne 30–31

NACHTSCHWALBEN

Nachtschwalben sind eine Gruppe nachtaktiver Vögel, zu der Ziegenmelker, Schwalme und Tagschläfer gehören. Diese Arten haben lange Flügel, mit denen sie gewandt fliegen, große Augen für gute Nachtsicht und ein mattes Gefieder, das sie tarnt, wenn sie tagsüber ruhen. Obwohl ihre Schnäbel sehr kurz sind, haben sie eine riesige Mundöffnung. So können sie Beute entweder im Flug verschlucken oder vom Boden aufsammeln.

@⏭ Nachtschwalben

EULENSCHWALM ►
Dieser Vogel lebt in Tasmanien und Australien und verschluckt mit seiner gewaltigen Schnabelöffnung große Insekten. Manchmal erbeutet er auch kleine Frösche, Eidechsen und Vögel. Das Gefieder verschmilzt so perfekt mit Baumrinde, dass es fast unmöglich ist, ihn zu entdecken, wenn er tagsüber ruht.

PERFEKTE TARNUNG ►
Schwalme leben in tropischen Wäldern. In Bäumen sitzend ähneln sie Ästen. Der in Europa und Asien verbreitete Ziegenmelker kommt v.a. in Waldland, Gebüschen und Wüsten vor. Er schläft meist in der Laubstreu oder auf blankem Boden. Dabei verharrt er regungslos, um von Feinden nicht entdeckt zu werden.

SIEHE AUCH ⏭ Eulen 220 • Verteidigung 42–43 • Vögel 192–193

KOLIBRIS

Kolibris sind meisterhafte Flieger. Dank ihrer beweglichen Flügel können sie in der Luft auf der Stelle stehen, seitlich und sogar kopfüber fliegen. Alle 330 Arten leben in Nord-, Zentral- und Südamerika. Die meisten sind winzig mit schimmerndem Gefieder. Ihr Herz schlägt in Ruhe 500–600-mal pro Minute und bis zu 1000-mal, wenn sie aktiv sind.

▲ RÜTTELN
Kolibris wie diese Blaubrustamazilie stehen rüttelnd vor Blüten in der Luft, um die richtige Position zum Trinken zu haben. Dabei schlagen sie 70–80-mal pro Sekunde mit den Flügeln. Die Flügel erzeugen dabei ein summendes Geräusch.

◄ ENERGIETRUNK
Kolibris haben einen so hohen Energieverbrauch, dass sie eine Nahrungsquelle benötigen, die schnell in Energie umgewandelt werden kann. Der zuckerhaltige Nektar, den Blüten produzieren, ist ideal. Kolibris haben lange, schmale Schnäbel, um in die Blütenkelche zu gelangen. Viele Arten wie diese Schneebrustamazilie besuchen künstliche Futterspender, um Zuckerwasser zu trinken.

Kolibris

◄ DER KLEINSTE VOGEL DER WELT
Die kubanische Bienenelfe ist nicht nur der kleinste Vogel der Welt, sie ist auch das kleinste warmblütige Tier. Das Männchen misst von der Schnabel- bis zur Schwanzspitze nur 5 cm und wiegt etwa so viel wie zwei Büroklammern. Damit ist es kleiner als manche Schmetterlinge. Die beiden Eier, die das Weibchen legt, sind nur erbsengroß.

LEBENDE JUWELEN

SCHWALBENNYMPHE
Diese Schwalbennymphe trinkt nicht nur Nektar aus Blütenkelchen, sie frisst auch Insekten, die sie mit ihrem spitzen Schnabel in der Luft fängt. Diese Art lebt im Norden Südamerikas in Wäldern und Gärten.

ANDEN-KOLIBRI
Dieser Kolibri kommt in den Anden bis in 5000 m Höhe vor. Im Winter überleben diese Vögel die klirrend kalten Nächte, indem sie in kleinen Gruppen in Höhlen zusammengedrängt tief schlafen.

FLAGGENSYLPHE
Das Männchen dieser Art erzeugt mit seinem langen Schwanz bei der Balz ein peitschendes Geräusch. Es lebt in den Anden in Südamerika in den tieferen Gebirgsregionen.

SIEHE AUCH ⏭ Fortbewegung 28–29 • Gebirge 66 • Vögel 192–193

SEGLER

Trotz ihres schwarzen oder braunen Gefieders sind Segler Verwandte der bunt schillernden Kolibris. Ihre Flügel sind ähnlich gebaut: Sie sind sehr beweglich und ermöglichen ihnen schnelle Flügelschläge und scharfe Wendungen. Segler verbringen ihr gesamtes Leben in der Luft und fangen im Flug Insekten. Sie landen nur, um ihre Eier auszubrüten. Segler ähneln Schwalben, haben aber längere, gebogenere Flügel.

◄ LEBEN IM FLUG
Ein Mauersegler kann bis zu vier Jahre lang ununterbrochen fliegen – vom Augenblick an, wo er das Nest verlässt, bis zu seiner ersten Brut. Er frisst, trinkt, paart sich und schläft in der Luft. Um zu schlafen, steigen Segler sehr hoch auf und gleiten dann in Spiralen langsam abwärts.

@ ⏭ Segler

NEST AUS SPEICHEL ▲
Viele Segler nisten an Felsen oder wie dieser nordamerikanische Schornsteinsegler an Mauern, Kaminen und anderen Gebäuden. Das Nest hält durch den Speichel des Vogels zusammen. In Südostasien werden die Nester gesammelt, um daraus Vogelnestsuppe zu bereiten.

SIEHE AUCH ⏭ Migration 50–51 • Schwalben 234 • Vögel 192–193

TROGONS

Trogons kommen in Wäldern warmer Regionen Nord-, Zentral- und Südamerikas, Afrikas und Asiens vor. Sie haben einen langen Schwanz und ein farbenprächtiges Gefieder. Bei vielen Arten haben vor allem die Männchen einen runden Fleck nackter Haut um die Augen. Wie Kolibris und Segler haben Trogons kleine Füße, die sie nur brauchen, um auf Zweigen zu sitzen. Sie nisten in Baumlöchern.

◄ HEILIGE ART
Die größte, auffälligste Trogonart ist das Männchen des Quetzal, der in Gebirgswäldern Mexikos und Zentralamerikas vorkommt. Die Azteken sahen in ihm den Gott des Himmels. Auch bei den Maya in Guatemala war er heilig. Der Quetzal ernährt sich vor allem von Avocados und anderen Früchten, die in den Baumkronen wachsen.

@ ⏭ Trogons

STILL SITZEN ►
Wenige Vögel sind so geduldig wie dieser Blauscheiteltrogon aus den Regenwäldern des Amazonas. Er sitzt stundenlang bewegungslos, halb zwischen Laub verborgen. Trogons fressen meist im Flug und picken Früchte oder Insekten von den Blättern.

SIEHE AUCH ⏭ Regenwälder 60–61 • Vögel 192–193 • Wanzen und Pflanzensauger 105

EISVÖGEL

Viele Eisvögel jagen, indem sie an einem Ansitz warten oder im Rüttelflug über der Wasseroberfläche stehen. Von dort tauchen sie plötzlich hinab und erbeuten Fische. Die Arten, die nicht an Gewässern leben, jagen in Wäldern oder anderen Lebensräumen Insekten, Eidechsen, Schlangen und andere Tiere. Viele haben ein bunt schillerndes Gefieder und graben ihre Niströhren in Sandbänke, morsches Holz oder Termitenhügel. Racken, Baumhopfe, Nashornvögel und Bienenfresser sind mit Eisvögeln verwandt.

◄ EINTAUCHEN
Der Eisvogel, der in Europa vorkommt, sitzt ruhig an Bächen oder Teichen und beobachtet die Fische unter der Wasseroberfläche. Zum Angriff faltet er seine Flügel und stößt wie ein Pfeil ins Wasser. Eine durchsichtige Nickhaut schützt seine Augen unter Wasser. Zurück am Ansitz verschluckt er die Fische am Stück mit dem Kopf voran.

▲ NASHORNVÖGEL
Nashornvögel sind große Vögel, die in Afrika und Asien leben und nach ihrem riesigen Schnabel benannt sind. Das Weibchen mauert sich mit Schlamm in seiner Nisthöhle ein, um Fressfeinde abzuhalten. Ein schmaler Schlitz bleibt offen, durch den das Männchen Futter reicht. Später verlässt das Weibchen die Höhle und mauert die Jungen wieder ein, bis sie ausgewachsen sind.

Eisvögel

EISVÖGEL

LACHENDER HANS
Der australische Lachende Hans oder Kookaburra ist nach seinen lauten, heiseren Rufen benannt, die sich anhören wie Gelächter. Er lebt in Parks, Gärten und Wäldern. Er fängt seine Beute meist am Boden.

WEISSKEHLSPINT
Bienenfresser wie dieser Spint fangen im Flug Bienen und andere Insekten. Sie kommen in Afrika, Europa und Asien vor. Bei vielen Arten helfen verwandte Vögel die Jungen aufzuziehen. Ein brütendes Paar kann bis zu fünf Helfer haben.

BAUMHOPF
Dieser afrikanische Vogel stochert mit seinem gebogenen roten Schnabel in Löcher von Baumstämmen, wo er Maden und Raupen findet. Er hebt auch lockere Rinde an und hämmert in weiches Holz.

SPATELRACKE
Die plättchenartigen Spitzen der Schwanzfedern helfen vielleicht, das Gleichgewicht zu halten. Wahrscheinlich dienen sie aber eher dazu, dass Angehörige dieser Art sich gegenseitig erkennen. Die Spatelracke kommt in Ostafrika vor.

SIEHE AUCH ⏭ Nester und Baue 48–49 • Süßwasser 71 • Termiten 115 • Vögel 192–193

SPECHTE

Viele Vögel klettern in Bäumen umher, Spechte aber sind besonders spezialisiert. Ihr Körper ist kräftig und zwei Zehen am Fuß weisen nach vorne, zwei nach hinten. So können die Vögel sich an Baumstämmen oder Ästen gut festhalten. Mit ihrem meißelartigen Schnabel hacken sie Insektenlarven aus der Rinde und klopfen Nisthöhlen. Außerdem trommeln sie gegen das Holz, um miteinander zu kommunizieren. Spechte sind mit anderen Waldvögeln wie Tukanen, Honiganzeigern und Bartvögeln verwandt.

FRÜCHTE PFLÜCKEN
Tukane sind Verwandte der Spechte. Sie kommen in den tropischen Regenwäldern Mexikos, Zentral- und Südamerikas vor. Diese bunte Art ist der Braunohrarassari, einer der kleinsten Tukane. Er lebt an Flüssen und Seen im Amazonas-Regenwald. Tukane benutzen ihren Schnabel nicht nur zum Fressen, sie setzen ihn auch zur Balz ein.

◄ BART UM DEN SCHNABEL
Bartvögel sind untersetzte Vögel mit bartähnlichen Haarbüscheln an der Basis des Schnabels. Sie haben einen kräftigen Schnabel und klettern auf ähnliche Weise an Bäumen empor wie Spechte. Dieser Rotbüschel-Bartvogel kommt in Regenwäldern in Malaysia und auf Sumatra vor. Wegen illegaler Waldrodungen ist er bedroht.

MASSIVER SCHNABEL ►
Tukane wie dieser Riesentukan haben auffällige, leuchtend bunte Schnäbel, mit denen sie Früchte und kleine Tiere fressen. Der Schnabel ist leichter als er aussieht und lang genug, um Nahrung zu erreichen, die sonst außer Reichweite wäre.

Spechte

KLEBRIGE ZUNGE ►
Spechte haben eine lange Zunge mit klebriger Spitze. Mit ihr holen sie Maden unter der Baumrinde oder Ameisen aus ihrem Nest hervor. Die Zunge ist so lang, dass sie im Schädel aufgerollt wird, wenn der Specht sie nicht benutzt. Dieser Grünspecht braucht im Winter etwa 2000 Ameisen am Tag, um zu überleben.

▲ HÄMMERN
Spechte wie dieser Goldmaskenspecht aus Südamerika hämmern mit ihrem Schnabel pro Tag bis zu 12 000-mal gegen Baumstämme. Ihr Schädel ist dicker als der anderer Vögel, um die Erschütterung abzudämpfen. Spechte haben kräftige Beinmuskeln, mit denen sie sich beim Hämmern gut festhalten. Mit dem steifen Schwanz stützen sie sich ab.

SIEHE AUCH ⏭ Laubwälder 64 • Nester und Baue 48–49 • Regenwälder 60–61 • Vögel 192–193

SPERLINGSVÖGEL

Fast 6000 Vogelarten gehören zu den Sperlingsvögeln. Das sind etwa 60 % aller Vogelarten der Erde. Sie sehen sehr unterschiedlich aus und besiedeln alle Lebensräume außer den Meeren. Ihre Beine und Zehen sind daran angepasst, Zweige und sogar schwankende Grashalme zu umfassen. Zu den Sperlingsvögeln gehören auch die Singvögel, von denen viele schöne, komplexe Gesänge hervorbringen.

SPEZIALISIERTE ZEHEN ▲
Der Erlenzeisig gehört zu den Finken. Wie alle Sperlingsvögel hat er lange, schlanke Zehen, mit denen er den Zweig umfasst, auf dem er sitzt. Die hintere Zehe ist besonders lang und kräftig. Sehnen in den Beinen bewirken, dass die Zehen sich ohne Muskelkraft schließen. Auch wenn der Vogel schläft, bleibt der Griff sicher.

◄ VORRATSLAGER
Würger wie dieser Neuntöter sind Sperlingsvögel, die an kleine Greifvögel erinnern. Sie haben kräftige Beine und Füße, um Beute zu packen, und einen Hakenschnabel, um das Fleisch zu zerreißen. Würger legen Vorratslager an, indem sie die Beute auf Dornbüsche oder Stacheldrähte spießen.

GESÄNGE

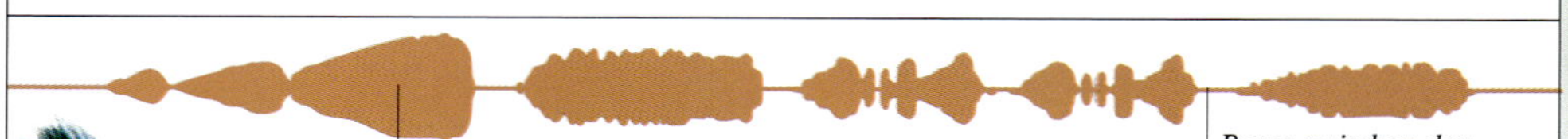

Singvögel sind oft hervorragende Sänger. Ihre komplexen Gesänge variieren in Tonlage, Volumen und Rhythmus. Der Gesang wird von der Syrinx in der Luftröhre erzeugt. Im Vergleich zu anderen Vögeln können Singvögel mit diesem Organ den Gesang viel besser kontrollieren. Jede Art hat ihren eigenen Gesang. Die nordamerikanische Dachsammer (links) singt eine lange Serie aus Pfiffen und Trillern, unterbrochen von kurzen Pausen. Wenn man den Gesang in einem Sonagramm (Diagramm) darstellt, sieht man die einzelnen Sequenzen deutlich. Die Singammer (rechts) ist in Nordamerika ebenfalls häufig. Ihr Gesang besteht aus zwei bis sechs Sequenzen. Dazu gehören kurze, laute Töne und ein längerer Triller in der Mitte. Einzelne Vögel singen unterschiedliche Versionen dieses Gesanges.

INSEKTENBEUTE ▲
Insekten sind für viele Sperlingsvögel wie Laubsänger, Lerchen, Drosseln und diesen Blauhüttensänger aus Nordamerika eine wichtige Nahrungsquelle. In den Tropen sind sie das ganze Jahr über zu finden, in kühleren Gegenden aber im Winter selten. Deshalb fressen die Vögel dann Sämereien und Beeren oder ziehen in wärmere Gegenden.

◄ KAMPF UMS FUTTER
Diese Seidenschwänze fressen im Schwarm Beeren, eine wichtige Nahrungsquelle im Herbst und Winter. Um so viele Beeren wie möglich zu erhaschen, drängen sich die Vögel um die besten Plätze und fressen schnell. In Jahren mit wenigen Beeren verlassen Seidenschwänze in Schwärmen ihr eigentliches Verbreitungsgebiet in Nordeuropa, Asien und Nordamerika und fallen in südlichere Gebiete ein.

@ ⏭ Sperlingsvögel

SPERLINGSVÖGEL

DOHLE
Krähenvögel wie diese Dohle sind die größten Singvögel. Sie sind für ihre Intelligenz und Anpassungsfähigkeit bekannt. Man kann ihnen auch Kunststücke beibringen, wenn man sie mit Futter belohnt. Dohlen nisten in Baumhöhlen oder Gebäuden.

AZURKOPFTANGARE
Zu den Tangaren gehören viele leuchtend bunte Arten, die in den Wälcern Zentral- und Südamerikas vorkommen, und viele Gartenvögel Nordamerikas. Diese Art lebt in Wäldern in den Anden und Teilen Bras liens. Sie ernährt sich von Früchten.

BLAUMEISE
Meisen sind kleine Singvögel, die flink und sehr geschickt sind. Die Blaumeise ist in Europa ein beliebter Gartenbesucher und kommt oft zu Meisenknödeln und Futterhäuschen. In freier Natur frisst sie vor allem Insekten und Sämereien.

GRAUKARDINAL
Kardinäle sind Singvögel mit buntem Gefieder. Sie kommen in Nord-, Zentral- und Südamerika vor, vor allem in den Tropen. Der Graukardinal ist ein lebhafter Vogel mit spitzer Haube, die er aufstellt, wenn er aufgeregt ist oder balzt. Er frisst Sämereien am Boden.

SIEHE AUCH ⏭ Drosseln **232** • Finken **236** • Migration **50–51** • Paradiesvögel **231** • Rabenvögel **230** • Sperlinge **235**

LAUBENVOGEL

Die Männchen der Laubenvögel bauen Lauben, um Weibchen anzulocken. Dieses hat aus Zweigen zwei Wände errichtet. Es dekoriert sie mit allerlei blauen Gegenständen wie Federn, Beeren, Blüten und blauen Abfällen wie Strohhalmen und Wäscheklammern. Wenn ein grünes Weibchen eintrifft, stolziert das Männchen um seine Laube, um es zu beeindrucken. Es bietet ihm auch Stücke aus seiner Sammlung an.

@ ⏭ Sperlingsvögel

Wissenschaftlicher Name:
Ptilonorhynchus violaceus

Ordnung: Passeriformes (Sperlingsvögel)

Klasse: Aves (Vögel)

Verbreitung: Wälder Ost- und Südostaustraliens

Gefährdung: nicht gefährdet

Länge: 28–34 cm

Nahrung: Früchte, auch Insekten (vor allem zur Brutzeit), Blätter und Blüten

Fortpflanzung: Das Männchen lockt Weibchen zu seinem Balzplatz und paart sich in einer Brutsaison mit mehreren Weibchen. Die Weibchen ziehen die Jungen alleine groß.

Zahl der Jungen: 1-3 pro Weibchen, meist 2

SIEHE AUCH ⏭ Fortpflanzung **44–45**
• Sperlingsvögel **226–227**

RABENVÖGEL

Rabenvögel sind große Singvögel, zu denen Häher, Elstern, Raben und Krähen gehören. Sie besiedeln von Wüsten bis hin zu Regenwäldern fast alle Lebensräume und sind intelligente, anpassungsfähige und gesellige Vögel. Viele haben ein großes Nahrungsspektrum und entwickeln oft neue Methoden, um an Futter zu gelangen. Viele Krähen sind schwarz oder grau, Häher und Elstern jedoch können bunt sein.

◄ SOZIALLEBEN
Wie die meisten Krähen hat die Elster, die in Europa, Asien, Nordafrika und Nordamerika vorkommt, ein kompliziertes Sozialleben. Sie lebt in Paaren oder Familiengruppen, die manchmal ihr Revier mit anderen Elstern teilen, die nicht brüten. Familien versammeln sich oft in großen Gruppen in Baumkronen, um zu schlafen.

◄ KIEFERNHÄHER
Viele Rabenvögel wie der Kiefernhäher legen Nahrungsvorräte für den Winter an. Er kommt in Kiefernwäldern im Westen Nordamerikas vor und sammelt im Herbst Samen von Nadelbäumen. Diese transportiert er in einer Tasche unter seiner Zunge und vergräbt sie an bis zu 2000 Stellen im Wald. Der Vogel kann sich die Verstecke neun Monate lang genau merken, auch wenn sie von Schnee bedeckt sind.

NICHT WÄHLERISCH ▲
Die Dohle kommt von Mitteleuropa bis Westasien vor. Wie viele Rabenvögel frisst sie unterschiedliche Nahrung, von Käfern und Regenwürmern bis hin zu Fröschen, Fischen und Nagetieren. Krähen stehlen auch die Eier und Jungen anderer Vögel, plündern Mülltonnen und fressen Aas. Die meisten Rabenvögel fressen auch pflanzliche Kost.

@ Rabenvögel

RABENVÖGEL AUS ALLER WELT

KOLKRABE
Der Kolkrabe ist der größte Rabenvogel. Er hat einen riesigen Schnabel und eine Flügelspannweite von 1,2–1,5 m. Kolkraben kommen in abgelegenen Mooren, Gebirgen und an Felsenküsten vor. Sie sind hervorragende Flieger.

SCHILDRABE
Schildraben sind in Afrika weit verbreitet. Sie suchen auf Müllhalden nach Abfällen und fressen oft an Straßen überfahrene Tiere. Menschen gegenüber sind sie wenig scheu. Ihre Nester sieht man häufig auf Bäumen und Telegrafenmasten.

AASKRÄHE
Die anpassungsfähige Aaskrähe sitzt oft auf hohen Ansitzen, um die Umgebung zu überblicken. Sie plündert unbeaufsichtigte Nester oder frisst Abfälle auf der Straße. Sie lernt auch Schalentiere aus großer Höhe fallen zu lassen, damit sie aufbrechen.

ROTSCHNABEL-SCHWEIFKITTA
Es gibt fünf ähnliche Arten, die in den Wäldern Asiens leben. Die sozialen Vögel suchen in kleinen Gruppen nach Nahrung. Sie fliegen in einer Reihe hintereinander, wenn sie Täler oder Lichtungen überqueren.

SIEHE AUCH ⏭ Nadelwälder 65 • Sperlingsvögel 226–227 • Systematik 12–13 • Vögel 192–193

Ein unauffälliges Weibchen beurteilt die Balz des Männchens.

Das Männchen plustert sein beeindruckendes Gefieder.

PARADIESVÖGEL

Die Männchen der Paradiesvögel gehören zu den auffälligsten Vögeln. Ihr Gefieder ist farbenprächtig und Schmuckfedern an Flügeln, Schwanz und Rücken hängen oft bauschig herab oder rollen sich spiralig auf. Während der Balz setzen sich die Vögel effektvoll in Szene. Die Weibchen sind unauffällig gefärbt, um im Nest getarnt zu sein. Paradiesvögel fressen Früchte und leben in Regenwäldern, die meisten Arten in Neuguinea. Einige kommen in Australien und auf den Molukken vor.

@ ⏭ Paradiesvögel

UM PARTNER WERBEN ▲

Die Männchen der Götterparadiesvögel balzen gemeinsam auf Balzplätzen in den Baumkronen. Bis zu 20 Vögel treffen sich hier, einige Männchen und eine Schar von Weibchen. Die Weibchen bevorzugen die besten Tänzer mit dem prächtigsten Gefieder, denn dies ist ein Zeichen ihrer Stärke. Das ranghöchste Männchen paart sich gewöhnlich mit den meisten Weibchen.

BALLETTTÄNZER ►

Bei der Balz plustert dieses Männchen des Königsparadiesvogels sein Gefieder auf, bis es aussieht wie ein blutroter Ball. Gleichzeitig entfaltet es einen glitzernden grünen Fächer auf seiner Brust und hebt seinen Schwanz, sodass die langen Federn über seinem Kopf tanzen. Bei einem anderen Balztanz hängt es kopfüber mit ausgebreiteten, vibrierenden Flügeln von einem Zweig.

Der Körper ist intensiv rot gefärbt.

Äußere Schwanzfedern sind dünn und enden in einer glänzend grünen Scheibe.

Flecken nackter blauer Haut am Hinterkopf

VIELFARBIGES FEDERKLEID ►

Manche Paradiesvögel wie dieser Nacktkopf-Paradiesvogel balzen auf dem Waldboden. Diese Vögel entwickelten sich auf abgelegenen Inseln, wo keine natürlichen Feinde vorkamen. So bestand keine Gefahr, während der Balz angegriffen zu werden. Die erste Bedrohung waren die Menschen, die die Inseln besiedelten und die Vögel ihrer exotischen Federn wegen fingen. Heute sind sie auch wegen der Zerstörung der Regenwälder gefährdet.

SIEHE AUCH ⏭ Fortpflanzung **44–45** • Regenwälder **60–61** • Sperlingsvögel **226–227** • Vögel **192–193**

DROSSELN

Diese Singvögel kommen weltweit in vielen verschiedenen Lebensräumen vor, von der arktischen Tundra bis hin zu Regenwäldern und Gebirgshängen. Sie haben einen schlanken Schnabel und fressen sowohl Pflanzen als auch Tierchen. Zu dieser Vogelgruppe gehören auch die Rotkehlchen, Rotschwänze und Amseln. Manche haben ein buntes Gefieder, die meisten aber sind matt braun, grau oder schwarz. Viele Arten sind für ihre schönen Gesänge bekannt.

▲ BEERENERNTE
Drosseln sind Allesfresser und ihre Nahrung ist vielfältig. Viele Arten aus kühleren Regionen wie diese nordamerikanische Einsiedlerdrossel fressen im Frühjahr und Sommer Regenwürmer und andere Wirbellose, im Herbst und Winter vor allem Früchte. Früchte sind eine zuckerhaltige Nahrungsquelle, mit der die Vögel die Kälte überstehen.

HÜBSCHE SÄNGER

NACHTIGALL
Die Nachtigall brütet in Europa und verbringt den Winter in Afrika. Der Gesang des Männchens ist nachts und am Tag zu hören und gehört zu den schönsten Vogelgesängen. Er besteht aus einer langen Serie von kräftigen flötenden, pfeifenden und trillernden Tönen.

BLAUSCHWANZ
Dieser Singvogel lebt in feuchten Nadelwäldern in Nordasien. Das Männchen ist rot-blau gefärbt und heller als das braune, blauschwänzige Weibchen. Es lässt im Frühjahr von Baumspitzen seinen abwechslungsreichen, lieblichen Gesang ertönen.

ROTKAPPENDROSSEL
Diese Art verbringt den Großteil ihres Lebens im Dickicht am Boden der Regenwälder Malaysias, Thailands und Indonesiens. Sie hat relativ große Augen, mit denen sie im Dämmerlicht besser sieht und Nahrung wie Beeren, Insekten und Würmer findet.

▲ AMSEL
Bei vielen Drosseln sehen beide Geschlechter gleich aus, bei der Amsel aber unterscheiden sie sich. Das Weibchen und die Jungvögel sind braun. Amseln scharren mit den Füßen in der Laubstreu nach Insekten und ziehen Würmer aus dem Rasen. Sie fressen auch Beeren und kommen oft ans Futterhäuschen.

Drosseln

REVIERGESÄNGE ►
Während der Brutsaison singen Drosselmännchen, um eine Partnerin anzulocken und ihr Revier zu verteidigen. Die Singdrossel beherrscht bis zu 100 Strophen. Sie werden in zufälliger Reihenfolge wiederholt. Einige der Strophen lernt der Vogel von seinem Vater, die anderen ahmt er Artgenossen und auch andere Vogelarten nach.

SIEHE AUCH ⏭ Allesfresser 40 • Sperlingsvögel 226–227 • Stärlinge 234 • Vögel 192–193

STARE

Viele Stare haben die erstaunliche Fähigkeit, Geräusche, die sie hören, nachzuahmen. Das können Gesänge anderer Vögel sein, aber auch technische Geräusche wie Sirenen oder Telefonklingeln. Mit ihren Rufen bleiben die geselligen Vögel im Schwarm in Verbindung. Stare haben einen untersetzten Körper, einen scharfen Schnabel und kräftige Beine und Füße. Die meisten Arten kommen in Europa, Afrika und Asien vor.

BEGABTER IMITATOR ►
Stare vermischen oft ihre eigenen Gesänge mit Melodien anderer Arten und mechanischen Geräuschen, die sie nachahmen. Wahrscheinlich finden Weibchen vielfältige Gesänge attraktiver. Die besten Imitatoren sind die asiatischen Beos. Sie werden oft als Haustiere gehalten.

STAR ►
Das Verbreitungsgebiet des bei uns heimischen Stares erstreckt sich über Europa und Asien. Er ist anpassungsfähig und nistet auch in Städten an Gebäuden. In kalten Winternächten schlafen Stare in Schwärmen neben warmen Lüftungen von Klimaanlagen. Diese Art wurde in Nordamerika, Südafrika, Australien und Neuseeland eingeschleppt.

Stare

▲ BEDROHTE ART
Der Bali-Star ist einer der seltensten Vögel der Erde. Da sein Lebensraum vernichtet und er illegal für den Tierhandel gefangen wurde, ist er bedroht. 1999 gab es nur noch zwölf wilde Vögel in einem Stück Regenwald auf der indonesischen Insel Bali. Die Art wurde in Gefangenschaft nachgezüchtet.

MADENHACKER ►
Zwei afrikanische Starenarten heißen Madenhacker, denn sie befreien Büffel, Ochsen, Antilopen und andere Huftiere von Parasiten. Dabei halten sie sich mit ihren kräftigen Beinen am Wirt fest und fressen Zecken und Maden. Sie picken auch in Wunden und trinken das nährstoffreiche Blut.

SIEHE AUCH ⏭ Artenschutz 22–23 • Huftiere 289 • Sperlingsvögel 226–227 • Vögel 192–193

SCHWALBEN

Schwalben sind kleine Singvögel, die daran angepasst sind, Insekten im Flug zu fangen. Sie verbringen die meiste Zeit in der Luft und sind gewandte Jäger. Mit ihren spitzen Flügeln und dem gegabelten Schwanz steuern und wenden sie schnell, um nach Beute zu schnappen. Schwalben kommen fast weltweit vor. Manche Arten ziehen weite Strecken.

◄ IM FLUG FRESSEN
Die Mehlschwalbe nistet in ganz Europa und Asien, verbringt den Winter jedoch in Afrika und Südasien. In Schwärmen zieht sie zwischen den Sommer- und Winterquartieren hin und her. Mehlschwalben jagen meist hoch in der Luft und sind vom Boden aus oft nicht zu sehen. Sie können den Schnabel weit öffnen, um Insekten zu fangen.

@ Schwalben

▲ SCHLAMMNEST
Manche Schwalben nisten in Baumhöhlen oder graben Gänge in weiche Erde und Sand. Andere wie diese Rauchschwalben bauen Schlammnester. Die Paare sammeln auf bis zu 1000 Flügen Schlammbröckchen, die dann hart austrocknen. Häufig nisten sie in Schuppen oder Garagen oder unter Dachvorsprüngen. Schwalben brüten zwei- bis dreimal im Jahr.

SIEHE AUCH ⏭ Migration 50–51 • Segler 223 • Sperlingsvögel 226–227 • Vögel 192–193

STÄRLINGE

Diese vielfältige Gruppe kommt ausschließlich in Amerika vor, von Alaska bis zur Südspitze Südamerikas. Die meisten Arten leben jedoch in den Tropen. Zu den Stärlingen gehören Kuhstärlinge, Lerchenstärlinge, Stirnvögel und Trupiale. Viele sind schwarz oder braun, manche aber haben goldene, orangefarbene oder rote Gefiederpartien.

◄ ROTSCHULTERSTÄRLINGE
Dies ist einer der häufigsten Singvögel der Welt. Die Population Nordamerikas besteht aus fast 200 Millionen Vögeln. Riesige Schwärme sammeln sich, wenn die Brutzeit vorüber ist. Sie fallen in Felder ein und fressen große Mengen Getreide. Während der Paarungszeit lassen die Männchen einen gurgelnden Gesang erklingen und zeigen ihre scharlachroten Flügelfelder.

@ Stärlinge

▲ GOLDENER VOGEL
Männchen der amerikanischen Trupiale wie dieser Bullock-Trupial sind viel bunter gefärbt als Weibchen. Der Bullock-Trupial nistet im Westen der USA und zieht im Winter nach Mexiko. Er besiedelt offene Waldgebiete, wo er von Insekten lebt. In den Vereinigten Staaten sind Trupiale auf Wappen von Sportmannschaften und den Flaggen einiger Staaten abgebildet.

SIEHE AUCH ⏭ Drosseln 232 • Migration 50–51 • Sperlingsvögel 226–227 • Vögel 192–193

SPERLINGE

Mit den Sperlingen verwandt sind die Ammern, Pfäffchen und Junkos. Diese kleinen Singvögel haben kräftige Schnäbel, um Samen zu knacken. Die meisten Arten fressen in offenen Lebensräumen wie auf Feldern, in Grasland, an Stränden und in der Tundra am Boden und suchen nach herabgefallenen Samen. Einige Sperlings- und Ammernarten leben in Städten und suchen die Nähe zum Menschen.

Das Männchen hat eine graue Kappe und einen schwarzen Latz.

Kurzer, kräftiger Schnabel, um Samen zu knacken

▲ WELTWEITE VERBREITUNG
Der zwitschernde Gesang des Haussperlings ist Millionen von Menschen auf der ganzen Welt vertraut. Die Art stammt aus Europa und Asien, wurde aber in viele andere Länder verschleppt und kommt sowohl auf dem Land als auch in Städten vor. Sie sucht die Nähe zum Menschen und frisst Getreide, das in Bauernhöfen abfällt, und besucht Futterhäuschen im Garten.

SPORNAMMER ►
Dieser kräftige kleine Vogel brütet in der Tundra und in arktischen Gebirgen. Dem rauen Winter im Norden entgeht er, indem er in den Süden zieht, wo er an Küsten, in Marschen und Grasland umherstreift. Die hintere Klaue des Fußes ist lang und nach unten gebogen, sodass der Vogel beim Laufen das Gleichgewicht nicht verliert.

Das gefleckte Gefieder verschmilzt mit der Tundravegetation.

@ ⏭ Sperlinge

SIEHE AUCH ⏭ Sperlingsvögel 226–227 • Vögel 192–193

WEBERVÖGEL

@ ⏭ Webervögel

Webervögel sind Samenfresser, die vor allem in Afrika, aber auch in Asien vorkommen. Ihr Name kommt daher, dass die Männchen Nester aus trockenen Gräsern und Blättern weben, die oft von Zweigen herabhängen. Viele Arten brüten in großen, lauten Kolonien. Zu dieser Gruppe zählen auch die langschwänzigen Witwenvögel.

Das Weibchen ist matter gefärbt und hat einen kürzeren Schwanz.

▲ BEACHTLICHER SCHWANZ
Dominikanerwitwen wie dieses brütende Paar leben in grasbewachsenen Ebenen Afrikas. Zur Brutzeit wachsen den Männchen wie allen Witwenvögeln sehr lange Schwanzfedern. Sie beeindrucken Partnerinnen, indem sie mit den flatternden Federn weite Kreise über ihnen ziehen.

Der Eingang zu den Nestern liegt unten.

▲ GEWEBTE NESTER
Die auffälligen Nester, die die Webervogelmännchen weben, gehören zu den kompliziertesten Gebilden, die Vögel bauen. Diese Dorfweber haben ihre Nester um Zweigspitzen geschlungen. So können Feinde wie Säugetiere, die die Eier und Jungen stehlen wollen, sie kaum erreichen.

SIEHE AUCH ⏭ Nester und Baue 48–49 • Sperlingsvögel 226–227 • Verhalten 32–33 • Vögel 192–193

FINKEN

Diese kleinen Singvögel fressen Samen und haben kräftige Schnäbel, die bei verschiedenen Arten in Form und Größe variieren. Manche Schnäbel sind groß, um Samen zu knacken, andere dünner und spitzer und funktionieren wie eine Pinzette. Finken kommen weltweit vor. Zu ihnen gehören Buchfinken, Dompfaffen, Kreuzschnäbel, Kernknacker und Kanarienvögel. Die meisten Arten leben auf Bäumen, meist in offenem Waldland, an Waldrändern und in Gärten.

Schlanker Schnabel, um Samen aus Blüten zu picken

Das Kopfgefieder ist rot, schwarz und weiß.

Schwarze Flügel mit kräftiger gelber Zeichnung

Stachelige Samenköpfe einer Distel

◄ PINZETTENSCHNABEL
Dieser eurasische Stieglitz und drei nordamerikanische verwandte Arten haben ziemlich lange, spitze Schnäbel. Sie picken damit vorsichtig kleine Samen aus Disteln und anderen Blüten. Mit ihrem kleinen, kompakten Körper und den beweglichen Zehen können sie sogar kopfüber an schwingenden Pflanzenstängeln fressen.

@ ⏭ Finken

WEIBCHEN

Das Weibchen hat ein graubraunes Gefieder.

Die kräftigen Zehen können schwankende Stängel umfassen.

MÄNNCHEN

Das Männchen ist unterseits rot gefärbt.

◄ HÜBSCHES PAAR
Wie viele Finken sehen Männchen und Weibchen beim Dompfaff, der in Europa und Asien vorkommt, verschieden aus. Die Männchen sind bunt, die Weibchen unauffällig gefärbt. Der gedrungene Schnabel wird von kräftigen Muskeln im Hals bewegt. Mit ihm streift der Dompfaff die Samen, Blütenknospen und Beeren von Bäumen und Kräutern und öffnet sie.

EVOLUTION AUF INSELN ►
Die Kleidervögel auf Hawaii sind eine Gruppe von Finken, die nur auf diesen abgelegenen Inseln vorkommen. Sie stammen von einer einzigen Finkenart ab, die die Inseln vor tausenden von Jahren erreichte. Da sie keine Konkurrenz hatte, konnte sie sich von vielfältiger Nahrung ernähren. Nach und nach entwickelten sich 45 unterschiedliche Arten. Je nach Ernährung bildeten sich die Schnäbel verschieden aus. Die Hälfte der Arten ist heute ausgestorben.

KLEIDERVÖGEL AUF HAWAII

Der Akiapolaau stochert unter der Rinde nach Insekten.

Der Iiwi trinkt Nektar.

Der Apapane frisst Insekten und trinkt Nektar.

Der Papageienschnabelgimpel sucht Käfer unter der Rinde.

Frühe Arten fraßen Insekten und Nektar.

Der Nihoagimpel knackt mit seinem dicken Schnabel Samen.

Der Amakihi trinkt Nektar.

FINKEN AUS ALLER WELT

BUCHFINK
Diese Art ist einer der häufigsten Vögel Europas. Er lebt in Hecken und Wäldern und wird in Gärten und Parks zutraulich. Wie andere Finken füttern Buchfinken ihre Jungen mit Insekten, deren Proteine sie für ihr Wachstum benötigen. Später fressen die Jungen Samen.

GOULDAMADINE
Die Gouldamadine war früher im trockenen Grasland Australiens häufig. Heute ist sie seltener, da viele Tiere gefangen wurden, um sie als Käfigvögel zu verkaufen. Wegen der starken Beweidung finden die Vögel außerdem weniger Sämereien.

MASKENKERNBEISSER
Kernbeißer sind eine Gruppe großer Finken mit massiven, scharfkantigen Schnäbeln. Wie Dompfaffen fressen sie vor allem Beeren und Knospen. Der Maskenkernbeißer kommt in Wäldern und Parks vor. Er ist scheu und hält sich meist im Blätterdach versteckt.

SIEHE AUCH ⏭ Evolution 16–17 • Nadelwälder 65 • Sperlingsvögel 226–227 • Vögel 192–193

SÄNGER

Hier werden zwei nicht miteinander verwandte Vogelgruppen vorgestellt, die Laub- und Rohrsänger und die Waldsänger. Die kleinen Singvögel mit kurzen, spitzen Schnäbeln sind Insektenfresser. Die meisten Arten haben attraktive Gesänge. Viele von ihnen legen weite Strecken zwischen ihren Brutgebieten auf der Nordhalbkugel und den Überwinterungsgebieten im Süden zurück.

◄ DAS REVIER VERTEIDIGEN
Der Schilfrohrsänger brütet an Flussufern, in Sümpfen und Schilfbeständen in Europa und Westasien und verbringt den Winter in Afrika. Im Frühjahr kehren die Männchen vor den Weibchen zurück, um ihre Brutreviere zu verteidigen. Mit ihrem trillernden und zwitschernden lieblichen Gesang verkünden sie ihren Anspruch auf ein bestimmtes Revier. Wenn die Weibchen eingetroffen sind, singen die Männchen, um Partnerinnen anzulocken.

@ ⏭ Sänger

EIN GENÄHTES NEST ▲
Diese hungrigen Jungvögel sind Schneidervögel. Wie einige verwandte Sänger baut diese Art ungewöhnliche Nester. Die Vögel nähen mit ihrem feinen Schnabel zwei große Blätter zusammen und benutzen dabei Pflanzenfasern oder Spinnweben als Faden. Manchmal nähen sie auch nur die beiden Hälften eines Blattes zusammen.

Das Gefieder des Männchens ist blau, schwarz und weiß.

◄ ELTERNPFLICHTEN
Die meisten Waldsänger aus Nord- und Südamerika bauen offene, napfförmige Nester aus Gräsern, Blättern, Rinde und anderem Pflanzenmaterial. Sie sind im Dickicht am Boden oder im Blätterdach von Bäumen und Büschen verborgen. Das Weibchen baut das Nest, aber wie bei diesem Blaurücken-Waldsänger teilen sich beide Eltern die Aufgabe, die Eier auszubrüten und die Jungen zu füttern. Die Jungen sind mit 10-14 Tagen flügge, je nach Art.

ROTSCHEITEL-WALDSÄNGER ▲
Der Rotscheitel-Waldsänger lebt im Westen der USA in offenem Waldland, Gebüschen und Mangrovensümpfen. Er hält sich in Bodennähe auf und frisst oft am Boden. Im Winter ziehen Rotscheitel-Waldsänger in den Süden nach Florida, Zentralamerika und in die Karibik, wo sie mehr Insekten finden.

SIEHE AUCH ⏭ Kommunikation 34–35 • Migration 50–51 • Sperlingsvögel 226–227 • Vögel 192–193

SÄUGETIERE

◄ **NAHE VERWANDTE**
Schimpansen ähneln Menschen in vielerlei Hinsicht. Sie sind gesellig, intelligent, können Werkzeuge benutzen und sich miteinander verständigen. Schimpansen und Menschen gehören zu den Säugetieren. Säugetiere können von ganz unterschiedlicher Gestalt sein, doch sie haben gemeinsame Eigenschaften. Sie säugen ihre Jungen, besitzen Haare und können ihre Körpertemperatur regulieren.

SÄUGETIERE

Säugetiere sind Wirbeltiere (sie besitzen eine Wirbelsäule), tragen meist Haare und ernähren ihre Jungen mit Milch. Sie sind warmblütig, können also Körperwärme aus der Nahrungsenergie erzeugen. Es gibt rund 4700 Säugetierarten, die nahezu jeden Lebensraum besiedeln. Sie leben im Wasser, in Baumkronen, unter der Erde und in der Luft. Mit Ausnahme der wenigen Eier legenden Arten bekommen Säugetiere lebende Junge.

▲ ERNÄHRUNG DER JUNGEN
Alle weiblichen Säugetiere besitzen Milchdrüsen, um ihre Jungen mit Milch ernähren zu können. Die beiden kleinen Kaninchen saugen an jeweils einer Zitze am Bauch ihrer Mutter. Die Zahl der Zitzen hängt von der üblichen Zahl der Jungen ab. So haben Menschen, Menschenaffen und die übrigen Affen nur ein Zitzenpaar, wohingegen Ratten und Mäuse mehr als zehn Paare besitzen können.

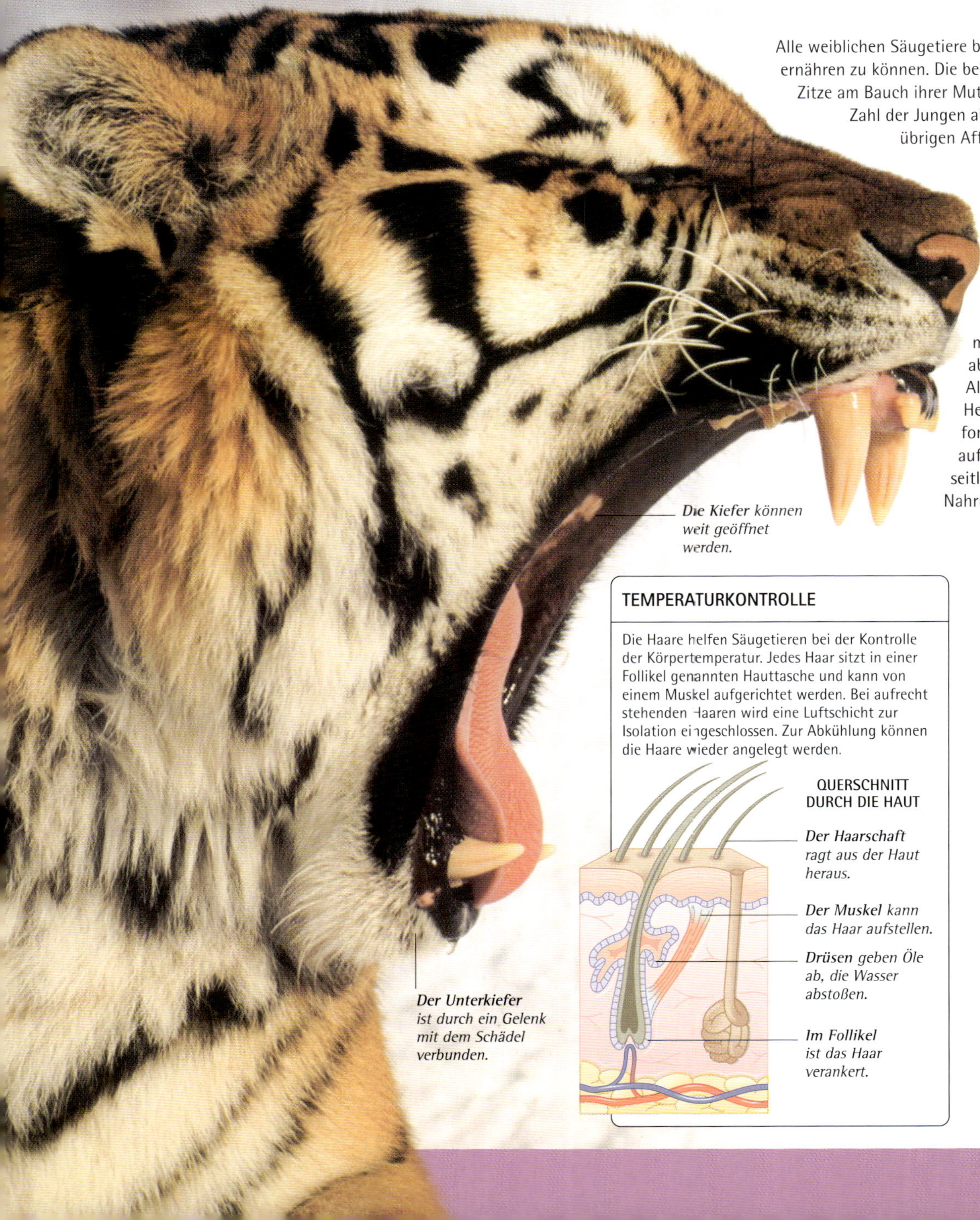

◄ KIEFERSTRUKTUR
Säugetiere haben sich vor etwa 200 Millionen Jahren aus Reptilien entwickelt. Die Kiefer ihrer Vorfahren bestanden aus mehreren Knochen, konnten sich nur auf und ab bewegen und hatten gleichförmige Zähne. Allmählich veränderte sich der Kieferaufbau. Heutige Säugetiere besitzen verschieden geformte Zähne. Ihre aus einem einzigen Knochen aufgebauten Unterkiefer können sich auch seitlich bewegen. Deshalb können Säugetiere ihre Nahrung im Gegensatz zu anderen Tieren kauen.

TEMPERATURKONTROLLE

Die Haare helfen Säugetieren bei der Kontrolle der Körpertemperatur. Jedes Haar sitzt in einer Follikel genannten Hauttasche und kann von einem Muskel aufgerichtet werden. Bei aufrecht stehenden Haaren wird eine Luftschicht zur Isolation eingeschlossen. Zur Abkühlung können die Haare wieder angelegt werden.

QUERSCHNITT DURCH DIE HAUT
Der Haarschaft ragt aus der Haut heraus.
Der Muskel kann das Haar aufstellen.
Drüsen geben Öle ab, die Wasser abstoßen.
Im Follikel ist das Haar verankert.

LEBENSRÄUME DER SÄUGETIERE

▲ IM WASSER
Wale und Delfine wie dieser Große Tümmler verlassen das Wasser nie. Ihre stromlinienförmigen Körper tragen Brust- und Schwanzflossen. Seehunde und -löwen leben auch im Wasser, gebären die Jungen aber an Land. Otter leben sowohl an Land als auch im Wasser.

Rotfüchse nähern sich neugierig.

*Das **Stinktier** hebt den Schwanz zur Verteidigung.*

SÄUGETIERGRUPPEN

BEUTELTIERE
Die meisten Tiere dieser Gruppe tragen einen Beutel auf dem Bauch, in dem die Jungen heranwachsen. Sie werden in einem frühen Entwicklungsstadium geboren und kriechen dann in den Beutel. Es gibt mehr als 300 Beuteltierarten, darunter dieses Bennett-Känguru.

PLAZENTATIERE
Plazentatiere wie der Chinchilla gehören zur größten Säugetiergruppe. Ihre Jungen entwickeln sich in der Gebärmutter deutlich länger als die der Beuteltiere. Die ungeborenen Jungen erhalten Nährstoffe und Sauerstoff durch die Plazenta (Mutterkuchen).

KLOAKENTIERE
Die vier Ameisenigel-Arten und das Schnabeltier legen anders als die übrigen Säuger Eier. Diese Kloakentiere gibt es nur in Australien, auf Tasmanien und Neuguinea. Ameisenigel brüten die Eier in einem Beutel aus, während das Schnabeltier sie in seinem Bau ablegt.

◄ VERSTÄNDIGUNG DURCH GERUCH
Viele Säugetiere besitzen einen guten Geruchssinn, den sie auch zur Kommunikation einsetzen. Sie markieren ihr Revier mit Urin, Kot oder Stoffen aus bestimmten Drüsen. Der Geruch kann verraten, um welches Tier es sich handelt und ob es paarungsbereit ist. Einige Säugetiere wie das nordamerikanische Stinktier vertreiben ihre Feinde mit unangenehmen Gerüchen.

Säugetiere

▲ IN DER LUFT
Fledertiere wie diese Wasserfledermaus sind die einzigen aktiv fliegenden Säugetiere. Ihre Vorderbeine sind zu Flügeln geworden. Andere Säuger wie die Gleithörnchen können von Baum zu Baum segeln, indem sie Häute zwischen ihren Beinen aufspannen.

▲ IN DEN BÄUMEN
Affen wie dieser Nasenaffe sind in den Bäumen zu Hause. Sie klettern, schwingen, hangeln und springen. Ihre langen Gliedmaßen mit Greifhänden und -füßen sind ideal zum Halten von Ästen. Affen besitzen oft lange Schwänze zum Balancieren.

▲ AUF DEM BODEN
Auf dem Boden gehen, laufen oder graben Säugetiere. Die meisten bewegen sich auf allen vieren. Menschen sind die einzigen Säuger, die als Erwachsene ständig auf zwei Beinen gehen. Menschenaffen können das auch, tun es aber nur hin und wieder. Eine Theorie besagt, dass die ersten Menschen aufrecht gingen, um die Hände zum Jagen frei zu haben.

SIEHE AUCH ⏭ Beuteltiere **242–243** • Kloakentiere **242** • Körperbau **26–27** • Plazentatiere **247** • Systematik **308–309**

KLOAKENTIERE

Fünf Säugetierarten legen Eier, anstatt lebende Junge zu gebären. Das halb im Wasser lebende Schnabeltier legt zwei Eier in seinem Bau. Die Lang- und Kurzschnabel-Ameisenigel tragen ein einzelnes Ei in einem Beutel auf dem Bauch. Wie alle Säugetiere ernähren Schnabeltier und Ameisenigel die Jungen mit Milch, doch sie haben keine Zitzen. Die Milch sickert in Haarbüschel, von denen das Junge sie aufleckt.

AMEISENIGEL-EI

▲ STACHLIGER INSEKTENVERTILGER
Der Kurzschnabel-Ameisenigel lebt in Australien, Tasmanien und Neuguinea. Er wird etwa 45 cm lang und ist von Fell und Stacheln bedeckt. Er benutzt seine biegsame Schnauze und die klebrige Zunge, um Ameisen und Termiten aus ihrem Bau zu holen. Er besitzt keine Zähne, sondern zerreibt die Insekten zwischen hornigen Zungenfortsätzen und Leisten auf seinem Gaumen.

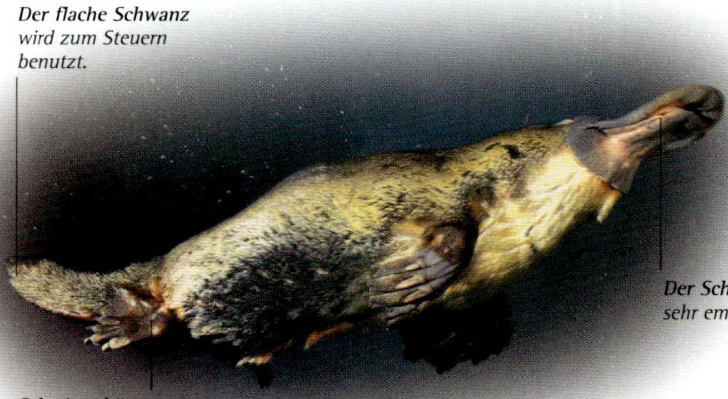

▲ SCHWIMMEN UND TAUCHEN
Bäche und Flüsse im Osten Australiens sind die Heimat des bis zu 60 cm langen Schnabeltiers. Sein Entenschnabel ist zum Tasten und zur Wahrnehmung der schwachen elektrischen Felder, die alle Lebewesen erzeugen, in der Lage. So kann das Schnabeltier Wirbellose erbeuten, die sich unter Steinen oder im Schlamm des Flussbetts verbergen.

@ Kloakentiere

BEUTELTIERE

Die meisten weiblichen Beuteltiere besitzen einen Beutel, in dem die Jungtiere heranwach Viele Beuteltiere, etwa die Kängurus und Koalas, leben in Australien. Es gibt jedoch auch in Nord- und Südamerika Beuteltiere. Insgesamt sind es etwa 230 Arten. Manche Beuteltiere bewohnen die Steppen, die Wüsten oder den Waldboden, doch viele andere sind hervorragende Kletterer und sind in Büschen und Bäumen zu Hause. Beuteltiere können je nach Art Fleisch- oder Pflanzenfresser sein.

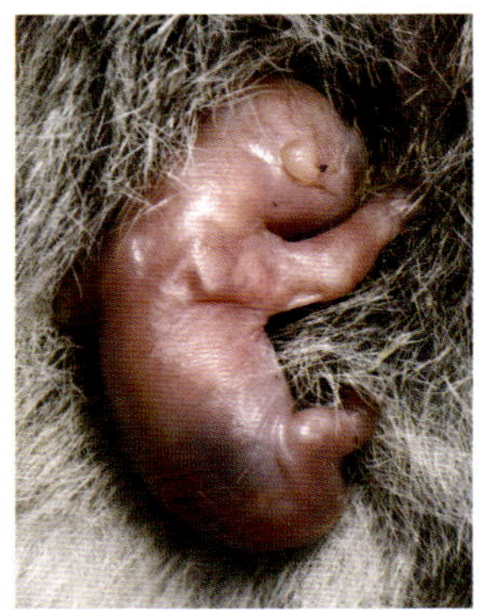

▲ ANSTRENGENDE REISE
Dieses Koalababy ist gerade 2 cm lang, hat aber in seinem kurzen Leben schon eine weite Reise hinter sich gebracht. Beuteltiere werden haarlos, blind und taub geboren. Trotzdem sind sie in der Lage, sich durch das Fell der Mutter zu wühlen, um den schützenden Beutel zu erreichen. Dort saugen sie sich an einer Zitze fest, um zu trinken.

BEQUEME REISE ►
Wie die meisten anderen Beuteltiere trägt das Rote Riesenkänguru sein Junges in einem Beutel unterhalb seines Bauchs. Obwohl Känguruweibchen immer nur ein Junges auf einmal bekommen, können sie zwei gleichzeitig aufziehen. Sie ernähren ein Jungtier im Beutel, während ihnen das andere zu Fuß folgt. Zur gleichen Zeit können sie bereits wieder trächtig sein und ein drittes Jungtier austragen.

Die großen Ohren bewegen sich ständig auf der Suche nach Gefahr.

Die kräftigen Kiefer zerkleinern Gras und Blätter.

Die kräftigen Hinterbeine ermöglichen große Sprünge.

Der Schwanz dient als Stütze, fast wie ein drittes Bein.

FLEISCHFRESSER ►
Zu den Fleisch fressenden Beuteltieren gehören katzengroße Tüpfelbeutelmarder sowie dieser Beutelteufel, ein aggressives Tier mit starken Kiefern und spitzen Zähnen. Tagsüber ruht er sich in einem Bau zwischen Felsen oder in einer Höhle aus. Nachts wird er aktiv und ernährt sich von anderen Säugetieren, Eidechsen, Vögeln, Eiern und Aas. Bei Erregung färben sich seine blassen Ohren rot.

Gedrungener Körper mit kurzen, starken Beinen

Schokoladenbraunes Fell mit heller Zeichnung

Die Beine sind anders als bei den Boden bewohnenden Kängurus gleich lang.

Der Schwanz ist zum Balancehalten gut geeignet.

◄ BLATTFRESSER
Das Doria-Baumkänguru lebt in den Wäldern Neuguineas. Baumkängurus fressen hauptsächlich Blätter, aber auch gern Früchte. Auf dem Boden wirken sie langsam und ungeschickt, doch in den Bäumen bewegen sie sich erstaunlich elegant und nutzen ihren Schwanz zum Balancieren. Um die Blätter zu verdauen, benötigen sie einen langen Darm.

FRUCHTFRESSER ►
Der Hundskusu ist ein Vegetarier mit einer Vorliebe für Früchte. Er ist nachtaktiv und kann mit seinen großen Augen gut im Dunkeln sehen. Den Tag verschläft er in Baumhöhlen. Wie die Opossums besitzt er einen Greifschwanz, den er um Äste schlingen kann. So kann er sich beim Fressen festhalten.

@ ⏭ Beuteltiere

EIN AUSGESTORBENES BEUTELTIER

Die Streifen dienen der Tarnung.

Der Beutelwolf war ein Fleischfresser, der sich von Kängurus, anderen kleinen Säugetieren und Vögeln ernährt hat. Am Beutel kann man sehen, dass er kein Wolf oder Hund, sondern ein Beuteltier gewesen ist. In früheren Zeiten gab es viele Fleisch fressende Beuteltiere, darunter sogar löwenähnliche Arten, aber der Beutelwolf war der letzte große Räuber unter ihnen. In der Natur ist das letzte Tier 1933 beobachtet worden. Heute sind viele andere Beuteltiere durch den Verlust ihres Lebensraums oder die Einführung neuer Arten nach Australien vom Aussterben bedroht.

SIEHE AUCH ⏭ Aussterben **19** • Kängurus **245** • Kleine Beuteltiere **246** • Koalas **244** • Säugetiere **240–241** • Wombats **244**

KOALAS

Koalas leben in den Eukalyptuswäldern Ostaustraliens. Insgesamt gibt es rund 600 Eukalyptusarten, doch die Koalas fressen nur die Blätter von etwa 15, vermutlich weil die anderen zu giftig sind. In der Vergangenheit wurden Koalas wegen ihres Fells gejagt und ihre Wälder zu landwirtschaftlichen Zwecken gerodet. Seitdem sie streng geschützt sind, nehmen die Bestände dieser an Bären erinnernden Beuteltiere wieder zu.

AUF BÄUME KLETTERN ►
Wegen des runden Gesichts und des plumpen Körpers wird der Koala oft fälschlich als Koalabär bezeichnet. Seine starken Beine sind ideal zum Klettern, sodass er die meiste Zeit auf Bäumen verbringt und nur gelegentlich auf den Boden herabsteigt. Weibchen tragen ihre Jungen in nach unten geöffneten Beuteln.

◄ FAULENZER
Koalas bewegen sich langsam und schlafen bis zu 20 Stunden pro Tag. Sie benötigen die Ruhe, um ihre Nahrung zu verdauen. Eukalyptusblätter enthalten viel Zellulose. Diese faserige Substanz können Tiere kaum verdauen. In den Därmen der Koalas leben jedoch Bakterien, die Zellulose aufschließen und die Nährstoffe nach und nach zugänglich machen können.

SIEHE AUCH ⏭ Beuteltiere **242–243** • Pflanzenfresser **39**

WOMBATS

Wombats sind relativ nah mit den Koalas verwandt. Sie besitzen gedrungene, kräftige Körper und können 1 m lang werden. Alle drei Arten leben im südlichen Australien. Zwei Arten haben behaarte Nasen, doch die des Nacktnasenwombats ist unbehaart. Wombats sind nachtaktiv und fressen Gras, wobei jedes Tier sein eigenes Revier hat, das es mit Urin und Kot markiert. Eindringlinge knurrt der Wombat an und zeigt ihnen seine Zähne.

▲ GUTER BAUMEISTER
Wombats graben mit ihren starken Krallen große Baue in den Boden. Ein Bau kann mehrere Eingänge und Verbindungsgänge enthalten. Die Beutel der Weibchen sind nach hinten geöffnet, sodass beim Graben keine Erde hineingerät. Es wird nur ein Jungtier geboren, das sechs Monate lang im Beutel der Mutter bleibt.

SIEHE AUCH ⏭ Beuteltiere **242–243** • Pflanzenfresser **39**

▲ RASANTES HÜPFEN
Kängurus kommen schnell voran, indem sie auf ihren kräftigen Hinterbeinen hüpfen. Die langen, dicken Schwänze dienen dabei der Balance und der Steuerung. Hüpfen ist eine Energie sparende Art der Fortbewegung, die den Tieren Geschwindigkeiten von mehr als 50 km/h ermöglicht. Beim Fressen laufen Kängurus langsam auf allen vieren.

KÄNGURUS

Kängurus sitzen in aufrechter Position und hüpfen auf ihren Hinterbeinen über den Boden. Rote und Graue Riesenkängurus sind die größten Beuteltiere der Welt, doch es gibt auch kleinere Arten. Die größeren Arten schließen sich zu Gruppen zusammen, während die kleineren Einzelgänger sind. Alle Kängurus sind Pflanzenfresser und leben in den Steppen Australiens oder Tasmaniens.

Kängurus

BENNETT-KÄNGURU ►
Wie die meisten seiner Verwandten frisst das Bennett-Känguru meist in der kühlen Nacht, wobei es oft große Entfernungen zurücklegt. Es lebt in Gruppen von bis zu 30 Tieren, die bei Gefahr in alle Richtungen auseinander laufen.

Der Schwanz stützt das Tier ab.

***Die kleinen** Vorderbeine werden beim Fressen oder der Fellpflege eingesetzt.*

***Die Hinterbeine** sind ideal zum Springen.*

***Die Männchen** versuchen sich wegzuschieben.*

KÄNGURUARTEN

QUOKKA
Das Kurzschwanzkänguru oder Quokka lebt im südwestlichen Australien, vor allem auf Rottnest Island. Es ist nachtaktiv und versteckt sich tagsüber unter Büschen. Manchmal bettelt es jedoch auch Touristen an, um gefüttert zu werden.

FORESTER-KÄNGURU
Das Forester-Känguru ist eine Unterart des Östlichen Grauen Riesenkängurus, die nur auf Tasmanien vorkommt. Es ernährt sich von Gras, das es morgens und abends abweidet. Die Jungen bleiben 18 Monate lang von ihrer Mutter abhängig.

WESTLICHES GRAUES RIESENKÄNGURU
Männchen dieser Art können 2 m groß werden. Sie sind grau bis braun gefärbt. Weibchen verständigen sich mit ihren Jungen über Klicklaute. Diese Kängurus leben im Busch West- und Südaustraliens.

◄ BOXENDE KÄNGURUS
Männchen des Östlichen Grauen Riesenkängurus kämpfen um die Führung der Gruppe. Die Haut ihrer Bäuche ist besonders derb, um die Tritte der Konkurrenten verkraften zu können. Das größere Tier gewinnt für gewöhnlich und zeugt die meisten Jungen. Doch wenn die Nahrung knapp wird, vermehren sich Kängurus gar nicht mehr.

SIEHE AUCH ⏭ Beuteltiere 242–243 • Pflanzenfresser 39

KLEINE BEUTELTIERE

In Australien und auf den benachbarten Inseln leben verschiedene kleine Beuteltiere. Wie die Opossums Nord- und Südamerikas ernähren sie sich hauptsächlich von Blättern und Blüten. Die Weibchen dieser kleinen Arten bekommen meistens Würfe von mehreren Jungen und unterscheiden sich so von den Koalas und Kängurus, die jeweils ein einzelnes Jungtier gebären. Deshalb besitzen die Weibchen auch mehrere Zitzen.

▲ VEGETARIER
Es gibt 17 Arten der Ringelschwanzbeutler, die alle einen langen, an der Spitze eingerollten Greifschwanz besitzen. Ihre Därme sind sehr lang, damit sie ihre Blätternahrung verdauen können. Andere kleine Beuteltiere haben sich auf andere Pflanzenteile spezialisiert, etwa Blüten, Nektar, Knospen, Früchte oder die Säfte der Bäume.

▲ ALLE AN BORD
Die Opossums Nord- und Südamerikas sind die einzigen Beuteltiere, die außerhalb von Australasien vorkommen. Dieses Graue Vieraugen-Opossum trägt die Jungen auf dem Rücken, bis sie selbst klettern können. Auch dann bildet die Familie oft eine Kette, indem die Tiere einander an den Schwänzen halten.

◄ BLÜTENBESUCHER
Mit einem Körper, der kaum größer als ein Daumen ist, ist der Honigbeutler eines der kleinsten Beuteltiere. Er sucht nach Einbruch der Dunkelheit nach Nektar, Pollen und Insekten, die in den Blüten versteckt sind. Die Art ist ein wichtiger Bestandteil des Ökosystems, weil sie durch den Transport von Pollen die Blüten bestäubt.

Kleine Beuteltiere

NACHTGLEITER ▲
Verschiedene kleine Beuteltiere wie dieser Kurzkopfgleitbeutler oder Sugar Glider tragen Hautfalten an den Seiten. Mit ihrer Hilfe können sie von Baum zu Baum gleiten oder Raubtieren entfliehen. Die Art bewohnt Eukalyptuswälder und ernährt sich von den süßen Säften der Bäume.

SIEHE AUCH ⏭ Beuteltiere 242–243 • Ökologie 14–15 • Säugetiere 240–241 • Verteidigung 42–43

PLAZENTATIERE

Die meisten Säugetiere gehören zu den Plazentaliern. Bei ihnen entwickeln sich die Jungen während der Schwangerschaft oder Trächtigkeit im Leib der Mutter. Dabei wird der Fötus (das ungeborene Jungtier) mit Nährstoffen und Sauerstoff versorgt, die in einem Plazenta (Mutterkuchen) genannten Organ vom Blut der Mutter auf das des Fötus übertragen werden. Verglichen mit Kloaken- und Beuteltieren dauert die Trächtigkeit bei Plazentatieren recht lang. Mit über 20 Monaten ist der Afrikanische Elefant am längsten trächtig.

NIMM MICH MIT ►
Säugetierweibchen investieren viel Zeit in ihren Nachwuchs. Die Jungen können monate- oder jahrelang von ihnen abhängig sein, zuerst wegen der Milch und später, um beschützt und angeleitet zu werden. Die meisten Männchen spielen bei der Aufzucht der Jungen keine große Rolle. Bei den Krallenaffen wie diesem Löwenäffchen tragen hilfsbereite Väter die Jungen jedoch oft spazieren.

@ ⏭ Plazentatiere

▼ AUFWACHSEN IM RUDEL
Manche in Gruppen lebende Säugetiere helfen sich bei der Aufzucht der Jungen. Bei im Rudel lebenden Raubtieren wie diesen Afrikanischen Wildhunden passen Tanten und Onkel auf die Kleinen auf, wenn die Eltern auf der Jagd sind. Alle erwachsenen Tiere füttern die Welpen. Manche Primaten ziehen jüngere Verwandte gemeinsam auf.

Die Fellzeichnung ist charakteristisch für jedes Tier.

Die Erwachsenen passen auf alle Welpen auf.

TRÄCHTIGKEIT BEI PLAZENTATIEREN

Das befruchtete Ei teilt sich viele Male. Schließlich wird daraus ein Fötus, der in der Gebärmutter (Uterus) des Weibchens heranwächst. Zum Schutz ist er von Häuten und Fruchtwasser umgeben. Nährstoffe und Sauerstoff erhält der Fötus über die Nabelschnur von der Plazenta (Mutterkuchen). Abbauprodukte nehmen den entgegengesetzten Weg.

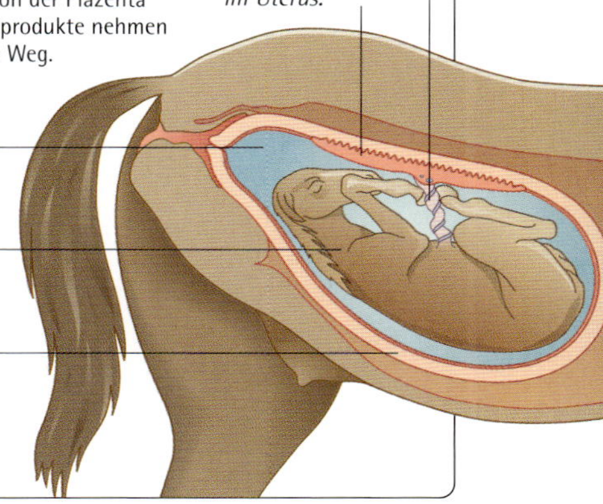

Die Nabelschnur verbindet Fötus und Plazenta.

Die Plazenta befindet sich im Uterus.

Das Fruchtwasser schützt den Fötus.

Der Fötus entwickelt sich im Uterus.

Der Uterus ist ein muskulöser Sack, in dem das Jungtier heranwächst.

EIN FOHLEN WIRD GEBOREN

GEBURT
Vor der Geburt setzen die Wehen ein (Kontraktionen der Gebärmuttermuskulatur). Zuerst erscheinen die Vorderbeine, dann der Kopf und der Körper des Fohlens. Die meisten Säugetiere bekommen ihre Jungen an geschützten Plätzen, an denen sie vor Raubtieren sicher sind.

EIN NEUES LEBEN
Pferde bekommen meistens nur jeweils ein Fohlen. Andere Säugetiere gebären mehrere Junge in schneller Abfolge. Nach der Geburt leckt die Mutter das Junge sauber. Sie frisst meistens die Nachgeburt (die Plazenta), weil sie wichtige Nährstoffe enthält.

ERSTE SCHRITTE
In offenem Gelände geborene Säugetiere wie Pferde und Antilopen müssen nach der Geburt aufstehen können, um nicht Raubtieren zum Opfer zu fallen. Die ersten Stunden von in Nestern, Höhlen oder Bauen geborenen Tieren sind weniger gefährlich.

GEHALTVOLLE NAHRUNG
Säugetierweibchen ernähren die Jungen mit einer fett-, vitamin- und mineralstoffreichen Milch, sodass sie schnell wachsen. Die Milch enthält auch Antikörper, um das Junge vor Krankheiten zu schützen. Das Saugen an den Zitzen der Mutter ist jungen Säugetieren angeboren.

SIEHE AUCH ⏭ Brutpflege 46–47 • Fortpflanzung 44–45 • Hunde 272 • Neuweltaffen 259 • Säugetiere 240–241

DREIZEHENFAULTIER

Faultiere leben in den sonnenbeschienenen Wipfeln der Regenwälder. Sie sind zehn Stunden pro Tag aktiv und verbringen die restliche Zeit regungslos mit Verdauen. Dabei fällt ihre Körpertemperatur, um Energie zu sparen. Faultiere sind Einzelgänger und Männchen finden Partnerinnen, indem sie schrille Schreie ausstoßen. Die Jungtiere klammern sich sechs Monate lang an die Brust der Mutter, wobei sich ihre Ernährung allmählich von Milch auf Blätter umstellt.

@ ⏭ Faultiere

Wissenschaftlicher Name: *Bradypus tridactylus*

Ordnung: Xenarthra, Nebengelenktiere (Faultiere, Ameisenbären und Gürteltiere)

Klasse: Mammalia (Säugetiere)

Verbreitung: Regenwälder in Zentral- und Südamerika

Gefährdung: nicht gefährdet

Länge: 56–60 cm

Gewicht: 3,5–4,5 kg

Nahrung: Blätter. Die Art ist hoch spezialisiert und frisst von weniger als einem Prozent der Regenwaldbäume.

Fortpflanzung: Nicht an eine Jahreszeit gebunden. Die Trächtigkeit dauert 5–6 Monate.

Zahl der Jungen: 1

SIEHE AUCH ⏭ Faultiere **250** • Pflanzenfresser **39** • Regenwälder **60–61**

FAULTIERE

Alle fünf Faultierarten leben in den üppigen Regenwäldern Mittel- und Südamerikas. Die meiste Zeit hängen sie mit dem Kopf nach unten in den Baumwipfeln, fressen Blätter oder ruhen sich aus. Faultiere haben ein struppiges Fell, das oft wegen darin wachsender Algen grün schimmert. Dadurch sind sie zwischen den Blättern gut getarnt. Etwa einmal pro Woche steigen sie zum Koten auf den Boden herab.

▲ ZEITLUPE
Die Hinterbeine tragen drei Zehen. Je nach Art befinden sich an den Vorderfüßen zwei oder drei Zehen – dies ist ein Zweizehenfaultier. Die Zehen sind mit gebogenen Krallen bewehrt, mit denen die Tiere Äste ergreifen. Faultiere bewegen sich extrem langsam und bleiben oft den ganzen Tag im gleichen Baum. So sparen sie Energie, was wegen der nährstoffarmen Kost wichtig ist. Die Verdauung einer Mahlzeit kann einen Monat dauern!

EIN RIESE AUS DER VERGANGENHEIT

Vor etwa 10000 Jahren lebten Boden bewohnende Riesenfaultiere in den Steppen und Wäldern Nord- und Südamerikas. Eine Art, *Megatherium*, war so groß wie ein Elefant und konnte sich möglicherweise auf den Hinterbeinen aufrichten. Wie andere ausgestorbene Boden bewohnende und wie die heutigen in Bäumen lebenden Arten fraß es Blätter, die es mit seinen Krallen zu sich herabzog. Mit diesen Furcht erregenden Klauen war es vielleicht auch in der Lage, Fleisch von toten Tieren zu zerlegen und zu fressen.

@ Faultiere

SIEHE AUCH ⏭ Dreizehenfaultier 248–249 • Regenwälder 60–61 • Säugetiere 240–241

AMEISENBÄREN

@ Ameisenbären

Die vier Ameisenbärenarten leben in Süd- und Mittelamerika. Der Große Ameisenbär bewohnt die Ebenen, während der Zwergameisenbär und die beiden Tamandua-Arten Waldbewohner sind. Ameisenbären sind zahnlos. Ihr kleines Maul befindet sich an der Schnauzenspitze. Die Zunge ist mit klebrigem Speichel bedeckt, um Ameisen und Termiten zu erbeuten.

▲ ABHÄNGEN
Der Zwergameisenbär ist die kleinste der vier Ameisenbärenarten. Der nachtaktive Einzelgänger verlässt die Bäume niemals. Sein Greifschwanz hilft ihm beim Klettern und dient als fünftes Bein. An den Füßen trägt er Sohlenschwielen, die zusammen mit den Krallen kräftige Greifzangen bilden.

SÜDLICHER TAMANDUA ►
Tamanduas können am Tag und in der Nacht aktiv sein. Auf dem Boden bewegen sie sich so geschickt wie in den Bäumen. Wie alle Ameisenbären finden sie die Nahrung mit ihrem guten Geruchssinn. Wenn sie einen Ameisen- oder Termitenbau entdeckt haben, brechen sie ihn mit ihren kräftigen Krallen auf.

SIEHE AUCH ⏭ Grasländer 56–57 • Insektenfresser 252–253 • Säugetiere 240–241

ERDFERKEL

Das afrikanische Erdferkel ähnelt einem Ameisenbären, ist aber näher mit den Huftieren verwandt. Sein Name bezieht sich auf seine unterirdische Lebensweise und die an ein Schwein erinnernde Schnauze. Das Erdferkel besitzt weniger Zähne als die meisten Säuger, insgesamt nur 20 Stück. Bei Nacht wandert es weit umher, um Ameisen und Termiten aufzuspüren. Es leckt die Insekten mit seiner langen, klebrigen Zunge auf.

Erdferkel

▲ RASANTES GRABEN
Erdferkel besitzen starke Krallen, mit denen sie Termiten- und Ameisenhügel aufbrechen. Sie graben bis zu 15 m lange Baue zur Aufzucht der Jungen und kleinere Löcher, um darin zu schlafen. Sie graben so schnell, dass sie in einer Wolke aus Erde zu verschwinden scheinen. Ihre alten Baue werden von vielen anderen Tieren wie Warzenschweinen und Eulen benutzt.

SIEHE AUCH ⏭ Ameisenbären 250 • Anpassung 18–19 • Säugetiere 240–241

GÜRTELTIERE

Gürteltiere tragen einen beweglichen Panzer, um sich vor Füchsen, Katzen oder Raubvögeln zu schützen. Es gibt insgesamt 20 Arten, die in verschiedenen Lebensräumen Nord- und Südamerikas vorkommen. Zur Nahrung gehören Würmer, Ameisen, Insektenlarven, Spinnen, kleine Reptilien und Früchte. Eine andere Säugetiergruppe, die afrikanischen und asiatischen Schuppentiere, ähnelt den Gürteltieren.

ZUSAMMENGEROLLT

GUT GERÜSTET ▲
Gürteltiere wie dieses Mittelamerikanische Nacktschwanz-Gürteltier tragen eine Panzerung auf Kopf und Rücken. Die einzelnen Gürtel bestehen aus mit Hornschuppen bedeckten Knochenplatten. Sie sind beweglich miteinander verbunden, sodass sich das Gürteltier zu einer Kugel zusammenrollen kann und vor Raubtieren gut geschützt ist.

Gürteltiere

▲ HARTE SCHUPPEN
Schuppentiere erinnern an Gürteltiere, sind aber unabhängig von ihnen entstanden. Dieses Indische Schuppentier, das gerade einen Termitenbau aufbricht, ist ein typischer Vertreter seiner Ordnung. Die Schuppen sind aus der Oberhaut entstanden. Auch Schuppentiere können sich bei Bedrohung zu einer Kugel zusammenrollen.

SIEHE AUCH ⏭ Säugetiere 240–241 • Verteidigung 42–43

INSEKTENFRESSER

Von allen heute lebenden Säugetieren entsprechen die Insektenfresser vielleicht am ehesten den ersten Säugern der Welt. Sie sind klein und haben einen sehr guten Geruchssinn. Augen und Ohren sind dagegen weniger wichtig. Die meisten Arten sind nachtaktiv und Boden bewohnend, doch manche graben Baue und einige wenige können schwimmen. Insekten sind die Hauptnahrung der meisten Insektenfresser, doch manche fressen auch andere kleine Tiere oder Pflanzen.

▲ HYPERAKTIVER JÄGER
Insektenfresser haben meistens einen schnellen Herzschlag und eine hohe Stoffwechselrate, sodass sie ständig Nahrung zu sich nehmen müssen. Spitzmäuse wie diese Zwergspitzmaus sind unglaublich aktiv und brauchen alle paar Stunden Nahrung. Außer Insekten fressen die meisten Insektenfresser auch Würmer, Spinnen und Schnecken.

LEBEN IM WASSER ►
Drei Gruppen der Insektenfresser verbringen viel Zeit im Wasser: Wasserspitzmäuse wie die abgebildete, Otterspitzmäuse und die Desmane. In sauberen Seen und Bächen taucht die Wasserspitzmaus nach ihrer Beute. Sie ernährt sich von Krebstieren und Insektenlarven, gelegentlich auch von Fröschen oder kleinen Fischen. Zum Schwimmen benutzt sie die Hinterbeine. Luftbläschen lassen das Fell silbern schimmern.

Am weichen Fell bleiben beim Graben keine Erdkrümel hängen.

▲ SPITZE STACHELN
Ein erwachsener Europäischer Igel trägt rund 5000 Stacheln auf seinem Rücken, von denen jeder 2–3 cm lang ist. Bei Bedrohung rollt sich der Igel zu einer Kugel zusammen und stellt den Angreifer vor ein stachliges Problem. Kleine Igel werden ohne Stacheln geboren, doch bald durchbrechen sie die dehnbare Haut. Igel streifen nachts durch die Wälder und besuchen auch unsere Gärten.

@ Insektenfresser

▲ SANDSCHWIMMER
Der Goldmull ist an ein Leben in den heißen Sandwüsten Afrikas angepasst. Er besitzt ein dichtes Fell, winzige Ohren und ist vollkommen blind. Sein kompakter Körper eignet sich ideal dazu, durch den lockeren Sand an der Oberfläche zu »schwimmen«. Beim Graben sucht er nach Termiten und anderen Insekten wie der Heuschrecke, die er gerade erbeutet hat.

▲ MAULWURFSBAU
Maulwürfe legen komplizierte Baue an, in denen ein zentrales Nest von einem Netzwerk an Gängen umgeben ist. Sehr zum Ärger der Gärtner türmen sie dabei viele Erdhügel auf. Maulwürfe bilden Reviere und verlassen ihren Bau nur, wenn es nicht anders geht. Ihre Nestkammer, in der auch die Jungen geboren werden, polstern sie mit Gras.

◄ ERDBEWEGUNG
Der Europäische Maulwurf besitzt eindrucksvolle Werkzeuge zur Bewegung von Erde. Seine großen Pfoten und die langen Krallen werden von kräftigen Schultermuskeln bewegt, sodass er lange Gänge graben kann. Die Hinterfüße stützen ihn, wenn er mit den Vorderpfoten Erde an die Seite schaufelt.

SIEHE AUCH ⏭ Nester und Baue **48–49** • Sinne **30–31**

▲ STREIFENTANREK
Dieses außergewöhnliche Tier gehört zu einer von über 20 Tanrek-Arten, die auf der Insel Madagaskar vorkommen. Die Tanreks ähneln den Igeln ein wenig, besitzen aber längere Schnauzen und Beine. Sie reiben zur Verständigung ihre Stacheln aneinander und beißen, wenn sie in die Enge getrieben werden. Der tagaktive Streifentanrek fängt mit seiner spitzen Schnauze Regenwürmer.

SPITZHÖRNCHEN

Spitzhörnchen sind kleine Säuger mit schlanken Körpern und buschigen Schwänzen. Sie bilden eine eigene Säugetiergruppe, sind aber wohl mit den Riesengleitern und Primaten verwandt. Sie erinnern jedoch eher an Eichhörnchen und verbringen viel Zeit in den Bäumen, suchen aber auch auf dem Boden nach Insekten, Früchten und Samen.

@ ⏭ Spitzhörnchen

ZWERGSPITZHÖRNCHEN ►
Spitzhörnchen oder Tupaias bewohnen die Regenwälder Südostasiens und Indiens. Die geschickten Kletterer finden ihre Nahrung mit den Augen, den Ohren und der Nase. Sie bauen ihr Nest zwischen Wurzeln oder in hohlen Baumstämmen und markieren ihr Revier mit Urin. Einige Arten besitzen auf Brust und Bauch Drüsen, die ein streng riechendes Sekret abgeben, mit dem sie Duftmarken an Ästen anbringen.

SIEHE AUCH ⏭ Hörnchenartige **303** • Primaten **256**

Die Fingerknochen spannen die Flughaut auf.

Die Ohren fangen die von der Beute zurückgeworfenen Echos auf.

Die Flughäute sind von kleinen Adern und Fasern durchsetzt.

FLEDERTIERE

Manche Säuger können durch die Luft gleiten, doch nur die Fledertiere können aktiv fliegen. Sie sind meist nachtaktiv und leben in verschiedenen Lebensräumen. Mit fast 1000 Arten bilden die Fledertiere die zweitgrößte Säugetiergruppe nach den Nagern. Man unterscheidet Flughunde (Megachiroptera) und Fledermäuse (Microchiroptera). Die Fledermäuse benutzen zur Orientierung und Jagd ihre Echoortung.

▲ ELASTISCHE FLÜGEL
Ein Fledermausflügel ist kräftig, aber außerordentlich leicht. Die langen Fingerknochen verleihen ihm während des Flugs Stabilität. Sie spannen die elastischen Flughäute auf. Obwohl die Flügel so kräftig sind, sind die Blutgefäße oft deutlich sichtbar – so wie bei dieser Langohr-Fledermaus. Fledermäuse besitzen auch am Schwanz eine Flughaut, die zum Steuern und Zusammentreiben der Beute benutzt wird.

ECHOORTUNG

Die Echoortung ist ein Navigationssystem, mit dessen Hilfe Fledermäuse und Delfine ein räumliches Bild ihrer Umwelt erzeugen. Eine Fledermaus stößt hochfrequente Schreie aus, die auf dem Diagramm als rote Balken eingezeichnet sind. Sie werden von im Weg befindlichen Objekten zurückgeworfen. Die Fledermaus nimmt die Echos wahr und kann feststellen, was sich vor ihr befindet.

ULTRASCHALLORTUNG BEI DER INSEKTENJAGD

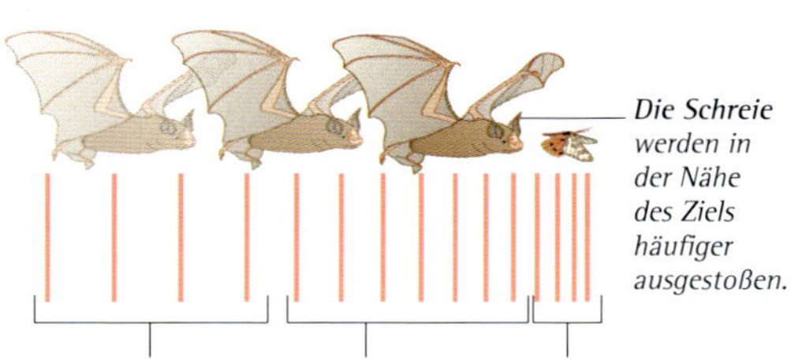

Fledertiere

FLUGHUND ►
Zu den etwa 170 Flughundarten gehört auch dieser malaiische Kalong, das größte Fledertier der Welt. Seine Flügelspannweite beträgt bis zu 1,8 m und ist damit größer als die mancher Adler. Den Namen tragen die Flughunde wegen ihres hundeähnlichen Kopfs. Sie ernähren sich von Früchten, Blüten und Nektar und finden die Nahrung mit den Augen und der Nase.

Die Flügel werden beim Ausruhen zusammengefaltet.

BLUTSAUGER ►
Vampirfledermäuse leben in Mittel- und Südamerika und sind sehr gefürchtet, obwohl sie kaum jemals Menschen angreifen. Sie können fliegen, aber auch auf ihren vorderen Gliedmaßen über den Boden laufen. Vampire lecken das Blut aus einer Wunde eines Tiers auf, etwa eines Schweins oder einer Kuh. Ihr Speichel enthält einen Stoff, der die Blutgerinnung hemmt, sodass das Blut weiterhin fließt.

Die Schneide- und Eckzähne beißen eine Wunde in die Haut.

Die Ohren dienen der Echoortung.

Die vorderen Gliedmaßen tragen lange Daumen mit scharfen Krallen.

▲ FLUG BEI NACHT
Fledermäuse sind sehr gesellige Tiere und versammeln sich oft in großer Zahl an geeigneten Schlafplätzen. Die Guano-Fledermaus bildet bis zu 20 Millionen Tiere starke Kolonien in den Höhlen der südlichen USA und Mexikos. In der Abenddämmerung schwärmt sie auf der Jagd nach Insekten aus. Andere Fledermäuse schlafen in Gebäuden, Bergwerken und Baumhöhlen.

FLEDERMAUSGESICHTER

GELBOHRFLEDERMAUS
Tagsüber schläft die Gelbohrfledermaus unter einem Zelt, das sie sich aus einem großen Blatt gebaut hat. Sie gehört zu den Neuwelt-Blattnasen, die nach den blattförmigen Fortsätzen im Nasenbereich benannt sind, die den bei der Ortung benutzen Schall leiten.

KLEINE HUFEISENNASE
Die Echoortung der Hufeisennasen ist eine der am weitesten entwickelten unter den Fledermäusen. Sie senden ihre Schreie in langen Wellen durch ihre Nasen aus, die wie ein Hufeisen geformt sind. Hufeisennasen leben hauptsächlich im tropischen Afrika und Asien.

NACKTRÜCKENFLEDERMAUS
Diese Art besitzt keine Blattnase als Hilfe bei der Echoortung. Stattdessen spitzt sie die Lippen wie zu einem Kuss und stößt ihren Schrei durch ihr Maul aus. Wenn sie die Flügel zum Schlafen schließt, bedecken sie ihren behaarten Rücken, sodass sie nackt zu sein scheint.

◄ HERUMHÄNGEN
Wahlbergs Epauletten-Flughund lebt in Afrika. Wie die meisten Flughunde hängt er tagsüber in seine Flügel eingehüllt an einem Ast. Die Sehnen der Füße besitzen einen Sperrmechanismus, sodass selbst stundenlanges Hängen keine Kraft erfordert. Dass Fledertiere mit dem Kopf nach unten ruhen, ermöglicht ihnen einen schnellen Start.

WINTERSCHLAF ►
Dieses Mausohr hält einen Winterschlaf, um die kalte Jahreszeit zu überstehen, in der wenig Nahrung zur Verfügung steht. Im Winterschlaf werden der Stoffwechsel und die Körpertemperatur herabgesetzt, sodass sie nur noch wenige Grad über der Umgebungstemperatur liegt. Die Tiere fühlen sich kalt an und sind manchmal sogar mit gefrorenen Tautropfen bedeckt.

SIEHE AUCH ⏭ Delfine **286–287** • Eigenschaften der Tiere **10–11** • Höhlen **67** • Kleine Beuteltiere **246**

PRIMATEN

Primaten sind intelligente, flinke Säugetiere, die vor allem in den Bäumen tropischer Regenwälder leben. Von allen Säugetieren besitzen sie im Verhältnis zur Körpergröße das größte Gehirn. Dank ihrer Greifhände und -füße sind sie besonders geschickt. Viele Arten besitzen einen langen Schwanz zum Balancieren. Primaten werden in zwei Gruppen unterteilt: die Nacktnasenaffen und die Haarnasenaffen.

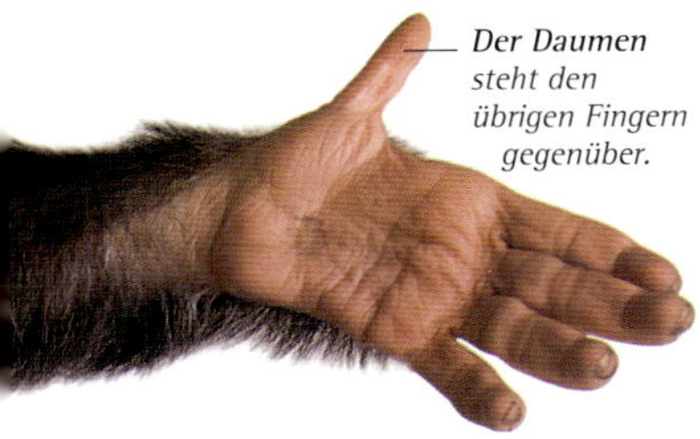

Der Daumen steht den übrigen Fingern gegenüber.

▲ FINGER UND DAUMEN
Primatendaumen sind opponierbar: Sie können den Fingern gegenübergestellt werden, sodass die Hände Objekte greifen können. So sind die Primatenhände als vielseitiges Werkzeug einsetzbar.

Hohe Stirn und großer Schädel

Der lange Schwanz ergreift Äste und dient der Balance.

◄ LEBEN IN BAUMWIPFELN
Primaten wie dieses Totenkopfäffchen sind sehr gut an das Leben in den Bäumen angepasst. Sie klettern schnell durch das Laubdach, springen von Ast zu Ast und halten sich dort mit ihren kräftigen Füßen fest. Fast alle Primaten besitzen flache Zehen- und Fingernägel.

Geschickte Hände durchsuchen das Fell nach Parasiten.

Die Meerkatze hält bei der Fellpflege still.

GESELLIGE FELLPFLEGE ►
Primaten verfügen über eine ausgeprägte Sozialstruktur. Manche leben in großen Gruppen, wohingegen andere feste Paarbindungen eingehen. Die gegenseitige Fellpflege (das »Lausen«) wie bei diesen Grünen Meerkatzen stärkt die Beziehung der Tiere. Gleichzeitig wird das Fell gereinigt und von unerwünschten Parasiten wie etwa Flöhen befreit.

@ Primaten

▲ BLICK NACH VORN
Primaten wie dieser Nachtaffe besitzen nach vorn gerichtete Augen, was ihnen ein beidäugiges Sehen ermöglicht. Die Bilder der Augen werden im Gehirn kombiniert, was eine exakte Entfernungsabschätzung ermöglicht.

PRIMATEN

MENSCHENAFFEN
Menschenaffen sind sehr intelligent. Sie besitzen keine Schwänze. Man unterteilt die Gruppe in die Kleinen (Gibbons) und Großen Menschenaffen (Orang-Utans, Bonobos, Schimpansen, Gorillas und Menschen).

AFFEN
Es gibt etwa 280 Affenarten, von denen die meisten Schwänze haben und über Äste laufen können. Man unterscheidet Neuweltaffen (Mittel- und Südamerika) und Altweltaffen (Afrika und Asien).

BUSCHBABYS
Buschbabys oder Galagos sind kleine, nachtaktive afrikanische Primaten. Sie sind mit den afrikanischen Pottos und den asiatischen Loris verwandt. Sie haben ein weniger ausgeprägtes Sozialleben als die höheren Affen.

LEMUREN
Lemuren leben nur auf der Insel Madagaskar vor der ostafrikanischen Küste. Sie sind näher mit den Buschbabys als mit den höheren Affen verwandt.

SIEHE AUCH ⏭ Altweltaffen 258 • Gibbons 260 • Gorillas 262 • Neuweltaffen 259 • Schimpansen 263

BUSCHBABYS

Die auch als Galagos bezeichneten Buschbabys hat man nach den babyähnlichen Schreien benannt, die sie im Dunkeln ausstoßen. Alle 27 Arten sind nachtaktiv und besitzen riesige Augen. Diese Baumbewohner ernähren sich von Früchten, Blüten, Insekten und Vogeleiern. Sie urinieren regelmäßig auf ihre Hände und Füße und hinterlassen so eine Duftspur zur Reviermarkierung.

◄ SEHEN BEI NACHT
Buschbabys besitzen besonders große Augen, mit denen sie den letzten Rest Licht wahrnehmen können. Manche Arten orientieren sich auch an den Geräuschen, die ihre Insektenbeute macht. Insekten ergreifen die Tiere aus der Luft, zerteilen und fressen sie. Der gute Geruchssinn lässt sie die von anderen Buschbabys hinterlassenen Geruchsmarken erkennen.

Buschbabys

SPRUNGKÜNSTLER ►
Das südafrikanische Zwergbuschbaby stößt sich mit den kräftigen Hinterbeinen von einem Ast ab. Buschbabys können selbst bei völliger Dunkelheit leicht von Ast zu Ast springen. Pottos und Loris sind mit den Buschbabys verwandt, bewegen sich aber langsamer und klettern lieber, als dass sie springen. Sie haben auch viel kürzere Schwänze als die Buschbabys.

SIEHE AUCH ⏭ Sinne 30–31

LEMUREN

Lemuren

Lemuren sind eine Primatengruppe, die auf der Insel Madagaskar lebt. Zu ihnen gehören mit dem nur 30 g schweren Zwerg-Mausmaki der kleinste Primat der Welt sowie größere Arten wie die Sifakas und der Indri. Die meisten Lemuren sind nachtaktiv, doch manche sind auch tagsüber unterwegs. Auf den Armen, der Brust oder dem Rumpf befinden sich Drüsen, die Gerüche zur Kommunikation mit anderen Lemuren erzeugen.

◄ TANZENDER SIFAKA
Lemuren besitzen lange Beine, mit denen sie in den Bäumen umherspringen, sind jedoch auf dem Boden nicht so beweglich. Kattas laufen auf allen vieren, wohingegen Larvensifakas in merkwürdiger aufrechter Position über offenes Gelände tanzen. Die Jungtiere halten sich auf dem Rücken der Mutter fest, bis sie selbstständig sind.

DOMINANTE WEIBCHEN ▲
Eine Gruppe von 5–25 Kattas besetzt ein Territorium. Anders als bei den meisten Säugetieren wird die Gruppe eher von den Weibchen als von den Männchen angeführt. Die Weibchen bekommen jeweils ein oder zwei Junge. Diese Lemuren ernähren sich von Blüten, Früchten, Blättern, Borke und Baumsäften.

SIEHE AUCH ⏭ Anpassung 18–19 • Pflanzenfresser 39 • Sinne 30–31

ALTWELTAFFEN

In der alten Welt (Afrika und Asien) gibt es mehr als 100 Affenarten. Guerezas und Languren ernähren sich hauptsächlich von Blättern. Andere wie Makaken, Paviane und Mandrills fressen Früchte, Samenkörner und Insekten. Altweltaffen besitzen schmalere Nasen mit mehr nach unten gerichteten Nasenlöchern als Neuweltaffen.

Die langen weißen Haare hängen herab.

◄ SCHWARZ-WEISSER GUEREZA
Guerezas und die verwandten Languren sind geschickte Kletterer. Dadurch können sie die Außenbereiche der Baumkronen erreichen, wo die frischen jungen Blätter wachsen. Bakterien im mehrkammrigen Magen helfen ihnen bei der Verdauung des Pflanzenmaterials. Trotzdem ist diese Nahrung nährstoffarm, sodass sie längere Zeit als andere Affen fressen müssen.

Die Eckzähne ragen aus dem Maul heraus.

Geschlechtsreife Männchen haben einen Kinnbart und einen weißen Schnurrbart.

GRELLES AUSHÄNGESCHILD ►
Der Mandrill ist ein sehr großer Altweltaffe und verbringt die meiste Zeit auf dem Waldboden. Nur zum Schlafen steigt er nachts auf die Bäume. Die Männchen besitzen auffällig rotblau gezeichnete Nasen und Furcht erregende Eckzähne. Diese Eigenschaften dienen dem Abschrecken männlicher Rivalen und von Raubtieren wie dem Leoparden.

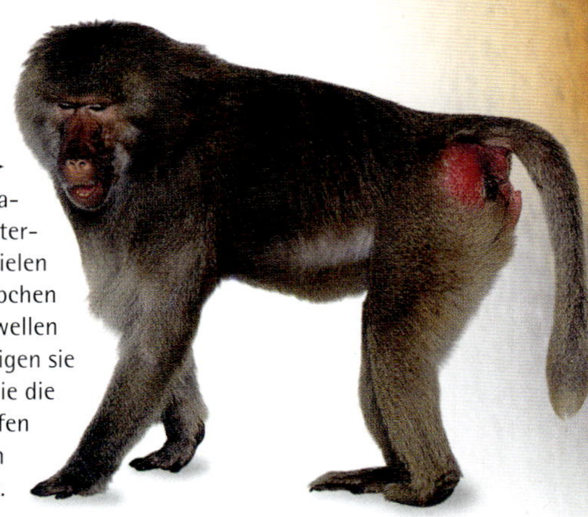

ROT SEHEN ►
Altweltaffen wie dieser Guineapavian können sich auf ihre Hinterteile setzen, die von harten Schwielen geschützt werden. Bei Weibchen können diese Schwielen anschwellen und leuchtend rot werden. So zeigen sie ihre Paarungsbereitschaft an. Wie die Menschen können auch alle Affen Farben sehen und reagieren besonders auf die Farbe Rot.

◄ DAMPFBÄDER
Die große Mehrheit der Affen lebt in den Tropen, doch eine Makakenart kommt in Nordjapan vor. Die Affen wärmen sich in kalten Wintern mit Bädern in warmen Quellen auf. Das Wasser wird von heißem Gestein unterhalb der Erdoberfläche erhitzt. Wie die meisten Makaken und Paviane leben die Japanmakaken in großen Gruppen. Ihre Mitglieder verbringen viel Zeit mit der gegenseitigen Fellpflege und entfernen dabei Blut saugende Parasiten. Dieser Sozialkontakt verstärkt die Bindungen zwischen den Affen der Gruppe und hilft Spannungen abzubauen.

@ ►► Affen

SIEHE AUCH ►► Eigenschaften der Tiere 10–11 • Gibbons 260 • Gorillas 262 • Primaten 256

NEUWELTAFFEN

In den Regenwäldern Mittel- und Südamerikas leben über 100 Affenarten, die man Neuweltaffen nennt. Zu ihnen gehören Krallenaffen, Tamarine, Brüllaffen, Kapuzineraffen, Klammeraffen und Totenkopfäffchen. Sie besitzen flachere Gesichter und mehr nach vorn gerichtete Nasenlöcher als die Altweltaffen. Manche haben auch einen muskulösen Greifschwanz. Sie können in kleinen Familien oder in Gruppen von 100 oder mehr Tieren leben.

Affen

◄ MUNTERE KLETTERER
Brüllaffen und Kapuzineraffen wie dieser Braune Kapuziner besitzen spezielle Greifschwänze. Wie ein zusätzliches Bein verschaffen sie dem Affen Halt an den Ästen und helfen sein Gewicht zu tragen. Alle Neuweltaffen sind Baumbewohner. Sie sind sehr aktive, kletterfreudige Tiere, die sich schnell von Baum zu Baum bewegen, meistens ganz oben in den höchsten Baumkronen.

GROSSE VIELFALT

WOLLAFFE
Der Wollaffe besitzt ein sehr dickes olivgraues Fell und einen dunklen Kopf. Er lebt in den amazonischen Regenwäldern von Südkolumbien bis Brasilien. Wie andere Neuweltaffen markiert er die Bäume mit seinen Duftmarken.

KAISERSCHNURRBART-TAMARIN
Der am Schnurrbart leicht zu erkennende Affe ernährt sich hauptsächlich von Insekten. Wie die meisten Krallenäffchen und Tamarine des brasilianischen Regenwalds ist er durch den Verlust des Lebensraums bedroht.

GEHAUBTER KAPUZINER
Wie die meisten Neuweltaffen sind Kapuziner polygam: Sie leben in einer Gruppe, die von einem Männchen angeführt wird, das sich mit allen Weibchen paart. Es ist älter und stärker als die anderen Männchen, die sich nicht vermehren können.

◄ BRÜLLAFFE
In der Morgen- und Abenddämmerung stoßen Brüllaffen laute Rufe aus, die viele Kilometer weit gehört werden können. So verteidigt eine Gruppe ihr Revier und damit die Nahrung liefernden Bäume gegen andere Brüllaffengruppen, ohne in Kämpfe verwickelt zu werden. Die seltsam heulenden Rufe werden durch den Kehlsack der Affen verstärkt.

◄ WINZLING
Krallenaffen wie dieses Weißbüscheläffchen messen einschließlich des Schwanzes meist weniger als 30 cm. Ihre Gesichter sind rosa oder schwarz und viele tragen Haarbüschel oder -mähnen. Krallenaffen huschen auf der Suche nach Früchten, Baumsaft, Blüten oder Insekten durch die Äste. Dieses Tier hält eine Insektenlarve in der Hand.

SIEHE AUCH ⏭ Primaten **256** • Regenwälder **60–61**

ARM FÜR ARM ▲
Die Fotoserie zeigt einen Siamang, wie er sich durch den Wald bewegt. Bei langsamer Fortbewegung greifen die Gibbons nach dem nächsten Ast, bevor sie den ersten loslassen. Wenn es schnell gehen muss, vollführen sie dabei auch spektakuläre Sprünge. Diese Art der Fortbewegung nennt man Schwinghangeln oder Brachiation. Der Siamang lebt in Malaysia und Sumatra. Er ist mit 90 cm Länge der größte Gibbon. Mit seinem aufblasbaren Kehlsack kann er die Lautstärke seiner Rufe verstärken.

GIBBONS

In den Regenwäldern Südostasiens leben zwölf Gibbonarten. Die schlanken Affen schwingen sich mit ihren langen Armen durch die Baumkronen. Gibbonpaare bleiben ihr Leben lang zusammen und stimmen gemeinsam täglich, meistens in der Morgendämmerung, ihre Gesänge an. Ihre seltsam heulenden Rufe sind weithin zu hören. Das Singen stärkt die Paarbindung und demonstriert den Anspruch auf das Revier. Bei manchen Arten sind die Geschlechter unterschiedlich gefärbt.

@ ⏭ Gibbons

GIBBON-SKELETT

Das Skelett des Gibbons ist an die schnelle Bewegung in den Bäumen angepasst. Mit den langen Knochen der Gliedmaßen ist es leichter gebaut als das der anderen Menschenaffen. Die Wirbelsäule ist lang und biegsam, sodass sie schnelle Richtungsänderungen ermöglicht. Schulter- und Handgelenke sind sehr beweglich und ermöglichen es dem Gibbon, sich ohne loszulassen umzudrehen, während er an einem Baum hängt. Wie die anderen Menschenaffen haben Gibbons keinen Schwanz.

◄ FRÜCHTE DES WALDES
Gibbons wie dieser Borneo-Gibbon fressen am liebsten reife Früchte. Sie nehmen auch junge Blätter und Triebe sowie Insekten an. Tagsüber durchstreift die Familie auf der Suche nach Früchten ihr Revier. Ansonsten ruhen sich die Tiere aus und beschäftigen sich mit gegenseitiger Fellpflege.

SIEHE AUCH ⏭ Fortbewegung **28–29** • Gorillas **262** • Körperbau **26–27** • Primaten **256** • Schimpansen **263**

ORANG-UTANS

Orang-Utans besitzen zotteliges, rostrotes Fell und leben in den Regenwäldern Südostasiens. Eine Art lebt auf der Insel Borneo, die andere auf Sumatra. Die Tiere können gut klettern und schwingen sich von Ast zu Ast. Männchen suchen den Waldboden öfter als die Weibchen auf, die fast ausschließlich in den Bäumen bleiben. Orang-Utans ernähren sich von Früchten und Blättern, fangen aber ab und zu auch kleine Tiere wie Eidechsen. Die Nahrung kauen sie mit ihrem kräftigen Gebiss.

▲ LANGSAME VERMEHRUNG
Junge Orang-Utans sind bis zum Alter von etwa zehn Jahren von ihren Müttern abhängig – viel länger als etwa Schimpansen. Ein Weibchen kann nur drei oder vier Junge im Leben bekommen. Daher wächst eine Orang-Utan-Population nur sehr langsam. Das Abholzen der Wälder und die Wilderei haben zu einer raschen Abnahme der Bestände geführt, von der sie sich wohl nicht erholen werden. Beide Orang-Utan-Arten sind bedroht.

ERWACHSENES MÄNNCHEN ►
Orang-Utan bedeutet in der malaiischen Sprache »Waldmensch«. Männchen wie dieses aus Sumatra bekommen flache Gesichter mit auffälligen Backenwülsten. Sie werden mit ihren kräftigen Körpern doppelt so groß wie die Weibchen.

◄ ROTER AFFE
Der junge Borneo-Orang-Utan schwingt an einer Liane durch den Regenwald. Orang-Utans sind schwerer als Gibbons und daher etwas langsamer, können aber auch schnell vorwärts kommen, wenn es nötig ist. Außer den Weibchen mit ihren Babys sind Orang-Utans Einzelgänger, die sich oft auch dann ignorieren, wenn sie im gleichen Baum fressen. In der Abenddämmerung bauen sie sich aus Zweigen ein Schlafnest.

@ ⏭ Orang-Utans

GORILLAS

Es gibt zwei Gorilla-Arten: den Flachland- und den Berggorilla. Diese größten Menschenaffen leben in den dichten Regenwäldern in Teilen von Zentral- und Westafrika. Trotz ihrer enormen Stärke handelt es sich um friedliche Pflanzenfresser, die sich von Blättern, Trieben und Früchten ernähren. Alle Gorillas sind vom Aussterben bedroht. Ihre Zahl nimmt durch den Verlust ihrer Lebensräume und die Wilderei sehr schnell ab.

▲ RUHEPAUSE
Diese seltenen Berggorillas leben auf den bewaldeten Vulkanen Ruandas und Ugandas. Gorillas bilden Familienverbände von 5–40 Tieren. In jeder Gruppe gibt es ein oder manchmal auch zwei dominante Männchen, mehrere erwachsene Weibchen und ihren Nachwuchs. Gorillas ruhen sich in der Mittagszeit gemeinsam aus, bevor sie wieder auf Nahrungssuche gehen.

Gorillas

◄ SILBERRÜCKEN
Ausgewachsene Gorillamännchen nennt man Silberrücken, weil sich ihr Fell im Alter silbern färbt. Sie werden 1,90 m groß und über 200 kg schwer, doppelt so schwer wie die Weibchen. Verglichen mit den meisten anderen Primaten sind sie sehr kompakt gebaut. Die Kiefermuskeln setzen an einem Knochenkamm auf dem Schädel an.

▲ KNÖCHELLAUF
Dieses Weibchen des Östlichen Flachlandgorillas läuft auf den Knöcheln, wie es alle Gorillas auf dem Boden tun. Sie ballen die Hände zu Fäusten, sodass die Knöchel den Boden berühren. Sie können sich auch auf die Hinterbeine aufrichten. Da diese Haltung anstrengend ist, wird sie nur als Drohgebärde benutzt. Gorillas leben hauptsächlich auf dem Boden, obwohl sie auf der Suche nach Früchten auch auf Bäume klettern können.

SIEHE AUCH ⏭ Fortpflanzung 44–45 • Gibbons 260 • Orang-Utans 261 • Pflanzenfresser 39 • Primaten 256 • Säugetiere 240–241

SCHIMPANSEN

Schimpansen sind die nächsten Verwandten der Menschen und haben mit ihnen 98–99 % ihrer Gene gemeinsam. Es gibt zwei Arten. Der gewöhnliche Schimpanse lebt in Wäldern und Steppen in West- und Zentralafrika. Der weniger bekannte Bonobo kommt nur in den Regenwäldern der Demokratischen Republik Kongo vor. Beide Arten schlafen und fressen in Bäumen. Auf dem Boden laufen sie auf ihren Knöcheln.

BONOBO-FAMILIE ▲
Bonobos oder Zwergschimpansen sind etwas leichter gebaut als die gewöhnlichen Schimpansen. Sie haben schwarze Gesichter, während die der anderen Schimpansen rosa, schwarz oder braun sein können. Die Weibchen sind bei den Bonobos dominant. Die Jungen bleiben fünf Jahre lang bei ihrer Mutter.

◄ SPIELENDER SCHIMPANSE
Schimpansen sind sehr verspielte und gesellige Tiere. Besonders Jungtiere verbringen viel Zeit damit, durch das Unterholz zu toben. Sie jagen sich, ringen, schwingen sich von Ast zu Ast und lernen so wichtige Überlebenstechniken. Schimpansen sind sehr intelligent. Sie können viele Kunststücke und Fähigkeiten erlernen, wenn sie trainiert werden.

SCHIMPANSENSPRACHE

Mit mehr als 30 verschiedenen Rufen und einer Vielzahl von Gesichtsausdrücken und Gesten können sich Schimpansen gut verständigen. Wie Menschen lächeln sie, wenn sie glücklich sind. Sie zeigen die Zähne, wenn sie Angst haben, und spitzen die Lippen, wenn sie sich unterlegen fühlen. Einige Schimpansen haben gelernt, sich mit Menschen oder Artgenossen per Zeichensprache zu unterhalten.

Die beweglichen Lippen sorgen für verschiedene Gesichtsausdrücke.

WERKZEUGBENUTZUNG ▼
Diese Schimpansen stochern nach Termiten. Sie stecken einen dünnen Stock oder Grasstängel in den Hügel und lecken die daran haftenden Termiten ab. Schimpansen benutzen auch Steine als Nussknacker und Stängel mit Blättern als Fliegenklatsche. Es dauert viele Jahre und bedarf einiger Übung, bis die jungen Tiere diese Werkzeuge beherrschen. Manche von ihnen lernen es nie.

@ Schimpansen

Im Termitenhügel leben Millionen von Termiten.

Der erwachsene Schimpanse stochert mit einem Stock nach den Termiten.

Der junge Schimpanse lernt von den erwachsenen.

SIEHE AUCH ⏭ Gibbons **260** • Orang-Utans **261** • Primaten **256** • Säugetiere **240–241** • Termiten **115**

◄ FRISCHE BEUTE
Fleischfresser wie diese Geparden müssen entweder lebende Tiere erbeuten oder sich vom Aas toter Tiere ernähren. Verschiedene Raubtiere stellen unterschiedlicher Beute nach. Geparden sind die schnellsten Jäger und erbeuten daher oft die flinken Antilopen. Nachdem sie ihr Opfer durch einen Biss in die Kehle getötet haben, verschlingen sie sein Fleisch in großen Brocken.

RAUBTIERE

@ ⏭ Raubtiere

Raubtiere ernähren sich von Fleisch oder anderen Teilen eines Tiers wie der Haut und den Knochen, können aber auch Pflanzen fressen. Rund 250 Arten auf der ganzen Welt gehören zu den Raubtieren. Vom 30 cm langen Wiesel bis zum riesigen Bär treten sie in den unterschiedlichsten Größen auf. Zu den Raubtieren gehören auch Katzen, Hunde, Hyänen, Otter, Dachse, Waschbären, Stinktiere, Marder und Schleichkatzen.

KIEFER UND ZÄHNE

Raubtiere besitzen lange Eckzähne und kräftige Reißzähne. Die Muskeln im oberen Teil des Schädels ermöglichen einen schraubstockartigen Biss zum Festhalten der Beute. Die Muskeln seitlich des Kiefers verleihen die Kraft, um das Fleisch zu zerteilen.

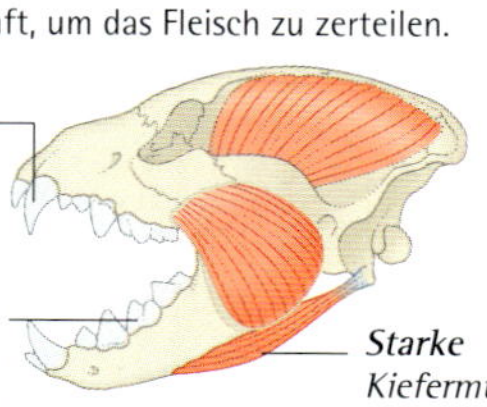

OPPORTUNIST ▲
Der südamerikanische Grison gehört zur gleichen Gruppe wie die Wiesel, Dachse und Otter. Diese Tiere nennt man Marderartige. Sie haben meistens lang gestreckte Körper und kurze Beine. Viele Marder sind Opportunisten – sie fressen, was gerade zu bekommen ist. Zur Beute können Nagetiere, Schlangen, Eidechsen, Frösche, Vögel und Eier gehören.

◄ ATHLETISCHER KÖRPER
Die meisten Raubtiere finden ihre Beute mit ihrem ausgezeichneten Geruchssinn. Zusätzlich sind viele mit ihren muskulösen Körpern athletisch gebaut. Bei schnell laufenden Arten wie dieser Streifenhyäne sind die meisten Fußknochen zu einem Teil des Beins geworden, sodass das Tier auf seinen Zehenspitzen läuft.

SIEHE AUCH ⏭ Bären **274–275** • Dachse **279** • Fleischfresser **38** • Großkatzen **268** • Hunde **272** • Marder **277** • Otter **278**

KLEINKATZEN

Es gibt fast 40 Katzenarten, von denen rund 30 zu den Kleinkatzen gehören. Sie unterscheiden sich von den Großkatzen nicht nur durch ihre Größe, sondern auch dadurch, dass sie nicht brüllen können. Kleinkatzen sind Einzelgänger, die in Wäldern, Steppen oder Feuchtgebieten leben können. Hauskatzen stammen wahrscheinlich von der afrikanischen Falbkatze ab, die im alten Ägypten gehalten und verehrt wurde.

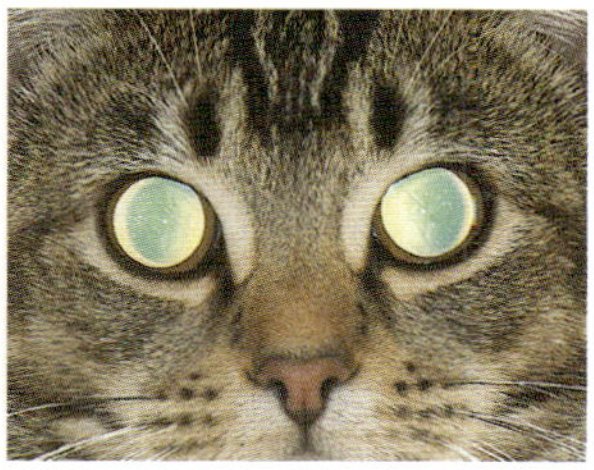

▲ NACHTSICHTIG
Katzen müssen im Dunkeln gut sehen können, da sie oft nachts jagen. Daher besitzt das Katzenauge hinter der Netzhaut eine zusätzliche Schicht, die das einfallende Licht reflektiert und wieder durch die Netzhaut schickt. Durch diese Schicht scheint das Auge zu leuchten, wenn Licht hineinfällt.

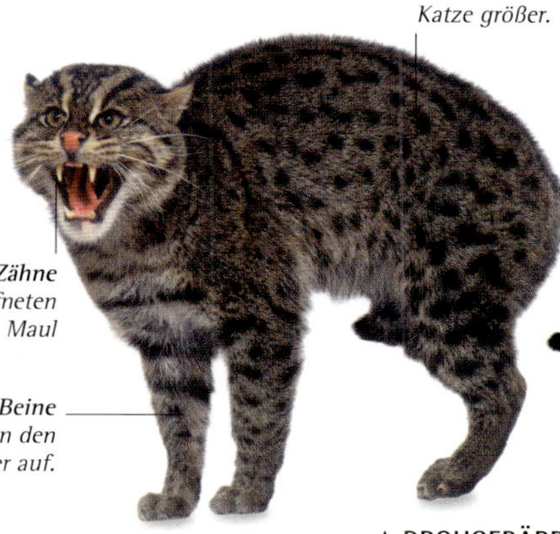

▲ DROHGEBÄRDE
Die Fischkatze, die in südasiatischen Sümpfen lebt, droht einem Gegner. Wenn Kleinkatzen sich bedroht fühlen, fauchen sie laut. Sie machen einen Buckel und sträuben ihr Fell, um auf diese Weise größer zu wirken.

Kleinkatzen

◄ ANSCHLEICHEN
Kleinkatzen können nicht auf brutale Kraft setzen, sondern müssen sich an die Beute anschleichen. Dieser Rotluchs demonstriert das Verhalten. An den Boden gedrückt nähert er sich seiner Beute. Wenn er nah genug ist, springt er plötzlich und bringt einen tödlichen Biss im Genick des Opfers an.

KLEINKATZENARTEN

BENGALKATZE
Mit ihrem gefleckten Fell erinnert die südostasiatische Bengalkatze an einen Leoparden. So ist sie in schattigen Wäldern und zwischen dichten Pflanzen gut getarnt. Die Bengalkatze kann sehr gut klettern.

KANADISCHER LUCHS
Der Kanadische Luchs ist 1,10 m lang, hat einen kurzen Schwanz und Haarbüschel auf den Ohren. Er lebt in Alaska, Kanada und den nördlichen USA. Schneehasen, Rehe und Nagetiere gehören zu seiner Beute.

SANDKATZE
Die Sandkatze Nordafrikas und des Mittleren Ostens ist mit 50 cm Länge eine der kleinsten Katzen der Welt. Das Fell tarnt sie in ihrer Wüstenheimat gut und die Haare auf den Fußsohlen schützen vor heißem Sand.

OZELOT
Der in mittel- und südamerikanischen Wäldern lebende Ozelot ist ein guter Kletterer und Schwimmer. Die Reviere der Männchen und Weibchen überlappen sich. Viele Ozelots sind wegen ihres Fells getötet worden.

PUMA
Der auch als Berglöwe bezeichnete Puma ist die größte Kleinkatze. Er lebt in den Rocky Mountains und den Anden, von Kanada bis zur Südspitze Südamerikas. Sogar in den Sümpfen Floridas leben einige Pumas.

SIEHE AUCH ⏭ Artenschutz 22–23 • Großkatzen 268 • Sinne 30–31 • Systematik 12–13 • Wüsten 58–59

GEPARD

Als schnellstes Landtier kann der Gepard bei der Verfolgung der Beute über 100 km/h erreichen. Ein solcher Sprint dauert nur 10–20 Sekunden – dann ermüdet der Gepard und muss aufgeben. Etwa die Hälfte aller Jagdversuche endet vergeblich. Um Erfolg zu haben, muss sich der Gepard vor dem Spurt nahe genug an die Beute heranschleichen. Wenn er sie erreicht hat, tötet er sie durch einen Biss in den Hals.

@ ⏭ Großkatzen

Wissenschaftlicher Name: *Acinonyx jubatus*

Ordnung: Carnivora (Raubtiere)

Klasse: Mammalia (Säugetiere)

Verbreitung: Steppe, Buschland und trockene Wälder südlich der Sahara. In Indien ist er fast ausgestorben.

Gefährdung: vom Aussterben bedroht

Länge: 1,1–1,5 m

Gewicht: 21–72 kg

Nahrung: hauptsächlich mittelgroße Weidetiere wie die Thompson-Gazellen und Impalas sowie die Kälber der Gnus

Fortpflanzung: Männchen sind mit drei, Weibchen mit zwei Jahren geschlechtsreif. Junge werden ganzjährig, vor allem in der Regenzeit geboren.

Zahl der Jungen: bis zu sechs Junge pro Wurf, meistens aber nur drei oder vier

SIEHE AUCH ⏭ Großkatzen **268** • Raubtiere **264–265**

GROSSKATZEN

Zu den Großkatzen rechnet man den Löwen, den Tiger, den Jaguar, den Leoparden und den Schneeleoparden. Der Gepard nimmt eine Sonderstellung ein und der Nebelparder scheint zwischen den Klein- und den Großkatzen zu stehen. Großkatzen sind gefürchtete Jäger, wobei jede Art ihre Jagdtechnik an ihren Lebensraum und ihre Beute angepasst hat. Die Zahl der meisten Großkatzen nimmt wegen der Zerstörung des Lebensraums und der Jagd auf sie ab.

▲ KLETTERER
Leoparden sind die einzigen Großkatzen, die regelmäßig Bäume besteigen. Sie ruhen sich tagsüber im Geäst aus und gehen nachts auf dem Boden auf die Jagd. Sie zerren ihre Beute oft auf einen Baum, um sie vor Löwen und Hyänen in Sicherheit zu bringen. Leoparden kommen in Afrika südlich der Sahara und in Teilen Asiens vor.

Großkatzen

◄ GEFLECKTES FELL
Die Zeichnung der Großkatzen löst ihre Umrisse auf, sodass sie von ihrer Beute schlechter zu erkennen sind. Jede hat ein bestimmtes Muster. Dieser Jaguar trägt schwarze Rosetten auf sandfarbenem Untergrund – ideal, um mit den Lichtern und Schatten der Wälder zu verschmelzen. Die Rosetten tragen meist einen dunklen Fleck in der Mitte. Beim Leoparden fehlen diese Flecken.

LEOPARDENFELL

◄ SCHNEEKATZE
Der Schneeleopard oder Irbis lebt in den Bergen Zentralasiens. Sein dickes Fell hält ihn warm und die blasse Zeichnung tarnt ihn, wenn er sich zwischen Felsen und Schneeflächen an seine Beute heranschleicht. Wie die Leoparden und Jaguare sind die Schneeleoparden Einzelgänger. Sie treffen selten auf Menschen.

◄ FARBVARIANTE
Manche Leoparden und Jaguare tragen statt des üblichen Fleckenmusters ein schwarzes Fell. Diese Eigenschaft wird als Melanismus bezeichnet und ist wie die Augenfarbe bei Menschen genetisch festgelegt. Melanistische Leoparden werden auch als Schwarze Panter bezeichnet. Sie kommen relativ häufig in Malaysia vor.

SIEHE AUCH ⏭ Gebirge **66** • Gepard **266–267** • Kleinkatzen **265** • Raubtiere **264** • Säugetiere **240–241**

LÖWEN

Löwen sind die geselligsten Großkatzen und leben in Rudeln zusammen. Sie stehen an der Spitze der Nahrungskette und stellen ein Wahrzeichen der afrikanischen Steppe dar. Löwen sind durch den Verlust ihres Lebensraums bedroht, sind in Nationalparks jedoch geschützt. In Asien leben im Gir-Wald in Nordwest-Indien Löwen, von denen es aber nur noch 300 Tiere gibt.

KÖNIG DER LÖWEN ►
Löwen können verschiedene Laute erzeugen. Eine Löwin kann ihre Jungen rufen oder sie mit Fauchen oder Knurren zurückweisen. Männchen brüllen, um dem Rudel ihre Position anzuzeigen oder Rivalen zu verscheuchen. Das Brüllen ist 8 km weit zu hören.

TEAMFÄHIG ►
Zu jedem Rudel gehören ein bis drei erwachsene Löwenmännchen und bis zu zehn Weibchen sowie ihre Jungen. Die Löwinnen jagen die meiste Beute für das Rudel, entweder allein oder gemeinsam. Durch ihre Zahl können sie sich auch an größere Beute heranwagen, etwa Giraffen, Büffel oder Gnus. Trotzdem können sie ernste Verletzungen durch die Hufe und Hörner der Beute davontragen. Nach einer erfolgreichen Jagd beteiligt sich das ganze Rudel am Festmahl.

@ ⏭ Löwen

◄ GRÖSSENUNTERSCHIED
Löwenmännchen werden bis zu 2,50 m lang und über 1 m hoch. Löwinnen sind leichter und besitzen keine Mähne. Sie lecken das Fell der Männchen und der höherrangigen Löwinnen als Zeichen ihrer Unterordnung. Obwohl das ranghöchste Männchen selten auf Jagd geht, verteidigt es das Rudel gegen andere Männchen.

PRÄHISTORISCHE GROSSKATZE

Im Zeitraum von vor 23 bis vor 2 Millionen Jahren waren große Teile des Festlands von riesigen Grasländern bedeckt, in denen löwenähnliche Großkatzen lebten. *Eusmilus* war eine Säbelzahnkatze, die etwa so groß wie eine heutige Löwin war. Ihre Fossilien sind in Nordamerika und Südfrankreich gefunden worden. Die Eckzähne waren jedoch vermutlich nicht zum Töten der Beute geeignet.

SIEHE AUCH ⏭ Gepard **266–267** • Grasländer **56–57** • Huftiere **289** • Raubtiere **264** • Tiger **270**

TIGER

Der Tiger ist die größte und eine der am meisten gefährdeten Großkatzen. Es sind neun Unterarten bekannt, von denen drei bereits ausgestorben sind. Jede Unterart unterscheidet sich von der anderen in Größe und Zeichnung und ist nach ihrem Herkunftsgebiet benannt. Tiger schleichen sich an ihre Beute an und überfallen sie dann von hinten. Sie ernähren sich von großen Tieren des Waldes und der Grasländer, etwa Rindern und Hirschen.

▲ GESTREIFTE KATZE
Die Streifen dieses Bengaltigers tarnen ihn im hohen Gras, sodass seine Beute ihn nicht bemerkt. Tiger sind Einzelgänger, die ein Revier verteidigen, das so groß ist, dass es sie ernähren kann. Die einzige Ausnahme bilden die Weibchen mit ihren Jungen, die zwei oder drei Jahre lang eine Familie bilden, bis die Jungen selbstständig sind. Der Bengaltiger, die häufigste Unterart, lebt in den Wäldern und Steppen von Indien, Bangladesch, Nepal, Bhutan und Myanmar.

STÄRKE MESSEN ►
Der Sibirische Tiger ist die größte Unterart. Er lebt in den kalten Wäldern Russlands, Chinas und Nordkoreas. Diese beiden Tiger kämpfen spielerisch. Das Spiel ist für Raubtiere wichtig, um die richtigen Techniken zum Jagen, Anschleichen, Springen und Zubeißen zu lernen. Diese Spiele sehen sehr rau aus, enden aber selten mit ernsten Wunden.

SIEHE AUCH ⏭ Artenschutz 22–23 • Großkatzen 268 • Kleinkatzen 265 • Raubtiere 264 • Säugetiere 240–241

▲ BEDROHTE TIGER
In der Natur gibt es keine 5000 Tiger mehr. Manche Unterarten umfassen kaum noch 500 Tiere. Obwohl die meisten Tiger heute in Reservaten leben, sind sie trotzdem durch die Wilderei bedroht. Zuchtprogramme mit gefangenen Tieren wie diesem Sumatratiger retten sie vielleicht vor der Ausrottung.

TIGERJUNGES ►
Ein Wurf zählt bei den Tigern meist zwei oder drei Junge. Sie ernähren sich die ersten beiden Monate von Milch und beginnen dann Fleisch zu fressen. Die Hälfte aller Jungen stirbt während des ersten Jahres. Sie werden von anderen Tigern angegriffen oder verlieren ihre Mutter durch Waldbrände oder Wilddiebe.

MANGUSTEN

Mangusten sind kleine, schlanke Raubtiere, die in Afrika und im südlichen Asien leben. Die flinken Tiere erbeuten Insekten, Skorpione und kleine Wirbeltiere. Viele der über 30 Arten sind Einzelgänger, doch manche leben in großen Kolonien. Die geselligen Arten sind meist tagaktiv, während die Einzelgänger eher nachts auf Nahrungssuche gehen und auch größer sind.

@ ►► Mangusten

FLINKER JÄGER ▲
Die neugierigen Zebramangusten leben in Gruppen von 15–20 Tieren. Sie fressen fast alles, was sie bekommen können, etwa Insekten, Mäuse, Vogeleier, Früchte und Schlangen. Wie alle Mangusten haben sie Drüsen am Schwanzansatz, mit deren streng riechendem Sekret sie ihr Revier markieren.

▲ FUCHSMANGUSTE
Mangusten verstecken und vermehren sich in Bauen. Sie können sie selbst graben, Felsspalten oder Termitenhügel benutzen oder alte Tierbaue übernehmen. Fuchsmangusten leben im Familienverband mit einem Elternpaar, den Jungen und mehreren sich nicht fortpflanzenden Erwachsenen.

WACHE STEHEN ►
Erdmännchen oder Surikaten sind in großen Gruppen in Grasländern und Halbwüsten lebende Mangusten. Die Geselligkeit hat den Vorteil, dass sich mindestens ein Erdmännchen nach Gefahren umsieht, während die anderen fressen. Der Wächter bellt Alarm, wenn etwa ein Adler auftaucht, und alle Tiere verschwinden im Bau.

HUNDE

Die meisten Menschen stellen sich Hunde als liebenswerte Haustiere oder zum Beispiel als Polizeihunde vor. Es gibt aber auch 35 verschiedene Arten wilder Hunde, die wissenschaftlich als Canidae (Hundeartige) bezeichnet werden. Dazu gehören Schakale, Füchse und Wölfe. Hunde sind gute Läufer mit ausgezeichnetem Gehör und Geruchssinn. Sie sind sehr gesellig und leben und jagen oft in Rudeln.

AUSTRALISCHER HUND ►
Wie dieser Dingo besitzen alle Hunde sehr empfindliche Nasen. Unter Hunden ist der Geruch sehr wichtig. Er dient der Kommunikation, beispielsweise bei der Markierung von Revieren durch Urin. Der Dingo, ein vor langer Zeit verwilderter Haushund früher Einwohner, ist das größte Raubtier Australiens. Er frisst Kaninchen, gelegentlich aber auch Schafe.

▲ SPIELENDE SCHAKALE
Schabrackenschakale leben in Ost- und Südafrika. Sie jagen kleine Tiere, etwa Nagetiere, fressen aber auch Aas. Paare bleiben ihr Leben lang zusammen. Sie werden oft von den Jungen des vorigen Jahres begleitet, die bei der Aufzucht des nächsten Wurfs helfen. Schakalfamilien spielen regelmäßig. Beim Spiel lernen die jungen Schakale, wie man jagt. Außerdem stärkt es die Beziehungen zwischen den verwandten Tieren.

◄ HEULENDER KOJOTE
Der nordamerikanische Kojote wirft beim Heulen den Kopf in den Nacken. Das Heulen ist eine Kommunikationsform, mit der das Rudel zusammengehalten wird und andere Kojoten gewarnt werden. Jedes einzelne Tier kann am Heulen erkannt werden. Hunde bellen, knurren und winseln auch.

@ ⏭ Hunde

HAUSHUNDE

Haushunde sind vor rund 10 000 Jahren durch Zuchtwahl aus Wölfen entstanden. Heute gibt es über 450 Rassen, die sich in Gestalt, Haarlänge und -farbe sowie der Größe unterscheiden. Die Rassen wurden zu verschiedenen Zwecken gezüchtet. Der Dackel kann Kaninchen und Dachse in ihre Baue verfolgen, während Windhunde sehr schnell laufen können. Der Bergamasker Hirtenhund bewacht Schafherden.

DACKEL

WINDHUND

BERGAMASKER HIRTENHUND

FÜCHSE

Füchse sind Einzelgänger, die kleine Beute wie Nagetiere, Insekten und Würmer jagen. Es gibt rund 20 als Füchse bezeichnete Arten, die alle einen schlanken Körper und einen buschigen Schwanz besitzen. Sie sind meist in der Dämmerung aktiv und verbringen den Tag in ihrem Bau, den sie zwischen Steinen und Wurzeln graben oder von einem anderen Tier übernehmen. Füchse kommen in Wüsten, Steppen und Wäldern vor. Der Eisfuchs lebt in der Tundra.

◄ KLETTERNDER FUCHS
Der Graufuchs lebt in Wäldern, wo er auf Bäume klettert, um Gefahren zu entgehen oder Beute zu jagen. Deshalb wird er manchmal auch Baumfuchs genannt. Er frisst auch Früchte und Sämereien. Anders als bei anderen Füchsen befindet sich sein Bau oft in einer Baumhöhle oder einem Dachstuhl. Der Graufuchs lebt in Mittelamerika und im Süden und Westen der USA.

ROTFUCHS ►
Füchse sind geschickte Jäger und erbeuten kleine Tiere oft im Sprung. Sie sind auch sehr anpassungsfähig. Viele Rotfüchse ernähren sich als Kulturfolger in menschlichen Siedlungen von Abfällen. Rotfüchse haben ein sehr großes Verbreitungsgebiet und kommen in Nordamerika, Europa und Asien vor. In Australien sind sie durch den Menschen eingeschleppt worden.

SIEHE AUCH ⏭ Aasfresser 41 • Polargebiete 70 • Raubtiere 264 • Sinne 30–31

WÖLFE

Wölfe sind die größten Hundeartigen und haben das am stärksten ausgeprägte Sozialverhalten. Der Wolf ist mit dem Äthiopischen Wolf, dem Kojoten und dem Rotwolf verwandt, der nur noch in Nord-Carolina (USA) vorkommt. Wölfe werden in vielen Teilen ihres Verbreitungsgebietes verfolgt, weil sie Nutztiere töten. Daher kommen sie heute vor allem in Gegenden wie der Tundra und in nördlichen Nadelwäldern vor.

GROSSES RAUBTIER ▲
Ein erwachsener Wolf wird 1 m hoch und wiegt bis zu 60 kg. Abhängig vom Lebensraum können Größe und Fellfarbe unterschiedlich sein. Die Wölfe der nordamerikanischen Tundra sind beispielsweise schwerer und haben ein helleres Fell als die weiter südlich vorkommenden so genannten Timberwölfe.

◄ TEILEN DER BEUTE
Ein Wolfsrudel besteht meistens aus acht bis zwölf Tieren und verteidigt ein sehr weitläufiges Revier. Das Rudel wird von einem für Nachwuchs sorgenden Pärchen angeführt, dem Alpha-Männchen und dem Alpha-Weibchen. Das Rudel jagt gemeinsam und kann so große Tiere wie Elche, Rentiere und Bisons erlegen.

SIEHE AUCH ⏭ Evolution 16–17 • Nadelwälder 65 • Polargebiete 70 • Raubtiere 264

◄ **GEBALLTE KRAFT**
Der Grizzly ist eine nordamerikanische Form des Braunbärs. In jedem Herbst versammeln sich viele Bären an den Flüssen, wenn die Lachse aus dem Meer zum Laichen stromaufwärts schwimmen. Grizzlys sind eindrucksvolle Raubtiere mit starken Zähnen und Krallen, die bis zu 15 cm lang werden können. Sie sind Allesfresser und fressen sowohl Pflanzen als auch Tiere, etwa Fische, Nagetiere, junge Bisons und Hirsche.

BÄREN

Bären sind die größten Landraubtiere. Ein ausgewachsener Eisbär kann bis zu 800 kg wiegen und aufgerichtet auf den Hinterbeinen über 3 m hoch sein. Bären sind kräftige, aber auch anpassungsfähige Raubtiere. Die meisten haben ein großes Nahrungsspektrum, das davon abhängt, was gerade zu finden ist. Bären sind normalerweise Einzelgänger. Außer Weibchen mit ihren Jungen findet man kaum mehrere gemeinsam. Einschließlich des Großen Pandas gibt es acht Bärenarten, die auf jedem Kontinent mit Ausnahme von Australien und der Antarktis zu finden sind.

BÄRENARTEN

SYRISCHER BRAUNBÄR
Dies ist eine von mehreren Unterarten des Braunbärs. Er lebt in den bewaldeten Hügeln und Gebirgen West- und Zentralasiens. Er ist relativ kurzhaarig, setzt wenig Fett an und ist die meiste Zeit des Jahres aktiv.

SCHWARZBÄR
Der amerikanische Schwarzbär ist der am häufigsten vorkommende Bär. Er besucht auch menschliche Siedlungen und durchwühlt die Mülltonnen nach Fressbarem. Trotz des Namens ist er oft braun oder zimtfarben.

KRAGENBÄR
Kragenbären leben in Indien und auf Sri Lanka. Sie fressen vor allem Wirbellose. Sie brechen Termitenbauten mit den Krallen auf und saugen die Termiten mit einer aus Lippen und Zunge gebildeten Röhre heraus.

BRILLENBÄR
Der Brillenbär ist der einzige in Südamerika vorkommende Bär. Er kann sehr gut klettern und findet einen großen Teil seiner Nahrung auf Bäumen. Um Früchte und Bromelien zu erreichen, klettert er bis auf die Äste hinaus.

MALAIENBÄR
Mit einer Länge von kaum mehr als 1,20 m ist der Malaienbär der kleinste Bär. Er bewohnt die dichten Wälder Südostasiens. Er kann hervorragend klettern und frisst Früchte, Insekten, kleine Vögel und Nagetiere.

▲ BRAUNBÄR
Der Braunbär ist von allen Bären am weitesten verbreitet. Vom Nordwesten Amerikas bis in den Osten Asiens kommt er auf der gesamten nördlichen Erdhalbkugel vor. Im Herbst fressen sich die Tiere dicke Körperfettreserven an. Im Winter ziehen sie sich zur Winterruhe in Höhlen zurück. Im Frühjahr tauchen sie ausgehungert wieder auf und schauen sich im Frühsommer nach Partnern um. Heute sind Braunbären jedoch in vielen Teilen ihres ursprünglichen Verbreitungsgebiets selten geworden, besonders in Europa. Die größte Unterart, der Kodiakbär, lebt in Alaska. Ausgewachsene Männchen können rund 750 kg schwer werden.

▲ FRÜHLINGSERWACHEN
Die meisten Bären der kalten Gegenden halten in einer Höhle Winterruhe. Eisbärweibchen graben Höhlen in den Schnee, in denen sie ihre Jungen gebären. Wenn sie im Frühjahr herauskommen, sind sie bereits drei oder vier Monate alt. Kleine Eisbären bleiben etwas mehr als zwei Jahre lang bei ihrer Mutter.

@ ⏭ Bären

WILDE BÄREN ►
Obwohl sie Konflikte gern vermeiden, können Bären aggressiv sein. Manchmal töten sich Männchen beim Kampf um die Weibchen. Junge Männchen wie diese asiatischen Kragenbären kämpfen oft spielerisch, um ihre Stärke zu messen. Diese Art trägt ein weißes »V« auf der Brust und ist von Iran über den Himalaja und weit in den Osten bis nach Japan verbreitet.

SIEHE AUCH ⏭ Brutpflege 46–47 • Pandas 276 • Polargebiete 70

PANDAS

Pandas sind außergewöhnliche Raubtiere – sie fressen nur selten Fleisch. Der Große Panda ernährt sich fast ausschließlich von Bambus und der Kleine Panda von verschiedenen Pflanzenteilen wie Wurzeln, Schösslingen, Früchten und Eicheln. Der Große Panda kann bis zu 125 kg wiegen, während der Kleine nur 6 kg auf die Waage bringt. Der Große Panda ist ein echter Bär, während der Kleine Panda als einzige Art einer eigenen Familie betrachtet wird.

▲ GROSSE PANDAS
Der Große Panda lebt in den dicht bewaldeten Hügeln Südchinas. Trotz seiner Größe ist er westlichen Wissenschaftlern erst 1869 bekannt geworden. Wenn sie nicht gerade Bambus fressen, sparen Große Pandas Energie, indem sie schlafen. Frei lebende Tiere sind Einzelgänger. Weibchen bekommen ein oder zwei nur 15 cm große Jungtiere.

@ Pandas

▲ DER DAUMEN DES PANDA
Im Gegensatz zu anderen Bären können Pandas ihre Nahrung ergreifen. Der Daumen ist zwar wie die übrigen Finger ausgerichtet, doch das Sesambein der Handwurzel hat sich zu einem Ersatzdaumen entwickelt. Die Tiere fressen große Mengen des nährstoffarmen, schwer verdaulichen Bambus. Gelegentlich nehmen sie auch Knollen, Gras, Nagetiere und Insekten zu sich.

KLEINER PANDA ►
Der Kleine Panda oder Katzenbär lebt in den Hügeln am Fuße des Himalajas. Sein rostrotes Fell trägt weiße Abzeichen. Mit seinen scharfen Krallen ist er ein guter Kletterer, der einen großen Teil seines Lebens in Bäumen verbringt. Wie der Große Panda ist er ein Einzelgänger, der sein Revier mit Duftmarken aus Drüsen unterhalb seines Schwanzes markiert.

SIEHE AUCH ⏭ Artenschutz 22–23 • Bären 274–275 • Fleischfresser 38 • Pflanzenfresser 39

▲ WALDAKROBAT
Der Wickelbär lebt in den hohen Bäumen der zentral- und südamerikanischen Regenwälder. Er kann sich mit seinem Greifschwanz an Ästen festhalten und ernährt sich fast nur von Früchten. Der Wickelbär hat ein runderes Gesicht als die meisten anderen Kleinbären. Er besitzt auch eine lange Zunge, mit der er Nektar aus Blüten lecken kann.

KLEINBÄREN

Kleinbären sind kleine, kurzbeinige Säugetiere mit langen Schwänzen. Sie leben in Nord- und Südamerika und sind ausgesprochene Allesfresser. Sie können gut klettern, finden ihre Nahrung jedoch oft auf dem Boden und ergreifen sie mit den Pfoten. Zu den Kleinbären gehören Waschbär, Wickelbär, Nasenbär und Katzenfrett. Die meisten Arten sind nachtaktive Einzelgänger.

@ Kleinbären

MASKIERTER BANDIT ▲
Der Waschbär lebt in Nordamerika. Er hat einen stämmigen Körper, einen geringelten Schwanz und eine typische Gesichtsmaske. Er frisst fast jedes Tier, das er erwischen kann, und ergänzt seinen Speisezettel oft mit Resten, die er in Mülltonnen findet.

◄ NACH NAHRUNG SUCHEN
Nasenbären ernähren sich von Früchten, Eiern, Insekten, Fröschen, Eidechsen und Nagetieren. Sie leben in den Wäldern Zentral- und Südamerikas. Männchen sind eher Einzelgänger, doch die Weibchen leben in Gruppen mit ihren Jungen zusammen.

SIEHE AUCH ⏭ Aasfresser 41 • Allesfresser 40

MARDER

Marder und ihre Verwandten besitzen lange, bewegliche Körper mit kurzen Beinen. Sie leben in den verschiedensten Lebensräumen und kommen in allen Kontinenten mit Ausnahme von Australien und der Antarktis vor. Wiesel, Hermeline und Iltisse finden ihre Nahrung am Boden, doch der Baummarder und seine Verwandten jagen in den Bäumen.

▲ BAUMMARDER
Das flinke Tier lebt in Europa und Westasien. Es jagt mit halsbrecherischer Geschwindigkeit Eichhörnchen, wobei es oft akrobatisch anmutende Sprünge vollführt. Der Baummarder ist eine von acht Arten seiner Gattung. Der nordamerikanische Fischermarder ist die größte Art und fängt größere Beute, darunter sogar Stachelschweine.

MAUSWIESEL ►
Mit einer Länge von weniger als 30 cm ist das Mauswiesel das kleinste Raubtier. Es kommt auf der nördlichen Erdhalbkugel vor und jagt Nagetiere, die es manchmal bis in ihren Bau verfolgt. Es tötet auch Kaninchen und Vögel, wenn es sie erwischen kann.

@ Marder

ALS PELZTIER GEZÜCHTET ►
Der Amerikanische Nerz oder Mink besitzt ein weiches, dichtes Fell. Daher wird er als Pelztier gezüchtet. Wie der mit ihm verwandte Europäische Nerz lebt er eher am Wasser als die meisten anderen Marderverwandten. Er jagt neben Kaninchen und anderen grabenden Tieren genauso Fische und Wasservögel wie etwa Enten.

SIEHE AUCH ⏭ Fleischfresser 38 • Hasen und Kaninchen 305 • Hörnchenartige 303 • Nagetiere 302

OTTER

Otter leben sowohl im Wasser als auch an Land. Sie jagen Fische und andere Wassertiere und bringen sie zum Fressen an die Wasseroberfläche oder ans Ufer. Otter sind mit Dachsen und Mardern verwandt. Sie besitzen lange biegsame Körper mit kurzen Beinen, sodass sie im Wasser enge Kurven schwimmen können. Die meisten Otterarten haben Schwimmhäute und alle besitzen lange Schnurrhaare und ein dichtes, Wasser abstoßendes Fell.

Otter

FLUSSBEWOHNER

RIESENOTTER
Mit bis zu 2,40 m Länge von Kopf bis Schwanz ist dies der größte Otter. Er lebt in den Flüssen und Sümpfen des tropischen Südamerikas, wo er in Familiengruppen lebt und jagt. Anders als die anderen Otter hat der Riesenotter einen flachen, paddelförmigen Schwanz.

EUROPÄISCHER FISCHOTTER
Dieser am weitesten verbreitete Otter lebt in Europa, einem großen Teil Asiens und in Nordafrika. Obwohl er eher ein Flussbewohner ist, jagt er auch im Meer. Küstenpopulationen sind meist tagaktiv, die im Inland eher nachtaktiv. Sie verbringen den Tag in ihrem Bau.

KANADISCHER FISCHOTTER
Insgesamt gibt es 13 Otterarten. Der Kanadische ist sehr nah mit dem Europäischen Fischotter verwandt und lebt in ähnlichen Lebensräumen. Der Kanadische Fischotter ist jedoch etwas größer als sein eurasischer Verwandter. Er wird manchmal über 1,5 m lang.

PANZERKNACKER ▼

Der Seeotter jagt Krabben, Seeigel und Muscheln. Seine Beute bringt er an die Wasseroberfläche, wo er sie gegen einen Stein schlägt, den er auf dem Bauch balanciert. Er kommt heute noch an der Küste Alaskas, vor Kamtschatka, den Kurilen und Kalifornien in stabilen Populationen vor. Man findet ihn zwischen den riesigen, Kelp genannten Algen. Anders als die meisten Otter verlässt er kaum das Wasser, außer um Junge zu gebären. Der Seeotter hat das dichteste Fell aller Säugetiere.

SIEHE AUCH ⏭ Marder 277 • Ozeane 74–75 • Robben 280–281 • Säugetiere 240–241

▲ WASSERBEWOHNER
Alle Otter sind ausgezeichnete Unterwasserjäger und können fast jeden Fisch erbeuten. Die stromlinienförmigen Körper verringern beim Schwimmen und Tauchen den Wasserwiderstand. Anders als die meisten Otter besitzt dieser Zwerg- oder Kurzkrallenotter keine Schwimmhäute zwischen seinen Zehen. Er lebt in Südostasien und benutzt die handähnlichen Pfoten, um Fische im Flachwasser zu fangen.

DACHSE

Insgesamt gibt es zehn Dachsarten. Dachse haben meist einen gedrungenen, keilförmigen Körper und leben auf dem Boden. Die aus Asien stammenden vier Sonnendachsarten sind geschickter und können auch auf Bäume klettern. Die meisten Dachse sind Einzelgänger, doch der Europäische Dachs kann auch in Familienverbänden leben, die sich einen Bau teilen.
Dachse sind Allesfresser und leben von unterschiedlicher Nahrung.

GESTREIFTES GESICHT ►
Mit seinem gestreiften Gesicht kann man den Europäischen Dachs kaum verwechseln. Er lebt in Europa und Asien bis hinauf zum Polarkreis. Im größten Teil dieses Gebiets ist er nachtaktiv und beginnt in der Dämmerung nach Würmern, anderen Wirbellosen, kleinen Säugern und Pflanzen zu suchen.

@ Dachse

◄ AMERIKANISCHER DACHS
Der Amerikanische oder Silberdachs ist der am stärksten auf das Fressen von Fleisch ausgerichtete Dachs und gräbt sogar Kaninchen aus ihrem Bau. Er wandert weit umher und bewohnt mehrere Baue. Amerikanische Dachse jagen gelegentlich gemeinsam mit Kojoten, um ihre Chancen beim Beutefang zu erhöhen.

SIEHE AUCH ⏭ Allesfresser 40 • Nester und Baue 48–49

ROBBEN

Robben sind Raubtiere, die den größten Teil ihres Lebens im Wasser verbringen. Sie müssen zur Paarung und zur Aufzucht ihrer Jungen jedoch ans Land kommen. Viele Arten finden sich dazu in großen Kolonien an geschützten Stränden zusammen. Robben bewegen sich im Wasser sehr geschickt, sind an Land jedoch unbeholfen. Die meisten der 34 Arten leben in den Küstengewässern der Meere, doch die Baikalrobbe bewohnt das Süßwasser des Baikalsees, der vollständig von Festland umgeben ist.

Die Schwanzflossen sorgen im Wasser für den Antrieb.

Lange Tasthaare helfen bei der Nahrungssuche.

Den Ohren fehlt die äußere Ohrmuschel.

Die Haut verbirgt eine dicke Speckschicht, die isolierend wirkt.

SEEHUND ►
Seehunde sind elegante Schwimmer. Im Wasser sind ihre Körper sehr beweglich, sodass sie bei der Verfolgung von Fischen enge Kurven schwimmen können. Der Seehund lebt im Norden des Atlantischen und Pazifischen Ozeans. Er gehört zu den kleineren Robbenarten. Erwachsene Männchen erreichen eine Länge von ungefähr 1,7 m.

ANTARKTISCHER JÄGER ►
Der Seeleopard ist ein gefährlicher Jäger, der am Rand von Eisschollen auf seine Beute lauert. Er erbeutet verschiedenste Tiere wie Krill, Fische und Pinguine. Manchmal frisst er sogar andere Robben. Der Seeleopard wird bis zu 3 m lang und kann bis zu 370 kg wiegen.

ROBBEN DER WELT

SEEELEFANT
Der südliche Seeelefant ist die größte Robbe. Männchen können 5 m lang werden und 4 t wiegen. Zur Paarung versammeln sich die Tiere an den Stränden. Große Männchen liefern sich blutige Kämpfe, um die Vorherrschaft auf einem Strandabschnitt zu erlangen, wo sie sich dann mit allen Weibchen paaren können.

JUNGE KEGELROBBE
Das weiße Fell der Jungtiere hat sich wohl in den Eiszeiten entwickelt, als die Strände mit Schnee bedeckt waren. Zu dieser Zeit diente die Fellfarbe der Tarnung. Heute sind die Atlantikstrände, an denen die Tiere geboren werden, jedoch oft schneefrei. Erwachsene Kegelrobben haben dagegen ein graubraunes Fell.

STELLERSCHER SEELÖWE
Diese Art aus dem Nordpazifik ist der größte Seelöwe. Erwachsene Männchen können 1 t wiegen. Wie bei vielen anderen Robben sind die Männchen deutlich größer als die Weibchen. Die Männchen kämpfen miteinander um die Reviere an den Stränden. Nur das größte und stärkste Männchen kann sich mit den Weibchen paaren.

NEUSEELÄNDISCHER SEEBÄR
Seebären tragen ein dichtes Fell, das sie zusammen mit ihrer Speckschicht (Blubber) im Wasser warm hält. An Land könnten sie sich deshalb sogar überhitzen. Wenn es ihm zu warm wird, hebt der Seebär seine Flossen an, sodass der Wind für eine Abkühlung sorgt.

@ ⏭ Robben

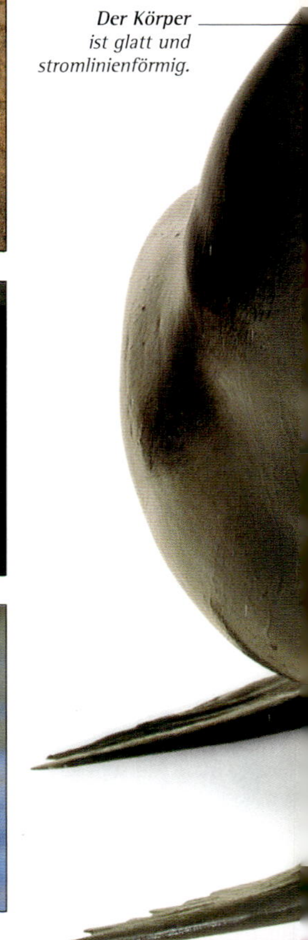

Der Körper ist glatt und stromlinienförmig.

SIEHE AUCH ⏭ Artenschutz 22–23 • Evolution 16–17 • Küsten 72 • Otter 278–279 • Polargebiete 70

WALROSSE

An seinem riesigen Körper und den langen Stoßzähnen kann man das Walross leicht erkennen. Die Tiere leben in der Arktis und ernähren sich vor allem von Muscheln. Beide Geschlechter tragen Stoßzähne, doch die der Männchen sind länger und dicker. Sie besitzen eine dicke Haut und eine mächtige Speck- oder Blubberschicht, die sie auch vor den Zähnen der Rivalen schützt. Es gibt nur eine Art. Die nächsten Verwandten sind die Ohrenrobben.

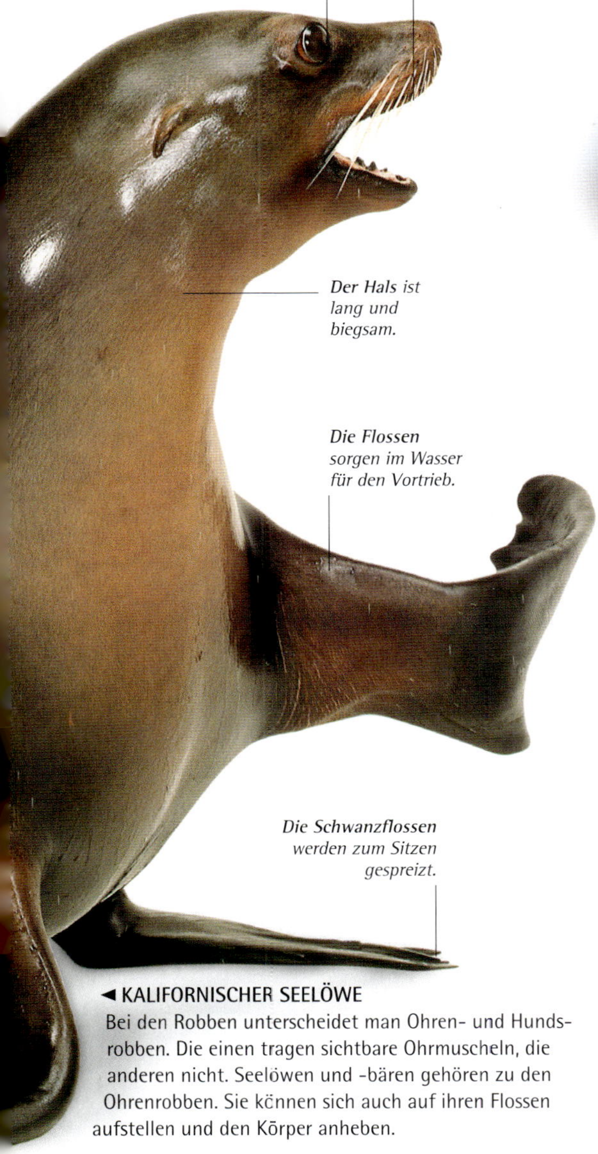

◄ KALIFORNISCHER SEELÖWE
Bei den Robben unterscheidet man Ohren- und Hundsrobben. Die einen tragen sichtbare Ohrmuscheln, die anderen nicht. Seelöwen und -bären gehören zu den Ohrenrobben. Sie können sich auch auf ihren Flossen aufstellen und den Körper anheben.

LANGSAME KOLOSSE ▲
Walrosse sind an Land unbeholfen und bewegen sich auch im Wasser langsam, doch sie brauchen bei der Nahrungssuche auch nicht schnell zu sein. Sie ernähren sich hauptsächlich von Muscheln, die sie am Meeresgrund sammeln. Sie finden die Nahrung meistens mit ihren Tasthaaren, können aber auch einen Wasserstrahl aus dem Maul ausstoßen, um im Boden vergrabene Beute freizulegen.

@ ⏭ Walrosse

▲ WALROSSKOLONIE
Walrosse sind gesellige Tiere, die sich zwischen der Nahrungssuche in Gruppen an der Küste einfinden. Während der Paarungszeit versammeln sich hunderte von Tieren. Die Paarung findet jedoch meistens im Wasser statt. Große Männchen warten vor der Küste, bis Weibchen ins Wasser kommen. Sie werben um Partnerinnen und verscheuchen Rivalen, indem sie pfeifende und glockenähnliche Töne erzeugen, die von Luftsäcken im Hals verstärkt werden.

SIEHE AUCH ⏭ Fortpflanzung 44–45 • Ozeane 74–75 • Säugetiere 240–241

WALE

Wale sind die größten Lebewesen der Erde. Der größte Wal ist mit bis zu 120 t Gewicht der Blauwal. Wale sind größtenteils Meerestiere. Man kann Bartenwale, etwa den Buckelwal, und Zahnwale unterscheiden, zu denen auch die Delfine gehören. Manche Wale jagen große Tiere, doch viele ernähren sich von kleinen Fischen oder Krebstieren, wie dem so genannten Krill.

SCRIMSHAW-SCHNITZEREI

▲ WALFANG
Wale werden schon jahrhundertelang von Menschen gejagt. Sie wurden wegen ihres Fleisches und Blubbers getötet. Die Seeleute auf den Walfängern vertrieben sich freie Zeit mit Scrimshaw-Schnitzereien auf Zähnen und Barten der Wale. Heute jagen nur noch wenige Nationen Wale. Durch den Walfang sind die Bestände der meisten Arten sehr zurückgegangen, sodass sie heute nur noch einen Bruchteil der früheren Populationen ausmachen.

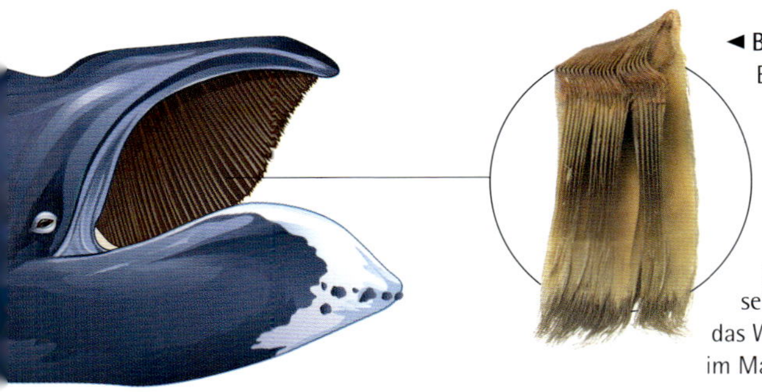

GRÖNLANDWAL

◄ BARTENWAL
Bartenwale filtern ihre Nahrung mithilfe der aus einer hornigen Substanz bestehenden, bürstenartigen Barten aus dem Wasser. Sie hängen auf jeder Seite des Mauls vom Oberkiefer herab. Nachdem er ein Maul voll Wasser aufgenommen hat, presst der Wal es mit seiner Zunge gegen die Barten. Dabei fließt das Wasser hinaus und die Nahrung verbleibt im Maul.

GEWÖHNLICHER DELFIN

▼ ZAHNWALE
Viele Wale tragen keine Barten, sondern Zähne, mit denen sie größere Tiere erbeuten können. Delfine besitzen kegelförmige Zähne und gehören zu den Zahnwalen. Der größte Zahnwal ist jedoch der Pottwal, der über 50 t wiegen kann. Er erbeutet mit seinen Zähnen Riesenkalmare in den Tiefen der Meere.

Die großen Kiefer bilden eine weite Maulöffnung.

***Die Barten** filtern Fische und andere Nahrung aus dem Wasser.*

***Seepocken** setzen sich auf der Haut der Wale fest.*

FILTRIERER ►
Der Buckelwal erbeutet mit seinen Barten kleine Fische. Manchmal arbeiten die Wale bei der Jagd zusammen. Mehrere Tiere umkreisen dann einen Fischschwarm, wobei sie Luft aus ihren Blaslöchern abgeben und so die Fische in ein Netz aus Blasen hüllen. Die Wale schwimmen nun mit offenem Maul durch diese Falle und sammeln ihre Beute ein.

▲ TIEFTAUCHER
Der Pottwal ist der Meister im Tieftauchen. Erwachsene Männchen können auf der Suche nach Nahrung bis zu 3 km tief und eine Stunde lang tauchen. Vor jedem Tauchgang speichert der Wal Sauerstoff in seinem Körper. Er verbringt an der Wasseroberfläche etwa zehn Minuten mit bis zu 70-maligem Atmen, um so viel Sauerstoff wie möglich in seinem Gewebe zu lösen.

WALE DER WELT

FINNWAL
Finnwale können 26 m lang und 80 t schwer werden. Sie leben in den Meeren der ganzen Welt, sind aber in gemäßigten Zonen am häufigsten. Finnwale sind oft in Gruppen von drei oder mehr Tieren unterwegs. Manchmal schließen sich sogar über 100 Finnwale zusammen.

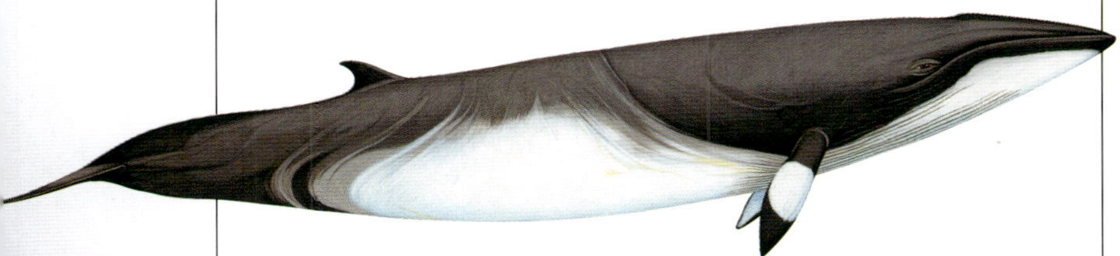

ZWERGWAL
Der Zwergwal ist der am weitesten verbreitete Bartenwal. Er kommt in allen Meeren vor und ist ein schneller Schwimmer. Zwergwale können 10 m lang werden und bis zu 15 t wiegen. Wie andere Bartenwale ernähren sie sich von Krill und kleinen Fischen.

NARWAL
Der Narwal ist ein Zahnwal, der sich hauptsächlich von Fischen ernährt. Er lebt zwischen dem Packeis der Arktis und schließt sich manchmal zu Gruppen von mehreren tausend Tieren zusammen. Männchen kämpfen mit den langen Stoßzähnen um die Vorherrschaft in der Gruppe.

LAYARD-WAL
Der über 6 m lange Layard-Wal gehört zu den Schnabelwalen, die nur wenige Zähne besitzen. Die Männchen tragen jedoch zwei frei stehende Zähne, die wohl bei Kämpfen eingesetzt werden. Layard-Wale findet man in den kalten Gewässern der südlichen Erdhalbkugel.

@ ⏭ Wale

NACH LUFT SCHNAPPEN ►
Alle Wale müssen zum Atmen an die Wasseroberfläche kommen. Die Luft wird dabei durch das Blasloch aufgenommen und wieder ausgestoßen. In der ausgeatmeten Luft kondensieren kleine Wassertröpfchen, die eine Wolke über dem Wal entstehen lassen. An ihrer Form kann man die Walarten unterscheiden. Hier ist ein Blauwal abgebildet.

SIEHE AUCH ⏭ Delfine **286–287** • Kommunikation **34–35** • Säugetiere **240–241** • Schwertwal **284–285**

SCHWERTWAL

Schwertwale oder Orcas sind die größten Mitglieder der Delfin-Familie. Die sehr geselligen und intelligenten Tiere leben in Gruppen zusammen. Sie verständigen sich mit verschiedenen Rufen oder mit dem Schlagen der Flossen und akrobatischen Sprüngen.

@ Delfine

Wissenschaftlicher Name: *Orcinus orca*	**Gewicht:** bis zu 10 t
Ordnung: Cetacea (Waltiere: Wale und Delfine)	**Nahrung:** Fische, Meeressäuger (Delfine, kleine Wale und Robben), Schildkröten und Seevögel
Klasse: Mammalia (Säugetiere)	
Verbreitung: weltweit, von polaren bis zu tropischen Meeren, meistens in Küstengewässern	**Fortpflanzung:** Erwachsene Weibchen bekommen etwa alle drei Jahre ein Junges. Die Tragezeit dauert 15–17 Monate.
Gefährdung: wenig gefährdet	**Zahl der Jungen:** 1
Länge: bis zu 9 m	SIEHE AUCH ⏭ Delfine **286–287** • Ozeane **74–75**

DELFINE

Delfine verbringen ihr Leben im Wasser und kommen nur zum Atmen an die Wasseroberfläche. Sie sind die bekanntesten Mitglieder der Ordnung der Wale. Delfine haben schnabelartige Schnauzen und erbeuten mit den scharfen, kegelförmigen Zähnen Fische. Die meisten Arten leben im Meer, doch einige bewohnen das Süßwasser. Schweinswale sind eng mit den Delfinen verwandt. Oft sind sie etwas kleiner und halten sich eher in den Küstengewässern als im offenen Meer auf.

Delfine

DELFINE DER FLÜSSE UND DES MEERES

SCHLANKDELFIN
Der Schlankdelfin lebt im Atlantischen, Pazifischen und Indischen Ozean. Die Art gehört zu den am meisten verbreiteten Delfinen. Die Tiere sind auch besonders aktiv und springen beim Luftholen oft ein Stück weit aus dem Wasser.

WEISSSTREIFENDELFIN
Der pazifische Weißstreifendelfin besitzt einen abgerundeten Kopf mit wenig vorspringender Schnauze. Er kommt im Pazifik nördlich des Wendekreises des Krebses vor. Die schnell schwimmenden Tiere leben häufig in Gruppen von 10 bis 1000 Tieren.

GANGES-FLUSSDELFIN
Es gibt fünf Delfinarten, die nur in Flüssen vorkommen. Der südasiatische Ganges-Flussdelfin hat eine lange Schnauze und lebt allein oder in kleinen Gruppen. Anders als andere Delfine haben diese Tiere verkümmerte Augen und sind nahezu blind.

SCHWEINSWAL
Die sechs Arten der Schweinswale werden zwischen 1,20 und 2,20 m groß. Der Schweinswal oder Kleine Tümmler ist darunter die kleinste. Er lebt an den Küsten Europas, Japans, Nordafrikas und Nordamerikas. Er schwimmt langsam und wird oft allein gesehen.

BEUTE ORTEN

Delfine und Schweinswale benutzen eine Art Echolot, um Beute zu finden. Sie senden Schallimpulse aus und empfangen das von Objekten zurückgeworfene Echo. Je weniger Zeit zwischen den ausgestoßenen Klicklauten und dem Echo liegt, desto näher ist das Objekt. Diese Schallortung ist so genau, dass die Tiere damit Beute finden und sich in trübem Wasser orientieren können. Leider lassen sich damit jedoch keine Netze erkennen, sodass sich die Tiere oft darin verfangen.

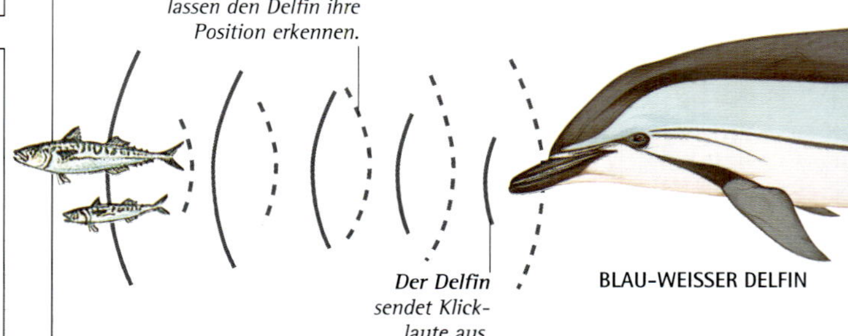

SIEHE AUCH ⏭ Fledertiere 254–255 • Ozeane 74–75 • Säugetiere 240–241 • Schwertwal 284–285 • Wale 282–283

Der stromlinienförmige Körper sorgt für effizientes Schwimmen.

▲ ZÜGELDELFIN-SCHULE
Delfine sind gesellige Tiere, die in Gruppen zusammenleben, die man Schulen nennt. Die meisten Mitglieder sind nah miteinander verwandt, doch es können auch Tiere aus anderen Schulen aufgenommen werden. Delfine arbeiten bei der Jagd auf Beute zusammen. Beispielsweise kesseln einige Tiere einen Fischschwarm ein und treiben ihn zur Wasseroberfläche, sodass andere hindurchschwimmen und die Fische erbeuten können.

SCHNELLE SCHWIMMER ▲
Delfine und Schweinswale haben wie diese Gewöhnlichen Delfine stromlinienförmige Körper mit geringem Wasserwiderstand. Zu ihnen gehören einige der schnellsten Meerestiere. Der Dall- oder Weißflankenschweinswal kann Geschwindigkeiten von 55 km/h erreichen. Durch die Änderung des Winkels der Vorderflossen können Delfine und Schweinswale enge Kurven nehmen und so ihre Beute verfolgen.

SEEKÜHE

Seekühe sind langsame Schwimmer und verlassen das Wasser nie. Die friedlichen Tiere ernähren sich von Algen und Wasserpflanzen. Sie leben an den Küsten vieler tropischer und subtropischer Länder, in Flussmündungen und großen, langsam fließenden Flüssen. Ihre nächsten Verwandten sind die Elefanten. Es gibt vier Arten: den Nagelmanati, den Westafrikanischen und den Amazonas-Manati sowie den Dugong. Die riesige Stellersche Seekuh ist bereits 1768 ausgerottet worden.

Die Haut verdeckt die Blubberschicht, die gegen Auskühlung schützt.

Die Flossen können zum Zusammentragen von Pflanzenmaterial benutzt werden.

◄ NAGELMANATI
Mit bis zu 4,60 m Länge ist der Nagelmanati die größte heute noch lebende Seekuh. Er bewohnt die Küsten Floridas, Westindiens, Zentralamerikas und des nördlichen Südamerikas. Trotz des großen Verbreitungsgebietes sind die Tiere selten, da sie früher gejagt wurden. Wie alle Manatis besitzen sie einen runden Schwanz. Der Schwanz des Dugongs ist dagegen sichelförmig.

Seekühe

MEERESWEIDE ►
Der Dugong hat das weiteste Verbreitungsgebiet aller Seekühe. Er lebt im Pazifik von Ostafrika bis Neukaledonien. Der Dugong ernährt sich fast ausschließlich von Seegras, das er aus dem weichen Bodengrund rupft. Er unterscheidet sich von den Manatis nicht nur durch die Form seines Schwanzes, sondern auch durch die Position der Nasenlöcher, die sich weiter hinten auf seinem Kopf befinden.

SIEHE AUCH ⏭ Elefanten 288 • Robben 280–281 • Walrosse 281

ELEFANTEN

Elefanten sind die schwersten Landtiere der Erde. Ein erwachsener Bulle kann 7 t wiegen und an die 4 m hoch werden. Alle drei Arten sind gesellige Tiere, die in erweiterten Familienverbänden mit enger Bindung leben. Wenn ein Elefant stirbt, scheint die Herde zu trauern. Elefanten können auch die Knochen toter Elefanten von denen anderer Tiere unterscheiden. Elefanten verständigen sich durch ihre Körperhaltung und durch Geräusche.

▼ LEBEN IM MATRIARCHAT
Wie alle Elefanten lebt der Afrikanische Steppenelefant in Herden, die von der ältesten Kuh geführt werden. Mit ihrer großen Erfahrung und ihrem guten Gedächtnis kann sie die anderen Elefanten zu Nahrung und Wasser führen. Die meisten Herdenmitglieder sind miteinander verwandt, alle erwachsenen Tiere Kühe. Die Bullen verlassen die Herde mit etwa 15 Jahren, bevor sie vollständig ausgewachsen sind. Manche bilden mit anderen Gruppen, andere leben allein.

◄ DICKE HAUT
Die dicke, faltige Haut schützt Elefanten vor Raubtieren. Erwachsene Bullen haben keine Feinde, doch Kühe und Kälber werden gelegentlich von Löwen angegriffen. Bei Gefahr schließen sich die Mitglieder der Herde zusammen, wobei die Kälber von den erwachsenen Kühen in die Mitte genommen und beschützt werden.

◄ NÜTZLICHES WERKZEUG
Der Elefantenrüssel ist aus der Nase und der Oberlippe entstanden. Er stellt eines der nützlichsten und kräftigsten Werkzeuge im Tierreich dar. Mit ihm können Elefanten sowohl einen Zweig als auch einen Baumstamm aufnehmen. Die Pflanzenfresser können mit ihm Gras ausreißen oder Äste herabbiegen. Die Nasenlöcher befinden sich am Ende des Rüssels, sodass er im Wasser wie ein Schnorchel benutzt werden kann. Mit ihm kann der Elefant Wasser aufsaugen und sich ins Maul spritzen.

@ Elefanten

◄ ASIATISCHER ELEFANT
Der Asiatische Elefant ist ein wenig kleiner als seine afrikanischen Verwandten, doch immer noch recht imposant. Bullen können bis zu 4,5 t wiegen und 3 m Schulterhöhe erreichen. Asiatische und Afrikanische Elefanten sind leicht zu unterscheiden. Asiatische haben viel kleinere Ohren und einen stärker gewölbten Kopf.

▲ JUNGER AFRIKANISCHER WALDELEFANT
Der Afrikanische Waldelefant bewohnt den dichten Dschungel. Er unterscheidet sich durch geradere Stoßzähne und vor allem durch die stärker abgerundeten Ohren vom Afrikanischen Steppenelefant. Da sein Lebensraum schwer zugänglich ist, weiß man wenig über seine Lebensweise.

SIEHE AUCH ►► Grasländer 56–57 • Nashörner 292–293 • Ökologie 14–15 • Säugetiere 240–241

HUFTIERE

Die meisten der großen Landtiere wie Rinder, Hirsche, Nashörner und Flusspferde gehören zu den Huftieren. Huftiere sind Pflanzenfresser mit komplizierten Verdauungsapparaten, um die schwer verdauliche Nahrung aufzuschließen. Sie kommen mit Ausnahme von Australien und der Antarktis auf jedem Kontinent vor. Es gibt zwei Gruppen von Huftieren, die man anhand ihrer Zehenanzahl unterscheiden kann.

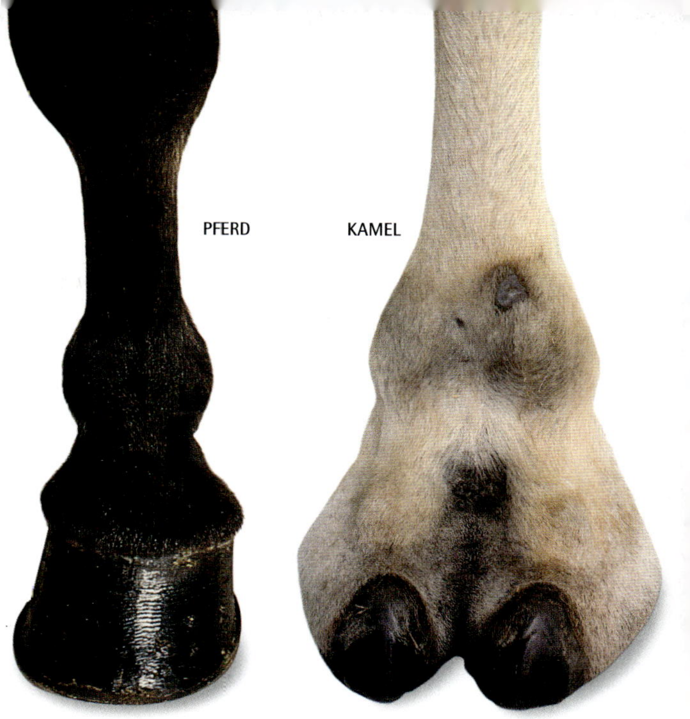

▲ UNPAARHUFER
Zu den Unpaarhufern gehören die Pferde und Nashörner. Pferde besitzen pro Fuß nur einen Zeh, Nashörner dagegen drei. Alle Unpaarhufer verlagern ihr Gewicht vor allem auf den mittleren Zeh. Anhand von Fossilien hat man herausgefunden, dass die ausgestorbenen Vorfahren der Pferde noch mehrere Zehen besaßen.

▲ PAARHUFER
Zu den Paarhufern gehören über 200 Arten, zu den Unpaarhufern keine 20. Paarhufer tragen ihr Gewicht mit dem dritten und vierten Zeh eines jeden Fußes. Bei manchen Arten wie den Kamelen sind nur diese beiden Zehen übrig geblieben. Bei anderen Arten wie den Rindern existieren daneben noch zwei kleine Zehen.

VERDAUUNGSSYSTEME

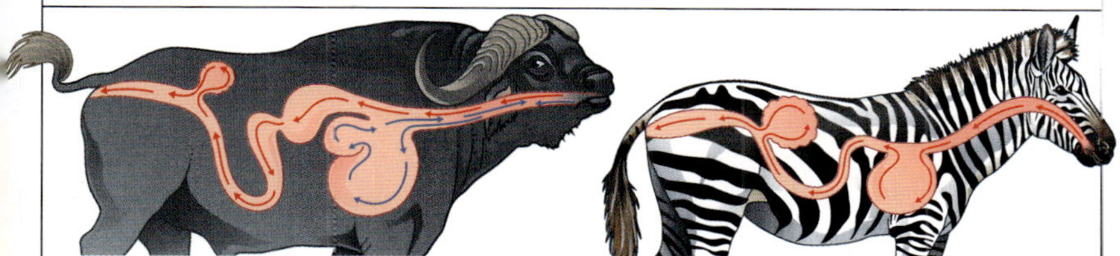

WIEDERKÄUER (KAFFERNBÜFFEL)

VERDAUUNG IM DARM (ZEBRA)

erste Nahrungspassage

zweite Nahrungspassage

Huftiere können die Zellulose, aus der ein großer Teil ihrer Pflanzennahrung besteht, nicht ohne Hilfe von Bakterien verdauen. Wiederkäuer wie Hirsche und Rinder besitzen Mägen mit drei oder sogar vier unterschiedlichen Kammern. Die Nahrung wird aus der ersten Kammer wieder hochgewürgt, noch einmal gekaut und dann vollständig verdaut. Unpaarhufer wie Pferde und Zebras haben einen großen Blinddarm, in dem die Zellulose bakteriell aufgeschlossen wird.

◄ SCHABRACKENTAPIR
Tapire sind Huftiere, die sich in den vergangenen 20 Millionen Jahren nur wenig verändert haben. Heute gibt es noch vier Arten, von denen die abgebildete aus Südostasien stammt. Tapire sind Waldbewohner. Sie fressen Pflanzen und sind überwiegend nachtaktive Einzelgänger.

Kräftige Beine tragen den schweren Körper.

Die Zehen spreizen sich beim Laufen.

@ ⏭ Huftiere

BEHUFTE HERDE ►
Viele Steppentiere leben zu ihrem Schutz in großen Herden. Viele Augen- und Ohrenpaare erschweren Raubtieren das Anschleichen. Die größten Herden bilden Pferde, Hirsche, Rinder und Antilopen, so wie diese Moorantilopen. Die Herdenbildung ist angeboren. Wenn ein Tier von der Herde getrennt wird, tut es alles, um sich ihr schnell wieder anzuschließen.

SIEHE AUCH ⏭ Grasländer 56–57 • Kamele 295 • Nashörner 292 • Pferde 290–291 • Rinder 300 • Zebras 291

PFERDE

Pferde sind robuste und schnelle Pflanzenfresser. In der Natur sind sie Herdentiere, doch Hauspferde werden oft allein gehalten. Pferde weiden niedrig wachsende Pflanzen ab. Ihre Schneidezähne haben scharfe Kanten zum Abbeißen von Gras. In tausenden von Jahren hat man Pferde zu Haustieren gemacht. So sind viele Zuchtrassen für verschiedene Zwecke entstanden.

FLEHMEN

Mit diesem Gesichtsausdruck geht das Flehmen einher, zu dem viele Huftiere fähig sind. Durch die hochgezogene Oberlippe werden Duftstoffe dem Jacobsonschen Organ im Mundhöhlendach zugänglich gemacht, beispielsweise wenn ein Hengst wissen will, ob eine Stute paarungsbereit ist. Pferde flehmen oft, wenn sie Menschen begegnen oder mit neuen Gegenständen konfrontiert werden. Es ist ihre Art, ungewohnte Gerüche aufzunehmen.

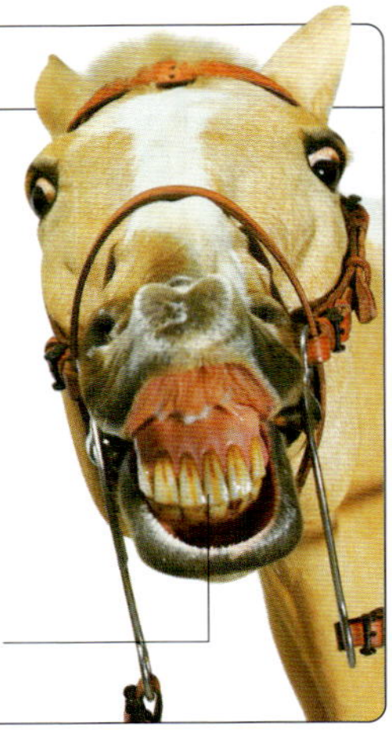

***Die Oberlippe** wird beim Flehmen hochgezogen.*

Pferde

***Die Mähne** steht bürstenartig aufrecht wie bei einem Zebra.*

***Die Ohren** können unabhängig voneinander gedreht werden.*

***Der Hals** ist lang und dick.*

***Der Bauch** ist nahezu weiß gefärbt.*

***Huf** aus nur einem Zeh*

◄ **PRZEWALSKI-PFERD**
Diese Art ist der Urahn des Hauspferds. Bis vor kurzer Zeit war sie vom Aussterben bedroht, doch durch ein Zuchtprogramm konnten wieder Tiere in den mongolischen Steppen ausgewildert werden. Przewalski-Pferde leben in Herden von einigen Stuten und ihren Jungen, die von einem einzelnen Hengst geführt werden. Andere Hengste leben in Junggesellenherden.

***Die großen Ohren** helfen Raubtiere zu entdecken.*

***Die Beine** sind stark und muskulös.*

WILDESEL

SOMALI-WILDESEL
Es gibt nur noch wenige kleine Herden dieses Wildesels in abgelegenen Gegenden Somalias und Äthiopiens. Die Esel sind an trockene Halbwüsten angepasst und können bis zu einem Drittel ihres Körpergewichts an Wasser verlieren, ohne zu sterben.

KULAN
Der Kulan ist eine Unterart des asiatischen Halbesels. Wie die meisten wilden Pferdearten ist er durch Jagd und Lebensraumverlust stark gefährdet. Der Kulan und der eng verwandte Onager besitzen gelbbraunes Fell, das zum Bauch hin heller wird.

SIEHE AUCH ⏭ Artenschutz **22–23** • Huftiere **289** • Plazentatiere **247** • Säugetiere **240–241**

▲ LASTENTRÄGER
Pferde und Esel können auf ihren breiten Rücken schwere Lasten tragen. Sie lassen sich auch kreuzen. Wenn die Mutter ein Pferd war, nennt man die Nachkommen Maultiere, wenn sie ein Esel war, nennt man sie Maulesel. Maultiere und Maulesel sind weitgehend unfruchtbar, geben jedoch gute Lastentiere ab.

HAUSPFERDE ►
Pferde sind für verschiedene Zwecke gezüchtet worden. Im Mittelalter war das Shire Horse ein Schlachtross und später wurde es ein beliebtes Nutzpferd. Kleine Pferderassen nennt man Ponys. Mit höchstens 117 cm Höhe ist das Shetland-Pony eines der kleinsten.

▼ AMERIKANISCHE MUSTANGS
Mustangs sind verwilderte Hauspferde. Sie leben in den Ebenen Nordamerikas und stammen von nordafrikanischen Pferden ab, die spanische Eroberer im 16. Jahrhundert mitgebracht haben. Obwohl viele Mustangs im 19. Jahrhundert von Cowboys eingefangen worden sind, gibt es heute noch über 50 000 wild lebende Tiere.

ZEBRAS

Mit ihren Streifen sind Zebras unverwechselbar. Sie leben in den offenen Grassteppen und fressen wie alle Pferde niedrig wachsende Pflanzen. Die Streifen erschweren es Räubern, sie zu erkennen. Wenn sie mit großer Geschwindigkeit in einer Herde laufen, verschwimmen ihre Umrisse, sodass ein Raubtier sich nur schwer ein einzelnes Tier aussuchen kann.

Zebras

GRÉVYZEBRA UND FOHLEN ►
Wie alle Unpaarhufer bekommen Zebras meistens nur ein Junges auf einmal. Dieses Fohlen kann bis zu drei Jahre lang bei der Mutter bleiben, obwohl die Bindung bei der Geburt des nächsten Fohlens geschwächt oder aufgelöst werden wird.

▼ BERGZEBRA
Das Bergzebra ist eine von insgesamt drei Zebraarten. Es kommt in Angola, Namibia und einigen Teilen Südafrikas vor. Es ist schlanker als das Steppenzebra, das in Ostafrika verbreitet ist. Die beiden Arten bilden gemischte Herden, wo sich ihre Verbreitungsgebiete überschneiden. Das Grévyzebra lebt hauptsächlich in Äthiopien.

SIEHE AUCH ⏭ Grasländer 56–57

NASHÖRNER

Es gibt insgesamt fünf Nashornarten, die in Afrika und Asien leben. Vier davon ernähren sich hauptsächlich von Blättern, die sie von Büschen und Bäumen abrupfen. Das Breitmaulnashorn weidet dagegen vor allem Gras ab. Nashörner sind schwere Tiere mit einer dicken Haut, die einer Panzerung ähnelt. Ein ausgewachsener Breitmaulnashorn-Bulle kann über 3 t wiegen. Damit sind diese Nashörner nach den Elefanten die schwersten Landsäuger.

▲ **NASHORN MIT KALB**
Nashornmütter schützen ihre Jungen. Bei Gefahr wird die Breitmaulnashornkuh sich sofort auf den Angreifer stürzen. Das Kalb bleibt bis zu vier Jahre lang bei der Kuh und verlässt sie erst, wenn sie das nächste Kalb bekommt. Nashörner gebären meistens nur ein Kalb auf einmal.

SELTENE NASHÖRNER

SUMATRA-NASHORN
Dieses kleinste Nashorn wiegt weniger als eine Tonne. Manche Tiere tragen am ganzen Körper Haare, andere sind weniger behaart. Man nimmt an, dass es noch etwa 300 frei lebende Sumatranashörner in den Regenwäldern Sumatras und Borneos gibt.

PANZERNASHORN
Mit über 2 t Gewicht ist das Panzernashorn das größte asiatische Nashorn. Seine Haut ist so dick und so stark gefaltet, dass sie Panzerplatten ähnelt. Sie schützt vor Raubtieren wie etwa Tigern. Schutzprogramme haben das Panzernashorn bisher vor dem Aussterben bewahrt.

JAVA-NASHORN
Es ist das seltenste Nashorn. Vermutlich gibt es weniger als 60 frei lebende Tiere in einem Reservat im Regenwald an der Westspitze der indonesischen Insel Java. Die Einzelgänger sind hauptsächlich nachtaktiv und suchen nur zur Paarung einen Partner.

@ ⏭ Nashörner

▲ **NASENHORN**
Das Horn besteht aus dicht gepackten Keratinfasern, der gleichen Substanz, aus der auch unsere Haare und Fingernägel aufgebaut sind. Bullen kämpfen mit ihren Hörnern um die Weibchen. Die Hörner dienen auch der Verteidigung. Alle Nashornarten sind bedroht, da sie wegen ihrer Hörner gejagt werden, die in der chinesischen Medizin als Potenzmittel gelten.

SIEHE AUCH ⏭ Artenschutz **22–23** • Elefanten **288–289** • Huftiere **289** • Regenwälder **60–61**

▲ **ANGRIFF!**
Nashörner können schlecht sehen, doch sehr gut hören und riechen. Wenn sie ein Raubtier bemerken, greifen sie oft zu ihrer Verteidigung an. Trotz ihrer Größe sind die Tiere erstaunlich schnell. Sie können bei einem Angriff Geschwindigkeiten von 56 km/h erreichen. Das abgebildete Tier ist ein Spitzmaulnashorn, eine Art, die als besonders angriffslustig gilt.

SCHWEINE

Schweine sind robuste, anpassungsfähige und intelligente Tiere. Anders als die meisten Huftiere sind sie Allesfresser und nutzen ein breites Nahrungsspektrum. Neben Pflanzen fressen einige Pilze, Insekten und sogar Mäuse. Es gibt insgesamt über 15 Arten, vom nur 60 cm langen indischen Zwergwildschein bis zum über 2 m langen afrikanischen Riesenwaldschwein. Die Zahl der frei lebenden Schweine wird von den 900 Millionen Hausschweinen weit übertroffen.

Schweine

VORWITZIGE SCHWEINE ►
Domestizierte Schweine teilen alle Eigenschaften ihrer wilden Vorfahren. Sie haben kräftige Körper sowie ein sehr gutes Gehör und einen ausgezeichneten Geruchssinn. Schweine wurden vor etwa 5000 Jahren zu Haustieren. Sie stammen meistens vom Wildschwein ab. In manchen Teilen Indonesiens und auf den Philippinen gibt es auch Tiere, deren Vorfahr das Sulawesi-Wildschwein ist.

▲ **SUCHEN NACH NAHRUNG**
Das Wildschwein lebt in Europa und Asien und ist weiter als alle anderen Schweine verbreitet. Es kommt auch in Nordafrika vor und ist im Osten Nordamerikas eingeführt worden. Wie die meisten Schweine gebären Wildschweine große Würfe, die aus einem Dutzend Frischlinge bestehen können. Wildschwein-Frischlinge weisen hell- und dunkelbraune Längsstreifen auf, die ihrer Tarnung dienen. Diese Streifen verschwinden nach und nach, wenn die Tiere heranwachsen.

SIEHE AUCH ⏭ Allesfresser 40 • Huftiere 289

FLUSSPFERDE

Die großen Körper der Flusspferde scheinen nahezu schwerelos zu sein, wenn sie auf dem Grund eines Flusses umherlaufen. Obwohl sie viel Zeit im Wasser verbringen, verlassen sie das Wasser nachts zum Grasen, wenn es kühler geworden ist. Flusspferde leben nur in Afrika, wo zwei Arten vorkommen. Neben dem Flusspferd gibt es noch das Zwergflusspferd, das in den dichten Regenwäldern Westafrikas lebt.

AMPHIBISCHE SÄUGETIERE ▲
Wenn sie nicht auf Nahrungssuche sind, versammeln sich Flusspferde im Wasser. Das dient der Sicherheit und der Kühlung. Bei Gefahr flüchten sie ins tiefere Wasser, wo nur Nasenlöcher, Augen und Ohren über den Wasserspiegel hinausragen. Wenn es notwendig wird, tauchen sie ab, wobei sie Ohren und Nasenlöcher verschließen können.

SCHWERGEWICHT ►
Flusspferde gehören zu den schwersten Landsäugetieren. Ein erwachsener Bulle kann gut 3 t wiegen. Wegen ihrer Größe haben sie kaum Feinde. Flusspferde bekommen nur ein Junges auf einmal, das sie sogar unter Wasser säugen können.

Die hervorstehenden Augen ragen über den Wasserspiegel hinaus.

Kräftige Beine tragen den schweren Körper.

Das große Maul dient zum Grasen an Land.

Die Nasenlöcher können verschlossen werden.

@ ⏭ Flusspferde

Die Schnauze trägt borstige Haare.

Der Oberkiefer wird nach vorn breiter.

Die Hauer können bei alten Bullen einen halben Meter lang sein.

Fettschicht unter der dicken Haut

◄ GROSSMAUL
Das Flusspferd hat das größte Maul aller Landtiere. Es gähnt, um Rivalen oder Raubtiere abzuschrecken. An vielen Stellen verteidigen Bullen Reviere, in denen sie sich mit den Weibchen paaren. Sie verteidigen lange Abschnitte eines Flusses oder Sees gegen andere Bullen.

Kleinerer Kopf

Das Hinterteil geht in kurze, kräftige Beine über.

ZWERGFLUSSPFERD ►
Das Zwergflusspferd ist nur halb so groß wie das Flusspferd. Tagsüber suhlt es sich im Schlamm oder versteckt sich in der Regenwaldvegetation. Bei Nacht sucht es Sümpfe und Flüsse auf, in denen es Wasserpflanzen frisst, oder es grast an Land.

KAMELE

Kamele sind robuste Huftiere, die lange ohne Nahrung und Wasser auskommen und so in kargen Lebensräumen gedeihen können. Zur Familie der Kamele gehören drei wild lebende Arten und vier domestizierte Formen, die als Transportmittel, Woll- und Fleischlieferanten dienen. Anders als die meisten Huftiere besitzen Kamele lange, gebogene Hälse. Sie unterscheiden sich auch im Gang von ihnen, da sie das Gewicht eher auf die Sohlen und weniger auf die Hufe verlagern.

▲ LASTTIERE
Alle Dromedare der Welt sind entweder Haustiere oder verwilderte Haustiere, die von freigelassenen oder entlaufenen Tieren abstammen. Dromedare sind schon seit hunderten von Jahren im südwestlichen Asien und in Nordafrika als Transportmittel eingesetzt worden, was ihnen den Beinamen »Wüstenschiff« eingetragen hat.

BERGKAMEL ▲
Das Vikunja lebt in den Bergen der südamerikanischen Anden. Es ist die kleinste Art der Familie und lebt in Gruppen, die aus einigen Weibchen und ihren Jungen sowie einem einzelnen Männchen bestehen. Das Vikunja ist eines der südamerikanischen Wildkamele. Das andere, das Guanako, ist die Stammform des Lamas.

◄ ZWEI HÖCKER
Anders als das Dromedar besitzt das Trampeltier zwei Höcker. Von dieser Art gibt es noch Wildtiere, die in der mongolischen Steppe leben. Wie das Dromedar wird die Haustierform oft zum Reiten oder zum Tragen von Lasten benutzt. Man findet die Haustiere in vielen Teilen Zentralasiens einschließlich Chinas.

HAUSTIERE

In Südamerika gibt es zwei domestizierte Kamele, das Lama und das Alpaka. Lamas dienen hauptsächlich als Lastentiere, während Alpakas wegen ihrer Wolle gehalten werden. Es gibt zwei Zuchtformen des Alpakas, das hier gezeigte Huacaya- und das Suri-Alpaka.

SIEHE AUCH ⏭ Huftiere **289** • Wüsten **58–59**

RENTIER

Das Rentier oder Karibu gehört zu den Huftieren. Im Unterschied zu den anderen Hirschen besitzen hier beide Geschlechter ein Geweih, das jedes Jahr abgeworfen wird und wieder neu wächst. Mit den breiten Hufen kann das Rentier im langen Winter auf dem Schnee und im kurzen Sommer auf den Moosen laufen, ohne einzusinken. Es benutzt seine Hufe auch, um im Schnee nach Flechten zu graben. Wie andere Hirsche leben Rentiere zum Schutz vor Raubtieren in Herden.

@ ⏭ Hirsche

Wissenschaftlicher Name: *Rangifer tarandus*

Ordnung: Artiodactyla (Paarhufer)

Klasse: Mammalia (Säugetiere)

Verbreitung: Nordamerika, Grönland, Nordeuropa, Asien

Gefährdung: gefährdet (als Wildtier)

Länge: 1,20–2,20 m

Gewicht: 120–300 kg

Nahrung: im Sommer Gräser und Kräuter, im Winter Moose, Flechten und Pilze

Fortpflanzung: Die Männchen benutzen ihr Geweih, um zur Paarungszeit im Herbst Rivalen zu bekämpfen und Weibchen anzulocken.

Zahl der Jungen: Im Mai oder Juni wird ein Kalb geboren.

SIEHE AUCH ⏭ Hirsche **298** • Polargebiete **70** • Säugetiere **240–241**

HIRSCHE

Hirsche sind Paarhufer, die ursprünglich in Amerika, Europa und Asien leben, aber auch in Afrika und Australien eingeführt worden sind. Sie haben kräftige Körper und lange, schlanke Beine. Die Männchen der meisten Arten tragen Geweihe, die jedes Jahr abgeworfen werden und wieder neu wachsen. Hirsche sind Wiederkäuer. Sie würgen die Nahrung wieder hervor und kauen sie vor der Verdauung ein zweites Mal.

▲ BRUNFTZEIT
Im Herbst suchen sich die erwachsenen Rothirsch-Männchen Weibchen zur Paarung. Wenn sie Hirschkühe gefunden haben, verteidigen sie sie gegen andere Männchen. Die Männchen vieler Arten röhren, um Rivalen abzuschrecken. Wenn das nichts nützt, messen sie ihre Kräfte, indem sie die Geweihe ineinander verhaken.

Hirsche

▲ HIRSCHKUH DES ROTHIRSCHES
Weibliche Hirsche bezeichnet man als Hirschkühe. Die Hirschkühe der in offenem Gelände lebenden Arten schließen sich zum Schutz vor Raubtieren zu Herden zusammen. Die Weibchen des Rothirsches bekommen meistens nur ein einziges Jungtier pro Jahr.

◄ DER GRÖSSTE HIRSCH
Der Elch ist die größte Hirschart der Erde. Männchen können mehr als eine halbe Tonne Gewicht und 2 m Schulterhöhe erreichen. Elche bewohnen die kalten, nördlichen Wälder Skandinaviens, Russlands und Nordamerikas. Den größten Teil des Jahres leben sie allein und wandern auf der Suche nach Nahrung durch die Wälder.

GEWEIHE

Die aus Knochen bestehenden Geweihe werden jährlich nach der Brunftzeit abgeworfen. Die nachwachsenden Geweihe sind anfangs mit einer gut durchbluteten Gewebeschicht bedeckt, die als Bast bezeichnet wird. Hat das Geweih seine volle Größe erreicht, wird der Bast abgestreift (gefegt).

SIEHE AUCH ⏭ Antilopen 301 • Huftiere 289 • Pflanzenfresser 39 • Rentier 296–297

GIRAFFEN

Giraffen sind langhalsige Huftiere, die in den afrikanischen Steppen leben. Mit ihren langen, beweglichen Zungen können sie Blätter von Büschen und Bäumen abrupfen. Giraffen leben in Herden, in denen eine strikte Rangordnung herrscht. Das dominante Männchen kann sich seine Weibchen aussuchen. Eng verwandt mit den Giraffen ist das Okapi, das in den Regenwäldern Zentralafrikas lebt.

WALDGIRAFFE ►

Weil es in den Wäldern immer genug erreichbare Blätter gibt, benötigt das Okapi keinen so langen Hals wie seine Verwandten. Mit bis zu 1,7 m Schulterhöhe ist das Okapi ein großes Tier. Wie die Giraffe kann es sich gegen Raubtiere mit Tritten seiner Vorderbeine verteidigen.

FLECKENZEICHNUNG

Obwohl es nur eine Giraffenart gibt, existieren acht bis neun Unterarten, die man an der Zeichnung des Fells unterscheiden kann. Die Zeichnung dient in der Steppenlandschaft der Tarnung. Drei der am meisten verbreiteten Muster sind unten zu sehen.

Massaigiraffe – *gezackte Flecken* | *Netzgiraffe* – *große Flecken* | *Thornicrofts Giraffe* – *kleine Flecken*

@ Giraffen

NOCH EINIGES ZU WACHSEN ►

Die Giraffe ist das höchste Landtier der Erde. Bullen können über 5 m groß werden. Weibchen bleiben meist einen Meter kleiner. Auch bei der Geburt sind Giraffen schon groß, da sie die Zitzen der Mutter erreichen müssen. Giraffen gebären im Stehen, sodass die erste Lebenserfahrung des Jungtiers ein etwa 2 m tiefer Fall ist. Junge Giraffen werden bis zum Alter von etwas mehr als einem Jahr gesäugt.

SIEHE AUCH ⏭ Grasländer 56–57 • Huftiere 289 • Pflanzenfresser 39

RINDER

Rinder sind recht große Huftiere. Die größte Art, der Gaur, kann eine Schulterhöhe von 2 m erreichen. Obwohl es nur neun wild vorkommende Arten gibt, sind sie weit verbreitet und leben in Nordamerika, Europa, Asien und Afrika. Rinder sind auch sehr robuste Tiere. So lebt eine Art, der Yak, in Höhen von bis zu 6000 m im Himalaja-Gebirge.

Rinder

DOMESTIZIERTE RINDER

WASSERBÜFFEL
Wasserbüffel werden in Süd- und Südostasien zur Arbeit eingesetzt. Sie liefern außerdem Milch und Fleisch. Die Hörner können eine Spannweite von 1,80 m erreichen.

JERSEY-KUH
Dutzende von Hausrindrassen sind gezüchtet worden, manche im Hinblick auf die Milch- und andere auf die Fleischausbeute. Jersey-Kühe liefern cremige Milch.

◄ **BISON**
Der Bison ist die einzige ursprünglich in Nordamerika vorkommende Rinderart. Trotz seiner Größe kann er 60 km/h schnell laufen. Er bevölkerte einst in riesigen Herden die Prärie, wurde jedoch von europäischen Siedlern fast ausgerottet. Heute haben sich die Bestände etwas erholt. Der nah verwandte europäische Wisent ist noch seltener. Der Waldbewohner ist so schwer wie der Bison, doch sein Vorderkörper wirkt weniger wuchtig.

SIEHE AUCH ⏭ Artenschutz 22–23 • Grasländer 56–57 • Huftiere 289 • Pflanzenfresser 39

SCHAFE UND ZIEGEN

Schafe und Ziegen sind gut an das Leben im Gebirge angepasst, wo sie sich von Pflanzen ernähren, die andere Pflanzenfresser nicht erreichen können. Sie bilden eine Unterfamilie der Huftiere. Wie die mit ihnen verwandten Rinder tragen sie Hörner, die nicht abgeworfen werden. Die Form und Größe unterscheiden sich je nach Art. Schafe und Ziegen werden wegen ihrer Wolle, des Fleisches und der Milch als Haustiere gehalten.

HAUSSCHAFE UND -ZIEGEN

ZIEGE MIT ZICKLEIN
Ziegen sind zuerst im Nahen Osten domestiziert worden. Die Stammform der meisten Hausziegen ist die Bezoarziege, die noch als Wildtier existiert. Junge Ziegen werden als Zicklein bezeichnet.

HAUSSCHAF
Schafe sind bereits vor tausenden von Jahren zu Haustieren geworden. Sie stammen vom Mufflon ab, einer Unterart des Wildschafs, die heute noch in Südeuropa lebt. Man hält sie wegen ihrer Wolle und des Fleischs.

◄ **DICKHORNSCHAF**
Diese Art lebt entlang der Rocky Mountains in Nordamerika. Die Männchen tragen massive, gedrehte Hörner, mit denen sie um die Weibchen kämpfen. Abhängig vom Lebensraum unterscheiden sich die Dickhornschafe. Tiere aus dem Norden oder aus größeren Höhen besitzen ein längeres Fell, das sie vor der Kälte schützt.

Schafe und Ziegen

SIEHE AUCH ⏭ Fortpflanzung 44–45 • Gebirge 66–67 • Huftiere 289

ANTILOPEN

Antilopen kommen in Afrika und Asien vor. Die Paarhufer sind mit den Rindern und Schafen verwandt. Sie ähneln den Hirschen, tragen jedoch Hörner anstelle eines Geweihs. Die Hörner enthalten einen Knochenkern, der mit dem Schädel verbunden ist, und werden das ganze Leben lang getragen. Meistens besitzen beide Geschlechter Hörner. Zu den Antilopen gehören neben den Gazellen auch die kleinen Dikdiks und Ducker.

HOHE GESCHWINDIGKEIT ▲
Zu den Antilopen gehören einige der schnellsten Landtiere. Viele Arten leben in der offenen Steppe und müssen den Raubtieren entkommen können. Diese Springböcke kombinieren ihre hohe Geschwindigkeit mit eindrucksvollen Sprüngen, um ihre Fluchtchancen zu verbessern.

◄ GRAZIÖSE IMPALA
Die Impala- oder Schwarzfersenantilope ernährt sich in den Baumsteppen des östlichen und südlichen Afrikas von Gräsern. Raubtiere wie etwa Leoparden stellen ihr nach. Weibchen und Jungtiere bilden daher Herden zu ihrem Schutz, denen sich auch die Männchen einen Teil des Jahres über anschließen. Während der Paarungszeit bilden die Männchen Reviere und verscheuchen ihre Rivalen.

@ ⏭ Antilopen

▲ KUDU
Kudus gehören zu den größeren Antilopenarten. Männliche Große Kudus können 1,50 m Schulterhöhe erreichen. Wie viele große Antilopen fressen Kudus hauptsächlich die Blätter der Büsche und niedrigen Äste. Die größte Antilope ist die Elenantilope, die wie der Kudu in Afrika vorkommt. Sie kann 1,80 m hoch und fast 1 t schwer werden.

SIEHE AUCH ⏭ Grasländer 56–57 • Großkatzen 268 • Hirsche 298 • Huftiere 289 • Wüsten 58–59

NAGETIERE

Die Nagetiere tragen ihren Namen, weil sie lange, scharfe Schneidezähne besitzen, mit denen sie nagen können. Mit mehr als 3000 Arten machen sie fast die Hälfte aller Säugetiere aus. Zu ihnen gehören die Mäuse und ihre Verwandten, die Hörnchen, die Meerschweinchen, die Chinchillas sowie die Stachelschweine. Nagetiere sind sehr anpassungsfähig und können daher in den verschiedensten Lebensräumen gedeihen.

Nagetiere

Die großen Ohren nehmen sich nähernde Raubtiere wahr.

Die Nase entdeckt Nahrung und Duftmarken.

Scharfe Krallen zum Graben von Bauten

Die Länge von der Nase bis zum Schwanz kann 60 cm betragen.

▼ RIESENRATTE
Wie die meisten Nagetiere kann diese Madagaskarratte oder Votsota gut sehen, hören und riechen. Nagetiere können so ihre Nahrung finden, sich verständigen und Fressfeinde entdecken. Mit ihren kurzen Beinen können sie kaum weglaufen. Daher klettern sie bei der Flucht lieber auf Bäume oder verstecken sich im Bau.

Das runde Gesicht ist für Meerschweinchen typisch.

◄ MEERSCHWEINCHEN
Meerschweinchen stammen ursprünglich aus Südamerika, sind aber heute auf der ganzen Welt beliebte Haustiere. Manche als Heimtier gehaltene Nagetiere sehen noch wie die Wildform aus, doch andere unterscheiden sich ein wenig davon. So gibt es Meerschweinchen in den verschiedensten Farben und mit längeren Haaren als in der Natur.

Der Hamster hält seine Zähne scharf, indem er an Holz nagt.

◄ NAGEZÄHNE
Alle Nagetiere besitzen zwei Paar Schneidezähne, die das ganze Leben hindurch wachsen. Um sie abzunutzen und scharf zu halten, müssen sie ständig nagen. Eichhörnchen und Haselmäuse ernähren sich beispielsweise von Nüssen und erreichen den nährstoffreichen Kern nur, indem sie sich durch die harte, holzige Schale arbeiten.

Das gestreifte Gesicht zeigen alle Streifenhörnchen.

▲ STREIFENHÖRNCHEN
Streifenhörnchen sind vorwitzige nordamerikanische Nagetiere. Sie suchen sowohl auf dem Boden als auch in den Zweigen der Büsche und Bäume nach Nahrung und fressen von Nüssen und Beeren bis hin zu Insekten alles. Obwohl sie gut klettern können, errichten sie ein unterirdisches Netz von Gängen. Im Herbst legen sie darin Vorräte für den Winter an.

SCHWERGEWICHT ▲
Das Wasserschwein ist mit den Meerschweinchen verwandt. Es ist mit bis zu 1,40 m Länge und einem Gewicht von bis zu 66 kg das größte Nagetier überhaupt. Wasserschweine sind sehr gute Schwimmer und verbringen einen großen Teil ihrer Zeit im Wasser. Wenn Gefahr droht, flüchten sie in das nächste Gewässer.

SIEHE AUCH ⏭ Hörnchenartige 303 • Mäuse 304 • Nester und Baue 48–49 • Säugetiere 240–241 • Verteidigung 42–43

HÖRNCHENARTIGE

Die meisten Menschen denken bei Hörnchen an Nüsse fressende Baumbewohner mit buschigen Schwänzen. Viele Arten entsprechen dem, doch andere Mitglieder der Hörnchenartigen leben in Bauen unter der Erde. Sie ernähren sich von Gräsern, anderen am Boden wachsenden Pflanzen und manchmal von Wirbellosen. Außer in Australien und der Antarktis findet man sie in allen Erdteilen.

▲ BAUMBEWOHNER
Grauhörnchen sind typische Baumbewohner. Ihre Kobel genannten Nester bauen sie hoch oben in den Zweigen. Darin bekommen sie ihre Jungen, verstecken sie und schützen sich vor schlechtem Wetter. Viele Hörnchen sammeln im Herbst Nüsse und Samen, die sie dann vergraben. Im Winter graben sie sie wieder aus und ernähren sich davon.

▲ WALDMURMELTIER
Das Waldmurmeltier ist ein großes Nagetier, das bis zu 70 cm lang wird. Es lebt in Nordamerika und bevorzugt Grasland, das mit Bäumen und Büschen bestanden ist. Anders als andere seiner Verwandten lebt es meistens allein. Es ernährt sich von Samen, Pflanzen, Heuschrecken und Schnecken.

@ ⏭ Hörnchen-artige

WOHNGEMEINSCHAFT ►
Viele Bodenbewohner sind sehr gesellig und leben in organisierten Gemeinschaften. Diese Schwarzschwanz-Präriehunde leben in großen unterirdischen Städten zusammen. In ihnen gibt es viele einzelne Familienverbände, die aus einem Männchen, mehreren Weibchen und ihren Nachkommen bestehen. Jeder Familienverband unterhält eigene Tunnel und sucht seine Nahrung auf dem Land darüber.

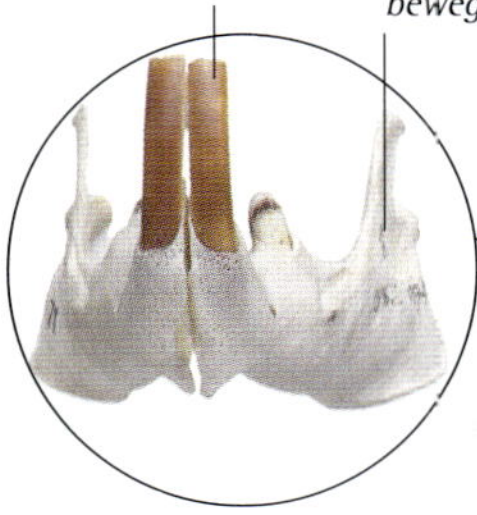

DAMMBAUER ►
Biber können größere Bauwerke als andere Tiere mit Ausnahme der Menschen errichten. Mit ihren scharfen Nagezähnen fällen sie Bäume, um Dämme zu bauen und so Stauseen anzulegen, in denen sie leben. Der größte bisher ausgemessene Damm war 700 m lang. Biber fressen im Sommer Blattpflanzen, können im Winter aber auch von Baumrinde leben.

SIEHE AUCH ⏭ Nadelwälder 65 • Nester und Baue 48–49 • Säugetiere 240–41 • Verhalten 32–33

MÄUSE

Mäuse und ihre Verwandten stellen mehr als die Hälfte aller Nagetiere und ein Viertel der Säugetiere. Zu dieser Gruppe gehören Ratten, Lemminge, Hamster, Wühl-, Renn- und Wüstenspringmäuse. Die meisten Arten sind nachtaktiv und ernähren sich von Sämereien. Mäuse haben spitze Köpfe und lange Tasthaare. Manche Arten wandern weit umher und sind sehr anpassungsfähig. Die Hausmaus hat sogar die Antarktis erreicht und ist damit mit Ausnahme des Menschen das einzige Tier, das auf jedem Kontinent lebt.

Spitze Schnauze mit Tasthaaren

Das hellbraune Fell tarnt die Maus zwischen trockenen Pflanzenstängeln.

Der Greifschwanz hilft der Maus beim Erklettern des Halms.

HAUSMAUS

◄ NACHWUCHS
Wie andere Nagetiere können Mäuse regelmäßig viele Junge zur Welt bringen. Die meisten Arten bekommen mindestens drei Junge pro Wurf und manche können bis zu 14 Würfe pro Jahr gebären. Nagetiere werden nackt und blind geboren, doch sie wachsen schnell. Lemminge können schon im Alter von zwei Wochen selbst Junge bekommen.

◄ GESCHICKTER KLETTERER
Die Europäische Zwergmaus ist mit 5–7 g Gewicht eines der kleinsten Nagetiere. Sie kommt in Europa und Asien vor, im Osten bis nach Taiwan. Man findet sie besonders häufig in Getreidefeldern. Aus Grashalmen baut sie sich ein kugelförmiges Nest, das sich weit genug über dem Boden befindet, um außerhalb der Reichweite der meisten Fressfeinde zu sein.

@ Mäuse

▲ RATTEN BEI DER PLÜNDERUNG
Ratten sind die größere, schwerer gebaute Ausführung der Mäuse. Viele Ratten wie diese Hausratten in Indien sind Opportunisten und nutzen schnell jede neue Nahrungsquelle. Die Flöhe, die auf ihnen leben, können für Menschen gefährliche Krankheiten wie die Beulenpest übertragen, an der in früheren Zeiten Millionen von Menschen starben.

▲ SPRINGENDE WÜSTENRENNMAUS
Es gibt über 100 Rennmausarten. Dies ist eine Mongolische Wüstenrennmaus, eine der Arten, die als Heimtier gehalten werden. Rennmäuse sind meistens nachtaktiv und leben in trockenen Gegenden Afrikas und Asiens. Die Feuchtigkeit, die sie benötigen, beziehen sie aus den Sämereien, die sie fressen. Anders als viele andere Mäuseverwandte besitzen Rennmäuse mit Fell bedeckte Schwänze.

MYRIADEN VON MÄUSEN

STACHELMAUS
Diese Mäuse tragen ihren Namen wegen der steifen Haare auf ihrem Rücken. Sie leben in trockenen Gebieten und sind an ein Leben ohne regelmäßigen Wasserzugang angepasst.

FELDMAUS
Feldmäuse haben rundere Köpfe als andere Mäuse und ihre Schwänze sind meist kurz und haarig. Die Feldmaus kommt in Europa und Asien vor und frisst Gras und Blätter.

HAMSTER
Die beliebten Goldhamster stammen aus Syrien. Sie sind grabende Tiere mit kurzen Beinen und kurzen Schwänzen. Nahrung können sie in den Backentaschen transportieren.

WANDERRATTE
Die Wanderratte stammt aus Zentralasien und ist heute fast weltweit verbreitet. Sie hat sich an das Leben in Städten angepasst und bewohnt sogar die Kanalisation.

SIEHE AUCH ⏭ Flöhe **109** • Laubwälder **64** • Nester und Baue **48–49** • Polargebiete **70** • Wüsten **58–59**

HASEN UND KANINCHEN

Kaninchen und die mit ihnen verwandten Hasen und Pfeifhasen gehören zu den Hasentieren. Sie besitzen drei Paare ständig wachsender Schneidezähne, von denen zwei hintereinander im Oberkiefer sitzen und eines sich im Unterkiefer befindet. Obwohl es nur etwa 80 Arten in dieser Gruppe gibt, findet man die Pflanzenfresser in den unterschiedlichsten Lebensräumen, von den Wüsten bis hin zu eisigen Berggipfeln. Hasentiere leben in Nord- und Südamerika, Afrika, Europa und Asien.

▲ HEUERNTE
Pfeifhasen besitzen kürzere Beine und abgerundetere Ohren als Kaninchen. Diese kleinen Hasentiere kommen in Osteuropa, Asien und Teilen von Nordamerika vor. Einige Arten leben in den Wüsten, doch die meisten wie dieser Amerikanische Pfeifhase in den Bergen. Im Spätsommer und im Herbst verbringen sie viel Zeit mit dem Sammeln von Gras und anderen Pflanzen, die sie zu Heuhaufen als Wintervorrat verarbeiten.

▲ HOPPELNDER HASE
Hasen sind meistens größer als Kaninchen. Der Feldhase verbringt sein gesamtes Leben oberirdisch. Die Jungen werden in einer Senke geboren, die man Sasse nennt. Sie kommen mit offenen Augen und Fell zur Welt. Wenn die Sasse von einem Fressfeind entdeckt wird, laufen die Jungen auseinander.

◄ WILDKANINCHEN
Kaninchen werden oft als Heimtiere gehalten. Manche ähneln mit ihren abgeknickten Ohren und dem langen Fell kaum noch ihren Vorfahren. Das Europäische Wildkaninchen ist in vielen Teilen der Welt eingeführt worden. Es vermehrt sich schnell und passt sich gut an eine neue Umgebung an, sodass es in Ländern wie Australien als Schädling angesehen wird.

Hasen und Kaninchen

▼ KANINCHENBAU
Europäische Wildkaninchen leben in Gruppen von bis zu 30 Tieren zusammen. Diese Gruppen bewohnen ein Netzwerk von Bauen, die von den Weibchen gegraben wurden. Die Jungtiere sind bei der Geburt blind und hilflos. Die Rangordnung innerhalb der Gruppe wird bereits bei jungen Kaninchen durch spielerische Kämpfe festgelegt.

SIEHE AUCH ⏭ Anpassung **18–19** • Nagetiere **302** • Nester und Baue **48–49** • Säugetiere **240–241**

ANHANG

◄ **STILLER JÄGER**
Wie die meisten Eulen kann der Kap-Uhu sehr gut bei Nacht sehen und ausgezeichnet hören. Er gleitet mit ausgebreiteten Schwingen lautlos dahin und ergreift seine Beute mit den kräftigen Krallen. Er nistet in felsigen Gebieten in den Gras- und Baumsteppen Süd- und Zentralafrikas, wo er Insekten, Echsen, Fledermäuse, Nagetiere und Kaninchen jagt. Es gibt mehr als 200 Eulenarten auf der Erde.

SYSTEMATIK

Von den kleinsten Würmern bis zum Menschen werden alle Tiere in einem System erfasst, das man als zoologische Systematik bezeichnet. Die Grundlage dieses Systems ist die Verwandtschaft der einzelnen Arten miteinander. Die höchste Kategorie innerhalb der Tiere nennt man Phylum oder Tierstamm. Untergeordnete Gruppen werden als Klassen, Ordnungen und Familien bezeichnet.

Systematik

WIRBELLOSE

Mehr als 95 % aller Tiere sind Wirbellose. Sie besitzen keine Knochen. Von den Hauptgruppen oder Stämmen der Wirbellosen sind die wichtigsten unten aufgeführt.

SCHWÄMME	Stamm Porifera
Klassen 4	Ordnungen 18
Familien 80	Arten *etwa* 5000–10 000

NESSELTIERE	Stamm Cnidaria
Klassen 4	Ordnungen 27
Familien 235	Arten *etwa* 9400

einschließlich: Seeanemonen, Korallen, Quallen

QUALLE

SEEANEMONE

RIPPENQUALLEN	Stamm Ctenophora
Klassen 2	Ordnungen 8
Familien 27	Arten *etwa* 100

RÄDERTIERCHEN	Stamm Rotifera
Klassen 3	Ordnungen 5
Familien 20	Arten *etwa* 2000

PLATTWÜRMER	Stamm Plathelminthes
Klassen 4	Ordnungen 35
Familien 360	Arten *etwa* 17 500

FADENWÜRMER	Stamm Nematoda
Klassen 4	Ordnungen 20
Familien 185	Arten *etwa* 20 000

SAITENWÜRMER	Stamm Nematomorpha
Klassen 2	Ordnungen 2
Familien 5	Arten *etwa* 240

KRATZER	Stamm Acanthocephala
Klassen 3	Ordnungen 4
Familien 18	Arten 1000

RINGELWÜRMER	Stamm Annelida
Klassen 3	Ordnungen 31
Familien 130	Arten *etwa* 15 000

WEICHTIERE	Stamm Mollusca
Klassen 8 *(mit den unten aufgeführten)*	Ordnungen 48
Familien 232	Arten *etwa* 100 000

TINTENFISCH

SCHNIRKEL-SCHNECKE

KOPFFÜSSER	
Klasse Cephalopoda	Arten *etwa* 660

einschließlich: Kraken, Kalmare, Perlboote

MUSCHELN	
Klasse Bivalvia	Arten *etwa* 15 000

einschließlich: Herz- und Kammmuscheln, Austern

SCHNECKEN	
Klasse Gastropoda	Arten *etwa* 75 000

einschließlich: Gehäuse- und Nacktschnecken

BÄRTIERCHEN	Stamm Tardigrada
Klassen 3	Ordnungen 1
Familien 17	Arten *etwa* 750

STUMMELFÜSSER	Stamm Onychophora
Klassen 1	Ordnungen 1
Familien 2	Arten *etwa* 100

GLIEDERFÜSSER

Stamm Arthropoda	Arten *etwa* 1,1 Millionen

FÜHLERLOSE	Unterstamm Chelicerata
Klassen 3	Ordnungen 14
Familien 480	Arten *etwa* 77 500

SPINNENTIERE	
Klasse Arachnida	Arten *etwa* 75 500

Einschließlich der folgenden Gruppen: Spinnen, Skorpione, Geißelskorpione, Zecken und Milben, Weberknechte

ASSELSPINNEN	
Klasse Pantopoda	Arten *etwa* 1000

PFEILSCHWANZKREBSE	
Klasse Xiphosura	Arten 4

MANDIBELTRÄGER	Unterstamm Mandibulata
Klassen 6 *(mit den aufgeführten)*	Ordnungen 85
Familien 1660	Arten *etwa* 1 Million

INSEKTEN	
Klasse Insecta	Arten *etwa* 1 Million

Einschließlich der folgenden Gruppen: Libellen, Eintagsfliegen, Grillen, Stabheuschrecken, Gottesanbeterinnen, Schaben, Käfer, Wanzen, Fliegen, Schmetterlinge, Flöhe, Läuse, Bienen, Wespen, Ameisen, Termiten

LATERNEN-TRÄGER

HUNDERTFÜSSER	
Klasse Chilopoda	Arten *etwa* 3000

TAUSENDFÜSSER	
Klasse Diplopoda	Arten *etwa* 10 000

KREBSE	Unterstamm Crustacea
Klassen 10	Ordnungen 45
Familien 540	Arten *etwa* 40 000

KRABBEN, HUMMER, GARNELEN	
Klasse Malacostraca	Arten *etwa* 20 000

RANKENFÜSSER	
Klasse Cirripedia	Arten *etwa* 1000

MUSCHELKREBSE	
Klasse Ostracoda	Arten *etwa* 6000

KRABBEN-SPINNE

SPRINGKREBS

▲ ARTEN EINORDNEN
Die Stellung einer Art in der zoologischen Systematik kann sich ändern, wenn neue Erkenntnisse vorliegen. So unterscheidet man seit kurzer Zeit beim Afrikanischen Elefanten zwei Arten. Das abgebildete Tier ist ein Afrikanischer Steppenelefant, die andere Art ist der Afrikanische Waldelefant.

MOOSTIERCHEN Stamm Bryozoa
Klassen 2 — Ordnungen 5
Familien 160 — Arten *etwa* 4000

ARMFÜSSER Stamm Brachiopoda
Klassen 2 — Ordnungen 5
Familien 21 — Arten *etwa* 350

STACHELHÄUTER Stamm Echinodermata
Klassen 6 *(mit den unten aufgeführten)* Ordnungen 36
Familien 145 — Arten *etwa* 6000

SEEIGEL

SEEIGEL
Klasse Echinoidea — Arten *etwa* 975

SEESTERNE
Klasse Asteroidea — Arten *etwa* 1500

SEEGURKEN
Klasse Holothuroidea — Arten *etwa* 1150

SCHLANGENSTERNE
Klasse Ophiuroidea — Arten *etwa* 2000

WEITERE STÄMME
Es gibt noch 16 weitere Stämme der Wirbellosen, die insgesamt etwa 2000 Arten umfassen.

ERLÄUTERUNG
Stamm — Unterstamm — Klasse

CHORDATIERE Stamm Chordata
Der Körper eines Chordatiers wird durch einen Stab gestützt, den man Chorda dorsalis nennt. Die Chordatiere machen weniger als 5 % aller Tiere aus. Zu ihnen gehören einfache Tiere wie die Seescheiden und hoch entwickelte wie Säugetiere, Vögel, Reptilien, Fische und Amphibien.

WIRBELLOSE CHORDATIERE
Etwa 1300 Tierarten besitzen eine Chorda dorsalis, jedoch keine Wirbelsäule. Sie leben alle im Meer und sind relativ klein. Manche graben sich in den Boden ein, andere sitzen an Steinen oder schweben im Wasser.

MANTELTIERE Unterstamm Tunicata
Klassen 3 — Ordnungen 8
Familien 45 — Arten *etwa* 2100

LANZETTFISCHCHEN Unterstamm Acrania
Klassen 1 — Ordnungen 1
Familien 3 — Arten *etwa* 24

WIRBELTIERE Unterstamm Vertebrata
Klassen 7 — Ordnungen 129
Familien 915 — Arten *etwa* 51 000

FISCHE
Die Fische sind eine künstliche Gruppe nicht nahe verwandter Wassertiere, von denen die meisten Schuppen tragen und über Kiemen atmen. Man teilt sie in drei Hauptgruppen ein.

KIEFERLOSE
Klasse Agnatha — Arten *etwa* 90
Schleimaale und Neunaugen

KNORPELFISCHE
Klasse Chondrichthyes — Arten *etwa* 800
Haie, Rochen, Chimären

KNOCHENFISCHE
Klasse Osteichthyes — Arten *etwa* 23 000
Einschließlich der folgenden Gruppen:
Fleischflosser
Störe
Knochenzüngler
Aale
Heringe
Dorsche
Plattfische
Karpfenfische
Welse
Lachse
Seepferdchen
Buntbarsche

CONGER

GELBKLINGEN-NASENDOKTOR

AMPHIBIEN
Klasse Amphibia — Arten *etwa* 5000
Einschließlich der folgenden Gruppen:
Froschlurche
Schwanzlurche
Blindwühlen

BAUMFROSCH

REPTILIEN
Klasse Reptilia — Arten *etwa* 8000
Einschließlich der folgenden Gruppen:
Schildkröten
Brückenechsen
Krokodile
Echsen (Leguane, Chamäleons, Agamen, Geckos, Skinke, Warane)
Schlangen (Boas, Pythons, Nattern, Giftnattern, Vipern)

REGENBOGEN-ERDSCHLANGE

MATAMATA

VÖGEL
Klasse Aves — Arten *etwa* 10 000
Einschließlich der folgenden Gruppen:
Strauße
Pinguine
Taucher
Albatrosse
Pelikane
Reiher
Störche
Flamingos
Enten und Gänse
Greifvögel
Hühnervögel
Kraniche
Trappen
Rallen
Watvögel
Papageien
Kuckucke
Tauben
Eulen
Schwalme
Kolibris
Segler
Trogons
Eisvögel
Spechte
Singvögel (*einschließlich:* Raben, Paradiesvögel, Drosseln, Stare, Schwalben, Sperlinge, Webervögel, Stärlinge, Finken, Zaunkönig, Lerchen, Meisen, Grasmücken)

ROTER IBIS

WALDKAUZ

ROTSCHNABEL-SCHWEIFKITTA

SÄUGETIERE
Klasse Mammalia — Arten *etwa* 5000
Einschließlich der folgenden Gruppen:
Kloakentiere (Ameisenigel und Schnabeltiere)
Beuteltiere (*einschließlich:* Kängurus, Koalas, Wombats, Opossums)
Ameisenbären
Faultiere
Gürteltiere
Erdferkel
Schuppentiere
Insektenfresser
Spitzhörnchen
Fledermäuse
Primaten (Buschbabys, Loris, Pottos, Lemuren, Gibbons, Orang-Utans, Gorillas, Schimpansen, Menschen)
Katzen (*einschließlich:* Kleinkatzen, Leoparden, Löwen, Tiger)
Schleichkatzen
Hunde (*einschließlich:* Füchse, Wölfe)
Bären
Kleinbären
Marder
Dachse
Otter
Robben (*einschließlich:* Seelöwen)
Walross
Wale
Delfine
Seekühe
Elefanten
Huftiere (*einschließlich:* Pferde, Zebras, Nashörner, Schweine, Flusspferde, Kamele, Hirsche, Giraffen, Antilopen, Rinder, Ziegen, Schafe)
Nagetiere (*einschließlich:* Mäuse)
Hasen (*einschließlich:* Kaninchen)

FRANQUETS EPAULETTENFLUGHUND

TOTENKOPFÄFFCHEN

EUROPÄISCHER ILTIS

WEISSER BENGALTIGER

SIEHE AUCH ⏭ Eigenschaften der Tiere 10–11 • Evolution 16–17 • Körperbau 26–27 • Systematik 12–13

GLOSSAR

Aas: Die Reste toter Tiere. Aasfresser wie die Geier haben sich auf diese Nahrung spezialisiert.

Abdomen: Der Teil des Körpers, der die Verdauungs- und Geschlechtsorgane enthält. Bei Insekten ist das Abdomen der letzte der drei Körperabschnitte.

Allesfresser: Ein Tier, das Pflanzen und Fleisch frisst.

Alphamännchen: Das dominante Männchen in einer Gruppe sozialer Tiere.

Amphibien: Wirbeltiere, die teils an Land, teils im Wasser leben. Zu ihnen gehören Frösche, Kröten, Molche und Salamander. Die meisten Amphibien paaren sich und legen ihre Eier im Wasser ab.

Amplexus: Der Vorgang, bei dem männliche Froschlurche sich bei der Paarung mit den Vorderbeinen am Weibchen festhalten.

Anpassung: Eigenschaften, die im Verlauf der Evolution entstanden sind und dem Lebewesen einen Vorteil verschaffen. Sie beeinflussen den Bau und die Funktionen des Körpers.

Antenne: Antennen sind paarige Sinnesorgane auf dem Kopf eines Gliederfüßers. Obwohl man sie auch als Fühler bezeichnet, werden sie oft nicht nur zum Tasten, sondern zum Schmecken und Riechen eingesetzt.

Äquator: Eine gedachte Linie, die sich in der Mitte zwischen den Polen um die Erdkugel zieht. Dort ist es das ganze Jahr über warm.

Arbeiter: Arbeiter oder Arbeiterinnen sind in Staaten lebende Insekten, die den Bau reparieren, nach Nahrung suchen und sich um die Jungen kümmern. Meistens bekommen sie keinen eigenen Nachwuchs.

Art: Eine Gruppe ähnlicher Tiere, die sich in der Natur miteinander fortpflanzen und Junge bekommen, die wie sie selbst aussehen. Die Art ist die Basisgruppe der Systematik. Jede Art trägt einen eigenen wissenschaftlichen Namen, der international benutzt wird.

Atmung: Der chemische Prozess in der Zelle, bei dem unter Sauerstoffverbrauch Energie aus der Nahrung freigesetzt wird.

Auftrieb: Der Auftrieb ermöglicht das Schwimmen ohne Muskelkraft. Fische können ihren Auftrieb so regulieren, dass sie im Wasser schweben.

Aufwind: Eine Säule warmer, aufsteigender Luft. Manche Vögel, etwa Geier, nutzen Aufwinde, um ohne Anstrengung in der Luft zu schweben.

Außenskelett: Harte Außenschicht vieler Wirbelloser.

Aussterben: Das vollständige und endgültige Verschwinden von Arten.

Auswahlzucht: Durch Menschen kontrollierte Fortpflanzung, bei der die Elterntiere nach bestimmten Eigenschaften ausgewählt werden. Nach vielen Generationen entstehen Rassen, die man in der Natur nicht findet.

Backenzahn: Zähne an den Seiten des Kiefers, die die Nahrung zermahlen.

Bakterien: Mikroskopisch kleine, einzellige Organismen.

Bartel: Ein empfindlicher Fortsatz im Maulbereich eines Tiers. Viele Boden bewohnende Fische suchen mit Barteln nach Nahrung.

Barten: Faserige Substanz im Oberkiefer vieler großer Wale. Barten sind Platten mit bürstenartigen Rändern, die zum Filtrieren der Nahrung aus dem Wasser dienen.

Befruchtung: Der Zeitpunkt, an dem eine männliche und eine weibliche Geschlechtszelle verschmelzen und ein neues Lebewesen entsteht. Bei Säugetieren findet die Befruchtung im Körper der Mutter statt, bei den meisten Fischen außerhalb.

beidäugiges Sehen: Hier schauen beide Augen nach vorn, sodass sich ihre Gesichtsfelder überlappen. Das ermöglicht die Abschätzung von Entfernungen.

Bestäubung: Die Übertragung des Pollens, der die männlichen Geschlechtszellen enthält, von einer Blüte auf die andere, sodass Samen entstehen können. Die Bestäubung wird oft von Tieren ausgeführt, die die Pflanze zum Fressen besuchen.

Beute: Ein Tier, das von einem Fressfeind getötet und verzehrt wird.

Beuteltier: Ein Säugetier, dessen Junge in einem Beutel heranwachsen. Beuteltiere gibt es in Australien und Amerika.

Biolumineszenz: Die Lichterzeugung durch Lebewesen. Man findet sie oft bei Tiefseefischen und Insekten (Glühwürmchen).

Blasloch: Die Nasenlöcher der Wale und Delfine, die sich auf dem Kopf befinden. Das Blasloch dient zum Atmen und kann beim Tauchen geschlossen werden.

brüten: Beim Bebrüten der Eier setzen sich Vögel auf sie, um sie warm zu halten, sodass sich die Jungen entwickeln können.

Cephalothorax: Bei Krebs- und Spinnentieren der aus Kopf und Brust bestehende Vorderteil des Körpers.

Chorda dorsalis: Ein flexibler Stützstab im Körper der Chordatiere. Bei Wirbeltieren wird er durch die Wirbelsäule ersetzt. Reste finden sich noch in den Bandscheiben.

Chordatiere: Tiere, deren Körper (zumindest ursprünglich) von einer stabförmigen Chorda dorsalis gestützt wird, wie etwa Seescheiden und Wirbeltiere.

DNS (Desoxyribonukleinsäure): Chemische Verbindung in allen Lebewesen, in der die Informationen zum Aufbau des Körpers gespeichert sind. Bei der Vermehrung werden Kopien der DNS an die Jungen weitergereicht.

Duftdrüse: Eine Drüse, die Pheromone oder andere Duftstoffe abgibt. Mit Gerüchen werben Tiere um Partner, markieren ihr Revier oder nutzen sie zur Kommunikation.

Echoortung: Die Ortung von Gegenständen mithilfe hochfrequenter Töne, die vom Objekt zurückgeworfen werden. Fledermäuse benutzen Echoortung zur Orientierung im Dunkeln, Wale und Delfine setzen sie im Wasser ein.

Eckzähne: Zähne mit einer scharfen Spitze, die bei Säugetieren im vorderen Teil des Kiefers stehen. Sie werden zum Ergreifen der Beute eingesetzt.

Ei: Eine weibliche Geschlechtszelle. Nach der Befruchtung durch eine Samenzelle entsteht ein neues Tier.

Eiweiß: Eiweiße oder Proteine sind Stoffe, die von lebenden Organismen hergestellt werden. Manche dienen dem Aufbau des Körpers, wohingegen andere chemische Reaktionen beschleunigen.

Embryo: Ein junges Tier in einem sehr frühen Entwicklungsstadium.

Evolution: Ein Prozess der Änderung von einer Generation zur anderen, der die Anpassung von Arten an ihre Umwelt erlaubt. Die Evolution beeinflusst den Körperbau und das Verhalten eines Tiers.

Facettenauge: Ein Auge, das aus vielen Einzelaugen mit eigenen Linsen besteht. Facetten- oder Komplexaugen findet man bei vielen Gliederfüßern wie den Insekten.

Familie: In der Systematik die Gruppe oberhalb der Gattung. Nashörner und Gibbons sind zwei Beispiele für Familien.

Fellpflege: Verhalten sozialer Tiere, um Schmutz und Parasiten zu entfernen und den Kontakt aufrechtzuerhalten.

Filtrierer: Ein Tier, das seine Nahrung aus dem Wasser siebt. Zu ihnen gehören viele Wirbellose und auch Flamingos und Bartenwale.

Fleischfresser: Ein Tier, das andere lebende oder tote Tiere frisst.

Fortpflanzung: Die Produktion von Nachwuchs. Die Fortpflanzung ist eine grundlegende Eigenschaft aller Lebewesen.

Fossil: In Gestein, Bernstein oder anderem Material konservierte Überreste früheren Lebens.

Fötus: Ein noch ungeborenes, aber schon gut entwickeltes Säugetier in der Gebärmutter.

Fressfeind: Ein Tier, das andere tötet und frisst. Manche lauern ihrer Beute auf, doch die meisten von ihnen jagen aktiv.

Gattung: In der zoologischen Systematik die der Art übergeordnete Kategorie. Zum Beispiel ist *Felis* die Gattung der Klein- und *Panthera* die der Großkatzen.

Gebärmutter: Die Kammer im Leib eines weiblichen Säugetiers, in der sich die ungeborenen Jungen entwickeln.

gemäßigt: In gemäßigten Klimazonen wird es weder sehr kalt noch sehr heiß.

Gen: Ein Abschnitt der DNS einer Zelle, der Informationen zum Bau oder zur Funktion eines Lebewesens enthält.

Gift: Eine für andere Tiere schädliche Substanz, die ein Tier durch einen Biss oder Stich überträgt. Viele Schlangen töten mit Gift ihre Beute. Es kann das Nervensystem oder den Blutkreislauf beeinflussen.

Giftzahn: Lange, spitze Zähne der Giftschlangen, die je nach Art hohl oder rinnenförmig sein können und das Gift in die Beute injizieren.

Gliederfüßer: Ein wirbelloses Tier mit gegliedertem Außenskelett. Zu den Gliederfüßern gehören Insekten, Spinnen und Krebstiere. Sie stellen die artenreichste Tiergruppe der Welt dar.

Greifschwanz: Viele Tiere einschließlich der südamerikanischen Affen besitzen einen Greifschwanz, mit dem sie sich an Ästen festhalten können.

Greifvogel: Greifvögel erbeuten andere Tiere mit ihren Krallen und tragen sie oft zum Fressen fort.

Haustier: Ein Tier, das unter menschlicher Aufsicht gezüchtet worden ist. Zu den Haustieren gehören Nutztiere wie Schafe, Schweine und Kühe ebenso wie Heimtiere, etwa Katzen und Hunde.

Häutung: Das Abstreifen einer Körperhülle, sodass sie durch eine neue ersetzt werden kann. Gliederfüßer müssen ihr Außenskelett häuten, damit sie wachsen können. Schlangen streifen ihre Schuppenhaut meistens an einem Stück ab.

Hautzähnchen: Kleine zahnähnliche Strukturen, die die Haut von Rochen und Haien wie Sandpapier wirken lassen.

homöotherm: Homöotherme Tiere können ihre Körpertemperatur unabhängig von der Umgebung konstant halten. Sie werden auch als warmblütig bezeichnet. Zu ihnen gehören Vögel und Säugetiere.

Horde: Eine Primatengruppe. Ihre Mitglieder arbeiten zusammen, um Nahrung zu suchen und sich vor Angriffen zu verteidigen.

Huftier: Ein Paar- oder Unpaarhufer.

immergrün: Ein Baum oder Strauch, der das ganze Jahr über Blätter trägt.

Insekt: Ein sechsbeiniges Tier, das oft zwei Flügelpaare besitzt. Insekten sind Wirbellose und gehören zu den Gliederfüßern. Sie vermehren sich schnell und umfassen die häufigsten Tierarten der Erde.

Instinkt: Verhaltensweisen, die einem Tier angeboren sind und die es nicht zu lernen braucht. Der Instinkt kann einfache Verhaltensweisen wie Schwimmen oder die Fellpflege steuern, aber auch komplizierte wie die Balz oder Migration.

Isolation: Jede Körperbedeckung, die es verhindert, dass es einem Tier zu kalt oder zu warm wird. Fell, Federn oder Blubber (Speckschicht) dienen alle der Isolation.

Kameraauge: Ein Auge mit einer einzelnen Linse. Diese hoch entwickelten Augen findet man bei Wirbeltieren und Tintenfischen.

Kaulquappe: Die Larve eines Schwanzlurchs, etwa eines Froschs oder einer Kröte.

Kiemen: Organe zum Atmen im Wasser. Fische und Amphibien tragen sie an den Seiten des Kopfes, Insekten meist am Hinterleib.

Kiemendeckel: Die äußere Abdeckung der Kiemen eines Fischs. Viele Fische bewegen die Kiemendeckel bei der Atmung regelmäßig.

Klasse: In der zoologischen Systematik die Kategorie über der Ordnung. Säugetiere, Insekten, Amphibien und Muscheln sind Klassen.

Kloakentier: Ein Säugetier, das Eier legt anstatt lebende Junge zu gebären, wie das Schnabeltier und die Ameisen gel. Kloakentiere kommen nur in Australien und auf Neuguinea vor.

Knorpel: Eine feste, flexible Substanz, aus der Teile des Wirbeltierskeletts, etwa der Gelenke, bestehen. Das Knorpelfischskelett besteht vollständig aus Knorpel.

Kokon: Eine Gewebehülle, die Spinnen und Insekten zum eigenen Schutz oder zu dem der Jungen anfertigen. Viele Raupen spinnen sich vor der Verpuppung in einen Kokon ein.

Kolonie: Eine Gruppe von Tieren der gleichen Art, die zusammenleben. Manche von ihnen wie die Korallen sind fest miteinander verbunden. Andere wie die Ameisen und Bienen leben in Staaten zusammen.

Königin: Bei sozialen Insekten wie Ameisen oder Bienen gründet die Königin den Staat. Sie wird von den Arbeiterinnen versorgt und ist die Mutter aller Jungtiere.

Kopffüßer: Ein Weichtier mit Armen im Kopfbereich, wie ein Krake oder ein Kalmar.

Korallen: Nesseltiere, die ihre Beute mit Tentakeln fangen oder sich über mit ihnen in Symbiose lebenden Algen ernähren. Viele Steinkorallen leben in Kolonien und bauen Korallenriffe auf.

Krebstier: Ein wirbelloses Tier mit hartem Außenskelett, gegliederten Beinen und zwei Antennenpaaren. Die meisten Krebstiere leben im Wasser. Zu ihnen gehören Hummer, Krabben und Seepocken.

Kronendach: Die Schicht miteinander verwobener Äste hoch oben im Wald.

Kropf: Ein Teil des Verdauungssystems (besonders bei Vögeln), in dem Nahrung gespeichert werden kann.

Larve: Unreife Entwicklungsstadien verschiedener Tiere wie der Insekten und Amphibien. Larven unterscheiden sich oft von ihren Eltern und ernähren sich auch anders. Eine Kaulquappe ist die Larve eines Froschs.

Laubfresser: Ein Pflanzenfresser wie ein Hirsch, der sich von Blättern und Zweigen anstelle von Gräsern ernährt.

Laubgehölz: Bäume oder Sträucher mit Blättern, die sie in gemäßigten Klimabereichen im Herbst abwerfen.

Lebensraum: Die natürliche Umgebung für eine bestimmte Art, in der die Tiere Raum und Nahrung finden.

Linse: Ein durchsichtiger Körper, der das Licht im Auge eines Tiers bündelt. Säugetiere besitzen verformbare Linsen, die sie auf weit oder nah entfernte Objekte scharf stellen können.

Made: Die beinlose Larve eines Insekts, etwa einer Fliege.

Melanismus: Dunkelfärbung eines Tieres, die durch das Pigment Melanin hervorgerufen wird. Melanismus tritt bei Schmetterlingen auf, aber auch bei Jaguaren und Leoparden.

Metamorphose: Veränderung der Körperform, wenn ein junges zu einem erwachsenen Tier heranwächst. Wirbellose, Fische und Amphibien durchlaufen häufig eine Metamorphose. Bei der unvollständigen Metamorphose erfolgen die Veränderungen schrittweise und sind eher gering. Die vollständige Metamorphose führt zu drastischen Veränderungen, wie die Verpuppung eines Schmetterlings von der Raupe zum erwachsenen Tier.

Migration: Massenbewegungen von Tieren von einem Ort zum anderen, um Nahrung zu finden oder sich zu vermehren. Oft wird die Migration durch den Wechsel der Jahreszeiten ausgelöst.

Milchdrüse: Eine Drüse des Säugetierweibchens, die Milch produziert.

Muschel: Weichtiere mit zweiteiliger Schale, die gelenkig verbunden ist. Zu ihnen gehören Herzmuscheln und Austern.

Muskel: Gewebe, das sich zusammenziehen und entspannen kann und damit die Bewegung eines Tiers ermöglicht. Muskeln werden durch die Nerven gesteuert.

Mutation: Eine plötzliche Veränderung in einem oder mehreren Genen. Mutationen können das Aussehen oder die Funktion von Lebewesen verändern. Viele dieser Veränderungen sind schädlich, doch manche können für die Art im Verlauf der Evolution von Vorteil sein.

Mutterkuchen: Ein Organ der Säugetiere, das die Ernährung der Jungtiere im Leib der Mutter erlaubt. Nährstoffe und Sauerstoff werden hier vom Blut der Mutter auf das des Jungtiers übertragen und Abfallstoffe und Kohlendioxid ausgeschieden.

Mutualismus: Eine Beziehung zwischen zwei Lebewesen, von der beide Partner profitieren. Die Partner können beide Tiere oder auch ein Tier und eine Pflanze sein.

Nabelschnur: Die schlauchförmige Verbindung zwischen einem ungeborenen Säugetier und seiner Mutter.

nachtaktiv: Nachtaktive Tiere verschlafen den Tag.

Nadelbaum: Ein Baum oder Strauch, der sich mithilfe von Zapfen vermehrt. Männliche Zapfen entlassen Pollen und weibliche enthalten die Samen.

Nagetier: Ein Säugetier mit scharfen, nachwachsenden Schneidezähnen, die zum Nagen benutzt werden. Ratten, Mäuse und Eichhörnchen sind Nagetiere.

Nährstoff: Eine Substanz, die ein Organismus benötigt, um am Leben zu bleiben.

Nahrungskette: Die Beziehungen verschiedener Arten auf der Basis der Nahrung. An Land beginnen die meisten Nahrungsketten mit den Pflanzen. Sie werden von Tieren gefressen, die wiederum Fleischfressern als Beute dienen.

Nahrungsnetz: Ein Geflecht voneinander abhängiger Nahrungsketten in einem Lebensraum.

Natürliche Auslese: Einer der Prozesse, die die Evolution antreiben. Findet statt, weil sich einzelne Lebewesen unterscheiden und weil sie sich vermehren. Besser an die Umweltbedingungen angepasste Eltern können mehr Junge aufziehen, die selbst besser an die Umwelt angepasst sind. Nach einigen Generationen haben sich die positiven Eigenschaften weiter verbreitet und die Art verändert.

Nektar: Eine zuckrige Flüssigkeit, die Pflanzen zum Anlocken von Blüten bestäubenden Insekten produzieren.

Nerven: Ein Gewebe aus spezialisierten Zellen, das Reize weiterleiten kann. Nerven übertragen Informationen von den Sinnesorganen zum Gehirn. Umgekehrt erfolgt durch die Nerven die Steuerung der Muskulatur.

Nesseltier: Ein wirbelloses Tier mit hohlem Körper und einem mit Nesselzellen besetzten Tentakelkranz rund um die Mundöffnung. Hierzu gehören Korallen, Seeanemonen und Quallen.

Netzhaut: Die Gewebeschicht im Augenhintergrund. Sie enthält lichtempfindliche Nervenzellen und sendet Informationen an das Gehirn.

Nymphe: Letztes Larvenstadium bei Insekten mit unvollständiger Metamorphose. Nymphen ähneln ihren Eltern, besitzen aber noch keine funktionsfähigen Flügel oder Geschlechtsorgane.

Ökologie: Die Untersuchung der Beziehungen von Lebewesen untereinander und zu ihrer Umwelt.

Ökosystem: Ein Netzwerk von Lebewesen und ihrer Umgebung. Ein Ökosystem kann so klein wie ein Teich, aber auch so groß wie ein Wald sein.

opponierbarer Daumen: Ein Daumen, der gegen die Finger gedrückt werden kann. Er ermöglicht beispielsweise den Primaten das präzise Zufassen.

Ordnung: In der Systematik die der Familie übergeordnete Kategorie. Papageien und Käfer sind zwei Beispiele einer Ordnung.

Parasit: Ein Lebewesen, das in oder auf einem anderen lebt, das man als Wirt bezeichnet. Parasiten weisen oft komplizierte Lebenszyklen auf und produzieren große Mengen an Eiern oder Jungen.

Pedipalpen: Beinähnliche Strukturen am Kopf der Spinnentiere. Die Scheren des Skorpions sind besonders große Pedipalpen, mit denen er seine Beute ergreift.

Pflanzenfresser: Ein Tier, das sich von Pflanzen ernährt.

Pheromone: Von einem Tier produzierte Duftstoffe, die andere Tiere seiner Art beeinflussen. Pheromone können über Berührungen oder über die Luft übertragen werden.

Phytoplankton: Pflanzenähnliche Mikroorganismen, die im Wasser treiben.

Pilz: Ein Lebewesen, das Nährstoffe aus seiner Umgebung aufnimmt. Pilze ernähren sich von lebenden oder toten organischen Stoffen. Schimmel, Hefe und Ständerpilze gehören zu den Pilzen.

Plankton: Kleine Algen und Tiere, die im offenen Wasser treiben. Plankton ist eine wichtige Nahrungsquelle für viele Tiere, wie Fische, Seevögel und Wale.

Polyp: Tier mit hohlem Körper und einem Tentakelring um den Mund. Diesen Aufbau findet man oft bei Nesseltieren, wie Korallen und Seeanemonen.

Pore: Eine kleine Öffnung in der Körperoberfläche eines Tiers.

Primat: Ein Säugetier wie ein Halbaffe oder Affe mit nach vorn gerichteten Augen. Die meisten Primaten leben in Bäumen.

Puppe: Ruhestadium im Leben vieler Insekten. In der Puppe wird der Körper der Larve aufgelöst und das erwachsene Insekt entsteht. Die Umwandlung nennt man Metamorphose.

Puppenhülle: Die feste, oft glänzende Hülle, die die Puppe eines Schmetterlings oder einer Motte schützt.

Radula: Der Teil des Mundes, den Weichtiere zum Abschaben der Nahrung benutzen. Die Radula ist wie ein schmales Band geformt und mit kleinen Zähnchen bedeckt.

Rasse: Eine Zuchtform eines Haustiers wie der Deutsche Schäferhund oder die Siamkatze. Rassen werden durch die Auswahl bestimmter Elterntiere gezüchtet, die sich durch besondere Eigenschaften auszeichnen.

Raubtier: Ein Säugetier, das zur Ordnung Carnivora gehört, wie ein Hund oder Bär.

Raupe: Die flügellose Larve eines Schmetterlings oder einer Motte.

Reptil: Ein Wirbeltier mit schuppiger Haut, etwa eine Schlange oder Echse. Reptilien sind wechselwarm und die meisten legen Eier.

Revier: Ein Gebiet, das ein Tier wegen sich hier befindender Nahrung oder Geschlechtspartner in Anspruch nimmt und verteidigt.

Rückenpanzer (Carapax): Die harte Schale auf dem Rücken mancher Tiere, etwa bei einer Schildkröte oder Krabbe.

Rudel: Eine Gruppe von Raubtieren wie etwa Wölfen, die gemeinsam leben und jagen. Im Wolfsrudel vermehren sich nur das dominante Männchen und Weibchen.

Rüssel: Verlängerter Schnauzenbereich, wie etwa der Elefantenrüssel.

Säugetier: Ein Tier, das seine Jungen mit Milch ernährt. Die meisten Säugetiere bekommen lebende Junge, doch die Kloakentiere legen Eier.

Schnauze: Verlängerter Teil eines Tierkopfs mit Nase und Maul.

Schnecken: Eine Gruppe der Weichtiere, die sich kriechend fortbewegt.

Schneidezahn: Ein meißelförmiger Zahn mit glatter Schneide im vorderen Teil des Säugetierkiefers. Säugetiere benutzen die Schneidezähne, um Nahrung abzubeißen oder das Fell zu pflegen.

Schuppen: Kleine, sich überlappende Hautbildungen, die den Körper schützen.

Schwimmblase: Eine mit Gas gefüllte Kammer unterhalb der Wirbelsäule eines Fischs, mit der er seinen Auftrieb kontrollieren kann.

Schwingkölbchen: Das zweite Flügelpaar der Fliegen, das zu knopfartigen Gebilden umgewandelt worden ist und der Balance beim Flug dient.

Seide: Ein elastisches Material, das zu Fäden gesponnen werden kann. Spinnen weben ihre Netze daraus und manche Insektenlarven stellen daraus ihren Kokon her.

Soldat: In Ameisen- und Termitenstaaten sind die Soldaten auf die Verteidigung des Nests spezialisierte Arbeiter.

Sperlingsvögel: Vögel, deren Füße an das Sitzen auf Zweigen angepasst sind. Zu ihnen gehören mehr als die Hälfte aller Vögel, unter anderen auch die Singvögel.

Spinnentier: Ein wirbelloses Tier mit vier Beinpaaren. Zu den Spinnentieren gehören Spinnen, Skorpione und Milben. Die meisten von ihnen leben an Land.

Stachelhäuter: Im Meer lebende Wirbellose mit Kalkskelett und fünffach symmetrischem Körper. Zu dieser Gruppe gehören Seeigel, Seesterne und -gurken.

Stamm: In der Systematik die den Klassen übergeordnete Gruppe. Die Tiere bilden etwa 30 Stämme, zum Beispiel die Weichtiere, die Gliederfüßer und die Chordatiere.

Stoßzahn: Ein spezieller Zahn der Säugetiere, der aus dem Kiefer herausragt. Sie nutzen diese Zähne zur Verteidigung und manchmal auch zum Ausgraben von Nahrung.

suhlen: Sich in Schlamm oder flachem Wasser baden. Säugetiere suhlen sich zum Schutz ihrer Haut.

Symbiose: Eine enge Beziehung zwischen zwei Arten, von der beide Partner profitieren.

Systematik: Die Identifikation und Einordnung der Lebewesen. Die Grundeinheit der Systematik ist die Art. Arten werden in immer umfassenderen Gruppen wie Gattungen, Familien, Ordnungen, Klassen und Stämmen zusammengefasst. Die Systematik verdeutlicht die Verwandtschaft der einzelnen Arten und Gruppen.

tagaktiv: Tagaktive Tiere sind tagsüber unterwegs und verschlafen die Nacht.

Tarnung: Die Farben und Zeichnungsmuster, die ein Tier mit der Umgebung verschmelzen lassen. Tiere wie die Stabheuschrecken tarnen sich als nicht essbare Gegenstände.

Tentakel: Ein wurmähnlicher Körperfortsatz, der sich um Gegenstände wie etwa Nahrung winden kann. Seeanemonen und ihre Verwandten besitzen einen Ring nesselnder Tentakel um ihre Mundöffnung.

Thermoregulation: Die Kontrolle der Körpertemperatur. Tiere regeln ihre Temperatur auf verschiedene Weise. Säugetiere können zum Abkühlen Schweiß produzieren.

Thorax: Bei Insekten der mittlere Körperabschnitt, bei vierbeinigen Wirbeltieren die Brust.

Tier: Ein vielzelliges Lebewesen, das meist über Nerven und Muskeln verfügt und so auf seine Umwelt reagieren kann.

Tropen: Die Regionen nördlich und südlich des Äquators. In manchen tropischen Regionen ist das Klima heiß und feucht, in anderen warm und trocken.

Tundra: Kalte, baumlose Regionen, die an die Polargebiete grenzen.

Umwelt: Der Lebensraum eines Tiers mit allen seinen Eigenschaften.

Variation: Sichtbare und unsichtbare Unterschiede zwischen den Tieren einer Art. Die Evolution bevorzugt sinnvolle Variationen, die sich dann innerhalb der Art durchsetzen können.

verwildertes Tier: Ein Haustier, das entweder entkommen ist oder ausgesetzt wurde und sich wieder an das Leben in der Natur angepasst hat. Die amerikanischen Mustangs sind verwilderte Hauspferde.

wechselwarm: Bei wechselwarmen Tieren ändert sich die Körpertemperatur mit der der Umgebung. Zu den wechselwarmen Tieren gehören Fische, Reptilien und Amphibien.

Weichtier: Ein wirbelloses Tier mit weichem Körper, der oft von einer Schale geschützt ist. Schnecken, Muscheln und Tintenfische gehören zu den Weichtieren.

Weidetier: Ein Tier, das sich nur oder hauptsächlich von Gras ernährt.

Wiederkäuer: Pflanzenfresser mit vierkammrigen Mägen zum Verdauen von Pflanzennahrung. Zu ihnen gehören Hirsche, Rinder und Ziegen. Wiederkäuer leben oft in Herden.

Winterschlaf: Die Überwinterung in einem sehr tiefen Schlaf, der das Tier die nahrungsarme Jahreszeit überstehen lässt.

Wirbellose: Tiere ohne Wirbelsäule oder Knochenskelett. Wirbellose sind oft recht klein, aber viel zahlreicher als Wirbeltiere. Zu ihnen gehören Insekten, Krebs- und Weichtiere.

Wirbelsäule: Eine bewegliche Reihe von Knochen, die das Skelett eines Wirbeltiers stützt und verbindet.

Wirbeltier: Ein Tier mit einer Wirbelsäule.

Wirt: Ein Tier, das einem Parasiten Nahrung liefert. Manche Parasiten benötigen nur einen Wirt, andere mehrere, um ihren Lebenszyklus zu vollenden.

Zelle: Der Grundbaustein der Lebewesen. Schwämme stellen als einfachste Tiere kaum mehr als eine Zellansammlung dar, doch Säugetiere bestehen aus Millionen von Zellen, die in Geweben, Organen und Körpersystemen organisiert sind.

Zellulose: Von Pflanzen hergestellte und als Baumaterial benutzte Substanz. Tiere benötigen zu ihrer Verdauung in der Regel spezielle Bakterien in ihrem Darm.

Zitze: Junge Säugetiere saugen an den Zitzen ihrer Mutter, um an die Milch zu gelangen.

Zuchtprogramm: Eine Möglichkeit, Bestände bedrohter Tiere durch Nachzucht unter menschlicher Obhut zu erhalten. Manchmal können die Jungen wieder ausgewildert werden.

Zwitter: Ein Tier mit männlichen und weiblichen Geschlechtsorganen. Regenwürmer und Schnirkelschnecken sind Zwitter.

REGISTER

Seitenzahlen in **fett** gedruckter Schrift weisen auf einen Haupteintrag hin.

Q

R

S

T

U

V

W

Y

Z

DANK und BILDNACHWEIS

Dorling Kindersley dankt Hilary Bird für das Register, Enosh Francis für die Unterstützung in der Grafik und Aparna Sharma für die organisatorische Hilfe.

Der Dorling Kindersley Verlag übernimmt keinerlei Verantwortung für die Verfügbarkeit und den Inhalt von Internetseiten – mit Ausnahme seiner eigenen – und für die Verbreitung von anstößigen, aggressiven, gefährlichen oder falschen Inhalten, die über das Internet verbreitet werden. Der Dorling Kindersley Verlag übernimmt weiterhin keine Haftung für Schäden, die durch Viren verursacht wurden, die von Internetseiten stammen, die der Verlag empfohlen hat. Für die Clip-Arts zum Herunterladen von der Internetseite des Buches besitzt der Dorling Kindersley Ltd. das alleinige Copyright und deren Reproduktion oder Weiterverbreitung in jeglicher Form für öffentliche oder kommerzielle Zwecke ohne vorherige schriftliche Genehmigung des Rechteinhabers ist nicht gestattet.

Bildnachweis
Der Verlag dankt den folgenden Personen und Institutionen für die freundliche Genehmigung zum Abdruck ihrer Bilder:

Abkürzungen:
ü = über, u = unten/unter, m = Mitte, w = weit, l = links, r = rechts, o = oben.

2 DK Images: Tim Shepard, Oxford Scientific Films (ml). **3 DK Images:** Mike Linley (mr); Natural History Museum, London (mwl). **8–9 Alamy Images:** Steve Bloom Images. **10 Nature Picture Library:** Doug Perrine (mü). **10–11 FLPA – images of nature:** Jurgen & Christine Sohns. **11 DK Images:** American Museum of Natural History (mr); Craig Lovell (oml); Jerry Young (or). **N.H.P.A.:** B & C Alexander (omr). **Science Photo Library:** Volker Steger (ur). **12 DK Images:** Linnean Society of London (mwl). **13 Ardea.com:** Masahiro Iijima (uml). **DK Images:** Philip Dowell (mül, ml, oml). The National Birds of Prey Centre, Gloucestershire (mür, omr); Natural History Museum, London (or); Jerry Young (mür, mul, ml, mlü, mrü, oml, omr, or); **FLPA – images of nature:** Ron Austing (ur). **N.H.P.A.:** Mark Bowler (um). **Science Photo Library:** Tek Image (mwr). **14 DK Images:** Natural History Museum, London (ul). **Science Photo Library:** Claude Nuridsany & Marie Perennou (ur). **14–15 Still Pictures:** C & M Denis-Huot (o). **15 Science Photo Library:** Jim Zipp (ul). **16–17 DK Images:** Natural History Museum, London. **18 DK Images:** Oxford University Museum of Natural History (m). **Mary Evans Picture Library:** (ol). **18–19 The Future is Wild ™: 19 DK Images:** Natural History Museum, London (or); Jerry Young (mrü). **FLPA – images of nature:** Frans Lanting/Minden Pictures (mru). **20 N.H.P.A.:** Martin Harvey (ol); Stephen Dalton (mr). **21 DK Images:** Royal British Columbia Museum, Victoria, Canada (mru); Dave King/ Graham High and Centaur Studios – modelmakers (mr). **N.H.P.A.:** Manfred Danegger (l). **22 Nature Picture Library:** Anup Shah (ml). **Bruce Coleman Ltd:** Gerlad Cubitt (r). **FLPA – images of nature:** Flip Nicklin/Minden Pictures (ul). **23 Corbis:** Wendy Stone (or). **Seapics.com:** Ronald Seitre (mr). **N.H.P.A.:** Lady Phill pa Scott (mlu). **Science Photo Library:** Philippe Psaila (ur). **24–25 Corbis:** Stephen Frink. **26 Science Photo Library:** John Walsh (mu). **27 DK Images:** Natural History Museum, London (ol). **Seapics.com:** Michele Hall (or). **29 Ardea.com:** Ken Lucan (ur). **Corbis:** John Conrad (ul); Martin Harvey; Gallo Images (or). **30–31 Science Photo Library:** David Scharf. **31 DK Images:** Jerry Young (mu). **Science Photo Library:** Rod Planck (ur). **32 DK Images:** The National Birds of Prey Centre, Gloucestershire (ml). **32–33 N.H.P.A.:** James Warwick. **34 Corbis:** Kevin Schafer (l). **Seapics.com:** Doug Perrine (um). **35 Corbis:** Ron Sanford (r). **Science Photo Library:** David Scharf (mü). **36–37 Seapics.com:** Doug Parrine. **38 FLPA – images of nature:** Alan Parker (l). **N.H.P.A.:** Daniel Heuclin (mu). **39 DK Images:** Natural History Museum, London (ml). **FLPA – images of nature:** Frans Lanting/Minden Pictures (mu, or). **40 Corbis:** Joe McDonald (ml). **DK Images:** Natural History Museum, London (ul). **FLPA – images of nature:** Steven McCutcheon (ml). **Getty Images:** Art Wolfe (ol). **41 Alamy Images:** Steve Knott (or). **Corbis:** Wendy Stone (mru). **42 DK Images:** Jerry Young (ul). **42–43 Powerstock:** Doug Scott (m). **43 Corbis:** George McCarthy (ur); Joe McDonald (mrü). **DK Images:** Natural History Museum, London (mr); Jerry Young (or). **44 Ardea.com:** Hans & Judy Beste (ml). **DK Images:** Geoff Brightling/Gary Stabb – modelmaker (omr). **Still Pictures:** John Cancalosi (u). **45 DK Images:** Peter Minister – modelmaker (oml); Stephen Oliver (m); Steve Gorton/John Holmes – modelmaker (um). **Seapics.com:** Chris Huss (or). **46 Seapics.com:** James D. Watt (m). **46–47 Alamy Images:** Nancy Camel (u). **47 Corbis:** Brian A. Vikander (o). **48 Corbis:** Martin B. Withers; Frank Lane Picture Agency (mr). **DK Images:** Royal Ontario Museum, Toronto (ol). **49 DK Images:** Maslowski Photo (r); Natural History Museum, London (ol – linke Hälfte), (ol – rechte Hälfte). **Jim Chamberlain – U.S. Fish & Wildlife Service:** David Cline/Alaska Image Library (omr). **Nature Picture Library:** Neil Bromhall (ul). **50 FLPA – images of nature:** Frans Lanting/Minden Pictures (l). **Nature Picture Library:** Sinclair Stammers (ur). **51 Alamy Images:** Steve Bloom (r). **Corbis:** Peggy Heard; Frank Lane Picture Agency (mrü). **FLPA – images of nature:** Flip Nicklin/ Minden Pictures (mru). **52–53 Corbis:** Hans Strand. **54 Alamy Images:** Viennaphoto (ulü). **Corbis:** (mlu); Yann Arthus-Bertrand (olu). **55 Alamy Images:** Brandon Cole Marine Photography (urü); David Paterson (ul); Fitz Polking/ Peter Arnold Inc. (oru). **Corbis:** Eye Ubiquitous (mru). **Nature Picture Library:** Martin Dohrn (ol). **56 Corbis:** Tom Brakefield (ur). **56–57 Alamy Images:** Steve Bloom (o). **57 Ardea.com:** Jean Michel Labat (ur). **58–59 Corbis:** Martin Harvey; Gallo Images (o); Michael & Patricia Fogden (ml). **59 Ardea.com:** Kenneth W. Fink (mrü). **FLPA – images of nature:** Koos Delport (ml). **60 DK Images:** Natural History Museum, London (m). **61 Ardea.com:** Tom & Pat Leeson (or). **NPA Group:** Daniel Heuclin (or). **62–63 FLPA – images of nature:** ZSSD/Minden Pictures. **64 DK Images:** Tim Shepard, Oxford Scientific Films (ul). **FLPA – images of nature:** John Hawkins (ml). **65 Alamy Images:** Brian Lightfoot/ Nature Picture Library (ur). **Corbis:** W. Perry Conway (or). **66 N.H.P.A.:** Andy Rouse (m). **66–67 FLPA – images of nature:** Wendy Dennis (o). **Still Pictures:** M. Gunther (ul); Manfred Danegger (u). **67 DK Images:** Natural History Museum, London (ur, mu). **N.H.P.A.:** A.N.T. Photo Library (or). **68–69 Seapics.com:** Bryan & Cherry Alexander. **70 Ardea.com:** Andrey Zvoznikov (ur); JeanPaul Ferrero (um). **Corbis:** Kennan Ward (ul). **N.H.P.A.:** Bill Coster (o). **71 Corbis:** Roy Morsch (u). **DK Images:** The National Birds of Prey Centre, Gloucestershire (or). **72 Ardea.com:** Chris Knights (or). **73 Alamy Images:** Stephen Frink Collection (ur). **Corbis:** Yann Arthus-Bertrand (ml). **Image Quest Marine:** Scott Tuason (o). **74 NASA:** (ol). **N.H.P.A.:** Image Quest Marine (mrü); Rich Kirchner (ml). **74–75 Ardea.com:** Douglas David Seifert (u). **75 Ardea.com:** Kev Deacon (r). **FLPA – images of nature:** Norbert Wu/Minden Pictures (um). **Photolibrary.com:** Bush Robin (ol). **Still Pictures:** Dino Simeonidis (m). **76–77 Corbis:** Darrell Gulin. **78 Ardea.com:** Ken Lucas (l). **DK Images:** Sedgwick Museum of Geology, Cambridge (mü); Natural History Museum, London (ur). **79 DK Images:** Natural History Museum, London (ur, mr). **80 Corbis:** Amos Nachoum (l). **81 Corbis:** Stephen Frink (or). **82–83 FLPA – images of nature:** Norbert Wu. **84 DK Images:** Geoff Brightling/Peter Minister – modelmaker (mlü, oml). **Seapics.com:** Ralf Kiefner (ur). **85 DK Images:** Geoff Brightling/Gary Stabb – modelmaker (m). **Science Photo Library:** London School of Hygiene & Tropical Medicine (ur). **86 Image Quest Marine:** Peter Parks (mlu). **87 FLPA – images of nature:** Roger Tidman (ur). **Science Photo Library:** Clouds Hill Imaging Ltd. (mu). **88 Corbis:** Stephen Frink (l). **DK Images:** Natural History Museum, London (um, mür, mr). **89 Corbis:** Stephen Frink (mru). **DK Images:** Geoff Brightling/ Peter Minister – modelmaker (um). **90 FLPA – images of nature:** Norbert Wu/Minden Pictures (mru). **91 Ardea.com:** John Clegg (ul). **DK Images:** Natural History Museum, London (mlu). **N.H.P.A.:** Daniel Heuclin (r). **92 Corbis:** Anthony Bannister; Gallo Images (mr). **93 Corbis:** Gary W. Carter (u). **Science Photo Library:** Claude Nuridsany & Marie Perennou (mr). **94 Ardea.com:** Ian Beames (ul). **DK Images:** Jerry Young (ul). **95 Ardea.com:** John Daniels (mr). **DK Images:** Geoff Brightling/Peter Minister – modelmaker (ml). **Science Photo Library:** Eye of Science (or). **96 Seapics.com:** John C. Lewis (or). **FLPA – images of nature:** Fred Bavendam/Minden Pictures (ul). **97 DK Images:** Jerry Young (mur). **98–99 FLPA – images of nature:** Mitsuhiko Imamori/Minden Pictures. **101 DK Images:** Natural History Museum, London (m). **102 Corbis:** Pierre Holtz/Reuters (u). **Warren Photographic:** Kim Taylor (ml). **103 DK Images:** Jerry Young (ur, mlu). **104 Corbis:** Anthony Bannister; Gallo Images (ul). **105 Corbis:** Mannie Garcia/Reuters (or). **106 DK Images:** Jerry Young (um); Natural History Museum, London (uml). **106–107 FLPA – images of nature:** Mitsuhiko Imamori/ Minden Pictures (o). **107 Corbis:** Pat Jerrold; Papilio (or). **DK Images:** Natural History Museum, London (ur); Geoff Brightling/ Peter Minister – modelmaker (oml). **108 DK Images:** Natural History Museum, London (ul, mwl); Jerry Young (mlu); Steve Gorton/ Oxford University Museum of Natural History (mlü). **109 DK Images:** Andy Crawford/Gary Stabb – modelmaker (m, ol). **Science Photo Library:** CNRI (mr); Eye of Science (ur); Photo Insolite Realite (ul). **110 DK Images:** Natural History Museum, London (um, uml, umr, ur, mur, mru, omr, or). **Science Photo Library:** Alfred Pasieka (mwr); Andrew Syred (mlü). **111 DK Images:** Natural History Museum, London (ul, mr, ol). **N.H.P.A.:** Stephen Dalton (or). **112 FLPA – images of nature:** S & D & K Maslowski (ul). **N.H.P.A.:** N. A. Callow (ur). **115 DK Images:** Natural History Museum, London (ul); Geoff Brightling/Peter Minister – modelmaker (omr). **N.H.P.A.:** Daniel Heuclin (uml). **116 RSPCA Photolibrary:** Tim Martin (ur). **117 Brandon D. Cole:** (ul). **DK Images:** Fisons (or). **118–119 Ardea.com:** M. Watson. **121 Corbis:** Stuart Westmorland (ml). **DK Images:** Natural History Museum, London (mlu). **Seapics.com:** Andrew J. Martinez (um); Mark Conlin (or). **122 Corbis:** Jeffrey L. Rotman (ol). **DK Images:** Natural History Museum, London (mr). **FLPA – images of nature:** Fred Bavendam/Minden Pictures (ul). **123 Corbis:** Jeffrey L. Rotman (m). **Seapics.com:** Doug Perrine (mlü). **Science Photo Library:** Science Pictures Limited (ur). **124–125 Corbis:** Bob Abraham. **126 Ardea.com:** Pat Morris (ml). **DK Images:** Geoff Brightling/Peter Minister – modelmaker (omr). **127 Seapics.com:** Doug Perrine (ul). **128 Ardea.com:** Pat Morris (ml). **Nature Picture Library:** Reijo Juurinen/Naturbild (ul). **128–129 Still Pictures:** Kelvin Aitken. **129 DK Images:** Natural History Museum, London (ur). **130 Ardea.com:** Wardene Weisser (u). **131 Ardea.com:** Valerie Taylor (ur). **Nature Picture Library:** Sue Flood (o). **DK Images:** Natural History Museum, London (ul). **132–133 Ardea.com:** Douglas David Seifert. **134 Photolibrary.com:** IFA Bilderteam GMBH (ul). **134–135 DK Images:** Natural History Museum, London. **135 Ardea.com:** Pat Morris (ur). **FLPA – images of nature:** Gerard Lacz (mr). **136 DK Images:** Natural History Museum, London (mwr). **FLPA – images of nature:** Norbert Wu/Minden Pictures (ul). **136–137 FLPA – images of nature:** Flip Nicklin/Minden Pictures (o). **137 Nature Picture Library:** David Shale (or). **138 Natural Visions:** Heather Angel (mu). **DK Images:** Weymouth Sea Life Centre (ml). **Getty Images:** Stephen Frink (mr). **Legend Photography-Andy Belcher:** (ol). **139 Ardea.com:** Ken Lucas (ol). **Corbis:** Jonathan Blair (ur). **140 Ardea.com:** Pat Morris (m). **DK Images:** Natural History Museum, London (ul). **Still Pictures:** Thomas Raupach (or). **141 Corbis:** Lawson Wood (or). **Seapics.com:** Richard Herrmann (ul). **Nature Picture Library:** Dietmar Nill (ur). **143 FLPA – images of nature:** Fred Bavendam/

Minden Pictures (ur); Gerard Lacz (ml). **144 DK Images:** Jerry Young (ol). **Warren Photographic:** Jane Burton (ur). **145 Nature Picture Library:** Jeff Foott (um). **DK Images:** Jerry Young (mür). **Seapics.com:** Kevin Schafer (ol). **Photolibrary.com:** McCormick/ Animals Animals/Earth Scenes (mu). **146 Seapics.com:** Masa Ushioda (ur). **Warren Photographic:** Kim Taylor (mr). **146–147 Bruce Coleman Ltd:** C & S Hood (u). **147 Getty Images:** Darryl Torckler (ur); Robert Holland (o). **148 DK Images:** Natural History Museum, London (mu). **149 Alamy Images:** Stephen Frink Collection (ml). **N.H.P.A.:** B. Jones & M. Shimlock (um). **Still Pictures:** Yves Lefevre (r). **150–151 FLPA – images of nature:** Chris Newbert/Minden Pictures. **152 DK Images:** Natural History Museum, London (mlu, mr). **Seapics.com:** Ben Cropp (ol). **152–153 FLPA – images of nature:** Chris Newbert/Minden Pictures (u). **153 Dr Frances Dipper:** (mru). **DK Images:** Weymouth Sea Life Centre (mru). **154 Nature Picture Library:** David Shale (mu). **154–155 Seapics.com:** Bruce Rasner (o). **155 DK Images:** Frank Greenaway/ Peter Griffiths and David Donkin – modelmakers (umr); Tina Chambers/ IFREMER, Paris (mwr). **Image Quest Marine:** Peter Batson (ur). **156–157 Getty Images:** Tim Flach. **158 Corbis:** Michael & Patricia Fogden (ul). **DK Images:** Jerry Young (ml). **158–159 DK Images:** Natural History Museum, London. **160 Nature Picture Library:** Fabio Liverani (ul). **DK Images:** Geoff Brightling/Booth Museum of Natural History, Brighton (ol). **161 Corbis:** Michael & Patricia Fogden (ol). **DK Images:** Jerry Young (omr). **162–163 Corbis:** Michael & Patricia Fogden. **165 Corbis:** Michael & Patricia Fogden (um). **166–167 Getty Images:** Schafer & Hill. **168 DK Images:** Natural History Museum, London (ul); Jerry Young (umr, ol). **169 Photolibrary.com:** Neil Bromhall (mr). **171 Corbis:** Lynda Richardson (ml). **DK Images:** Jerry Young (mül). **172–173 Seapics.com:** Andre Seale. **174 Seapics.com:** Masa Ushioda (u). **174–175 DK Images:** Jerry Young. **175 Corbis:** Jonathan Blair (ml). **DK Images:** Jerry Young (umr). **N.H.P.A.:** Daniel Heuclin (or). **176 Corbis:** Gallo Images (or). **N.H.P.A.:** Daniel Heuclin (mlu). **177 Alamy Images:** Reinhard Dirscherl (tc). **178–179 N.H.P.A.:** Stephen Dalton. **180 DK Images:** Jerry Young (mru). **N.H.P.A.:** Nick Garbutt (ur). **181 Ardea.com:** (ml). **Bruce Coleman Ltd:** Kim Taylor (r). **DK Images:** Jerry Young (um, bcr). **183 Corbis:** Rod Patterson; Gallo Images (ul). **DK Images:** Jerry Young (m, mru). **184 DK Images:** Dave King/American Museum of Natural History (mü); Jerry Young (mu). **FLPA – images of nature:** D Zingel Eichhorn (ul). **Science Photo Library:** Gregory Dimijian (r). **185 DK Images:** Natural History Museum, London c; Geoff Brightling/BBC Visual Effects – modelmakers (mru); Geoff Brightling /Staab Studios – modelmakers (mwr); Jerry Young (um). **186 N.H.P.A.:** Karl Switak (ml); Martin Wendler (ur). **187 Corbis:** Michael & Patricia Fogden (or). **DK Images:** Natural History Museum, London (ul). **188 Ardea.com:** Adrian Warren (ul). **Getty Images:** Mike Severns (ol). **189 Ardea.com:** M. Watson (mru). **DK Images:** Jerry Young (ml). **190–191 Nature Picture Library:** Alfo. **192 Science Photo Library:** Andrew Syred (mlu). **193 DK Images:** Cyril Laubscher (tc); Natural History Museum, London (mu, mwr). **194 Nature Picture Library:** Tony Heald (o). **195 Getty Images:** John Giustina (o). **196 Ardea.com:** Johan de Meester (mlu). **FLPA – images of nature:** Jim Brandenburg/Minden Pictures (mru); Michael Quinton /Minden Pictures (o); Tim Fitzharris/ Minden Pictures (ur). **197 FLPA – images of nature:** Flip De Nooyer/ Foto Natura (mr); Frans Lanting/Minden Pictures (ur). **N.H.P.A.:** Dave Watts (ol). **199 Natural Visions:** Ian Tait (or); Soames Summerhays (um). **Jim Chamberlain – U.S. Fish & Wildlife Service:** E. Kirdler/ Washington DC Library (ur). **200 DK Images:** Kim Taylor (or). **Jim Chamberlain – U.S. Fish & Wildlife Service:** Ryan Hagerty/NCTC Image Library Still Image (uml). **201 Ardea.com:** M. Watson (um). **DK Images:** Jerry Young (ul). **N.H.P.A.:** Dave Watts (mru). **203 Corbis:** Chase Swift (o). **Jim Chamberlain – U.S. Fish & Wildlife Service:** Alaska Image Library (mr). **204–205 Alamy Images:** Vic Pigula. **206 DK Images:** The National Birds of Prey Centre, Gloucestershire (m). **FLPA – images of nature:** Ron Austing (ur). **207 DK Images:** Frank Greenaway/The National Birds of Prey Centre, Gloucestershire (ol). **FLPA – images of nature:** Fritz Polking (or). **208 DK Images:** Geoff Dann/ Barleylands Farm Museum and Animal Centre, Billericay (um). **209 Corbis:** Steve Kaufman (or). **DK Images:** Gary Ombler/ Paradise Park, Cornwall (mru); Jerry Young (oml). **Still Pictures:** Darlyne A. Murawski (mul). **210 Corbis:** Photowood Inc. (ul). **FLPA – images of nature:** Mark Newman (ml). **211 Corbis:** Clem Haagner; Gallo Images (or). **N.H.P.A.:** Jordi Bas Casas (mü). **213 Alamy Images:** Paul Wayne Wilson (or). **N.H.P.A.:** Alan Willimas (u). **214–215 Alamy Images:** Frank Krahmer/Imagestate. **218 Ardea.com:** John Cancalosi (ur). **Photolibrary.com:** Mark Hamblin (mr). **Still Pictures:** Gilles Martin (or). **219 Ardea.com:** M. Watson (ur). **DK Images:** Paradise Park, Cornwall (ml). **Getty Images:** Carlos Navajas (or). **220 DK Images:** Jerry Young (mul); Peter Chadwick/Natural History Museum, London (mwl). **221 Ardea.com:** Peter Steyn (ur). **DK Images:** Frank Greenaway/The National Birds of Prey Centre, Gloucestershire (or). **222 Photolibrary.com:** Michael Fogden (o); Robert Tyrell (ul). **223 Ardea.com:** George Reszeter (or). **DK Images:** Maslowski Photo (or). **FLPA – images of nature:** Pete Oxford/ Minden Pictures (ur). **N.H.P.A.:** Kevin Schafer (ul). **224 Photolibrary.com:** Alan Root/ Survival Anglia (mr). **Still Pictures:** Seng/UNEP (l). **226 Jim Chamberlain – U.S. Fish & Wildlife Service:** Dave Menke/NCTC Image Library (ul); Lee Karney/ Washington DC Library (um). **N.H.P.A.:** Dave Watts (ml). **226–227 FLPA – images of nature:** Thomas Mangelsen/Minden Pictures. **227 Corbis:** Gary W. Carter (or). **228–229 Michael and Patricia Fogden. 230 Ardea.com:** Kenneth W. Fink (mlü). **rspb-images.com:** Matti Rekila (m). **231 Ardea.com:** Jean Paul Ferrero (ul). **Nature Picture Library:** Phil Savoie (o); Richard Kirby (ur). **232 Alamy Images:** Chris Gomersall (ur). **Jim Chamberlain – U.S. Fish & Wildlife Service:** Lee Karney/Washington DC Library (ol). **233 N.H.P.A.:** Nigel J. Dennis (ur). **234 N.H.P.A.:** Stephen Dalton (or). **235 Jim Chamberlain – U.S. Fish & Wildlife Service:** Dave Menke (m). **N.H.P.A.:** James Warwick (ur). **237 Jim Chamberlain – U.S. Fish & Wildlife Service:** Steve Maslowski/ Washington DC Library (ul, ur). **FLPA – images of nature:** Bob de Lange/Foto Natura (ol). **N.H.P.A.:** Mandal Ranjit (or). **238–239 Alamy Images:** Steve Bloom. **240 Corbis:** L. Rue (l). **241 Corbis:** Jim Cummins (ur); John Conrad (o). **DK Images:** Natural History Museum, London (ul). **N.H.P.A.:** Nick Garbutt (um). **242 DK Images:** Booth Museum of Natural History, Brighton (mü); Jerry Young (ml). **FLPA – images of nature:** D. Parer & E Parer-Cook/Ausca/ Minden Pictures (ml). **Dave Watts:** (ul). **245 Nature Picture Library:** Dave Watts (ul). **DK Images:** Bill Ling/Woburn Safari Park (ol). **246 N.H.P.A.:** A.N.T. Photo Library (ur); Dave Watts (ul); Haroldo Palo Jr. (ml). **247 DK Images:** Jerry Young (ml). **FLPA – images of nature:** Gerry Ellis/Minden Pictures (ul). **Warren Photographic:** Jane Burton (ur, urü, mr, mru). **248–249 Michael and Patricia Fogden. 250 Nature Picture Library:** Anup Shah (ur). **N.H.P.A.:** Jany Sauvanet (ul). **251 Alamy Images:** Clem Haagner (or). **Ardea.com:** Jean-Paul Ferrero (ur). **252 DK Images:** Tim Shepard, Oxford Scientific Films (mwl). **N.H.P.A.:** Stephen Dalton (m). **253 Nature Picture Library:** Pete Oxford (mlu). **DK Images:** Gary Ombler/ Drusillas Zoo, Alfriston, West Sussex (ur); Will Long and Richard Davies of Oxford Scientific Films (or). **FLPA – images of nature:** Michael & Patricia Fogden/ Minden Pictures (ol). **255 N.H.P.A.:** Eric Soder (ur). **Photolibrary.com:** Plage Mary (o). **256 DK Images:** Jerry Young (um, ul, mr). **257 Still Pictures:** Martin Harvey (ul). **258 FLPA – images of nature:** Ingo Arndt/Foto Natura (uml). **N.H.P.A.:** Kevin Schafer (r). **259 DK Images:** Gary Ombler/Exmoor Zoo, Devon (mrü); Jerry Young (ml). **260 DK Images:** Oxford University Museum of Natural History (mru). **FLPA – images of nature:** Jurgen & Christine Sohns (ul). **261 Corbis:** Theo Allofs (r). **262 N.H.P.A.:** Martin Harvey (o). **263 Alamy Images:** Steve Bloom (u). **DK Images:** Twycross Zoo, Atherstone, Leicestershire (or). **264 DK Images:** Jerry Young (ur). **265 DK Images:** Jerry Young (mr, omr); Peter Cross/Berlin Zoo (mür). **266–267 Getty Images:** Andy Rouse. **268 Corbis:** Yann Arthus-Bertrand (m). **DK Images:** Philip Dowell (m, mu). **270–271 Ardea.com:** Tom & Pat Leeson (u). **272 Corbis:** Gallo Images (ml). **DK Images:** Jerry Young (or). **Photolibrary.com:** Victoria Mc Cormick (um). **273 DK Images:** Jerry Young (mwr, mlü). **N.H.P.A.:** Rich Kirchner (ur). **274 Corbis:** Sanford/Agliolo (ol). **DK Images:** Dave King/Whipsnade Zoo, Bedfordshire (mru). **275 Nature Picture Library:** David Pike (or). **276 Corbis:** Keren Su (o). **DK Images:** Natural History Museum, London (mlu). **277 Bruce Coleman Ltd:** Hans Reinhard (mr). **FLPA – images of nature:** Michael & Patricia Fogden/Minden Pictures (ol). **278 DK Images:** Gary Ombler/ Drusillas Zoo, Alfriston, West Sussex (mlu). **FLPA – images of nature:** Frans Lanting/Minden Pictures (mlü). **278–279 Bruce Coleman Ltd:** Jeff Foott. **279 FLPA – images of nature:** Michael Quinton/Minden Pictures (um). **280 DK Images:** Frank Greenaway/ Hunstanton Sea Life Centre, Hunstanton, Norfolk (l). **280–281 Photolibrary.com:** Doug Allen/ Oxford Scientific (o). **281 Jim Chamberlain – U.S. Fish & Wildlife Service:** Washington DC Library (mr). **281 Getty Images:** Nikita Ovsyanikov (ur). **282 DK Images:** Frank Greenaway/ Town Docks Museum, Hull (omr); Natural History Museum, London (mül, or). **283 Ardea.com:** Francois Gohier (ur). **284–285 Seapics.com:** Bob Cranston. **286–287 Seapics.com:** Doug Perrine (o). **287 Bruce Coleman Ltd:** Rinie Van Meurs (ur). **DK Images:** Natural History Museum, London (m). **288 National Geographic Image Collection:** Michael Fay (ur). **digitalvision:** Gerry Ellis (m, ml, o). **289 Ardea.com:** Chris Harvey (ur). **290 DK Images:** Marwell Zoological Park, Winchester (ur). **290–291 FLPA – images of nature:** Yva Momatiuk/ John Eastcott/Minden Pictures (u). **292 DK Images:** Natural History Museum, London (ur); Dave King/ Whipsnade Zoo, Bedfordshire (mrü). **292–293 Alamy Images:** Steve Bloom (m). **294 DK Images:** West Midlands Safari Park (m). **N.H.P.A.:** John Shaw (or). **295 FLPA – images of nature:** Peter Oxford/Minden Pictures (ul). **296–297 Bryan And Cherry Alexander Photography. 298 DK Images:** Richmond Park (o). **301 Ardea.com:** Chris Harvey (o). **302 DK Images:** Frank Blackburn/Marwell Zoological Park, Winchester (omr). **303 DK Images:** Natural History Museum, London (mlu); Frank Greenaway/Paignton Zoo, Devon (ml, mrü). **Tom & Pat Leeson Photography:** (ur). **304 DK Images:** Jerry Young (mr). **Getty Images:** John Downer (um). **305 Ardea.com:** Tom & Pat Leeson (or). **306–307 Nature Picture Library:** Paul Johnson. **308–309 Photolibrary.com:** Martyn Colbeck. **309 DK Images:** Jerry Young (mu, muu). **310, 312, 314, 316, 318 DK Images:** Natural History Museum (mlu), London; Philip Dowell (mlü). **311, 313, 315, 317, 319 DK Images:** Natural History Museum (mru), London; Philip Dowell (mrü).

Cover:
Vorn: Corbis: Craig Tuttle (mr), Jeff Vanuga (mwl), Stephen Frink (ml), Theo Allofs (ml).
Hinten: Corbis: Bill Varie (mwr), Jeff Vanuga (mwl), Stephen Frink (ml), Strauss/Curtis (mr), Theo Allofs (ml).

Wissen mit Links!

Die Sachbuchreihe:

Band 1: Raumfahrt

Band 2: Dinosaurier

Band 3: Die Erde

Alles, was Kinder wissen müssen und wissen möchten – spannend präsentiert, mit tollen Bildern und ausgewählten Links zu jedem Buch. Da machen sogar Schularbeiten Spaß!

Band 6: Steine und Mineralien

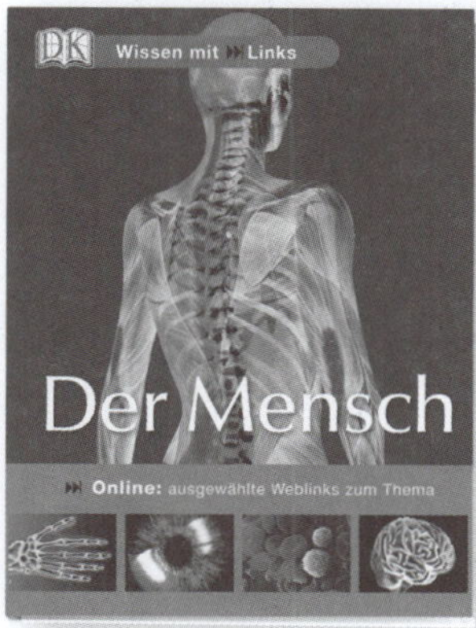

Band 5: Der Mensch

Band 11: Altes Rom

Band 4: Insekten
Band 7: Pflanzen
Band 8: Säugetiere
Band 9: Altes Griechenland
Band 10: Wetter
Band 12: Ozeane
Band 13: Frühe Kulturen

Jeweils 96 Seiten, gebunden, über 400 Farbfotografien und Zeichnungen. Ab 10 Jahren

Ideale Schülerhilfe – zur optimalen Vorbereitung von Referaten!

Die Lexika:

Schülerlexikon

448 Seiten, gebunden, über 1700 Farbfotografien, Zeichnungen und Karten
Ab 10 Jahren

Naturwissenschaften
Das Schülerlexikon

384 Seiten, gebunden, über 1500 Farbfotografien, Zeichnungen, 3-D-Modelle und Karten
Ab 10 Jahren

Tiere
Das Schülerlexikon

320 Seiten, gebunden, über 1250 Farbfotografien und Zeichnungen
Ab 10 Jahren

www.dorlingkindersleyverlag.de

www.wissenmitlinks.de